全国高等职业教育机电类"十二五"规划教材

工厂电气控制设备

主　编　杨一平
副主编　程改青　卢青波
王俊豪　毕新熙
主　审　李鸿征

黄河水利出版社
·郑州·

内容提要

本教材是全国高等职业教育机电类"十二五"规划教材，是编者依据多年企业工作经验和教学实践以及高职高专教学改革，将电机学、电力拖动技术和工厂电气控制三门课程有机地结合编写而成的。全书共分8章，主要内容有变压器、三相异步电动机、直流电动机、其他电机、常用低压电器、继电器控制电路的基本环节、典型机床的电气控制及其故障诊断、电气控制系统设计等，且每章精选了习题作为本章知识内容的深化。

本书可作为高等职业院校、高等专科院校、成人高校以及技师学院的电气工程及电气自动化技术、供用电技术、机电一体化等专业及相关专业的教学用书，也可供从事相关专业的工程技术人员参考及培训使用。

图书在版编目(CIP)数据

工厂电气控制设备/杨一平主编. —郑州:黄河水利出版社，2011.8

全国高等职业教育机电类"十二五"规划教材

ISBN 978-7-5509-0031-8

Ⅰ.①工… Ⅱ.①杨… Ⅲ.①工厂-电气控制装置-高等职业教育-教材 Ⅳ.①TM571.2

中国版本图书馆CIP数据核字(2011)第156136号

策划编辑：王文科　电话：0371-66028027　E-mail：wwk5257@163.com

出 版 社：黄河水利出版社

地址：河南省郑州市顺河路黄委会综合楼14层　邮政编码：450003

发行单位：黄河水利出版社

发行部电话：0371-66026940、66020550、66028024、66022620(传真)

E-mail：hhslcbs@126.com

承印单位：河南地质彩色印刷厂

开本：787 mm×1092 mm　1/16

印张：18

字数：438千字　印数：1—4 000

版次：2011年8月第1版　印次：2011年8月第1次印刷

定价：36.00元

前　言

本教材立足高等职业教育人才培养目标，遵循主动适应社会发展需要、突出应用性和针对性、加强实践能力培养的原则，将知识点与能力点紧密结合，注重培养学生的应用能力和解决现场实际问题的能力。

全书以电机为控制对象，以继电器－接触器等低压电器为控制、保护元件，组成生产机械的电力拖动和电气控制系统。其中以三相异步电动机拖动和控制为重点，以电气控制基本环节为主线，阐述了常用工厂电气设备的电气控制技术和电气控制系统设计等基本知识。从生产实际出发，对常用设备的常见电气故障进行了分析，以期培养学生分析、解决生产实际问题的能力和进行简单的电气控制系统设计的能力。

本教材内容简洁，选材合理，结构严谨，具有如下特点：

(1)根据面向高职学生的思想，组织编写内容，理论知识以"必需、够用"为度，强调实际应用。

(2)教材叙述简明扼要，深入浅出，富于启发性、实用性。

(3)理论与实训同步、专业与实践能力等级考证同行，全力推动"双证"制度的实施。

(4)电器元件的图形和文字符号都采用最新国家标准。

本书计划讲授120个学时，由于各学校培养方案的不同，以及对学生的知识和能力的要求不同，各学校可根据教学要求做相应调整，有些章节和内容可通过自学、参观、实习或课程设计完成。

本书编写人员及编写分工如下：张芝雨（许昌职业技术学院）编写第一章，卢青波（郑州职业技术学院）编写第二、四章，王双（许昌职业技术学院）编写第三章，杨一平（许昌职业技术学院）编写第五章，程改青（许昌职业技术学院）编写第六章，毕新熙（河南天冠燃料乙醇有限公司）编写第七章，王俊豪（许昌职业技术学院）编写第八章。杨一平负责全书的统稿和编写组织工作。宁玉伟、马建民、张传斌副教授对本书提出了很多宝贵的意见，在此表示衷心的感谢！

本书由杨一平任主编，由程改青、卢青波、王俊豪、毕新熙任副主编，由李鸿征教授任主审。

由于水平有限，书中难免有错漏之处，敬请读者批评指正，不胜感谢。

编　者

2011年05月

目 录

第一章 变压器

在国民经济的各个领域,变压器已被广泛应用,从电力的生产、输送到分配至各用电部门,都离不开变压器。就电力系统来说,电力变压器就是一个主要电器。电炉设备、整流设备、电焊设备、矿山设备、船舶设备等,都采用专用变压器。此外,实验设备、测量设备、控制设备等,也采用各式各样的变压器。

第一节 变压器概述和基本结构

一、变压器概述

变压器是将一种等级的交流电压变换成频率相同的另一种等级交流电压的静止电气设备。它是根据电磁感应原理制成的一种电气设备,具有变换电压、电流和阻抗的功能。

变压器是电力系统中不可缺少的重要设备,在电力系统中它用来改变交流电压的大小,以满足不同电压等级的负荷的需要。因此,变压器在电力系统和供电系统中占有很重要的地位。

在机床线路中,控制电路一般是经变压器降压得到的中低电压电路,有的变压器(如隔离变压器)还起到隔离噪声等干扰信号的作用。

二、变压器的基本结构

虽然变压器种类繁多、形状各异,但其基本结构是相同的。变压器的主要组成部分是铁芯和绕组。

(一)铁芯

铁芯是变压器中主要的磁路部分,通常由含硅量较高,厚度为 0.35 mm 或 0.5 mm,表面涂有绝缘漆的热轧或冷轧硅钢片叠装而成。铁芯分为铁芯柱和铁轭两部分,铁芯柱套有绕组,铁轭作闭合磁路之用,铁芯构成变压器的磁路。按照铁芯的形状不同,变压器可分为口型、EI 型、F 型、C 型等,如图 1-1 所示,为常见的变压器铁芯的形状。

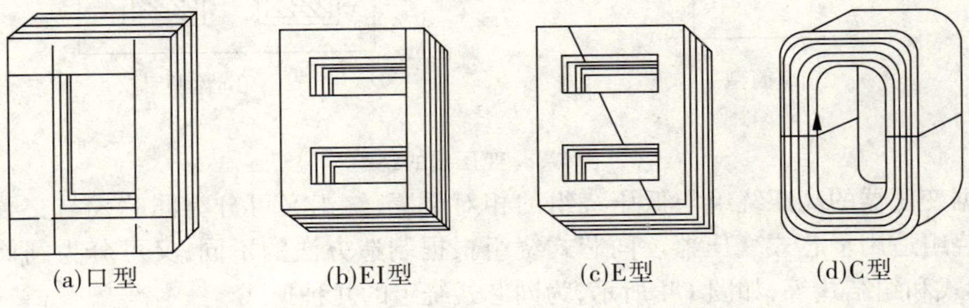

图 1-1 常见的变压器铁芯的形状

按铁芯和绕组的组合结构，通常又把变压器分为芯式和壳式两种，如图 1-2(a)所示为芯式铁芯的变压器，其绕组套在铁芯柱上，结构较简单，绕组的装配和绝缘都比较方便，且用铁量少，因此多用于容量较大的变压器，如电力变压器。如图 1-2(b)所示为壳式铁芯的变压器，铁芯把绕组包围在中间。由于壳式变压器的铁芯把绕组包围在中间，故不需要专门的变压器外壳，但它的制造工艺复杂，用铁量较多，常用于小容量的变压器中，如电子线路中的变压器多采用壳式结构。

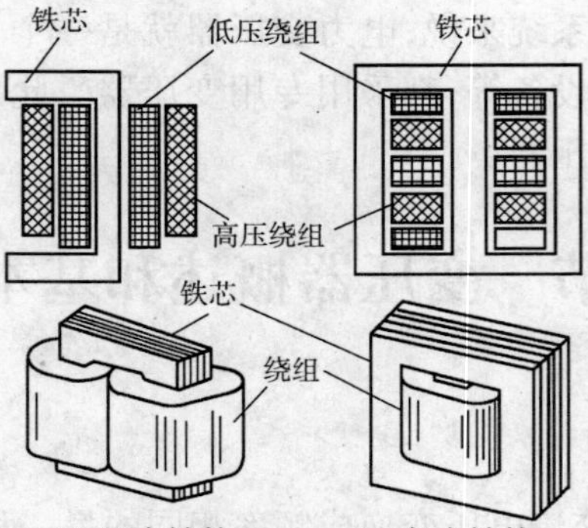

(a) 芯式结构　　(b) 壳式结构

图 1-2　变压器的铁芯结构

(二)绕组

绕组是变压器电路的主体部分，我们把变压器与电源相接的一侧称为“原边”，相应的绕组称为原绕组(或一次绕组、初级)，其电磁量用下标数字“1”表示；而与负载相接的一侧称为“副边”，相应的绕组称为副绕组(或二次绕组、次级)，其电磁量用下标数字“2”表示。

绕组通常用绝缘的铜线或铝线绕制，一般小容量变压器的绕组用高强度漆包线绕制而成，大容量变压器可用绝缘扁铜线或铝线绕制。绕组的形状有筒型和盘型两种，如图 1-3 所示。

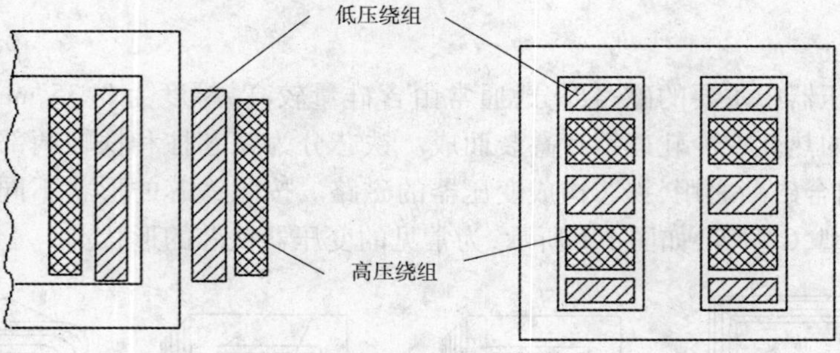

(a) 筒型　　(b) 盘型

图 1-3　变压器的绕组

根据变压器的高压绕组与低压绕组的相对位置，绕组又可分为同芯式与交叠式两种。同芯式绕组适用于芯式变压器。同芯式绕组根据制造方法的不同，又可分为圆筒式、螺旋式、连续式和纠结式等，如图 1-4 所示，为同芯式绕组的几种形式。

高压绕组电压高，绝缘要求高，如果高压绕组在内，离变压器铁芯近，则应加强绝缘，这

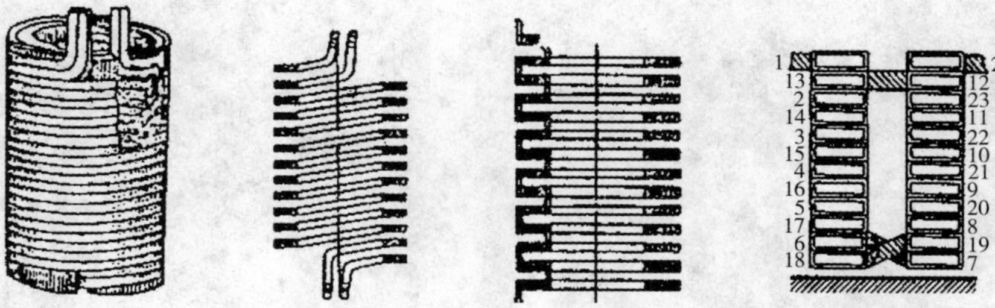

(a) 圆筒式　　(b) 螺旋式　　(c) 连续式　　(d) 纠结式

图 1-4　同芯式绕组的几种形式

就提高了变压器的成本造价。因此,为了绝缘方便,低压绕组紧靠着铁芯,高压绕组则套装在低压绕组的外面。两个绕组之间留有油道,既可以起绝缘作用,又可以使油把热量带走。在单相变压器中,高、低压绕组均分为两部分,分别缠绕在两个铁芯柱上,两部分既可以串联又可以并联。三相变压器同一相的高、低压绕组全部缠绕在同一铁芯柱上。

(三)其他结构部件

变压器的器身放在装有变压器油的油箱内。变压器油既是一种绝缘介质,又是一种冷却介质。为使变压器油能长久地保持良好状态,在变压器油箱上面装有圆筒形的储油柜。储油柜通过连通管与油箱相通,柜内油面高度随着油箱内变压器油的热胀冷缩而变动,储油柜使油与空气的接触面积减小,从而减少油的氧化和水分的侵入。另外气体继电器和安全气道是在故障时保护变压器安全的辅助装置。

只有绕组和铁芯的变压器称为干式变压器,而大容量变压器的器身放在盛有绝缘油的油箱中的变压器称为油浸式变压器。

油浸式变压器主要附件有油枕、干燥器、防爆开关、气体继电器等,如图 1-5 所示。

三、变压器的分类

变压器按用途一般分为电力变压器和特种变压器两大类。

(一)电力变压器

电力变压器可以按用途、相数、调压方式、绝缘介质、冷却方式、中性点绝缘水平、绕组数及其结构形式、铁芯与绕组的组合结构等的不同进行分类。

(1)按用途不同可分为升压变压器、降压变压器、联络变压器、配电变压器以及用于直流输电的换流变压器等。

(2)按相数不同可分为单相变压器、三相变压器和在特殊情况下使用的多相变压器。

(3)按绕组数及其结构形式不同可分为双绕组变压器、三绕组变压器、多绕组变压器、自耦变压器和分裂变压器等。

(4)按铁芯与绕组的组合结构不同可分为芯式变压器和壳式变压器。

(5)按调压方式不同可分为有载调压变压器和无励磁调压变压器。

(6)按绝缘介质不同可分为油浸式变压器(内注矿物油或硅油等合成油)和干式变压器(内充六氟化硫气体或以树脂浇注和浸渍空冷等)。

(7)按中性点绝缘水平不同可分为全绝缘变压器和半绝缘变压器(或称分级绝缘变压器)。

图 1-5　油浸式变压器主要附件

(8)按冷却方式不同可分为油浸自冷(ONAN)变压器、油浸风冷(ONAF)变压器、强迫油循环风冷(OFAF)变压器、强迫油循环水冷(OFWF)变压器、强迫油导向循环风冷(ODAF)变压器、强迫油导向循环水冷(ODWF)变压器、干式空气自冷(G)变压器、干式浇注绝缘(C)变压器和蒸发冷却变压器。

(二)特种变压器

特种变压器可分为整流变压器、电炉变压器、高压试验变压器、控制变压器等。

第二节　单相变压器

一、单相变压器的基本结构和工作原理

(一)单相变压器的基本结构

单相变压器主要由铁芯和绕组两个基本部分组成。一般小功率单相变压器多采用壳式结构,容量较大的单相变压器常采用芯式结构。

(二)单相变压器的工作原理

变压器是一种静止的电机,它利用电磁感应原理实现电能在不同等级电压之间的能量传递。

变压器的工作原理,以最基本的单相双绕组变压器为例进行阐述。由于变压器的工作原理涉及电路、磁路以及它们的相互联系等方面的问题,比较复杂,为了便于分析,在此把它们分为变压、变流、变阻抗三种情况来讨论。

图 1-6 是单相变压器的工作原理图。该变压器有一个铁芯(提供磁通的闭合路径)和高、低压两个绕组,其中接电源的绕组为原绕组,匝数 N_1,电压 u_1,电流 i_1,主磁电动势 e_1,漏

磁电动势 $e_{1\sigma}$；与负载相接的绕组为副绕组，匝数 N_2，电压 u_2，电流 i_2，主磁电动势 e_2，漏磁电动势 $e_{2\sigma}$。图中标明的是它们的参考方向。当交流电源电压 u_1 加到原绕组后，就有交流电流 i_1 通过该绕组，在铁芯中产生主磁通 Φ。这个主磁通不仅穿过原绕组，同时也穿过副绕组，两个绕组中分别产生感应电势 e_1 和 e_2。这时，如果副绕组与外电路的负载接通，便有电流 i_2 流入负载，即副绕组有电能输出。

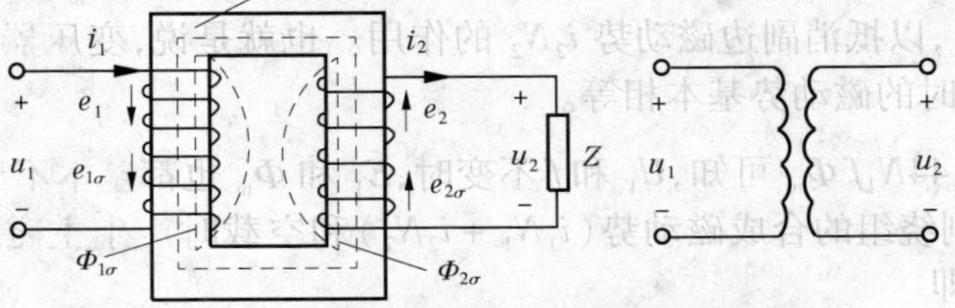

图 1-6　变压器结构示意图及变压器符号

1. 变压器的变压原理（变压器的空载运行）

变压器的空载运行是指原绕组接在正弦交流电源 u_1 上，副绕组开路不接负载（$i_2=0$）。

在电压 u_1 的作用下，原绕组中有电流 i_1 通过，此时，$i_1=i_0$ 称为空载电流。它在原边建立磁动势 i_0N_1，在铁芯中产生同时交链着原、副绕组的主磁通 Φ。主磁通 Φ 的存在是变压器运行的必要条件。

由图 1-6 可得，原、副绕组的电压方程分别为

$$\dot{U}_1 = R_1\dot{I}_1 + jX_{1\sigma}\dot{I}_1 - \dot{E}_1 \tag{1-1}$$

$$\dot{U}_2 = \dot{E}_2 - R_2\dot{I}_2 - jX_{2\sigma}\dot{I}_2 \tag{1-2}$$

忽略原绕组的电阻 R_1 和漏抗 $X_{1\sigma}$ 的电压，且变压器空载时，则有

$$\dot{U}_1 \approx -\dot{E}_1；\dot{U}_2 \approx \dot{E}_2$$

其相应的有效值关系为

$$\dot{U}_1 \approx \dot{E}_1 = 0.44fN_1\Phi_m \tag{1-3}$$

$$\dot{U}_2 \approx \dot{E}_2 = 0.44fN_2\Phi_m \tag{1-4}$$

式中　f——电源频率，Hz，工频为 50 Hz；

N_1——一次侧绕组匝数，匝；

N_2——二次侧绕组匝数，匝。

由此可以得出，原边电压 U_1 与副边电压 U_2 之间的关系为

$$\frac{U_1}{U_2} \approx \frac{E_1}{E_2} = \frac{N_1}{N_2} = k \tag{1-5}$$

在负载状态下，由于副绕组的电阻 R_2 和漏抗 $X_{2\sigma}$ 很小，其上的电压远小于 e_2，仍有

$$\dot{U}_2 \approx \dot{E}_2$$

$$\frac{U_1}{U_2} \approx \frac{E_1}{E_2} = \frac{N_1}{N_2} = k$$

式中，k 称为变压器的变压比（简称变比），该式表明变压器原、副绕组的电压与原、副绕组的匝数成正比。当 $k>1$ 时，为降压变压器；当 $k<1$ 时，为升压变压器。对于已经制成的变压器而言，k 值是一定的，故副绕组电压随原绕组电压的变化而变化。

2. 变压器的变流原理(变压器的负载运行)

变压器的原绕组接在正弦交流电源 u_1 上,副绕组接上负载的运行情况,称为变压器的负载运行。

接上负载后,副绕组中便有电流 i_2 通过,建立副边磁动势 i_2N_2,根据楞次定律,i_2N_2 将有改变铁芯中原有主磁通 Φ 的趋势。但是,在电源电压 u_1 及其频率 f 一定时,铁芯具有恒磁通特性,即主磁通 Φ 将基本保持不变。因此,原绕组中的电流由 i_0 变到 i_1,使原边的磁动势由 i_0N_1 变成 i_1N_1,以抵消副边磁动势 i_2N_2 的作用。也就是说,变压器负载时的总磁动势应该与变压器空载时的磁动势基本相等。

由 $\dot{U}_1 \approx \dot{E}_1 = 0.44N_1f\dot{\Phi}_m$ 可知,U_1 和 f 不变时,E_1 和 Φ_m 也都基本不变。因此,有负载时产生主磁通的原、副绕组的合成磁动势($i_1N_1+i_2N_2$)和空载时产生主磁通的原绕组的磁动势 i_0N_1 基本相等,即

$$i_1N_1 + i_2N_2 = i_0N_1$$

空载电流 i_0 很小,可忽略不计,则

$$\dot{I}_1N_1 \approx -\dot{I}_2N_2$$

$$\frac{I_1}{I_2} = \frac{N_2}{N_1} = \frac{1}{k} \tag{1-6}$$

式 $\dot{I}_1N_1 \approx -\dot{I}_2N_2$ 中负号说明 I_1 和 I_2 的相位相反,即 I_2N_2 对 I_1N_1 有去磁作用。式(1-6)说明变压器负载运行时,其原绕组和副绕组电流有效值之比,等于它们匝数比的倒数,即变压比 k 的倒数。这也就是变压器的电流变换原理。

3. 阻抗变换

设接在变压器副绕组的负载阻抗 Z 的模为 $|Z|$,则

$$|Z| = \frac{\dot{U}_2}{\dot{I}_2} \tag{1-7}$$

Z 反映到原绕组的阻抗模 $|Z'|$ 为

$$|Z'| = \frac{\dot{U}_1}{\dot{I}_1} = \frac{k\dot{U}_2}{\frac{\dot{I}_2}{k}} = k^2\frac{\dot{U}_2}{\dot{I}_2} = k^2|Z| \tag{1-8}$$

式(1-8)说明以下两点:

(1)当变压器的副边接入负载阻抗 Z 时,反映(反射)到变压器原边的等效阻抗 $|Z'| = k^2|Z|$,即增大 k^2 倍,这就是变压器的阻抗变换作用。

(2)当副边的负载阻抗 $|Z|$ 一定时,通过选取不同的匝数比的变压器,在原边可得到不同的等效阻抗 $|Z'|$。因此,在一些电子设备中,为了获得最大的功率输出,可以利用变压器将负载的阻抗变换到正好等于电源的内阻抗,即"阻抗匹配"。

二、单相变压器的联结组

联结组是变压器运行中的一个重要概念。通过研究单相变压器的联结组,为三相变压器的联结组的学习打好基础。

(一)单相变压器原、副绕组首末端标记及连接方法

单相变压器原绕组的首、末端被标记为 U、X;把副绕组的首、末端标记为 u、x。单相变

压器的原、副绕组缠绕在同一根铁芯柱上，并被同一主磁通所交链，任何时刻两个绕组的感应电动势都会在某一端呈现高电位的同时，在另外一端呈现出低电位。借用电路理论的知识，把原、副绕组中同时呈现高电位（低电位）的端点称为同名端，并在该端点旁加“·”来表示。

（二）单相变压器联结组的确定

按照惯例，统一规定原、副绕组感应电动势的方向均从首端指向末端。一旦两个绕组的首、末端定义完之后，同名端便只由绕组的绕向决定。当同名端同时为原、副绕组的首端（末端）时，E_{UX}和E_{ux}同相位，用联结组 I/I－12 表示，如图 1-7 所示；否则，E_{UX}和E_{ux}相位相差 180°，用联结组 I/I－6 表示，如图 1-8 所示。

由此可见，单相变压器原边、副边感应电动势的方向存在两种可能：同为电动势升（降）；一个为电动势升，另一个为电动势降。

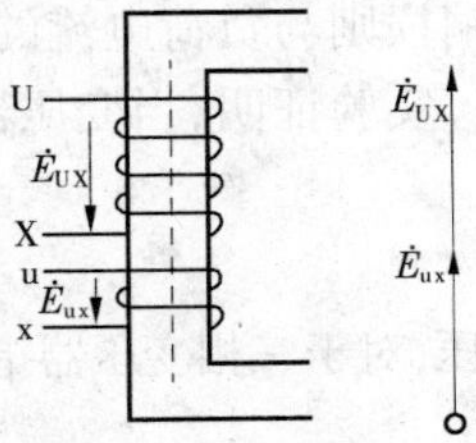

图 1-7　I/I－12 联结组

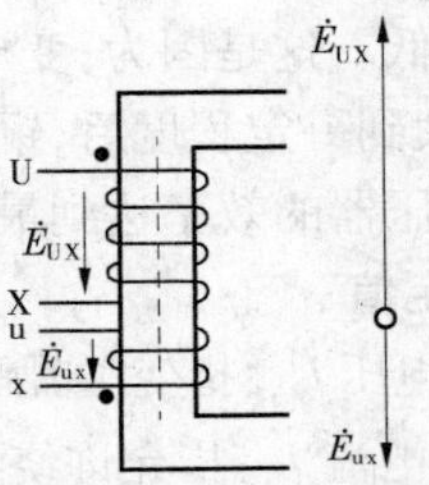

图 1-8　I/I－6 联结组

三、变压器的使用特性

（一）外特性

外特性是指副绕组电压 U_2 与副绕组电流 I_2 的变化关系，如图 1-9 所示。电压变化率反映电压 U_2 的变化程度。通常希望 U_2 的变动越小越好，一般变压器的电压变化率约为 5%。用式（1-9）表示为

$$\Delta U = \frac{U_{20} - U_2}{U_{20}} \times 100\% \tag{1-9}$$

式中　U_{20}——空载时变压器副绕组电压；

U_2——满载时变压器副绕组电压。

（二）损耗与效率

变压器在运行时存在两种损耗：铁损和铜损。

（1）变压器的铁损 P_0。

变压器一次侧加有交变电压时，铁芯中产生交变的磁通，从而在铁芯中产生磁滞与涡流损耗，总称变压器的铁损。铁损包括磁滞损耗（ΔP_0）和涡流损耗（$I_0^2R_1$）。

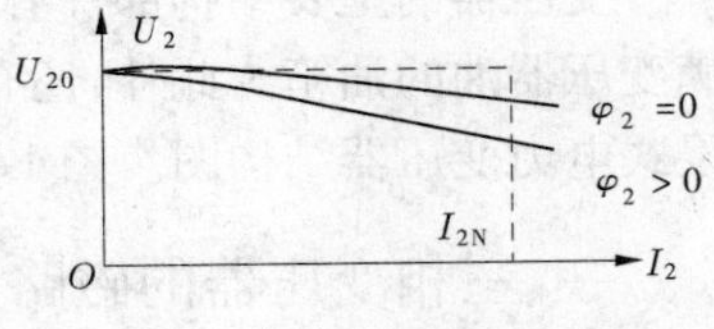

图 1-9　变压器的外特性曲线

变压器空载运行时损耗为

$$P_0 = I_0^2R_1 + \Delta P_0 \tag{1-10}$$

由于空载电流 I_0 和一次绕组电阻 R_1 都比较小，所以 $I_0{}^2R_1$ 可以忽略不计，因此变压器的空载损耗主要是铁损。当电源电压一定时，铁损基本不变，而与负载电流的大小和性质无关。

(2)变压器的铜损 P_K。

由于变压器一、二次绕组都有一定的电阻(R_1、R_2),当有电流通过时,就要产生一定的功率和电能损耗,这就是铜损。

变压器的铜损为

$$P_K = I_1^2 R_1 + I_2^2 R_2 \tag{1-11}$$

因此,变压器的铜损的大小主要取决于负载电流的大小。

(3)变压器的效率:输出功率 P_2 与输入功率 P_1 比值的百分比,即

$$\eta = \frac{P_2}{P_1} \times 100\% = \frac{P_2}{P_2 + \Delta P} \times 100\% \tag{1-12}$$

式中,$\Delta P = P_0 + P_K$。

当变压器输出功率为零时,效率也为零;随着输出功率的增加,效率也上升,直至最大值,然后又降低。这是因为,变压器的铁损基本上不变,而铜损则与负荷电流的平方成正比,当负荷电流大到一定程度后,铜损很快增大使得效率下降。实验证明,当变压器的铜损与铁损相等时,变压器的效率达到最大值。

(三)额定值

(1)额定电压 U_N:指变压器副绕组空载时原、副绕组的电压,对于三相变压器指的是线电压。

(2)额定电流 I_N:指允许绕组长时间连续工作的线电流。

(3)额定容量 S_N:在额定工作条件下变压器的视在功率。

单相变压器

$$S_N = U_{2N} I_{2N} \approx U_{1N} I_{1N} \tag{1-13}$$

三相变压器

$$S_N = \sqrt{3} U_{2N} I_{2N} \approx \sqrt{3} U_{1N} I_{1N} \tag{1-14}$$

第三节　三相变压器

三相变压器是 3 个容量相同的单相变压器的组合,它有 3 个铁芯柱,每个铁芯柱都绕着同一相的两个线圈,一个是高压线圈,另一个是低压线圈。

变压器的主要结构部件有:由铁芯和绕组两个基本部分组成的器身,以及放置器身且盛满变压器油的油箱。此外,还有一些为确保变压器运行安全的辅助器件。图 1-10 为一台油浸式电力变压器结构图。图 1-11 为 SFPL－120000/220 型电力变压器外形图。

一、三相变压器的磁路系统

三相变压器的磁路系统,可分为各相磁路彼此无关(三相组式)和各相磁路彼此相关(三相芯式)的两类。

(一)三相组式变压器

三相组式变压器是由 3 个磁路相互独立的单相变压器所组成的,三相之间只有电的联系而无磁的联系,如图 1-12 所示。虽然各磁路相互独立,原、副绕组可根据要求接成星形(Y)或三角形(△)。但当对原绕组施加对称的三相电压时,Φ_U、Φ_V、Φ_W 便会对称,空载电流也是对称的。

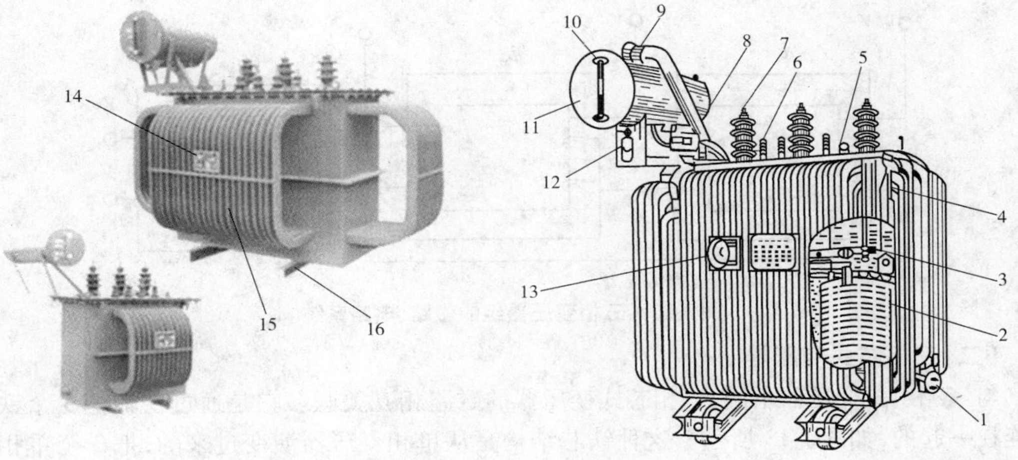

(a) (b)

1—放油阀门;2—绕组;3—铁芯;4—油箱;5—分接开关;

6—低压套管;7—高压套管;8—气体继电器;9—安全气道;

10—油表;11—储油柜;12—吸湿器;13—湿度计;14—铭牌;15—散热油管;16—底座

图 1-10 油浸式电力变压器外形图

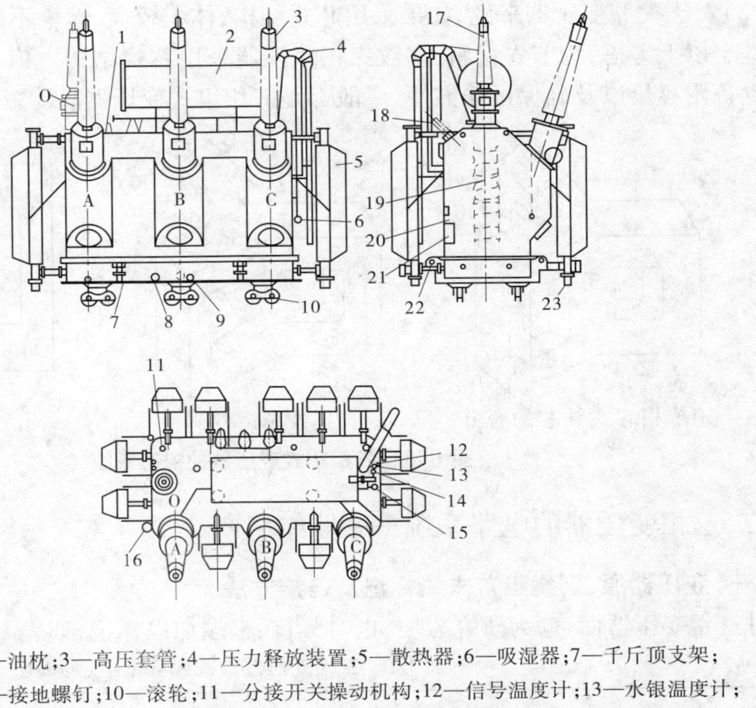

1—接地套管;2—油枕;3—高压套管;4—压力释放装置;5—散热器;6—吸湿器;7—千斤顶支架;

8—取油样阀门;9—接地螺钉;10—滚轮;11—分接开关操动机构;12—信号温度计;13—水银温度计;

14—电阻温度计;15—瓦斯继电器;16—事故放油阀门;17—中性点套管;18—低压套管;19—梯子;

20—油箱;21—接线箱;22—起吊孔;23—潜油泵

图 1-11 SFPL－120000/220 型电力变压器外形图

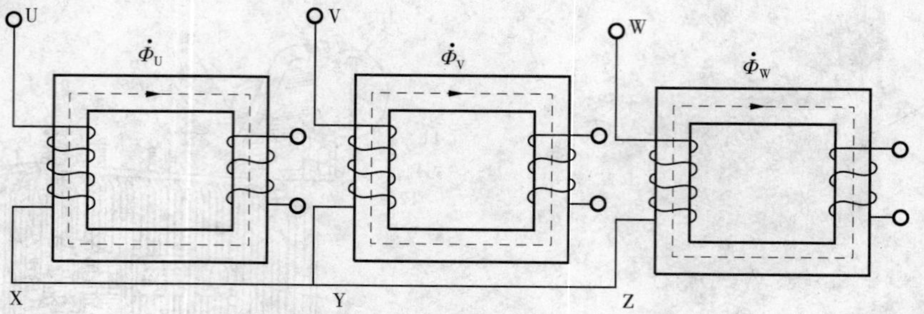

图 1-12 三相变压器组的磁路、电路系统

(二)三相芯式变压器

与三相组式变压器不同,三相芯式变压器的磁路相互关联。它是通过铁轭把 3 个铁芯柱连在一起的,如图 1-13 所示。这种铁芯结构是从单相变压器演变过来的,把 3 个单相变压器铁芯柱的一边组合到一起,而将每相绕组缠绕在未组合的铁芯柱上。由于在对称的情况下,组合在一起的铁芯柱中不会有磁通存在,故可以省去。和同容量的三相组式变压器相比,三相芯式变压器所用的材料较少、质量轻。但它的缺点在于:

(1)采用三相芯式变压器供电时,任何一相发生故障,整个变压器都要进行更换,如果采用三相组式变压器,只要更换出现故障的一相即可。所以,三相芯式变压器的备用容量为三相组式变压器的 3 倍。

(2)对于大型变压器来说,如果采用芯式结构,体积较大,运输不便。

基于以上考虑,为节省材料,多数三相变压器采用芯式结构。但对于大型变压器而言,为减少备用容量以及确保运输方便,一般都是三相组式变压器。

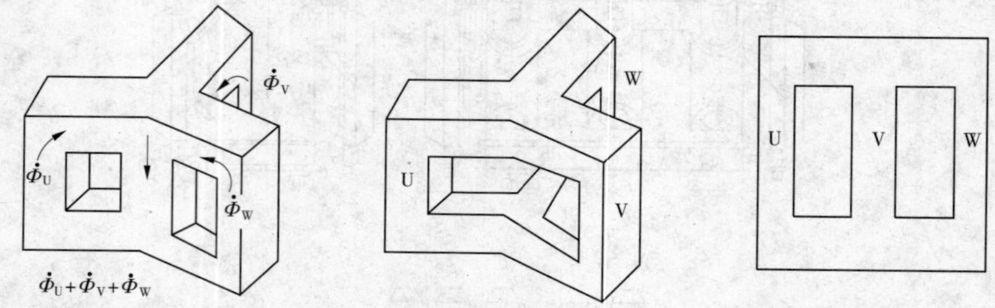

(a)单相芯式铁芯的合并　(b)铁芯演变　(c)三相芯式铁芯

图 1-13 三相芯式变压器的磁路系统

二、三相变压器的电路系统——联结组

(一)变压器原、副绕组首末端标记及连接方法

对三相变压器而言,为研究方便,也对其首、末端加以标记,如表 1-1 所示。

表 1-1 三相变压器首末端标记

绕组名称	首端	末端	中点
原绕组	U、V、W	X、Y、Z	0
副绕组	u、v、w	x、y、z	0

理论上来说，三相变压器的原、副绕组都可以根据需要接成星形（Y）或三角形（△），一旦按规定的接法连接完成，其表示方法便随之确定。为方便起见，用 Y/y 表示原、副边的星形接法；用 D/d 来表示原、副边的三角形接法。原绕组在接成星形（Y）时，如果有中线引出，则用 YN 表示；副绕组在接成星形（Y）时，如果有中线引出，则用 yn 表示。例如，YN/d 表示原绕组为星形接法，并且有中线引出，副绕组为三角形接法；D/y 表示原绕组为三角形接法，副绕组为星形接法，无中线引出。

（二）三相变压器的联结组

三相变压器的联结组有两部分组成，一部分表示三相变压器的联结方法；另一部分表示联结组的标号。下面详细介绍确定联结组的方法。联结组标号是由原边、副边线电动势的相位差决定的。三相变压器的 3 个铁芯柱上都有分别属于原绕组和副绕组的一相，它们的相位关系与单相变压器原、副绕组感应电动势的关系完全一样。根据电路理论可知，当三相绕组按星形（Y）连接时，线电动势的大小为相电动势的$\sqrt{3}$倍，相位则超前相应相电动势 30°；当三相绕组按三角形（△）连接时，线电动势与相电动势相等。所以在确定原边、副边相电动势的相位关系后，线电动势的关系也随之确定，便可根据线电动势的相位关系来确定联结组标号。联结组标号有两层含义：一方面原边、副边线电动势相位差都是 30°的倍数，该倍数即为联结组标号；另一方面代表着时钟的整点数，如果规定原边线电动势作为分针始终指向 12 点不动，副绕组的线电动势作为时针，按顺时针转动，指向几点，则联结组标号就是几，这就是所谓的钟表法。

1. 由三相变压器的接线图确定联结组

在已知三相变压器接线图的情况下，可以按如下步骤来确定其联结组：首先画出原绕组相电动势的相量图，并根据其连接方式求出线电动势；然后把 U 点当做 u 点，根据同名端，确定副边相电动势与原边相电动势的相位关系，画出副边相电动势的相量图，再由其连接方式求出副边的线电动势；最后根据相量图所示的原边、副边线电动势相位差，得到联结组标号。

1）变压器绕组的连接方法

（1）星形联结用符号“Y（或 y）”表示。

三个首端 U、V、W（或 u、v、w）向外引出，末端 X、Y、Z（或 x、y、z）连接在一起成为中性点，如图 1-14（a）所示。

（2）三角形联结用符号“D（或 d）”表示。

各相间联结次序为 U—X—W—Z—V—Y（或 u—x—w—z—v—y）；从首端 A、B、C（或 a、b、c）向外引出，如图 1-14（b）所示。

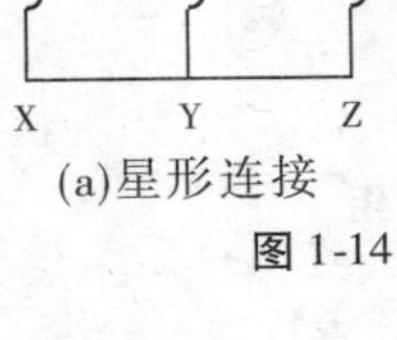

(a)星形连接

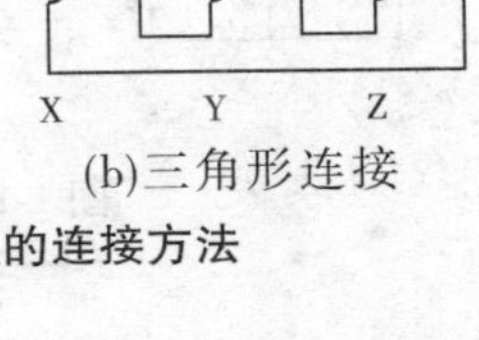

(b)三角形连接

图 1-14　变压器绕组的连接方法

2）三相变压器接线图和相量图

下面就以 Y/y 和 Y/d 为例来说明如何确定三相变压器联结组标号，在以下分析中，如无特殊说明，都认为原绕组所接电源的相序为：U→V→W。

(1) Y/y 联结组。

图 1-15 ~ 图 1-20 给出了所有 Y/y 联结组的接线图和相量图。

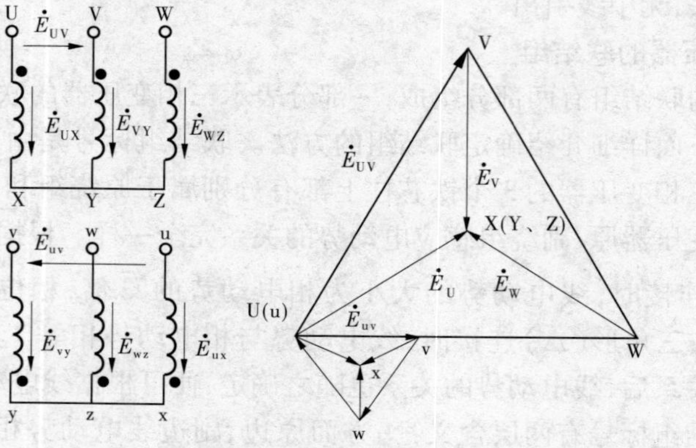

图 1-15　Y/y2 联结组

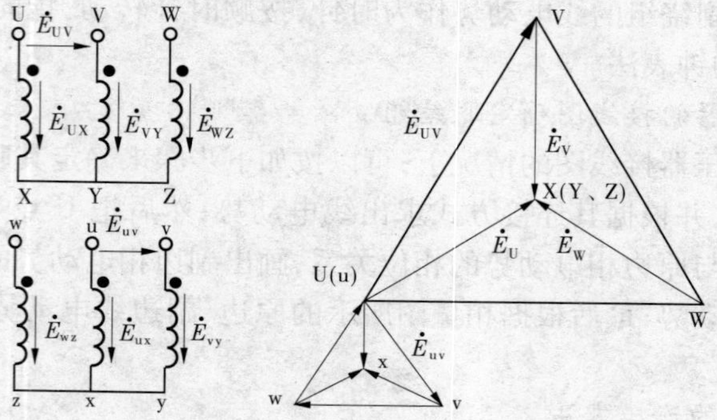

图 1-16　Y/y4 联结组

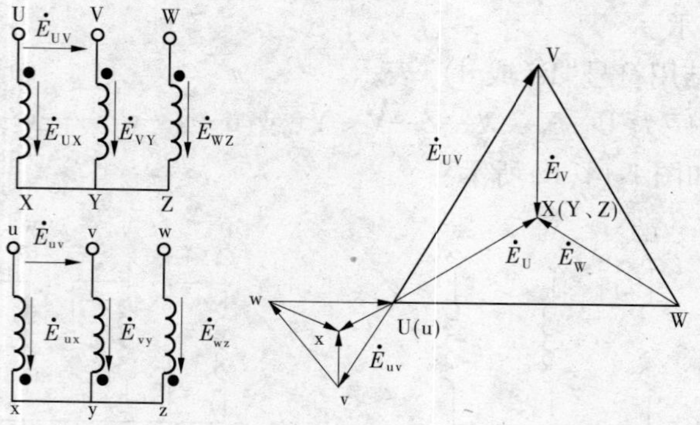

图 1-17　Y/y6 联结组

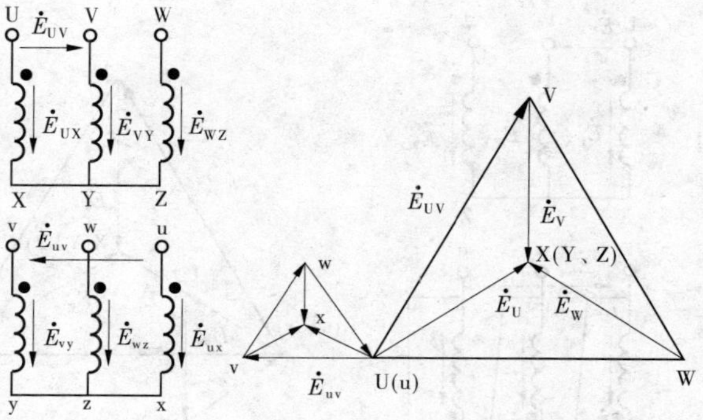

图 1-18　Y/y8 联结组

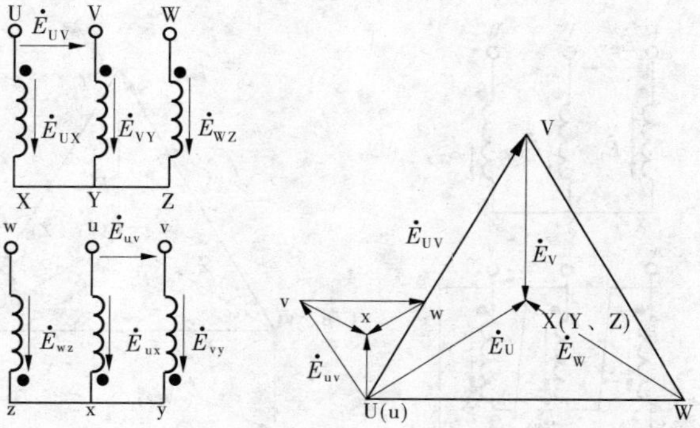

图 1-19　Y/y10 联结组

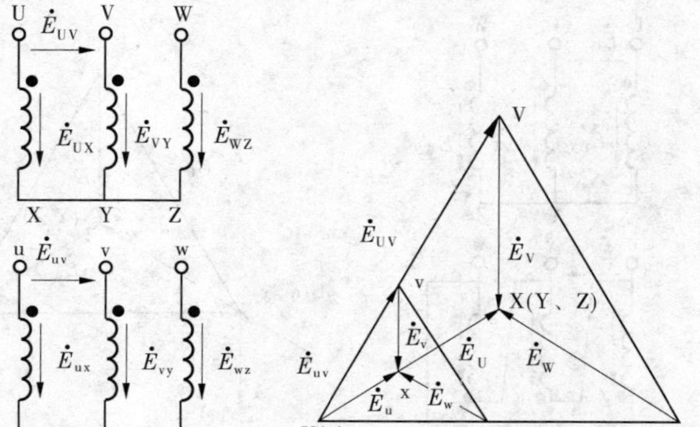

图 1-20　Y/y12 联结组

由此可见,当原、副绕组采用相同的连接方式时,联结组标号均为偶数,原、副绕组感应电动势的相序一致,而标号的改变并不会影响到相序。当原、副绕组采用不同的连接方式时,联结组标号均为奇数。

(2)Y/d 联结组。

图 1-21 ~ 图 1-26 给出了所有 Y/d 联结组的接线图和相量图。

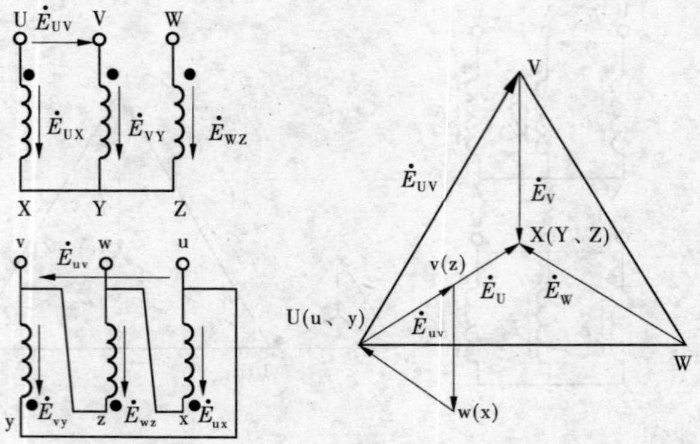

图 1-21　Y/d1 联结组

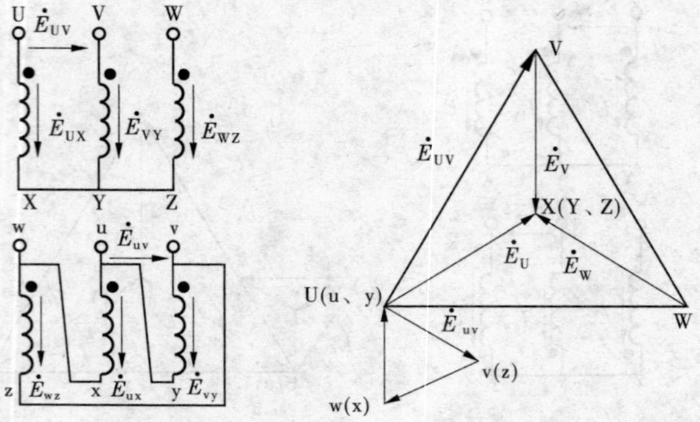

图 1-22　Y/d3 联结组

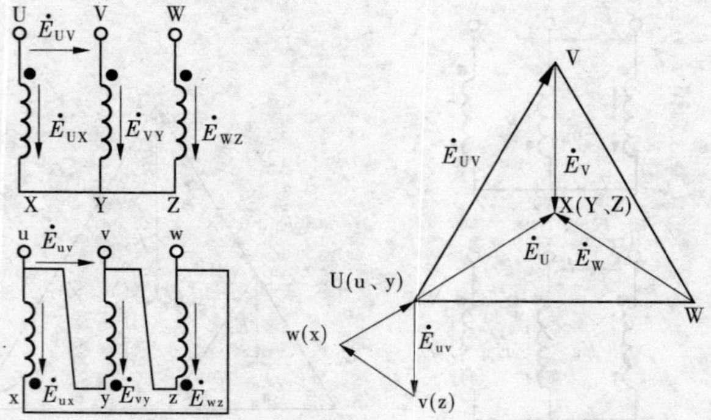

图 1-23　Y/d5 联结组

2. 由三相变压器的联结组确定接线图

这可以看成是上一过程的逆过程。其步骤如下：首先根据联结组所示的连接方法，初步画出原、副绕组的连线方式，并且按照常规，定义原绕组的出线端标记及相电动势、线电动势，在此基础上，画出原绕组相量图；然后把 U 点当做 u 点，根据联结组标号，再画出副绕组的线电动势、相电动势；最后根据原边、副边线电动势的相位关系，确定副绕组的出线端标

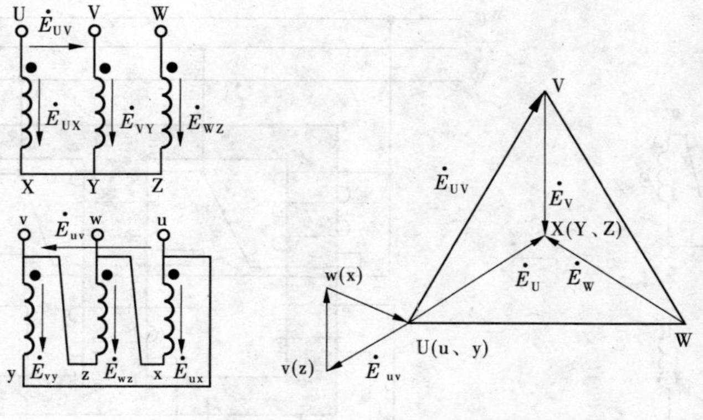

图 1-24　Y/d7 联结组

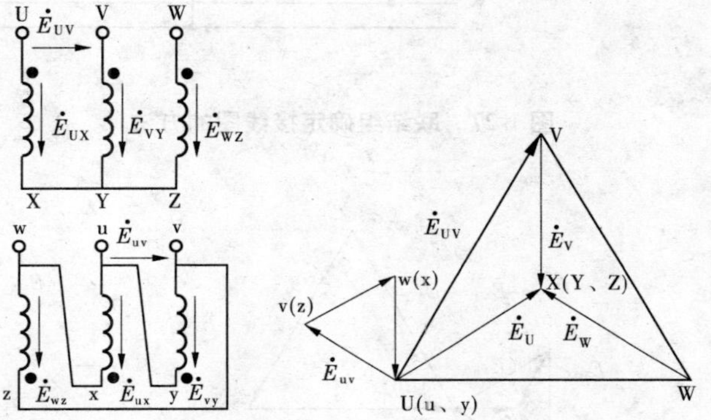

图 1-25　Y/d9 联结组

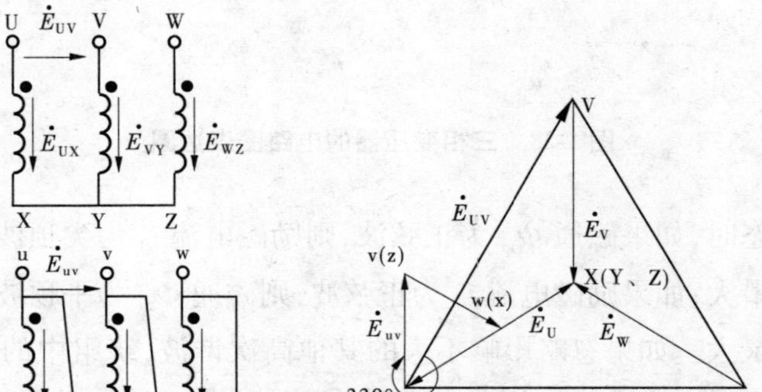

图 1-26　Y/d11 联结组

记、同名端。如图 1-27 所示，为联结组确定接线图的方法。

由联结组通过电势相量确定三相变压器的电路图表达图见图 1-28。

三、磁路结构及联结组对电动势波形的影响

变压器的铁芯是由铁磁材料构成的。铁磁材料的磁化曲线是一条呈饱和特性的曲线。

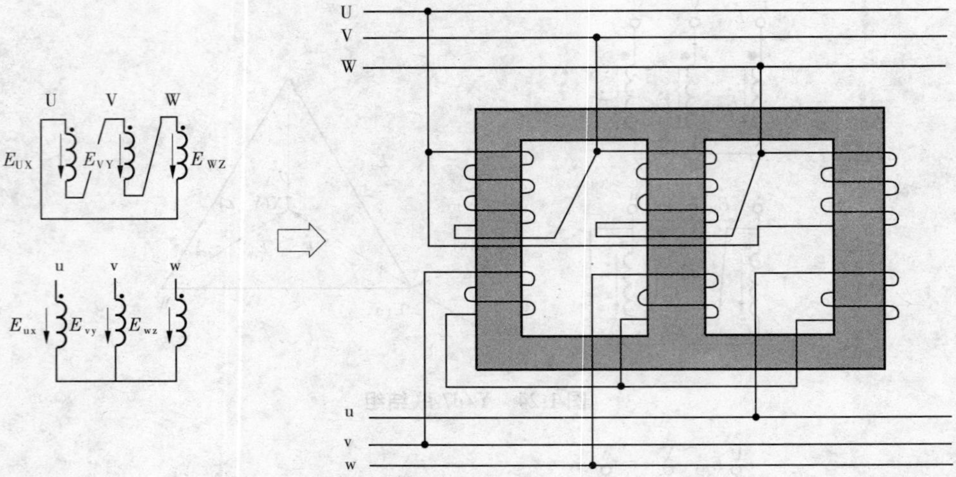

图 1-27　联结组确定接线图的方法

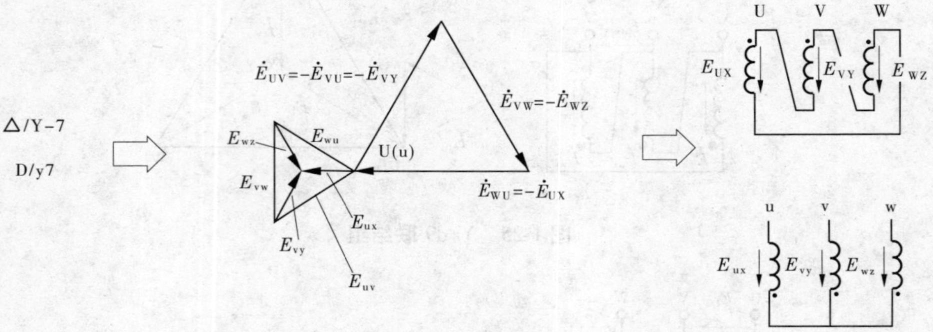

图 1-28　三相变压器的电路图表达图

在铁芯处于饱和状态时，如果磁通 Φ_m 为正弦波，则励磁电流 i_0 为尖顶波，除基波电流外，以三次谐波电流分量最大；如果励磁电流 i_0 为正弦波，则磁通 Φ_m 为平顶波，除基波磁通外，以三次谐波磁通分量最大。如果忽略影响不大的其他高次谐波，绕组中的电动势主要由基波磁通和三次谐波磁通感应产生。三相变压器的磁路结构与联结组会影响磁通的流通路径，因而也会对感应电动势的波形有直接影响。下面以 YN/y、Y/y 以及 Y/d、D/y 为例对其进行研究。

（一）YN/y、Y/y 联结的三相变压器

励磁电流 i_0 中的三次谐波分量的幅值、相位均相同，故可构成零序对称组。在原绕组有中线的情况（YN/y）下，三次谐波电流会以中线作为自己的回路。由于三次谐波电流的存在，励磁电流呈尖顶波，所对应磁通及绕组感应电动势接近于正弦波。但当原绕组没有中线（Y/y）时，三次谐波电流由于没有回路而无法存在，因此励磁电流呈正弦波，所对应磁通便

是含有三次谐波分量的平顶波。磁通的三次谐波分量的流通路径与三相变压器的磁路结构有关。

1. 三相组式变压器

构成三相组式变压器的3个单相变压器磁路彼此独立。所以在每个单相变压器的铁芯中,三次谐波磁通分量都可以流过。每相绕组的电动势由基波磁通和三次谐波磁通共同感应产生,以原绕组感应电动势 E_1 为例,E_1 是由基波磁通的感应电动势 E_{11} 和三次谐波磁通的感应电动势 E_{13} 组成,即

$$E_1 = E_{11} + E_{13}$$

其中

$$E_{11} = 4.44 f_1 N_1 \dot{\Phi}_{m1}, E_{13} = 4.44 f_3 N_1 \dot{\Phi}_{m3}$$

虽然,三次谐波磁通 Φ_{m3} 比基波磁通 Φ_{m1} 要小,但三次谐波磁通的交变频率 f_3 为基波磁通频率 f_1 的3倍,故

$$\frac{E_{13}}{E_{11}} = 3\frac{\dot{\Phi}_{m3}}{\dot{\Phi}_{m1}}$$

该比值有时可达到45% ~60%,甚至更大。相电动势的波形会发生畸变而形成尖顶波。这种现象会引起危险的过电压,严重时有可能击穿绕组绝缘。但在线电动势中,由于相电动势的三次谐波分量相互抵消,仍呈正弦波。

2. 三相芯式变压器

三相芯式变压器的磁路彼此关联,励磁电流的三次谐波分量由于没有回路在铁芯中无法流通。虽然它仍可以通过油路或空气形成闭合回路,但由于该磁路的磁导率小,磁阻大,其数量是不大的。因此,可以忽略三次谐波磁通所产生的感应电动势。认为绕组中的电动势单独由磁通的基波分量所感应产生,呈正弦波。但以三倍于基波频率交变的三次谐波磁通,会在油箱中产生涡流损耗,致使油箱局部过热,降低变压器的效率。

(二)Y/d、D/y 联结的三相变压器

在Y/d连接的三相变压器中,原绕组采用没有中线的星形(Y)连接,所以励磁电流便呈正弦波,而不存在三次谐波电流分量。铁芯中的磁通会出现三次谐波磁通 Φ_{m3},每相绕组中便会感应出三次谐波电动势 E_3。由于副绕组采用三角形(d)连接方式,自身形成一闭合回路,因此便会有 E_3 产生的三次谐波电流 I_3 流通。原绕组中不存在三次谐波电流,无法抵消 I_3 对铁芯中磁通的影响,I_3 便会在铁芯中产生三次谐波磁通 Φ_{m3}。因为绕组的电抗远大于电阻,I_3 在相位上滞后 E_3 近90°,Φ_{m3} 即滞后 E_3 近90°,而 Φ_{m3} 在相位上超前它所产生的感应电动势 E_3 近90°。由此可见,三次谐波电流 I_3 所产生的 Φ_{m3} 会抵消铁芯中原先存在的三次谐波磁通 Φ_{m3},从而大大削弱绕组中的三次谐波电动势,使其趋近于正弦波。

在D/y连接的三相变压器中,原绕组采用三角形(D)连接方式,可以流过三次谐波电流,从而使得励磁电流呈正弦波,致使铁芯中的磁通为正弦波,绕组中的感应电动势也为正弦波。

由以上分析可以看出,为了改善绕组中感应电动势的波形,最好使原、副绕组中的一个采用三角形连接方式。

第四节　其他变压器

一、自耦变压器

图 1-29（a）、（b）是自耦变压器实物及出线示意图。

(a) 自耦变压器实物

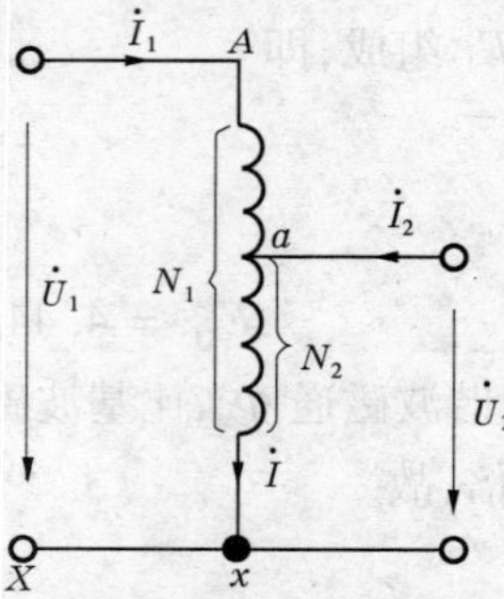

(b)自耦变压器出线示意

图 1-29　自耦变压器示意图

自耦变压器的结构特点是：副绕组是原绕组的一部分，原、副绕组不但有磁的联系，也有电的联系。它在实验室或某些电子设备中经常用到。使用时要注意原、副绕组的公共端应接零线，以保证用电安全。自耦变压器的原理与普通电力变压器的相同，原、副绕组的电压和电流关系如下：

$$\frac{U_1}{U_2} = \frac{N_1}{N_2} = k \tag{1-15}$$

$$\frac{I_1}{I_2} = \frac{N_2}{N_1} = \frac{1}{k} \tag{1-16}$$

二、仪用互感器

配合测量仪表专用的变压器称为仪用互感器，简称互感器，如图 1-30 所示，是配电系统中供测量和保护用的设备。它们的工作原理和变压器相似，是把高电压设备和母线的运行电压、大电流（即设备和母线的负荷或短路电流）按规定比例变成测量仪表、继电保护及控制设备的低电压和小电流。根据用途的不同，互感器有电压互感器和电流互感器两种。电压互感器可扩大交流电压表的量程，电流互感器可扩大交流电流表的量程。

图 1-30　仪用互感器实物

(一)电压互感器

电压互感器又称仪表变压器,简称 PT 或 TV,其工作原理、结构和接线方式都与普通变压器相同,主要由铁芯、一次绕组、二次绕组组成。电压互感器一次绕组匝数较多,二次绕组匝数较少,使用时一次绕组与被测量电路并联,二次绕组与测量仪表等电压线圈并联。如图 1-31(a)所示是一电压互感器原理图,它的原绕组匝数很多,并联于待测电路两端;副绕组匝数较少,与电压表及电度表、功率表、继电器的电压线圈并联,用于将高电压变换成低电压。使用时副绕组不允许短路。其工作原理为

$$\frac{U_1}{U_2} = \frac{N_1}{N_2} = k$$

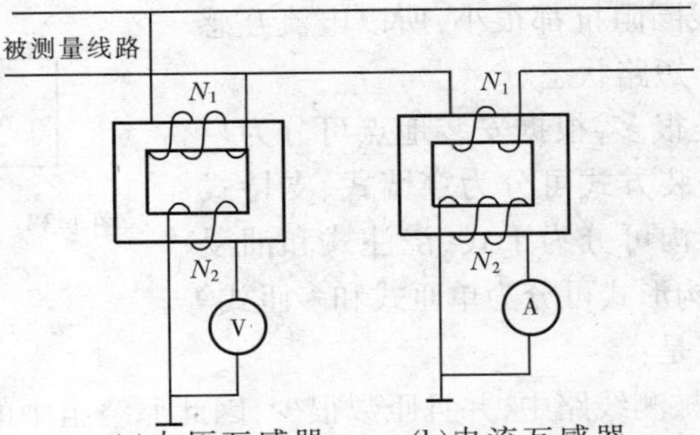

图 1-31　仪用互感器原理图

电压互感器原理接线图如图 1-32 所示。

电压互感器原绕组并接于被测量线路。副边接有电压表,相当于一个副边开路的变压器。电压互感器根据其绝缘结构形式,可分为干式、浇注式、充气式、油浸式等;根据相数可分为单相和三相;根据绕组数可分为双绕组和三绕组。

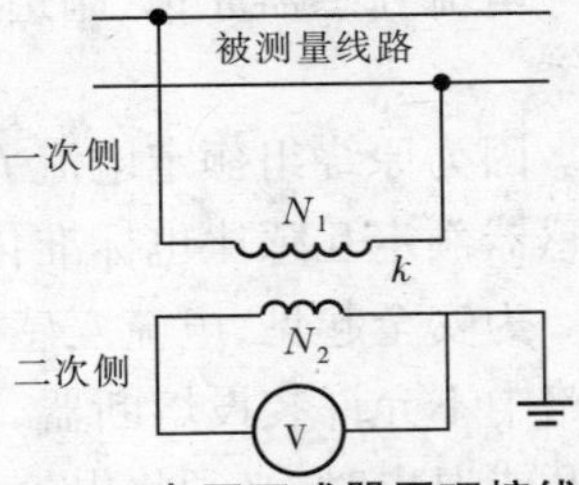

图 1-32　电压互感器原理接线图

电压互感器的特点是:

(1)与普通变压器相比,容量较小,类似一台小容量变压器。

(2)副边负荷比较恒定,所接测量仪表和继电器的电压线圈阻抗很大。因此,在正常运行时,电压互感器接近于空载状态。

电压互感器的原、副绕组额定电压之比,称为电压互感器的额定电压比。即

$$k = U_{1N}/U_{2N}$$

其中,原绕组额定电压 U_{1N} 是电网的额定电压,且已标准化,如 10 kV、35 kV、110 kV、220 kV 等,副绕组额定电压 U_{2N},则统一定为 100(或$\frac{100}{\sqrt{3}}$)V,所以 k 也就相应地实现了标准化。

为安全起见,副绕组必须有一点可靠接地,并且副绕组绝对不能短路。

(二)电流互感器

电流互感器也是按电磁感应原理制成的,简称 CT 或 TA。它的构造与普通变压器相似,主要由铁芯、一次绕组和二次绕组等几个主要部分组成。所不同的是电流互感器的一次绕组匝数很少,使用时一次绕组串联在被测线路里,而二次绕组匝数较多,与侧量仪表和继

电器等电流线圈串联使用。副绕组的电流按一定的变比反映原边电路的电流。

如图 1-31(b)所示是一电压互感器原理图,它的原绕组线径较粗,匝数很少,与被测电路负载串联;副绕组线径较细,匝数很多,与电流表及功率表、电度表、继电器的电流线圈串联。用于将大电流变换为小电流。使用时副绕组电路不允许开路。其工作原理为:

$$\frac{I_1}{I_2} = \frac{N_2}{N_1} = \frac{1}{k}$$

电流互感器原理接线图如图 1-33 所示。

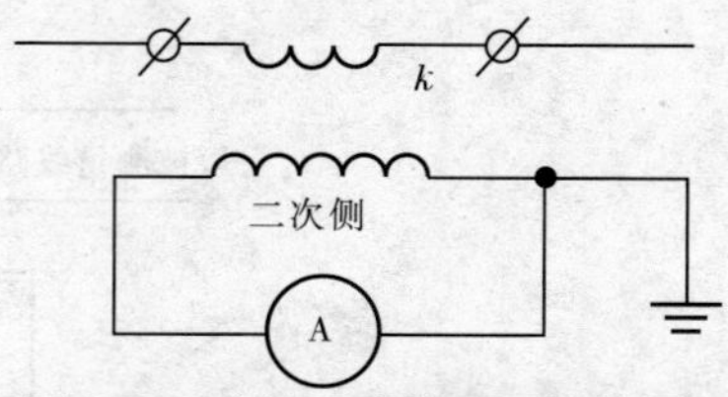

图 1-33　电流互感器原理接线图

与电压互感器的情况相似,电流互感器的副绕组也必须有一点接地。由于作为电流互感器负载的电流表或继电器的电流线圈阻抗都很小,所以电流互感器在正常运行时接近于短路状态。

电流互感器的种类很多,根据安装地点可分为户内式和户外式;根据安装方式可分为穿墙式、支持式和套管式;根据绝缘结构可分为干式、浇注式和油浸式;根据原边绕组的结构形式可分为单匝式和多匝式等。

电流互感器的特点是:

(1)原绕组串联在被测线路中,并且匝数很少,因此原绕组中的电流完全取决于被测电路的负荷电流,而与副边电流无关。

(2)电流互感器副绕组所接电流表或继电器的电流线圈阻抗都很小,所以正常情况下,电流互感器在近于短路状态下运行。

电流互感器原边、副边额定电流之比,称为电流互感器的额定互感比,即

$$k = I_{2N}/I_{1N}$$

因为原绕组额定电流 I_{1N} 已标准化,副绕组额定电流 I_{2N} 统一为 5(或 1、0.5)A,所以电流互感器额定互感比也标准化了。

为安全起见,电流互感器副绕组在运行中绝对不允许开路。为此,在电流互感器的副边回路中不允许装设熔断器,而且当需要将正在运行中的电流互感器副边回路中的仪表设备断开或退出时,必须将电流互感器的副边短接,保证不致断路。

三、电焊机变压器

电焊机在生产中的应用非常广泛,它是利用变压器的特殊外特性(二次侧可以短时短路)的性能而工作的,实际上是一台降压变压器。

(一)电焊工艺对变压器的要求

要保证电焊的质量及电弧燃烧的稳定性,电焊机对变压器有以下几点要求:

(1)空载时,空载电压 U_{20} 一般应在 60 ~ 75 V,以保证容易起弧。但考虑到操作者的安全,U_{20} 的最高值不超过 85 V。

(2)负载(即焊接)时,变压器应具有迅速下降的外特性,如图 1-34 所示,在额定负载时的输出电压 U_2(焊钳与工件间的电弧)约为 30 V。

(3)当短路(焊钳与工件间接触)时,短路电流 i_{2k} 不应过大,一般取 $i_{2k} \leq 2i_{2N}$。

(4)为了适应不同焊接工件和焊条,要求焊接电流大小在一定范围内要均匀可调。

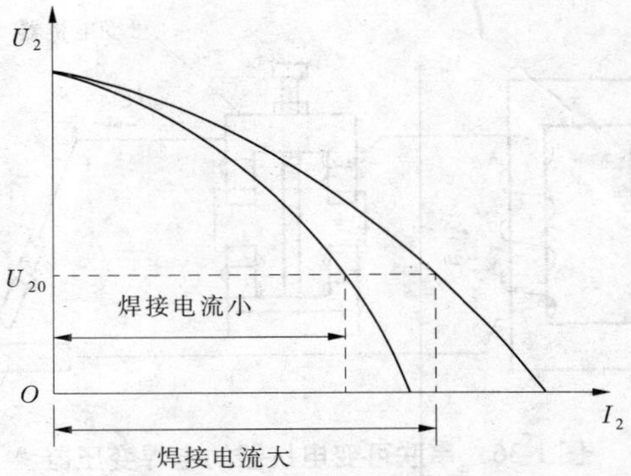

图 1-34　电焊变压器的外特性

由普通变压器的工作原理可知,引起变压器副边(二次侧)电压 U_2 下降的内因,是内阻抗 Z_2 的存在($\dot{U}_2 = \dot{E}_2 - \dot{I}_2 Z_2$)。而普通变压器 Z_2 很小,$I_2 Z_2$ 很小,从空载到额定负载 U_2 变化不大,不能满足电焊要求。因此,电焊变压器应具备较大的电抗,才能使 U_2 迅速下降,并且电抗还要可调。改变电抗的方法不同,可得不同的电焊变压器。

(二)磁分路动铁芯电焊变压器

1. 结构

如图 1-35 所示,原、副绕组分装于两铁芯柱上,在两铁芯柱之间有一磁分路铁芯,即动铁芯。动铁芯通过一螺杆可以移动调节,以改变漏磁通的大小,从而达到改变电抗的大小。

2. 工作原理

当动铁芯移出时,原、副绕组漏磁通减小,磁阻增大,磁导减小,漏抗减小,阻抗压降减小,U_2 增高,焊接电流 I_2 增大。

当动铁芯移入时,原、副绕组漏磁通经过动铁芯形成闭合回路而增大,磁阻减小,磁导增大,漏抗增大,阻抗压降增大,U_2 减小,焊接电流 I_2 减小。

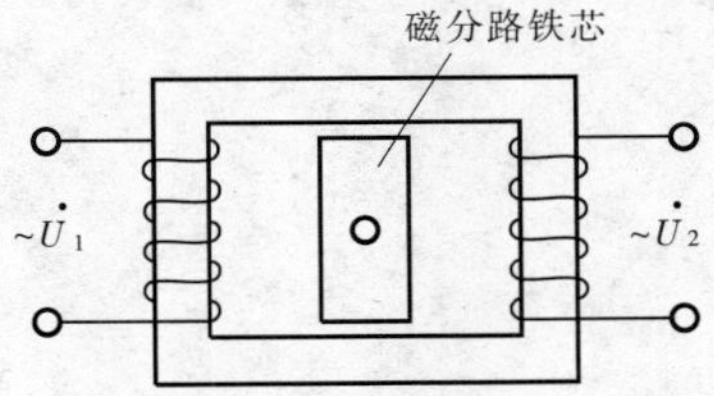

图 1-35　磁分路式电焊变压器

根据不同焊件和焊条,灵活地调节动铁芯位置来改变电抗的大小,达到输出电流可调的目的。

(三)串联可变电抗器的电焊变压器

如图 1-36 所示,在普通变压器副绕组中串联一可变电抗器,电抗器的气隙 δ 通过一螺杆调节其大小,这时焊钳与焊件之间电压为

$$\dot{U}_2 = \dot{E}_2 - \dot{I}_2 Z_2 - j\dot{I}_2 X$$

式中　X——可变电抗器的电抗。

(1)当电抗器的气隙 δ 调小时,磁阻减小,磁导增大,可变电抗 X 增大,U_2 减小,I_2 减小。

(2)当气隙调大时,磁阻增大,磁导减小,可变电抗 X 减小,U_2 增大,I_2 增大。

(3)根据焊件与焊条的不同,可灵活地调节气隙 δ 的大小,达到输出电流可调的目的。

电焊机原边还备有抽头,可以调节起弧电压的大小。

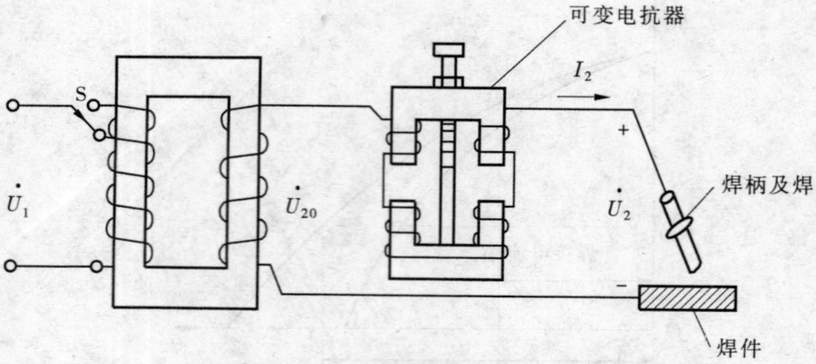

图 1-36　串联可变电抗器的电焊变压器

四、控制变压器

控制变压器和普通变压器原理没有区别，只是用途不同，既可做升压用，亦可做降压用，多用在电子线路中。控制变压器实物，如图 1-37 所示。

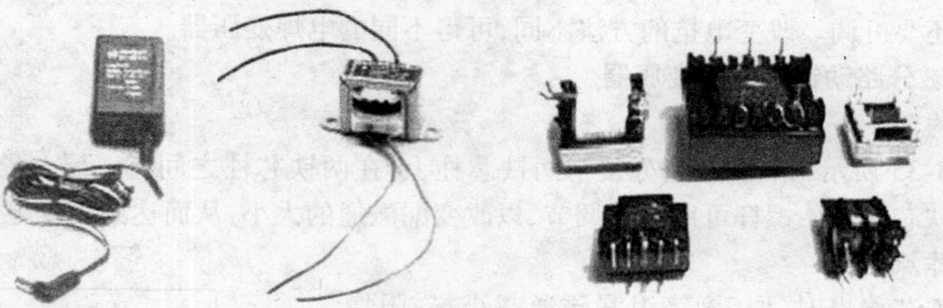

图 1-37　控制变压器实物

第五节　变压器常见电气故障及分析

按变压器故障的原因，一般可分为电路故障和磁路故障。电路故障主要指线环和引线故障等，常见的有线圈的绝缘老化、受潮，切换器接触不良，材料质量及制造工艺不良，过电压冲击及二次系统短路引起的故障等。磁路故障一般指铁芯、铁轭及夹件间发生的故障，常见的有硅钢片短路、穿芯螺丝及铁轭夹件与铁芯间的绝缘损坏以及铁芯接地不良引起的放电等。

一、通过声音分析故障

变压器正常运行时，应发出均匀的“嗡嗡”声，这是由于交流电通过变压器线圈时产生的电磁力吸引硅钢片及变压器自身的振动而发出的响声。如果产生不均匀或其他异音，都是不正常的。

(1)电网发生过电压。电网发生单相接地或电磁共振时，变压器声音比平常尖锐。出现这种情况时，可结合电压表计的指示进行综合判断。

(2)变压器过载运行。负荷变化大，又因谐波作用，变压器内瞬间发生“哇哇”声或“咯略”的间歇声，监视测量仪表指针发生摆动，且音调高、音量大。若发现变压器的负荷超过允许的正常过负荷值时，应根据现场规程的规定降低变压器负荷。

(3)变压器夹件或螺丝钉松动。声音比平常大且有明显的杂音，但电流、电压又无明显异常时，则可能是内部夹件或压紧铁芯的螺钉松动，使硅钢片振动增大所造成的。

(4)变压器局部放电。若变压器的跌落式熔断器或分接开关接触不良时，有“吱吱”的放电声；若变压器的变压套管脏污，表面釉质脱落或有裂纹存在，可听到“嘶嘶”声；若变压器内部局部放电或电接不良，则会发出“吱吱”或“噼啪”声，而这种声音会随距离故障的远近而变化，这时应对变压器马上进行停用检测。

(5)变压器绕组发生短路。变压器有水沸腾声，且温度急剧变化，油位升高，则应判定为变压器绕组发生短路或分接开关接触不良引起的严重过热，应立即将变压器停用检查。

(6)变压器外壳闪络放电。当变压器绕组高压引起出线或外壳闪络放电时，会出现“刺刺”声。这时，应对变压器进行停用检查。

二、绕组故障

绕组故障主要有相间短路、绕组接地、匝间短路、断线及接头开焊等。

(1)相间短路是由主绝缘老化、破裂、断折等缺陷，变压器油受潮，线圈内有杂物，短路冲击变形损坏等引起的，因此要定期检测低压开关灵敏性、可靠性，防止因电缆短路造成变压器的损坏。不允许带负荷停运变压器。过电压冲击及引线间短路，会使瓦斯、差动、过流保护动作，防爆管爆破。应测量绝缘电阻及进行铁芯质量等检查。

(2)绕组对地绝缘击穿，是由于绝缘老化、油受潮、线圈内有杂物、短路冲击和过电压冲击所造成的，会使瓦斯继电器动作。应测量绕组对油箱的绝缘电阻及进行油质化验等检查。

(3)匝间短路通常会出现如下情况，一次电流略为增大，二次线电压不稳(时高时低)，油温升高或发出“咕嘟咕嘟”的异常声响，严重时高压熔断器熔断(高压断路器跳闸)，油枕盖有黑烟，检查时发现三相电流电阻不平衡。匝间短路是由于匝间绝缘老化，长期过载，散热不良及自然损坏，短路冲击振动与变形，机械损伤，压装或排列换位不正确等原因造成的。匝间短路会使瓦斯继电器内的气体呈灰白色或蓝色，油温增高，重瓦斯和差动保护动作跳闸。

(4)断线是由于接头焊接不良，短路电流冲击或匝间短路烧断导线所引起的。断线可能使断口放电产生电弧，使油分解，瓦斯继电器动作。应进行铁芯检验、测量电流和直流电阻进行比较判断或测量绝缘电阻判断。

由于上述种种原因，在运行中一经发生绝缘击穿，就会造成绕组的短路或接地故障。匝间短路时的故障现象有变压器过热，油温增高，电源侧电流略有增大，各相直流电阻不平衡，有时油中有“吱吱声”和“咕嘟咕嘟”的冒泡声。发现匝间短路应及时处理，因为绕组匝间短路常常会引起更为严重的单相接地或相间短路等故障。

三、套管故障

这种故障常见的是炸毁、闪络和漏油。其原因有：

(1)密封不良，电容芯子制造不良，内部发生游离放电，套管脏污严重及瓷件有机械损伤，均会造成套管闪络或爆炸。

(2)呼吸器配置不当或者吸入水分未及时处理。

四、分接开关故障

常见的故障是表面熔化与灼伤，相间触点放电或各接头放电。主要原因有：

(1)连接螺丝松动。

(2)带负荷调整装置不良和调整不当。

(3)分接头绝缘板绝缘不良。

(4)接头焊锡不满，接触不良，制造工艺不好，弹簧压力不足。

(5)油的酸价过高，使分接开关接触面被腐蚀。

本章小结

变压器是一种常见的静止电气设备，它利用电磁感应原理，将某一数值的交变电压变换为同频率的另一数值的交变电压。变压器主要用在输配电系统，而且还广泛应用于电气控制领域、电子技术领域，测试技术领域以及焊接技术领域等。变压器除用于改变电压外，还可用来改变电流、变换阻抗以及产生脉冲等。本章主要介绍了变压器的工作原理、基本结构，单相变压器的变流及变压原理、阻抗变换等特性，单相变压器使用时的外特性、损耗与效率及额定值；讲述了三相变压器的电路系统联结组、自耦变压器及电焊机变压器等其他变压器；分析了变压器的常见电气故障。

习　题

1-1　什么叫变压器？变压器的工作原理是什么？

1-2　什么叫变压器的负载运行？

1-3　单相变压器由哪几部分组成？各部分的作用是什么？

1-4　一台单相变压器 $U_{1N}/U_{2N}=220\ \text{V}/110\ \text{V}$，如果不慎将低压边误接到 220 V 的电源上，变压器会引起怎样的后果？原因是什么？

1-5　一台三相油浸式变压器，已知 $S_N=560\ \text{kV}\cdot\text{A}$，$U_{1N}/U_{2N}=10\,000\ \text{V}/400\ \text{V}$，试求一次、二次绕组的额定电流 I_{1N}、I_{2N} 各是多少？

1-6　如图 1-38 所示，低压照明变压器一次绕组匝数 $N_1=660$ 匝，一次绕组电压 $U_1=220\ \text{V}$，现要求二次绕组输出电压 $U_2=36\ \text{V}$，求二次绕组匝数 N_2 及变比 k_u 是多少？

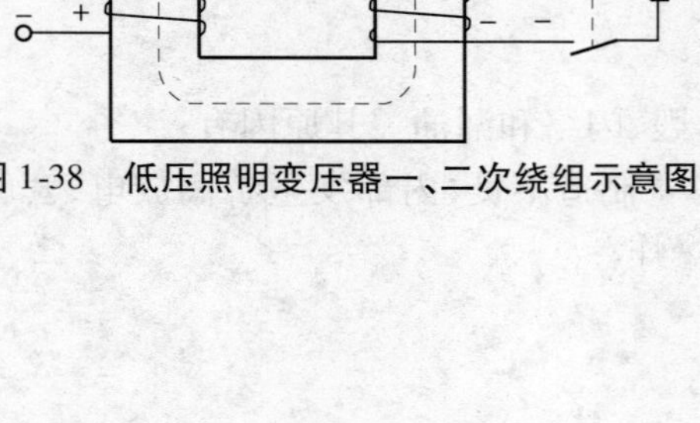

图 1-38　低压照明变压器一、二次绕组示意图

1-7　某收音机输出电路的输出阻抗为 $Z'=392\ \Omega$，接入的扬声器阻抗为 $Z=8\ \Omega$，现加接一个输出变压器使两者实现阻抗匹配，求该变压器的变比 k？若该变压器一次绕组匝数 $N_1=560$ 匝，问二次绕组匝数 N_2 为多少？

1-8　某低压照明变压器 $U_1=380$ V，$I_1=0.263$ A，$N_1=1\ 010$ 匝，$N_2=103$ 匝，求二次绕组对应的输出电压 U_2、输出电流 I_2。该变压器能否给一个 60 W 且电压相当的低压照明灯供电？

1-9　一台三相变压器 $S_N=300$ kV·A，$U_1=10$ kV，$U_2=0.4$ kV，Y/yn 联结，求 I_1 及 I_2。

1-10　电流互感器的作用是什么，能否在直流电路中使用，为什么？

1-11　自耦变压器的结构特点是什么？使用自耦变压器的注意事项有哪些？

1-12　变压器运行时，分析发出下列声音时是哪里出现了故障：

(1) 变压器声音比平常尖锐。

(2) 变压器内瞬间发生“哇哇”声或“咯咯”的间歇声，监视测量仪表指针发生摆动，且音调高、音量大。

(3) 声音比平常大且有明显的杂音。

(4) 变压器有“吱吱”的放电声。

(5) 变压器有水沸腾声。

第二章　三相异步电动机

电动机是一种实现机、电能量转换的电磁装置。常见的电动机可分为交流电动机和直流电动机。

三相异步电动机是交流电动机中的最常见类别，是中小电机的主导产品，具有结构简单、运行可靠、维护方便等诸多优势，广泛应用于化工、纺织、冶金、建筑、农机、矿山、轻工等行业。作为风机、水泵、压缩机、机床、印刷机、造纸机、纺织机、轧钢机、空调机、城市地铁、轻轨交通以及矿山电动车辆等主要机械驱动的动力源，三相异步电动机是一种产量大、配套面广的机电产品，对国民经济、节能和环保以及人民生活等各个领域有着极其密切的关系和重要的影响，发挥了不可替代的作用。

第一节　三相异步电动机的基本结构和工作原理

一、三相异步电动机的基本结构

三相异步电动机的种类很多，但各类三相异步电动机的基本结构是相同的。它们都有旋转部分(称为转子)和固定不动部分(称为定子)，在转子和定子之间具有一定的气隙。此外，还有端盖、轴承、接线盒、吊环等其他附件。封闭式笼型异步电动机的结构如图 2-1 所示。

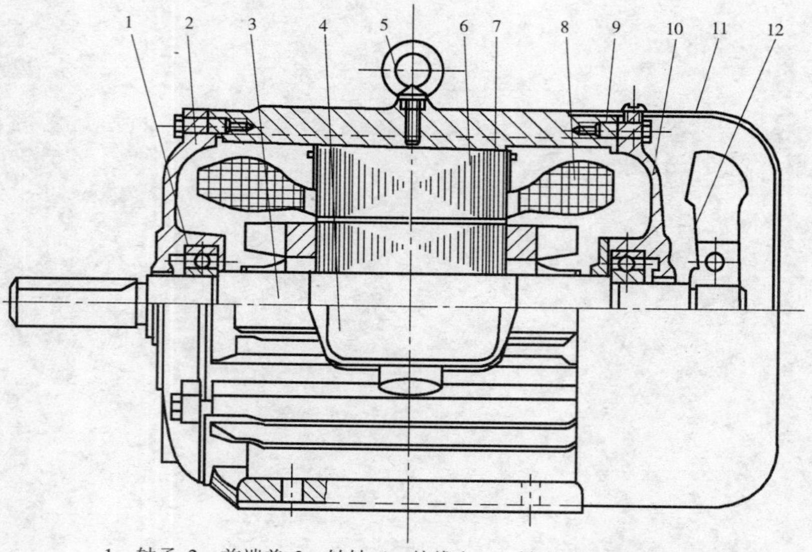

1—轴承；2—前端盖；3—转轴；4—接线盒；5—吊环；6—定子铁芯；
7—转子；8—定子绕组；9—机座；10—后端盖；11—风罩；12—风扇

图 2-1　封闭式笼型异步电动机的结构图

(一)转子

异步电动机的转子由转子绕组、转子铁芯及转轴等组成。它的作用是带动其他机械设备旋转。

1. 转子绕组

转子绕组是转子电路部分,用以产生转子电动势和转矩。如图 2-2 所示,转子按绕组结构的不同可分为鼠笼型转子和绕线型转子两种。依据转子结构的不同,三相异步电动机分为鼠笼型异步电动机和绕线型转子异步电动机。

(a) 鼠笼型转子　　(b) 绕线型转子

图 2-2　三相异步电动机转子实物图

1)鼠笼型转子绕组

在转子铁芯每个槽内插入等长的裸铜导条,裸铜导条的两端用铜端环焊接而成,形成一个闭合回路。转子绕组的外形如同“鼠笼”,故称为鼠笼型转子。如图 2-3(a)所示为铜条鼠笼型转子绕组示意图,由于铜条转子制造较复杂,且价格高,主要用于功率较大的鼠笼型异步电动机。中小型异步电动机鼠笼型转子槽内一般采用铸铝方法,将导条、端环和风扇叶同时一次性浇铸成型,如图 2-3(b)所示。

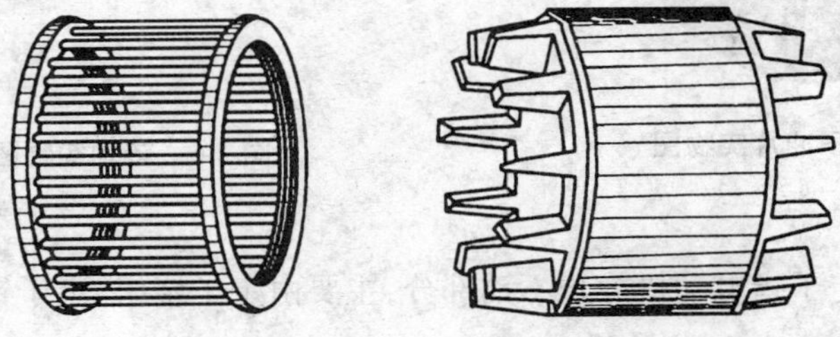

(a) 铜条鼠笼型转子绕组　　(b) 铸铝鼠笼型转子绕组

图 2-3　鼠笼型转子结构

2)绕线型转子绕组

绕线型异步电动机的转子绕组采用绝缘漆包铜线绕制成三相绕组,嵌入转子铁芯槽内并接成 Y 形,其三相首端分别接到固定在转轴上的三个相互绝缘的滑环(称为集电环)上,再经压在滑环上的三组电刷与外电路的电阻相连,三组电阻的另一端也接成 Y 形,通过外串电阻改善电机的启动,调速等性能。如图 2-4 所示。

2. 转子铁芯

转子铁芯固定在转轴上,是电动机磁路的一部分,在转子铁芯的外圈上均匀地冲有许多槽,如图 2-5 所示,用以嵌放转子绕组。转子铁芯是用 0.5 mm 的硅钢片叠压而成的。

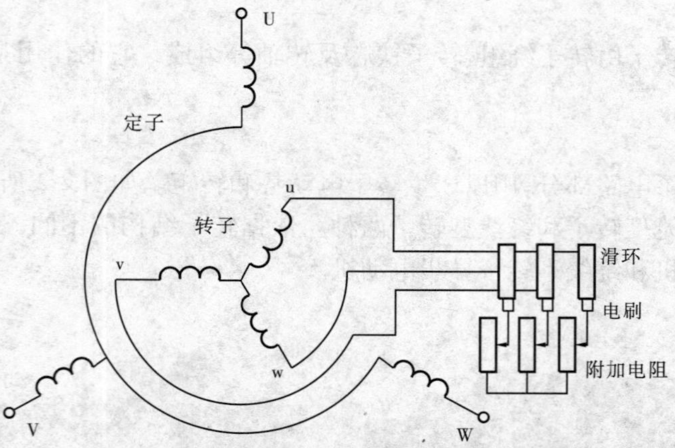

图 2-4　绕线型转子绕组与外加变阻器的连接

3. 转轴

转轴是电动机输出机械能的重要部分，一般用中碳钢制成，可以承受很大的转矩。如图 2-6所示。轴的两端用轴承支撑，固定在机座两端的端盖上。在后端盖外面的轴上装有风扇，供轴向通风。

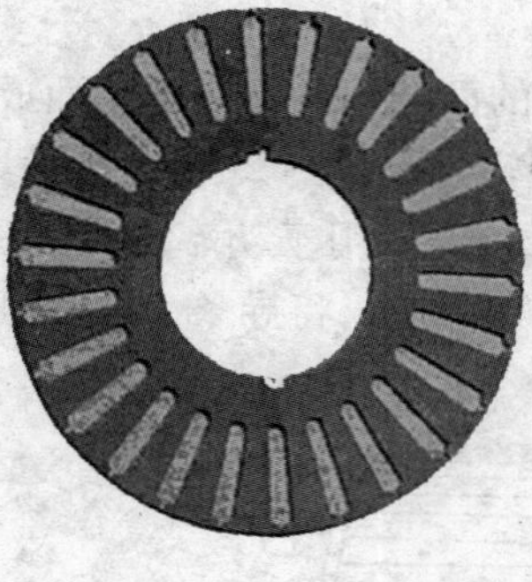

图 2-5　转子冲片实物图

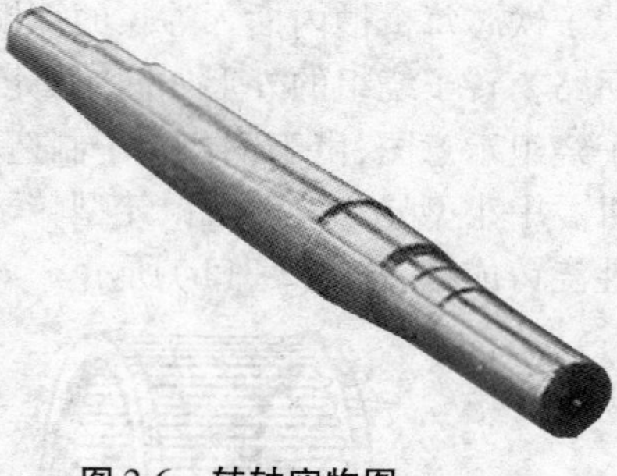

图 2-6　转轴实物图

(二)定子

异步电动机的定子指电动机静止不动部分，主要由定子绕组、定子铁芯两部分组成。

1. 定子绕组

定子绕组是电动机的电路部分，常用漆包线在绕线模上绕制而成，按一定规律嵌入定子槽内。当通入三相交流电时，能产生旋转磁场，并与转子绕组相互作用，实现能量转换。它们在空间彼此相隔 120°电角度，每相绕组的多个线圈均匀分布嵌放在定子铁芯槽中。定子绕组的 3 个首端 U_1、V_1、W_1 和 3 个末端 U_2、V_2、W_2，通过外壳上的接线盒连接到三相电源上。图 2-7(a)所示为定子绕组的星形接法；图 2-7(b)所示为定子绕组的三角形接法。三相绕组具体应该采用何种接法，应视电力网的线电压和各相绕组的工作电压而定。目前我国生产的三相异步电动机，功率在 4 kW 以下的一般采用星形接法，功率在 4 kW 以上的采用三角形接法。

2. 定子铁芯

定子铁芯是异步电动机磁路的一部分，定子铁芯常采用 0. 5 mm 两面涂有绝缘漆的硅

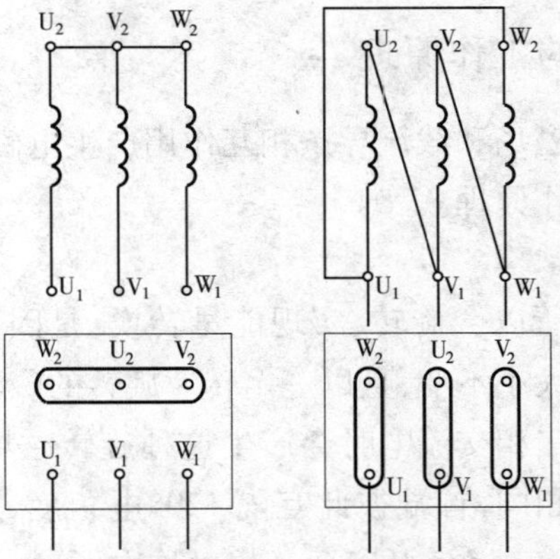

(a)Y形连接　　(b)△形连接

图 2-7　定子绕组的星形和三角形连接

钢片冲片叠压而成,片与片之间相互绝缘,这样可以减少由于涡流造成的能量损失。铁芯内圈上冲有均匀分布的槽,用以嵌放定子绕组。槽的形状由电动机容量、电压及绕组的形状决定。如图 2-8 所示为三相异步电动机常用的一种定子槽形。

(a) 定子铁芯　　(b) 定子铁芯 冲片

图 2-8　异步电动机定子铁芯及冲片

(三)气隙

转子与定子之间的气隙,一般为 0.2 ~ 1.5 mm。气隙是电动机磁路的一部分,它是决定电动机运行质量的一个重要因素。气隙太大,电动机运行时的功率因数会降低;气隙太小,装配困难,运行不可靠,高次谐波磁场增强,从而使附加损耗增加以及启动性能变差。

(四)其他

机座通常用铸铁或铸钢浇铸成型,它的作用是保护和固定三相电动机的定子绕组。中、小型三相电动机的机座还有两个端盖支撑着转子,它是三相电动机机械结构的重要组成部分。对于大型电动机,机座一般采用钢板焊接而成。小型封闭式异步电动机表面有散热筋片,以增加散热面积。

吊环一般是用铸钢制造,安装在机座的上端,用来起吊、搬抬三相电动机。

风扇用来通风散热,冷却电动机。风罩起安全防护作用。端盖是支撑转子的,它把定子与转子连成一个整体,使转子能在定子铁芯内膛转动。轴承盖与端盖连在一起,起轴向固定轴承位置(也就是转子位置)和保护轴承的作用。

二、三相异步电动机的工作原理

三相异步电动机是根据磁场和载流导条相互作用产生电磁力的原理而制成的。下面具体分析三相异步电动机的工作原理。

(一)旋转磁场的产生

三相异步电动机转子之所以会旋转、实现能量转换,是因为转子气隙内有一个旋转磁场。旋转磁场是一种极性和大小不变,且以一定转速旋转的磁场。经理论分析和实践证明,在对称三相绕组中流过对称三相交流电时会产生这种旋转磁场。所谓三相对称绕组,就是三个外形、尺寸、匝数都完全相同,首端彼此互隔120°电角度,对称地放置在定子槽内的独立绕组,如图2-9(a)所示。当三相绕组接至三相对称电源时,三相绕组中便通入三相对称电流 i_U、i_V、i_W,且

$$i_U = I_m\sin\omega t;\quad i_V = I_m\sin(\omega t + 120°);\quad i_W = I_m\sin(\omega t + 240°)$$

设电流的参考方向如图2-9(b)所示,则其对应的三相对称电流的波形如图2-10所示。

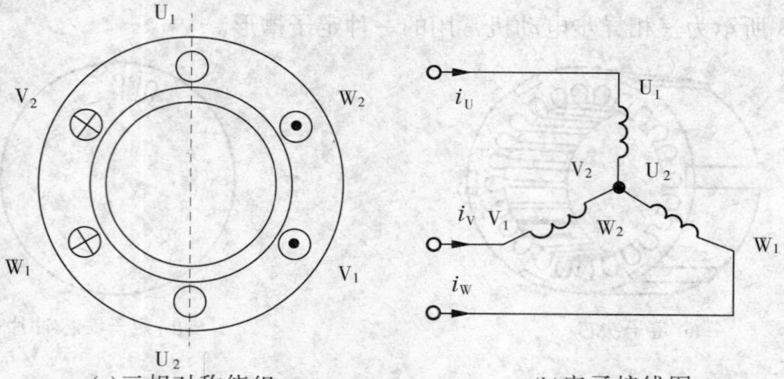

(a)三相对称绕组　　(b)定子接线图

图2-9　三相对称绕组示意图

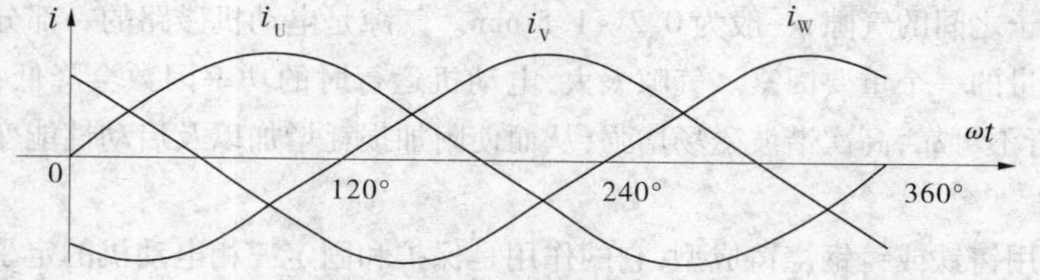

图2-10　三相对称电流波形

图2-11分别是 ωt 为0°、60°、120°、240°时的合成磁场方向。定子线圈的始末端用"○"表示,用"⊗"表示电流的流入,用"⊙"表示电流的流出。

(1)当 $\omega t = 0°$ 时,$i_U = 0$,i_V 为负,即实际方向为从 V_2 到 V_1 端,从 V_2 流入,故 V_2 用"⊗"表示,从 V_1 出,故 V_1 用"⊙"表示。同样,此时 i_W 为正,电流从 W_1 端流入,从 W_2 端流出,故 W_1 用"⊗"表示,W_2 用"⊙"表示。根据右手螺旋定则,三相电流在该瞬间所产生的磁场叠加结果,形成一个两极合成磁场(磁极对数 $p = 1$),上为N极,下为S极,如图2-11(a)所示。

(2)当 $\omega t=60°$时，i_U 为正，电流从首端 U_1 流入，从末端 U_2 流出；i_V 为负，电流从末端 V_2 流入，从首端 V_1 流出；$i_W=0$。其合成的两极磁场方位与 $\omega t=0°$ 时相比，已按顺时针方向在空间旋转了 60°，如图 2-11(b)所示。

(3)当 $\omega t=120°$ 时，i_U 为正，电流从首端 U_1 流入，从末端 U_2 流出；$i_V=0$；i_W 为负，电流从末端 W_2 流入，从首端 W_1 流出。其合成的两极磁场方位与 $\omega t=0°$ 时相比，已按顺时针方向在空间旋转了 120°，如图 2-11(c)所示。

(4)当 $\omega t=240°$ 时，i_U 为负，电流从末端 U_2 流入，从首端 U_1 流出；i_V 为正，电流从首端 V_1 流入，从末端 V_2 流出；$i_W=0$。其合成的两极磁场方位与 $\omega t=0°$ 时相比，已按顺时针方向在空间旋转了 240°，如图 2-11(d)所示。

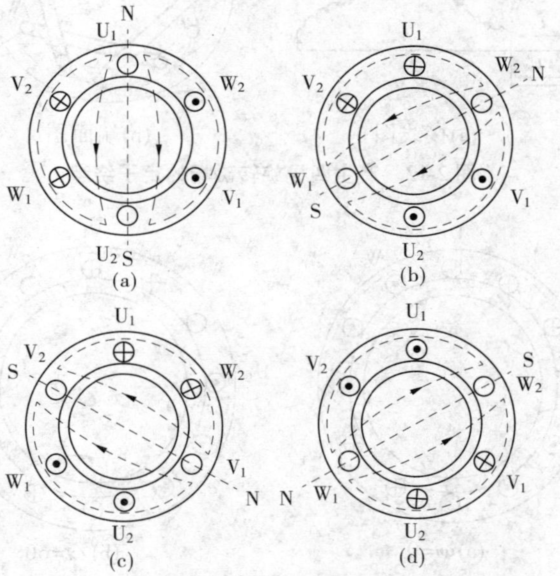

图 2-11　三相电流产生的旋转磁场

综上分析可以看出，当定子绕组中通入三相电流后，它们共同产生的合成磁场随电流的交变而在空间不断地旋转着，这就是旋转磁场。这个旋转磁场同磁极在空间旋转所起的作用是相同的。

(二)旋转磁场的转向

电动机转子的转动方向同磁场的旋转方向是一致的，如要使电动机反转，必须改变磁场的旋转方向。在三相交流电中，电流出现正幅值的顺序为 U→V→W，因此磁场的旋转方向是与这个顺序一致的，即磁场的转向与通入绕组的三相电流的相序有关。如果将同三相电源连接的三根导线中任意两根的一端对调位置，例如对调了 W 相和 V 相，则旋转磁场反转，电动机也随着改变转动方向。

(三)旋转磁场的极数

三相异步电动机的极数就是旋转磁场的极数。若定子绕组中，每相绕组只有一个线圈，绕组的始端之间相差 120°，则产生的旋转磁场具有一对磁极，即磁极对数 $p=1$。若定子绕组中，每相绕组由两个线圈串联而成，则绕组的始端之间相差 60°，则产生的旋转磁场具有两对磁极,即磁极对数 $p = 2$ 。同理,要产生三对磁极,则定子绕组的每相绕组应由三个线圈串联而成,且始端之间相差 40°。例如,将定子绕组接线的安排如图 2-12 所示,即每相绕组有两个线圈串联,绕组的始端之间相差 60°,则产生的旋转磁场具有两对极,即$p = 2$,如图 2-13 所示。

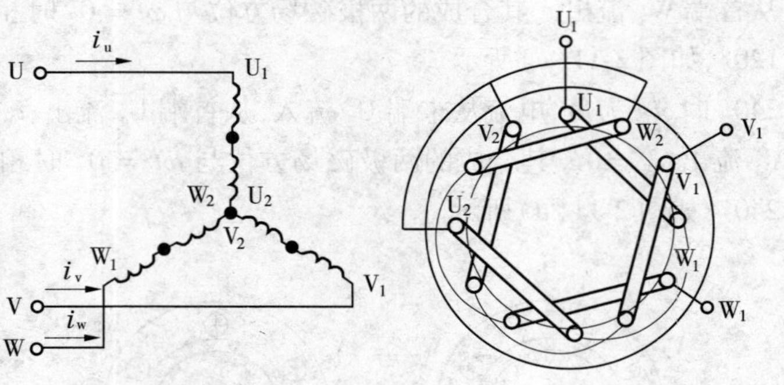

(a)接线图 (b)端面图

图 2-12 产生四极旋转磁场的定子绕组

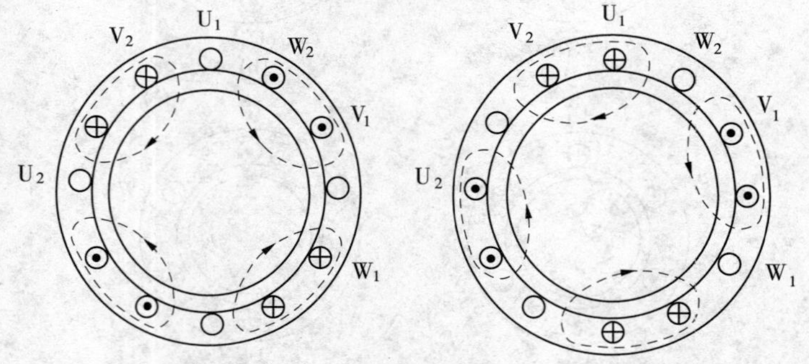

(a) ωt=0° (b) ωt=60°

图 2-13 四极旋转磁场

(四)旋转磁场的转速

三相异步电动机的转速与旋转磁场的转速有关,而旋转磁场的转速决定于旋转磁场的极数。

可以证明,在磁极对数 $p = 1$ 的情况下,三相定子电流变化一个周期,所产生的合成旋转磁场在空间亦旋转一周。当电源频率为 f 时,对应的旋转磁场转速 $n_0 = 60f$ 。

当电动机的旋转磁场具有 p 对磁极时,合成旋转磁场的转速为

$$n_0 = \frac{60f}{p}$$

式中 n_0 ——同步转速即旋转磁场的转速,r/min。

我国电力网电源频率 $f = 50$ Hz,故当电动机磁极对数 p 分别为 1、2、3、4 时,相应的同步转速 n_0 分别为 3 000 r/min、1 500 r/min、1 000 r/min、750 r/min。

(五)三相异步电动机的工作原理

如图 2-14 所示为三相异步电动机的工作原理示意图。当定子接通三相电源后,即在

定、转子之间的气隙内建立了同步转速为 n_0 的旋转磁场。磁场旋转将切割转子导条,根据电磁感应定律可知,在转子导体中将产生感应电动势,其方向可由右手定则确定。当磁场顺时针旋转时,导体相对磁极为逆时针方向切割磁力线。转子上半边导体感应电动势的方向为向外,下半边的感应电动势方向为向内。因转子绕组是闭合的,转子导体中产生电流,电流方向与感应电动势的方向相同。载流导体在磁场中要受到电磁力,其方向可由左手定则确定。这样,在转子导体上形成一个顺时针方向的电磁转矩,于是转子就随着旋转磁场顺时针方向转动。由于异步电动机定子和转子之间的能量传递是靠电磁感应作用的,因此异步电动机也称为感应电动机。

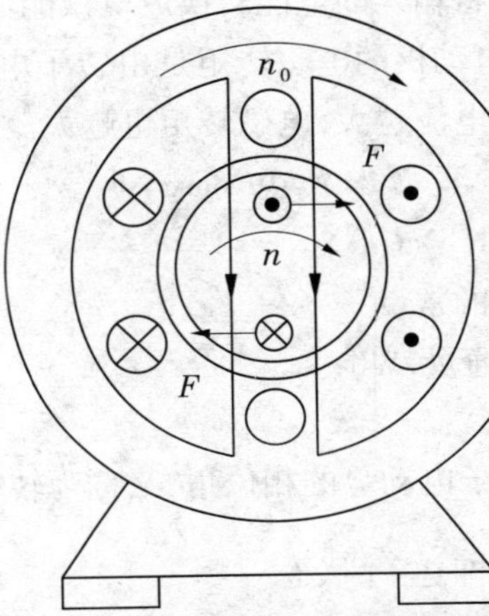

图 2-14　三相异步电动机的工作原理示意图

对于三相异步电动机,转子的旋转方向与旋转磁场的方向相同,但转子的转速要小于旋转磁场的转速,否则旋转磁场与转子之间便没有相对运动,转子中就不会有感应电动势、电流与电磁转矩,转子也就不可能转动了,这也就是叫做"异步"电动机的原因了。

第二节　三相异步电动机的运行

一、转差率

由第一节可知,三相异步电动机转子的转速 n 要小于旋转磁场的同步转速 n_0 。若三相异步电动机带上机械负载,负载转矩越大,则转子的转速 n 与同步转速 n_0 的差距就越大。在分析过程中,用转差率来反映这种异步的程度。n_0 与 n 之差称为转差,转差是异步电动机运行的必备条件。转差与同步转速的比值称为转差率,通常用 s 表示。即

$$s = \frac{n_0 - n}{n_0} \tag{2-1}$$

转差率是异步电动机的一个基本参量。一般情况下,异步电动机的转差率变化不大,空载转差率在 0.005 以下,满载转差率在 0.02 ~ 0.06。可见,额定运行时,异步电动机的转子转速非常接近同步转速。

【例 2-1】 一台三相异步电动机,其额定转速 $n=1\ 465$ r/min,电源频率 $f=50$ Hz。试求电动机的磁极对数和额定负载下的转差率。

解 根据异步电动机转子转速与旋转磁场同步转速的关系可知:$n_0=1\ 500$ r/min,即 $p=2$。

额定转差率 $s=\frac{n_0-n}{n_0}=\frac{1\ 500-1\ 465}{1\ 500}=0.023\ 3$

二、电磁转矩

电磁转矩是三相异步电动机将输入的电能转换成机械能输出的重要物理量。由三相异步电动机的转动原理可知,异步电动机的电磁转矩是由转子电流与旋转磁场的每极磁通相互作用而产生的,磁场越强,转子电流越大,电磁转矩也越大。其一般的表达式为

$$T=K_T\Phi I_2\cos\varphi_2 \tag{2-2}$$

式中 T——电动机的电磁转矩,N·m;

K_T——与电动机结构有关的常量;

Φ——旋转磁场每极的磁通量,Wb;

I_2——转子电流的有效值,A;

φ_2——转子电流滞后于转子电动势的相位角,又称为转子电路的功率因数角。

三、三相异步电动机的三种运行状态

三相异步电动机转子导体与旋转磁场存在相对切割($n\neq n_0$),则会在转子绕组中产生感应电动势和感应电流,从而产生电磁转矩。下面我们通过转差率的值来说明电动机的运行状态。

(一)电磁制动状态

如图 2-15(a)所示,若施加外力,使电动机的转子逆着旋转磁场的方向转动,则 $n<0$,为负值。此时,转差率 s 为正值,且满足 $s>1$。转子电动势 E_2、电流 I_2 和电磁转矩 T 同电动机运行状态相同。相对于转子实际转动方向而言,电磁转矩属于制动性质,因此称为电磁制动状态。从功率关系看,此时输入的电功率及外力功率,都转换为电动机内部损耗。

(二)电动机运行状态

如图 2-15(b)所示,当电动机正常运行时,旋转磁场的转速大于转子的转速,此时,转差率 s 为正值,且满足 $0<s<1$。相应地,转子电动势 E_2 和电流 I_2 均记为正值,电磁转矩 T 也记为正值(驱动转子运行),电动机将输入的电功率转换成机械功率输出。

(三)发电机运行状态

如图 2-15(c)所示,若施加外力,使电动机的转子顺着旋转磁场的方向转动,并且使转子的转速大于同步转速,即 $n>n_0$,转差率 s 为负值。此时,转子导体相对切割旋转磁场的方向与电动机运行状态相比方向反了,因此,转子电动势 E_2、电流 I_2 和电磁转矩 T 同电动机运行状态相反,属于制动转子的性质。若外力克服此电磁制动转矩维持转子恒定转速,则表明输入了机械功率,而电流反向,表示电机向电源输出电功率,即发电状态。

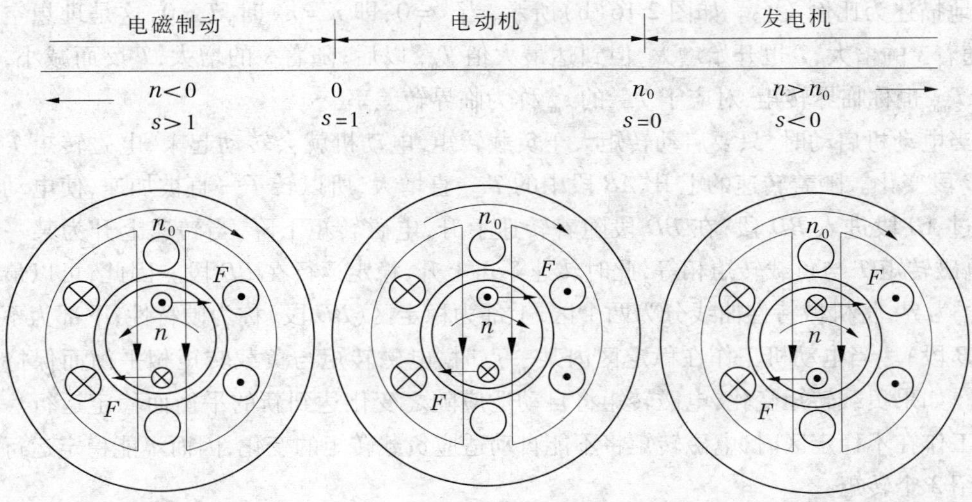

(a)电磁制动状态　　(b)电动机运行状态　　(c)发电机运行状态

图 2-15　三相异步电动机的三种运行状态

【例 2-2】　某异步电动机额定转速 n 为 1 450 r/min，接 50 Hz 电源工作，则其额定负载时的转差率为多少？由于电源故障，工作电源频率突降到 45 Hz，问此瞬间电机的转差率为多少？电机处于什么工作状态，能否稳定运行？

解　由于额定转速接近 1 500 r/min，因此，同步转速 $n_0 = 1\ 500$ r/min，磁极对数 $p = 2$。

转差率　$$s = \frac{n_0 - n}{n_0} = \frac{1\ 500 - 1\ 450}{1\ 500} = 0.033\ 3$$

当电源频率变为 45 Hz 时，同步转速变为 $n_0{}' = \frac{60f}{p} = \frac{60 \times 45}{2} = 1\ 350$ (r/min)，此瞬间由于机械惯性认为转子的转速仍为 1 450 r/min，则此瞬间电机的转差率为

$$s' = \frac{n'_0 - n}{n'_0} = \frac{1\ 350 - 1\ 450}{1\ 350} = -0.074\ 1 < 0$$

由于 $s' < 0$，故此瞬间电机处于发电机运行状态，电磁转矩 T 为制动转矩，此时又无外机械转矩输入，故知转子将减速，直到再次变为电动机状态，将在 $n < 1\ 350$ r/min 状态下稳定运行。

第三节　三相异步电动机的特性

一、机械特性

机械特性是指在一定条件下，电动机的转速与转矩之间的关系，即 $n = f(T)$，如图 2-16(a)所示。又由于电动机的转速 n 与转差率 s 之间存在关系，因此，机械特性也常用 $T = f(s)$ 的形式表示，如图 2-16(b)所示。当电源电压保持不变时，旋转磁场的每极磁通量保持不变，因此，电磁转矩与转子电流的有功分量 $I_2\cos\varphi_2$ 成正比关系，但转子电流随转差率的增大而增大，功率因数随转差率的增大而减小，因此电磁转矩与转差率 s 之间的关系不能

简单地描述为比例关系。如图 2-16(b) 所示，当 $s=0$，即 $n=n_0$ 时，$T=0$，这是理想空载运行；随着 s 的增大，T 也开始增大，但到达最大值 T_{max} 以后，随着 s 的增大，T 反而减小，最大转矩 T_{max} 也称临界转矩，对应于 T_{max} 的 s_m 称为临界转差率。

当电动机启动时，只要启动转矩大于负载转矩，电动机就会转动起来，电磁转矩 T 沿曲线 AB 段变化。随着转速的上升，AB 段中的 T 一直增大，所以转子一直被加速，使电动机很快越过 AB 段进入 BD 段；在 BD 段随着转速上升，电磁转矩下降，当转速上升为某一定值时，电磁转矩 T 与负载转矩相等，此时转速不再上升，稳定运行在 BD 段。因此，可以最大转矩 T_{max} 为界，将机械特性曲线分为两个区，上部为稳定区（BD 段）称为硬特性；下部为不稳定区（AB 段）。当电动机工作在稳定区内某一点时，电磁转矩与负载转矩相平衡而保持匀速转动。如果负载转矩变化，电磁转矩将自动适应随之变化达到新的平衡而稳定运行。当电动机工作在不稳定区时，电磁转矩将不能自动适应负载转矩的变化，因而不能稳定运行。下面介绍 3 个转矩。

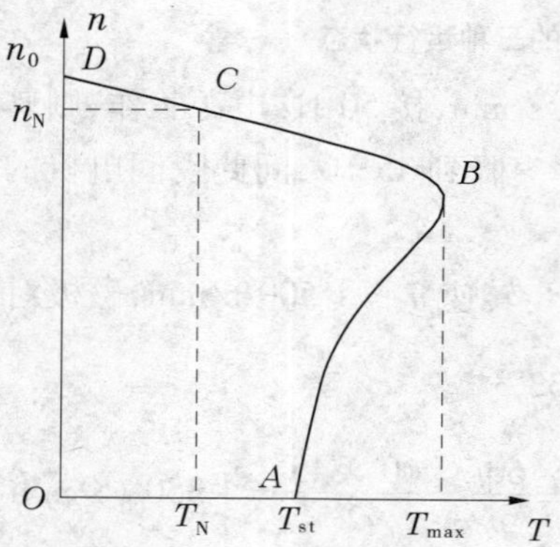

(a)$n=f(T)$曲线

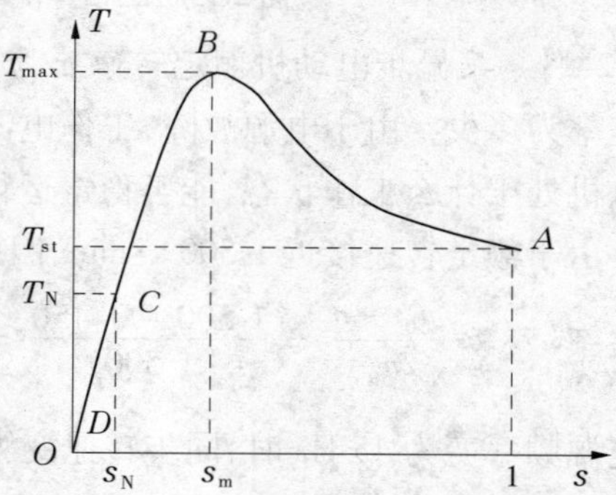

(b)$T=f(s)$曲线

图 2-16　异步电动机的机械特性曲线

(一)额定转矩 T_N

额定转矩指的是电动机在额定电压下，带上额定负载，以额定转速运行，输出额定功率时的转矩，通常用 T_N 表示，即

$$T_N = 9\ 550 P_N / n_N \tag{2-3}$$

式中　T_N——异步电动机的额定转矩，N·m；

P_N——异步电动机的额定功率，kW；

n_N——异步电动机的额定转速，r/min。

(二)启动转矩 T_{st}

电动机在接通电源被启动的最初瞬间，$n=0$，$s=1$ 时的转矩称为启动转矩，用 T_{st} 表示（图 2-16 特性曲线上 A 点）。为了保证电动机能够启动，启动转矩 T_{st} 必须大于电动机静止时的负载转矩。电动机一旦启动，会迅速进入机械特性的稳定区运行。通常启动转矩与额定电磁转矩的比值称为电动机的启动转矩系数，通常用 K_S 表示，即

$$K_S = T_{st} / T_N \tag{2-4}$$

一般，电动机的启动能力 K_S 取 1.3～2.2。当 $T_{st}<T_N$ 时，电动机无法启动，造成堵转现象，电动机电流达到最大，造成电动机过热，甚至烧坏电动机。

（三）最大转矩 T_{max}

电动机转矩的最大值称为最大转矩，用 T_{max} 表示（或称为临界转矩，对应于图 2-16 特性曲线上 B 点）。电动机正常运行时，最大负载转矩不可超过最大转矩 T_{max}。当负载转矩超过 T_{max} 时，电动机将带不动负载而发生停车，俗称“闷车”。此时电动机的电流（堵转电流）立即增大到额定电流值的 6～7 倍，将引起电动机严重过热，甚至烧坏。因此，电动机在运行中一旦发生闷车，应立即切断电源，并卸去过重的负载。如果负载转矩只是短时间接近最大转矩而使电动机过载，这是允许的，因为时间很短，电动机不会立即过热。通常，额定转矩 T_N 要选得比最大转矩 T_m 小，这样电动机便具有短时过载运行的能力。过载能力通常用过载系数 λ 来表示，过载系数 λ 为最大转矩 T_{max} 与额定转矩 T_N 的比值，即

$$\lambda = T_{max}/T_N \tag{2-5}$$

一般三相异步电动机的过载系数为 1.8～2.2。

二、三相异步电动机的铭牌数据

异步电动机的机座上都标有一个铭牌，其上标有型号和各种额定数据。表 2-1 给出了某 Y 系列三相异步电动机的铭牌数据。

表 2-1　三相异步电动机的铭牌

三相异步电动机					
型号	Y132M－4	电压	380 V	接法	△
功率	7.5 kW	电流	15.4 A	工作方式	连续
转速	1 450 r/min	功率因数	0.85	温升	75°
频率	50 Hz	绝缘等级	B	出厂年月	××年××月
×××电机厂　产品编号　重量　公斤					

（一）型号

三相异步电动机的型号是表示三相异步电动机的类型、用途和技术特征的代号。每一种型号代表一系列电机产品，同一系列电机的结构、形状相似，容量也按一定比例递增。通常型号由具有代表意义的大写拼音字母和阿拉伯数字组成。例如：Y 表示异步电动机，R 代表绕线式，D 代表多速，S 代表短机座，M 代表中机座，L 代表长机座等，如图 2-17 所示。

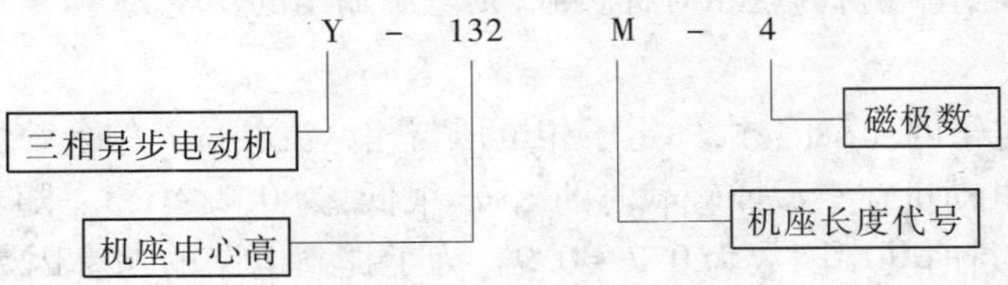

图 2-17　三相异步电动机型号的表示

常用三相异步电动机产品名称代号及汉字意义如表 2-2 所示。小型异步电动机机座号

与外径及中心高度间的关系如表 2-3 所示。

表 2-2　常用三相异步电动机产品名称代号及汉字意义

产品名称	新代号(旧代号)	汉字意义
鼠笼型异步电动机	Y,Y-L(J,JO)	异步
绕线型异步电动机	YR(JR,JRO)	异步　绕线
防爆型异步电动机	YB(JB,JBS)	异步　防爆
防爆安全型异步电动机	YA(JA)	异步　安全
高启动转矩异步电动机	YQ(JQ,JQO)	异步　启动

注:Y、Y-L 系列是新产品。Y 系列定子绕组是铜线,Y-L 系列定子绕组是铝线。

表 2-3　小型异步电动机机座号与外径及中心高度间的关系

机座号	1	2	3	4	5	6	7	8	9
定子铁芯外径(mm)	120	145	167	210	245	280	327	368	423
中心高度(mm)	90	100	112	132	160	180	225	250	280

(二)电压

铭牌上的电压是指电动机额定运行时,加在定子绕组出线端的线电压,即额定电压,用 U_N 表示。电源电压值的变动一般不应超过额定电压的 ±5%。电压过高,电动机容易烧毁;电压过低,电动机难以启动,即使能启动电动机也可能带不动负载,容易烧坏。

(三)电流

铭牌上的电流是指电动机在额定运行时,定子绕组中的线电流,即额定电流,用 I_N 表示。若超过额定电流(过载)运行,三相电动机就会过热乃至烧毁。

(四)接法

接法指的是定子绕组的接线方法。一般鼠笼型电动机的接线盒中有六根引出线,标有 U_1、U_2、V_1、V_2、W_1、W_2。这些引出线是三相绕组的六个出线端,与六个接线柱相连。电动机如标有两种电压值,如 220/380 V,则表示当电源电压为 220 V 时,电动机应作三角形连接;当电源电压为 380 V 时,电动机应作星形连接。通常,Y 系列 4 kW 以上的三相异步电动机运行时均采用三角形接法,以便于采用 Y-△降压启动。

(五)功率、功率因数和效率

铭牌上的功率指电动机在额定运行状态下,其轴上输出的机械功率,即额定功率,用 P_N 表示。对电源来说,电动机为三相对称负载,则电源输出的功率为

$$P_{IN} = \sqrt{3}\,U_N I_N \cos\varphi \tag{2-6}$$

式中　$\cos\varphi$——定子的功率因数,即定子相电压与相电流相位差的余弦。

鼠笼型异步电动机在空载或轻载时的 $\cos\varphi$ 很低,为 0.2～0.3。随着负载的增加,$\cos\varphi$ 迅速升高,额定运行时功率因数为 0.7～0.9。为了提高电路的功率因数,要尽量避免电动机轻载或空载运行。因此,必须正确选择电动机的容量,防止“大马拉小车”,并力求缩短空载运行时间。

电动机的效率为

$$\eta = P_N / P_{IN} \times 100\% \qquad (2\text{-}7)$$

通常情况下，电动机额定运行时的效率为 72% ~93%。

（六）频率

铭牌上的频率是指定子绕组外加的电源频率，即额定频率，用 f_N 表示。我国电网的频率（工频）为 50 Hz。

（七）绝缘等级

绝缘等级是根据电动机绕组所用的绝缘材料，按使用时的最高允许温度而划分的不同等级。常用绝缘材料的等级及其最高允许温度如表 2-4 所示。

表 2-4　常用绝缘材料的等级及其最高允许温度

绝缘等级	A	E	B	F	H	C
最高允许温度（℃）	105	120	130	155	180	>180

注：最高允许温度为环境温度（40 ℃）与允许温升之和。

（八）转速

铭牌上的转速是指电动机在额定电压、额定频率及输出额定功率时的转速，用 n_N 表示。由于额定状态下 s_N 很小，n_N 和 n_0 相差很小，故可根据额定转速判断出电动机的磁极对数。例如，若 $n_N = 1\,475$ r/min，则其 n_0 应为 1 500 r/min，从而推断出磁极对数 $p = 2$。

（九）工作方式

工作方式是对电动机在铭牌规定的技术条件下持续运行时间的限制，以保证电动机的温升不超过允许值。电动机的工作方式可分为以下 3 种。

（1）连续工作方式。

在额定状态下可长期连续工作，用 S1 表示，如机床，水泵，通风机等设备所用的异步电动机。

（2）短时工作。

在额定情况下，持续运行时间不允许超过规定的时限，否则会使电动机过热，用 S2 表示。短时工作分为 10 min、30 min、60 min、90 min 等 4 种。

（3）断续工作。

可按与系列相同的工作周期，以间歇方式运行，用 S3 表示，如吊车、起重机等。

（十）防护等级

防护等级是指外壳防护型电动机的分级，用 IP × ×表示。其后面的两位数字分别表示电动机防固体和防水能力。数字越大，防护能力越强，如 IP44 中第一位数字“4”表示电机能防止直径或厚度大于 1 mm 的固体进入电机内壳；第二位数字“4”表示能承受任何方向的溅水。

在铭牌上除了给出以上主要数据外，有时还要了解其他一些数据，一般可从产品资料和有关手册中查到。

三、三相异步电动机的选择

三相异步电动机的选择包括它的种类、功率、转速、电压和结构形式等。

（一）种类的选择

电动机的种类要从交流或直流、机械特性、调速与启动特性、维护及价格等多方面考虑。

生产上常用的是三相交流电，因此若没有特殊要求，应采用交流电动机。由于三相鼠笼型异步电动机结构简单、坚固耐用、工作可靠、价格低廉、维护方便，因此在要求机械特性较硬而无特殊要求的一般生产中，多采用鼠笼型异步电动机，如水泵、通风机、运输机、传送带和机床等。

绕线型电动机的基本性能与鼠笼型相同，相比鼠笼型电动机而言，其启动性能较好，并可在不大的范围内实现平滑调速，但其价格比鼠笼型电动机贵，维护亦比较麻烦。因此，只有在某些必须采用绕线型电动机的场合，如起重机、锻压机等才使用。

（二）功率的选择

电动机的功率大小应根据生产机械的需要而定。各种机械对电动机的功率要求不同。若电动机的功率过小，有可能带不动负载，即使能启动，也会因电流超过额定值而使电动机过热，影响其使用寿命；若电动机的功率过大，就不能充分发挥作用，电动机的效率和功率因数都会降低，从而造成电力和资金的浪费。一般来说，对于连续运行的电动机，若负载是恒定的，所选电动机的额定功率比生产机械的功率大10%左右，以补偿传动过程中的机械损耗，防止意外的过载情况。对于短时运行的电动机，功率可允许适当过载。

（三）转速的选择

在功率相同的条件下，电动机的转速越低，则体积越大，价格也越高。但电动机的转速越高，启动转矩就越小，启动电流越大，电动机的轴承也容易磨损。因此，在农业生产上，一般选用1 450 r/min的电动机，这种电动机转速中等，适用性强，功率因数和效率也较高。

（四）电压的选择

电压的选择要根据电动机的种类、功率及使用地点的电源电压来决定。三相异步电动机的额定电压有380 V、3 000 V、6 000 V等多种。Y系列三相异步电动机的额定电压统一为380 V。

（五）结构形式的选择

依据使用环境的不同，应选择不同结构形式的电动机，以保证能安全可靠的运行。电动机常用的结构形式有开启式、封闭式两大类。

（1）开启式电动机。

开启式电动机的机壳有通风孔，内部空气同外界相流通。与封闭式电动机相比，其冷却效果良好，且形状较小。因此，在周围环境允许的情况下应尽量采用开启式电动机。

开启式电动机又可分为以下几类。

①防护式：机壳通风孔部分用金属网等防护，可防止外界杂物进入电动机内。

②防滴式：可防止水流进入电动机内。

③防滴防护式：具有前两者的特点。

④防腐式：可在有腐蚀性气体的环境中使用。

（2）封闭式电动机。

封闭式电动机有封闭的外壳，电动机内部空气与外界不流通，其冷却效果较开启式电动机差，且外形较大价格较高。封闭式电动机又可分为以下几类。

①全封闭防腐式：可在有腐蚀性气体的环境中使用。

②全封闭冷却式：电动机的转轴上装有冷却风扇。

③耐压防爆式:可防止电动机内部气体爆炸而引起外界爆炸性气体爆炸。

④充气防爆式:电动机内充有空气或非可燃性气体,内部压力较高,可防止外界爆炸性气体进入电动机。

对于有爆炸性气体的场所,必须选用防爆式电动机;有腐蚀性气体、液体的场所,应使用防腐式电动机;在高粉尘的场所,则需选用全封闭冷却式电动机。

第四节　三相异步电动机的安装及维护

一、三相异步电动机的安装

中小型电动机一般与工作机械配套整体安装,用螺栓安装在金属底板或导轨上,也有些电动机直接安装在混凝土基础上,用预埋的地脚螺栓固定,其就位、找平等工作均在混凝土基础上进行,如图 2-18 所示。钢筋混凝土基础的平面尺寸一般按金属底板或电动机的机座尺寸外加 100 mm 左右选取,基础深度可按地脚螺栓长度的 1.5～2 倍选取。安装地点尽可能在干燥、防雨、通风散热条件好,便于操作、维护、检修的地方。安装时视其大小用人力或起重机械将电机抬到基础上。对于较重的电动机,可用三角架或手拉葫芦吊装,穿好地脚螺栓,用垫铁垫平校正后,再在螺栓孔内浇筑混凝土,用铁钎捣实,待地脚螺栓在混凝土中固结后才能拧螺母。拧螺母时,要按对角交错次序拧紧。

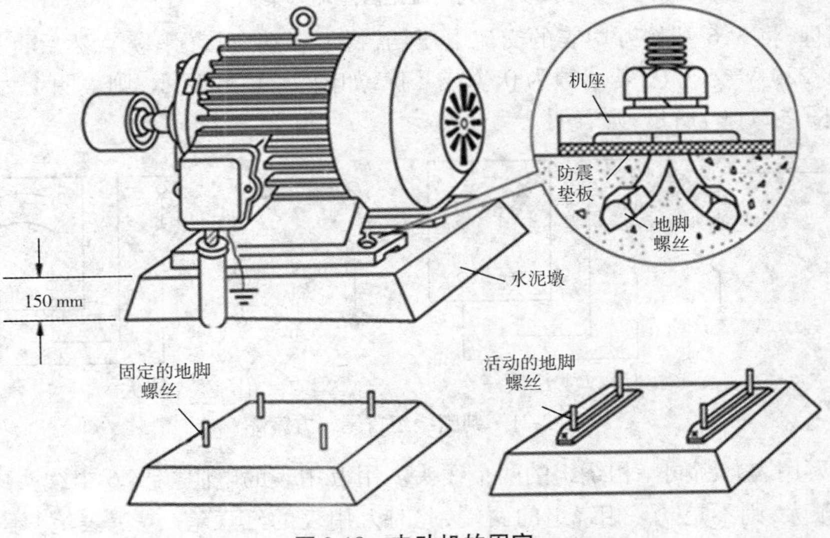

图 2-18　**电动机的固定**

二、三相异步电动机的定期维修

(一)绕组的首尾端判断

三相异步电动机的定子绕组由三相对称绕组构成,首端常用 U_1、V_1、W_1 表示,尾端常用 U_2、V_2、W_2 表示。在接线盒中,常将电动机的 3 个首端接到接线盒下排 3 个接线柱上,3 个尾端接在上排 3 个接线柱上,如图 2-19 所示。上下两接线柱不是接同一相绕组的两端,同一相绕组的两端已错开接线。若电动机的接线柱烧毁,3 个绕组的 6 个首尾端已混乱,则须对绕组的首尾端进行判断。下面介绍用交流电源和万用表判断绕组的首尾端的方法。

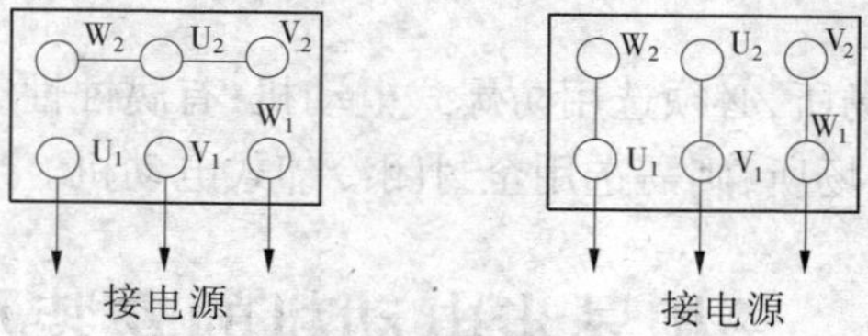

图 2-19　电源接线图

(1)将第一个绕组的 1、4 端接万用表的交流电压挡,将另两个绕组的 2、3 端短接(串联),然后将另两个绕组的 5、6 端接 220 V 交流电,如图 2-20 所示。指定 2 端为首端,若读数为 0 V 或几伏,如图 2-20(a)所示,则表明串联的两个绕组是首首相接,即 3 为首端;若万用表的读数较大,如图 2-20(b)所示,则为首尾相接,即 3 为尾端。

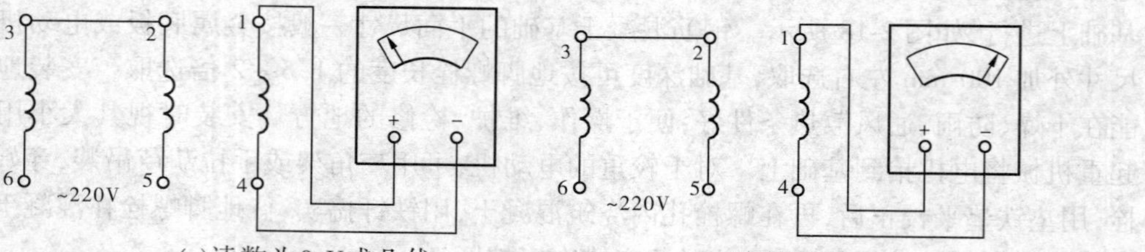

(a)读数为0 V或几伏　　(b)读数较大

图 2-20　判断绕组首尾端方案 1

(2)同理,将 3、6 端接万用表的交流电压挡,将 1、2 端短接(串联),然后将另两个绕组的 4、5 端接 220 V 交流电,若读数为 0 V 或几伏,如图 2-21(a)所示,则表明 1 为首端;若读数较大,如图 2-21(b)所示,则表明 1 为尾端。

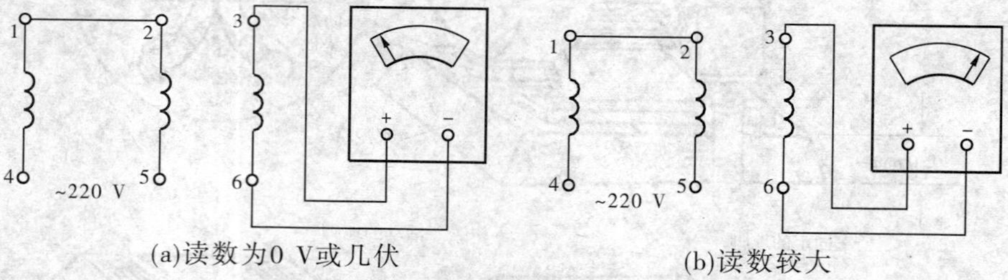

(a)读数为0 V或几伏　　(b)读数较大

图 2-21　判断绕组首尾端方案 2

(3)用万用表判断同一相绕组的两个线头。用万用表的电阻挡接 6 个线头中的任意两个,若阻值很大,则不是同一相绕组的两端,此时万用表的红表笔(或黑表笔)不动,另一支表笔依次接其他 5 个线头,若阻值很小,则表明此时两支表笔接的两个线头同属同一相绕组。同理,可测出另外两相绕组各自的线头。

为了叙述方便,可以把第 1 个绕组的两端编号为 1、4,第 2 个绕组的两端编号为 2、5,第 3 个绕组的两端编号为 3、6。

(二)电动机的拆卸与装配

对电动机进行检修和维护保养时,经常需要拆卸与装配电动机。拆卸前,首先要准备好各种工具,做好拆卸前的记录和检查工作。如在线头、端盖上做好标记,以便修复后的装配对于一般电动机,可按如下顺序进行拆卸。

(1)拆除电动机的所有引线。

(2)拆除皮带轮或联轴器。将皮带轮或联轴器上的固定螺钉或销子卸下,再用专用工具将皮带轮或联轴器慢慢拉出。

(3)拆除风扇或风罩。拆除带轮后,就可以把风罩卸下来。然后取下风扇定位螺栓,用锤子轻敲风扇四周,卸下风扇。

(4)拆卸轴承盖和端盖。

(5)抽出转子。

对于有特殊结构的电动机,应依据具体情况进行处理。

装配大体上可按拆卸的逆向顺序进行,装配时注意各部分的清洁,定子内绕组端部、转子表面都要吹刷干净。

(三)电动机的定期维修

对电动机进行定期维修可以消除故障隐患,降低故障发生概率。电动机维护分为小修和大修。前者不拆开电动机,后者需要全部拆开进行维修。

(1)小修。

小修是经常对电动机进行的一般清理和检查,其检查内容包括:

①擦洗电动机外壳,除掉运行中积累的污垢。

②检查电动机的端盖、地脚螺栓是否紧固。

③检查电动机接地线是否可靠。

④检查电动机与负载机械间的传动装置是否良好。

⑤测量电动机的绝缘电阻。

⑥拆除轴承盖,检查润滑油,及时添加或更换。

⑦检查电动机的保护设备是否完好。

(2)大修。

大修应将电动机拆开进行,其检查项目有:

①检查电动机各部件有无机械损伤。

②对拆开的电动机和启动设备进行清理,清除积累的污垢、油泥。

③拆开轴承,放入柴油或汽油中进行彻底清洗。

④用兆欧表检查定子绕组绝缘情况。

⑤检查定、转子铁芯是否有磨损和变形。

第五节　三相异步电动机的电气故障及分析

一、电动机故障的检查方法

电动机的故障可分为机械故障和电气故障两类。机械故障主要包括轴承、铁芯、风扇、机座、转轴等发生的故障,一般比较容易观察和发现。电气故障主要是定子绕组、转子绕组、电刷等发生的故障。当电动机出现故障时,都将对电动机的正常运行带来影响。故障处理的关键是找到故障位置与故障原因。检查电动机故障的一般步骤是:

(1)调查。

向操作人员认真了解电动机的型号、规格、使用条件及年限,以及电动机在发生故障时的运行情况。

(2)察看。

依据电动机故障情况选用不同的察看方法,有时可以把电动机接上电源进行短时运转,直接观察记录故障情况;有时不能接电源,可通过仪表测量或观察来进行分析判断。

二、电动机电气故障

电动机使用不当或者使用日久,电气部分发生故障是在所难免的。对于三相异步电动机,电动机的电气故障,主要指定子绕组接地、短路、断路及定子铁芯和转子绕组等故障,这些故障一般会造成电动机不启动或运转不正常。

(一)定子绕组接地故障

由于电动机绕组绝缘受到损坏,造成绕组的导体和铁芯、机壳之间相碰,称之为绕组接地。绕组接地故障会造成故障相绕组电流过大,绕组局部过热,严重时会造成相间短路,烧毁绕组。绕组接地故障通常受到配电设备的保护,故障可通过兆欧表检查确定。

绕组接地故障多数是由于定、转子绝缘老化、电动机受潮引起的,或是在恶劣环境中,潮湿、腐蚀性气体和粉尘进入电动机绕组内部造成的。绕线式电机则多是由于落在线圈上的碳刷的碳粉长期未得到清扫,导致绕组绝缘遭到损坏。

(二)定子绕组短路故障

定子绕组中相邻两条导线之间的绝缘损坏后,两导体接触相通,称之为绕组短路。发生在同一绕组中的绕组短路称为匝间短路。发生在两相绕组之间的绕组短路称为相间短路。不论是哪一种,都会引起故障相电流急剧变大,局部烧毁(或全部烧毁)电动机定子绕组。

引起定子绕组短路的原因主要有:绕组受潮严重,未经烘干处理就接入电源,造成电源电压击穿绝缘;电机长期过载运行,绝缘物老化、脱落;维修中碰伤绝缘物或绕组端部、层间、相间绝缘纸没有垫好。

一般匝间短路对电动机绕组只会造成局部损坏,可将损坏的绕组取出,局部更换绕组,但处理过程须注意做好绝缘处理,不要对原先没有受损的绕组造成绝缘损坏,如果线圈受损伤的部位过多,或多相绕组烧毁,则必须更换全部绕组。绕组短路故障通常受到配电设备的保护,故障可通过兆欧表检查确定。

(三)定子绕组断路故障

定子绕组断路故障是指电动机的定子或转子绕组碰断或烧断造成的故障。绕组断路多数发生在定子引出线以及各绕组之间的连线及接头处,它们大多处在电动机铁芯端部或引出机壳,容易受到端盖磨碰或折断,接头处若焊接不实,也会因长期受热后松脱。绕组断路多数为一相断路。定子绕组一相断路时,电动机缺相运行,出力不足,三相电流变大并严重不平衡,时间稍长就会导致电动机烧毁。

(四)定子铁芯损坏

三相异步电动机的定子铁芯是电动机磁路的组成部分。若电动机长期处于潮湿、有腐蚀性气体的环境中,会使电动机铁芯表面锈蚀、铁芯压装扣片开焊、铁芯与机壳配合松动、铁芯冲片高低不齐等。如果铁芯外圆不齐,会造成铁芯与机壳接触不良,影响封闭式电动机的热传导,使电动机温升过高。如果铁芯内圆不齐,有可能使定子、转子相擦。如果铁芯槽壁不齐,则会造成嵌线困难,并且容易损坏槽绝缘低。如果铁芯压装扣片开焊,铁芯齿部弹开度过大,就相当于气隙有效长度增大,会使电动机励磁电流增加,功率因数下降,铁耗增加,温升过高。

(五)绕线型电动机的滑环、碳环配合不良引起的故障

多数表现为滑环、碳环间火花增大或出现环火、滑环烧毛、滑环发热等。滑环、碳环间火花增大,最初都是因为刷握上弹簧的压力不足,碳环与滑环接触不良引起,时间长了,就会造成环火,烧毛滑环,进而恶性循环,造成滑环发热甚至松动。因此,绕线型电动机的碳刷要定期检查其磨损情况,调节刷握上弹簧的压力,并清理碳粉。当碳刷磨损到只剩下 1/3 时,要及时更换新碳刷。对于已烧毛的滑环要连转子一起拆下,上车床对滑环进行光刀处理,或更换滑环。

更换碳刷时,必须更换同规格同型号的碳刷。因为规格上的差异会使碳刷在刷握中不能自由滑动,造成与滑环接触不良或造成碳刷在刷握中晃动,并在滑环上跳动打火,将滑环烧毛。不同型号的碳刷,其铜和碳的含量各不相同,碳刷型号的选择,主要取决于滑环的材质和线速度。切忌为了延长碳刷使用时间而毫无根据地随意改用含铜量高的碳刷。须知,碳刷型号与滑环不匹配,也是引起滑环烧毛、滑环发热松动的重要原因。

(六)缺相运行

如果由于某种原因,造成三相异步电动机定子绕组的一相无电流,如熔断器熔断一相或定子绕组一相断路,统称缺相。缺相是电动机正常运行的大忌,造成电动机缺相的主要有以下几种情况。

(1)电源缺相,由于供电线路故障,电源在到达电动机保护线路前,就已少一相或两相,它可造成电动机无法启动或启动运转异常。

(2)配电变压器高端侧或低端侧一相断电(熔断器一相熔断)造成电动机缺相运行,在这种情况下,由该变压器供电的所有电动机都会缺相运行。

(3)保护线路造成缺相,保护线路中的控制开关、接触器、继电器等的电器触点氧化、烧伤、松动、接触不良等现象造成缺相。

(4)接线端子触点氧化造成接触不良,电机定子三相绕组中一相绕组断开,从而造成电动机运行缺相。

(5)闸刀开关上的熔体没有拧紧,或拧得太紧(将熔体端头压断),熔体出现浮体现象。当通过电流稍大时,熔体便会熔断,造成电动机缺相运行。此外,熔断器选择不合适,有一相由于熔体选择偏小而熔断,也会造成电动机缺相运行。

(6)电动机某处接地或断路,出现局部过热现象,将导线熔断,导致电动机缺相运行。

三相电动机缺相运行时,因所带负荷不变,势必会使绕组电流增大,增加发热时间,致使电动机烧损。因此,三相异步电动机应该在两相以上设有过电流保护,这样,一旦发生一相断路，就能自动切断电源。

三、三相异步电动机常见故障及处理方法

为方便读者参考，表2-5给出了三相异步电动机常见故障及处理方法。

表2-5 三相异步电动机常见故障及处理方法

故障现象	可能原因	处理方法
1. 电动机不能启动	①三相供电线路断路； ②定子绕组一相断路； ③电源电压过低； ④负载过大； ⑤定子绕组短路； ⑥开关或启动装置触点接触不良	①更换保险丝； ②用万用表查找断路处，并做相应的修复； ③提高电源电压； ④适当减轻拖动负载； ⑤找出匝间、相间的短路点，并做绝缘处理或更换绕组； ⑥检查开关或启动装置触点，如不能修复，则更换
2. 电动机外壳带电	①电动机的引出线破损； ②电动机绝缘老化； ③电动机受潮	①更换电动机的引出线； ②更换绕组及绝缘； ③用兆欧表测量电动机的绝缘性能，确定绝缘物是否受潮，若是，进行干燥处理
3. 运行时声音异常或震动厉害	①安装不牢固； ②定转子铁芯相擦； ③转轴严重弯曲； ④轴承严重磨损或缺油； ⑤定子绕组短路	①将电动机重新固定平稳； ②检查定子和转子； ③更换转轴； ④重新加润滑脂或更换轴承； ⑤找出匝间、相间的短路点，并做绝缘处理或更换绕组
4. 电动机转速不稳定	①鼠笼型转子断条或脱焊； ②绕线转子其中一相接触不良； ③绕线型电动机的滑环短路装置接触不良	①查找并修补断条处； ②更换转子绕组； ③调整电刷压力，改善电刷与滑环的接触面，修理或更换滑环短路装置
5. 电动机温升过高或冒烟	①电动机过载运行； ②电动机的通风不良； ③定子绕组有短路或接地故障； ④定、转子铁芯相擦，轴承磨损等引起的气隙不均匀； ⑤重绕定子绕组时匝数或导线截面积过小； ⑥铁芯硅钢片间的绝缘损坏，使铁芯涡流损失增大	①减轻负载或更换功率较大的电动机； ②检查风叶是否脱落，清理进、出风口，保持风道畅通； ③局部修复绕组或更换绕组； ④更换磨损的轴承、校正转子铁芯或转轴，并进行修理； ⑤按标准数据重绕或重测原始数据后重绕； ⑥对铁芯进行绝缘处理
6. 运行一段时间后，轴承过热	①轴承损坏； ②转轴弯曲，使轴承受外力； ③缺润滑油	①更换轴承； ②校正轴承； ③清洗轴承，重加润滑油

本章小结

三相异步电动机是基于气隙旋转磁场与转子绕组中感应电流相互作用产生电磁转矩，从而实现能量转换的一种交流电动机。三相异步电动机与其他电动机相比，具有结构简单，制造、使用和维护方便，运行可靠及重量轻成本低等优点，是电动机领域中应用最广泛的一种电动机。本章主要介绍了三相异步电动机的基本结构、工作原理、机械特性、安装、电气故障及处理方法等内容。

习　题

2-1　简述三相异步电动机的结构。

2-2　旋转磁场的转向由什么决定？如何改变旋转磁场的转向？

2-3　在额定工作情况下的三相异步电动机，已知其转速为 960 r/min，问电动机的同步转速是多少？有磁极对数是多少？转差率是多大？

2-4　一台六极三相绕线式异步电动机，在 50 Hz 的电源上额定负载下运行，其转差率为 0.02，求定子磁场的转速、频率及转子磁场的频率和转速。

2-5　三相异步电动机启动与负载转矩有哪些关系？是否负载越大，启动电流越大？

2-6　有一台 5.5 kW 的三相异步电动机，额定电压为 380 V，额定运行时 $\eta = 0.91$，$\cos\varphi = 0.853$，求电动机的额定电流。

2-7　一台额定电压为 380 V 的异步电动机，在某一负载下运行时，测得输入功率为 4 kW，线电流为 10 A，问这时电动机的功率因数为多大？若此时测得输出功率为 3.2 kW，问效率多大？

2-8　三相异步电动机电气部分的使用注意事项有哪些？

2-9　异步电动机电源接通后不能启动，可能是什么原因造成的？如何处理？

2-10　电动机电源接通后外壳带电，可能是什么原因造成的？如何处理？

2-11　简述定子绕组的首尾端判断方法。

2-12　三相异步电动机断了一根电压线后，为什么不能启动？而在运行时断了一根电压线，为什么能继续转动？这两种情况对电动机有何影响？

2-13　定子绕组通入三相电源，转子三相绕组开路，电动机能否转动？为什么？

第三章　直流电动机

根据磁场对通电导体的作用力定律,将直流电能转变为机械能的电机称为直流电动机。

直流电动机具有平滑的调速特性、较宽的调速范围、较高的过载能力、较大的启动和制动转矩等特点,广泛应用于对启动和调速要求较高的生产机械,如大型机床、轧钢机、电力机车、起重机、船舶、造纸及纺织行业的机械。其中小容量的直流电动机还广泛应用于自动控制系统中。

相对交流电动机,直流电动机还得解决换向和交流的问题,并存在着一些缺点,一是由于存在换向器,其制造复杂,成本较高;二是直流电动机在运行时由于电刷与换向器之间易产生火花,因而运行可靠性较差,维护比较困难。对于粉尘比较大、易燃易爆场所,直流电动机根本无法应用,所以在一些领域中已被交流变频调速系统所取代。但是直流电动机启动和调速性能方面却有其独特的优越性,所以在需要较大启动转矩的生产机械上(如电车、电气机车等)和要求性能高的生产机械(如轧钢机等)上仍然获得广泛应用。

图 3-1 所示为几个常用的直流电动机实物图。本章主要分析直流电动机的工作原理、基本结构、分类及运行中的重要参数,并着重研究他励直流电动机的启动、反转、制动和调速。

大型直流电动机　　直流电容电动机

Z4-225-31 系列直流电动机　　ZTP-41 直流电动机　　Z4-JB6316-92 直流电动机

图 3-1　直流电动机实物图

第一节　直流电动机的工作原理和基本结构

一、直流电动机的工作原理

直流电动机是根据磁场对通电导体的作用力定律和电磁感应定律工作的。直流电动机在电源的作用下,电枢绕组的导体中形成电流,载流导体在气隙磁场作用下产生使电枢转动的电磁转矩。由于换向器的作用,导体从一个磁极进入另一个磁极时,导体中的电流方向也必须改变,才能保证电磁转矩的方向不变、电枢转动的方向不变,将电能转换为机械能。

把电[redacted]接到一直流电源上,电刷 A 接电源的正极,电刷 B 接电源的负极,根据磁场对通电[redacted]的作用力定律和电磁感应定律,电枢线圈中将有电流流过。

如图 3-2(a)所示,N 极下是线圈的 *ab* 边,S 极下是线圈的 *cd* 边,由电磁力定律可知载流的线圈将受到电磁力的推动,由左手定则确定。在图 3-2(a)的情况下,此时位于 N 极下的导体 *ab* 受力方向为从右向左,而位于 S 极下的导体 *cd* 受力方向为从左到右。这时导体所受到得电磁力对转轴产生一转矩,这种由于电磁作用产生的转矩称为电磁转矩,电磁转矩的方向为逆时针。当电磁转矩大于阻力矩时,线圈按逆时针方向旋转至如图 3-2(b)所示位置,而原来位于 N 极下的导体 *ab* 转到 S 极下,导体 *ab* 受力方向发生改变,变为从左向右,该转矩的方向仍为逆时针方向,线圈在此转矩作用下继续按逆时针方向旋转。

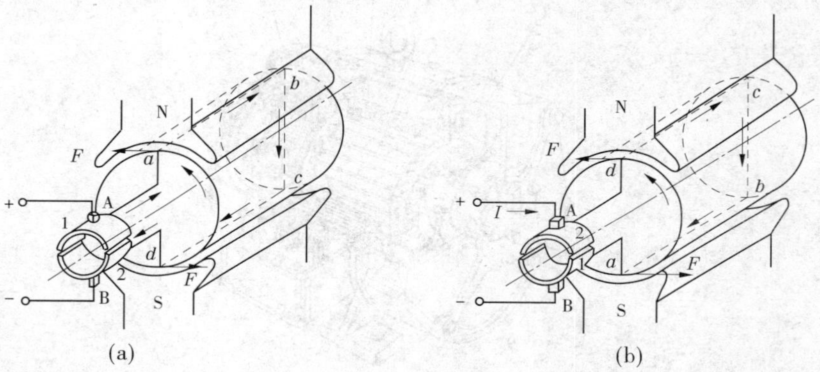

图 3-2　直流电动机原理示意图

从以上分析可以看出:一个线圈在随电枢转动一圈的过程中,导体中流通的电流是交变的,但 N 极下的导体受力方向和 S 极下导体受力的方向并未发生变化,电动机在此方向不变的转矩作用下转动。线圈经过两个磁极的交界处时,线圈由于惯性通过这个位置。实际中的直流电动机电枢绕组由多个线圈连接而成,但在转动过程中,处于磁极下的线圈数量不变,电枢所受的电磁转矩不变,通过电刷与外电路连接的电动势、电流方向也不变。这就是换向器的功用了。

直流电机是以电磁感应定律和电磁力定律作为理论基础的。当导体在磁场中作切割磁力线运动时便产生感应电势,而载流导体在磁场中便受到电磁力的作用。如果原动力供给直流电机机械能,拖动电枢旋转,通过电磁感应,便将机械能转换为电能,供给负载,这就是发电机;如果由外部电源供给直流电机电能,通过电磁感应,便将电能转换为机械能,拖动负载转动,这就是电动机。

二、直流电动机的基本结构

如图 3-3(a)所示,直流电动机的所有部件可分为固定和转动两大部分。固定不动的部分叫定子,由主磁极、换向磁极、机座、端盖、轴承、电刷装置等部件组成,主要作用是产生主磁场并起机械支撑作用。转动的部分叫转子,由电枢铁芯、电枢绕组、换向器、风扇、转轴等部件组成。定子、转子之间的间隙称为气隙,其主要作用是产生电磁转矩和感应电动势,绕组是直流电机进行能量转换的枢纽,通常称为电枢。将这些部件组转起来后如图 3-3(b)、(c)、(d)所示。

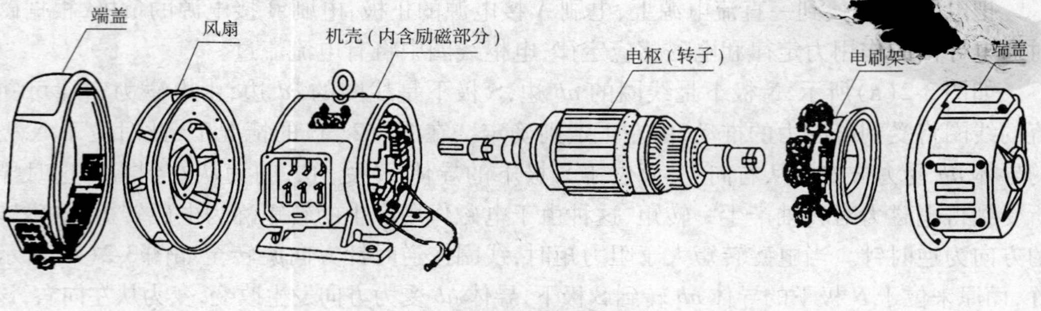

(a)直流电动机结构分解图

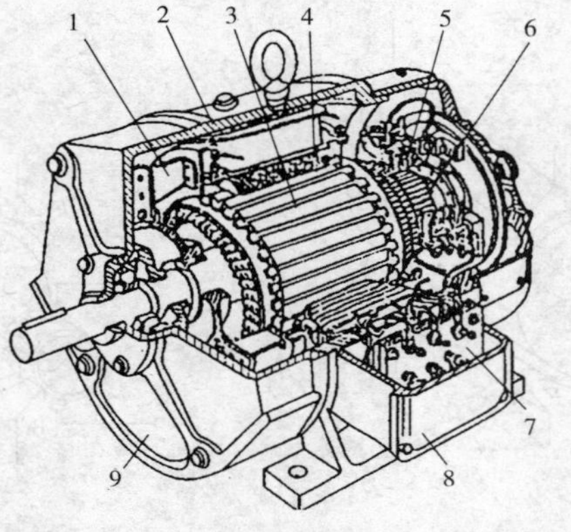

1—风扇;2—机座;3—电枢;4—主磁极;5—电刷架;6—换向器;7—接线板;8—出线盒;9—端盖

(b)直流电动机内部剖视图

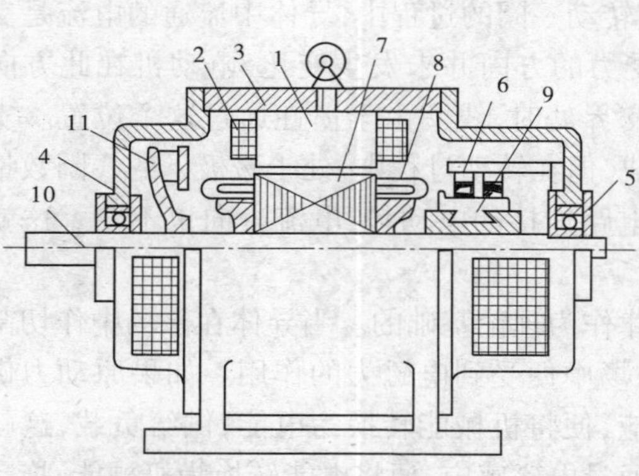

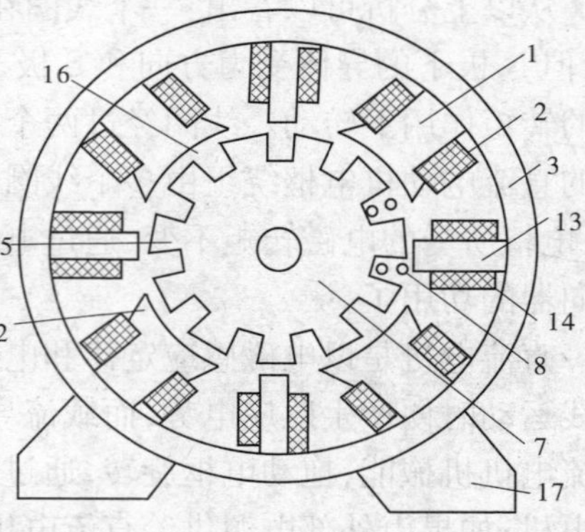

1—主磁极;2—励磁绕组;3—机座(磁轭);4—端盖;5—轴承;6—电刷;7—电枢铁芯;8—电枢绕组;9—换向器;10—轴;11—风扇;12—极掌;13—换向极;14—换向绕组;15—电枢齿;16—电枢槽;17—底座

(c)纵剖面图　　(b)横剖面图

图 3-3　直流电动机的结构图

(一)固定部分(定子)

直流电动机的固定部分主要由主磁极、换向极、机座、电刷装置等组成,其主要作用是产生主磁场并起机械支撑作用。

1. 主磁极

绝大多数直流电动机的主磁极不是用永久磁铁而是由励磁绕组通以直流电流来建立磁场的。主磁极由主磁极铁芯和套装在铁芯上的励磁绕组构成，如图 3-4 所示。铁芯用 0.5 ~ 1.5 mm 厚的钢板冲片叠压铆紧而成，上面套励磁绕组的部分称为极身，主磁极铁芯靠近转子一端的扩大的部分称为极靴，它的作用是使气隙磁阻减小，改善主磁极磁场分布，并使励磁绕组容易固定。励磁绕组用绝缘铜线绕制而成，励磁绕组套在极身上，再将整个主磁极用螺钉固定在机座上。套在主磁极铁芯上的励磁线圈有并励和串励两种。并励线圈的匝数多、导线细；串励线圈的匝数少、导线粗。直流电动机中分别把各个主磁极上的并励或串励励磁线圈连接起来称为励磁绕组。铁芯接近气隙的部分称为极掌，极掌做成弧形是为了使气隙中磁通均匀分布，并能挡住套在铁芯上的线圈。主磁极的作用是产生气隙磁场（一个恒定的主磁场），当给励磁绕组通入直流电流时，铁芯中即产生励磁磁通，并在气隙中建立磁场。主磁极按一定的排列方式固定在机座上，主磁极总是成对的，相邻主磁极的极性按 N 极和 S 极交替排列。

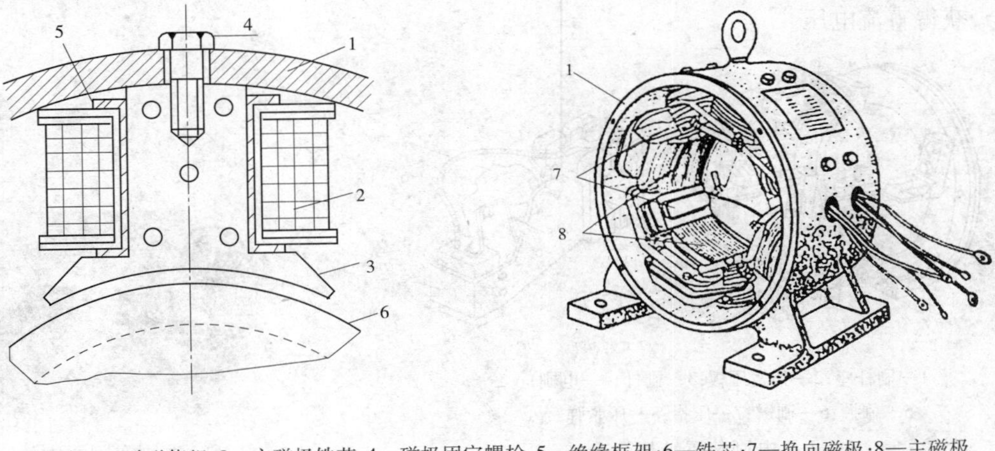

1—机座；2—励磁绕组；3—主磁极铁芯；4—磁极固定螺栓；5—绝缘框架；6—铁芯；7—换向磁极；8—主磁极

图 3-4　主磁极和机座

2. 换向极

换向极用来改善换向，减小电机运行时电刷与换向器之间可能产生的火花。其结构和主磁极相类似，由换向极铁芯和换向极绕组组成，并用螺杆固定在机座上，如图 3-5 所示。换向极也叫附加极或间极，它是安装在两个相邻主磁极之间的一个小磁极。

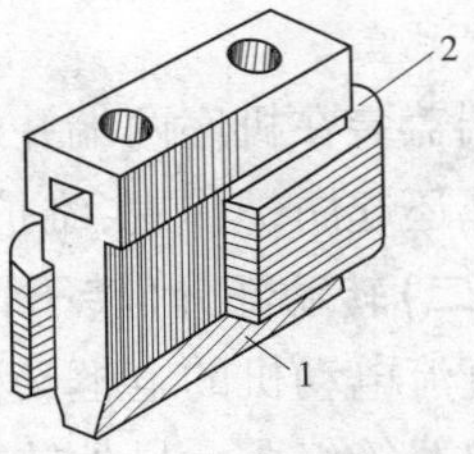

1—换向极铁芯；2—换向极绕组

图 3-5　直流电动机的换向极

换向极铁芯一般用整块钢制成，如换向要求较高，则用 1.0 ~ 1.5 mm 厚的钢板叠压而成。换向极绕组用绝缘导线绕制而成，套在换向极铁芯上。换向极绕组和电枢绕组是串联的，流过的是电枢电流，所以换向极绕组的匝数少、导线较粗。一般来说，换向极的数目与主磁极相等。

3. 机座

直流电动机的机座有两种形式，一种为整体机座，另一种为叠片机座。整体机座是用导磁率效果较好的铸钢材料制成的，该种机座能同时起到导磁和机械支撑作用。由于机座起导磁作用,因此机座是主磁路的一部分,成为定子铁轭。一般直流电动机均采用整体机座。叠片机座主要用于主磁通变化快,调速范围较宽的场合。机座通常用铸铁、铸钢或钢板焊接而成。机座的主要作用有三个:一是作为磁轭传导磁通,它是电机磁路的一部分;二是用来固定主磁极、换向磁极和端盖等部件;三是借用机座的底脚把电机固定在基础上。所以机座必须具有良好的导磁性能和机械强度。机座外形如图 3-4 所示。

4. 电刷装置

电刷是用碳、石墨等做成的导电块,装在刷握的刷盒内,用弹簧将其紧压在换向器表面上,旋转时与换向器表面形成滑动接触,如图 3-6 所示。电刷装置一般由电刷、刷握、刷杆、刷杆座及压紧弹簧等零件构成,刷握用螺钉夹紧在刷杆上。每一刷杆上的一排电刷组成一个电刷组,同极性的各刷杆用连线连在一起,再引到出线盒。刷杆装在可移动的刷杆座上,以便调整电刷的位置。

电刷装置的作用:一是通过固定的电刷和旋转的换向器之间的滑动接触,使转动的电枢绕组电路与静止的外部电路相连接,使电流经电刷输入电枢或从电枢输出;二是与换向器配合,获得直流电压。

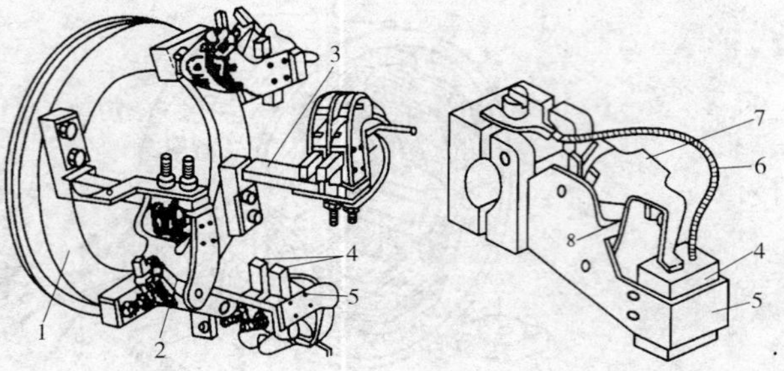

1—刷杆座;2—弹簧压板;3—刷杆;4—电刷;
5—刷握;6—刷辫;7—压指;8—压紧弹簧

(a)电刷装置结构

(b)电刷在刷握中的安放

图 3-6　电刷装置

5. 端盖

端盖装在机座两端并通过端盖中的轴承支撑转子,将定、转子连为一体。同时端盖对电机内部还起防护作用,维护人身安全,防止接触电机内部器件。端盖一般用铸铁制成。

(二)转动部分(转子)

直流电动机的电枢又称为转子,转子是直流电动机的重要部件,由电枢铁芯、电枢绕组和换向器等组成。另外转子上还有风扇、转轴和绕组支架等部件。其作用是实现机械能和电能的转换。

1. 电枢铁芯

电枢铁芯的主要作用有两个:一是作为电机主磁路的一部分,起传导磁通的作用;二是将电枢绕组安放在电枢铁芯的槽内,起支撑作用。

由于铁芯转动时与主磁极间有相对运动,为了降低电机运行时产生的涡流损耗和磁滞损耗,电枢铁芯通常采用 0.5 mm 厚且冲有齿和槽的硅钢冲片叠压而成,装在转轴或转子支架上,电枢铁芯的形状如图 3-7 所示。铁芯的外圆开有电枢槽,槽内嵌放电枢绕组。为改善通风,铁芯可沿轴向分成几段,以构成通风道,用以改善冷却条件。

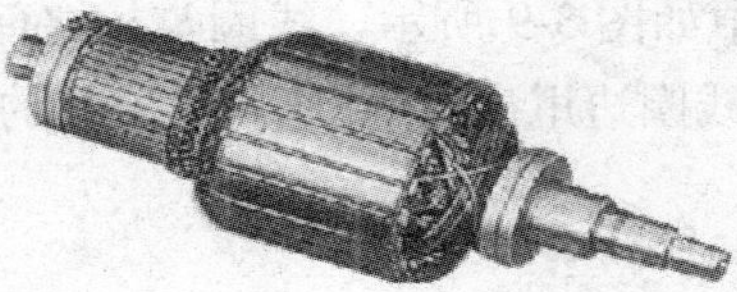

(a)转子外形

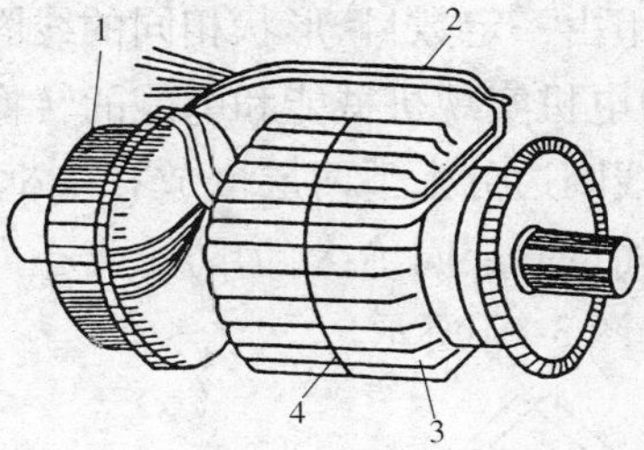

(b)转子内嵌线

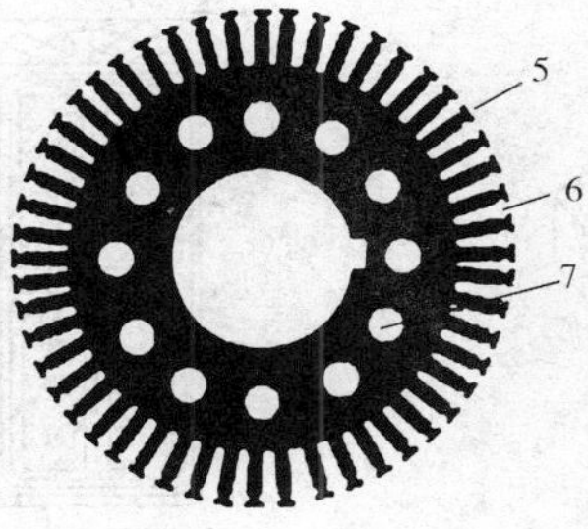

(c)转子冲片

(d)转子冲片组合

1—换向器;2—电枢绕组元件;3—电枢铁芯;4—径向通风道;5—齿;6—槽;7—轴向通风孔;8—转子铁芯

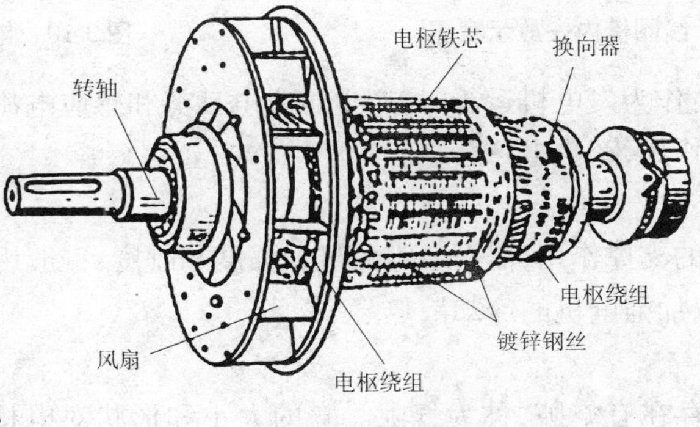

(e)转子主体

图 3-7　转子及电枢铁芯冲片

2. 换向器

换向器是直流电动机特有的装置,是直流电动机的重要构造特征,其作用是通过与电刷的摩擦接触,将电刷上的直流电流转换为绕组内的交流电流,以便形成固定方向的电磁转矩。换向器是由许多鸽尾形状的换向片排列成的一个圆柱体,换向片与换向片之间用厚 0.4 ~ 1.2 mm 的云母隔开,且换向片与轴是绝缘的,两端再用两个 V 形环夹紧,装在电枢的一端。每一个换向片按一定规律与电枢线圈连接。换向器结构如图 3-8 所示。

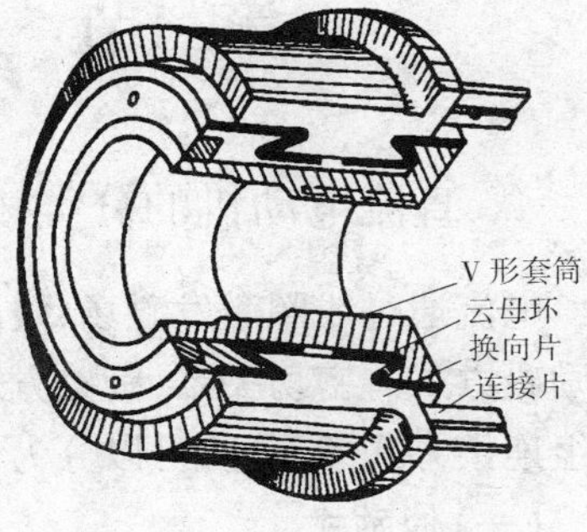

图 3-8　换向器结构

3. 电枢绕组

电枢绕组由一定数目、形状相同的线圈按一定规律连接而成，其作用是产生感应电势和通过电流，使电机实现机械能和电能的转换。线圈用高强度漆包线或玻璃丝包扁铜线绕成。不同线圈的线圈边分上下两层嵌放在电枢槽中如图 3-9 所示。线圈与槽之间有槽绝缘，线圈上下层之间也有层间绝缘，为防止离心力将线圈边甩出槽外，应用非磁性的槽楔将线圈压紧在槽内，如图 3-10 所示。

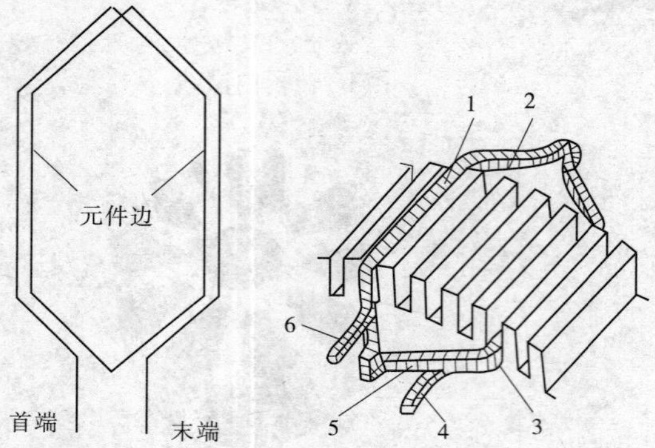

1—上层有效边；2、5—端接部分；3—下层有效边；
4—线圈尾端；6—线圈首端

图 3-9 线圈槽内安放示意图

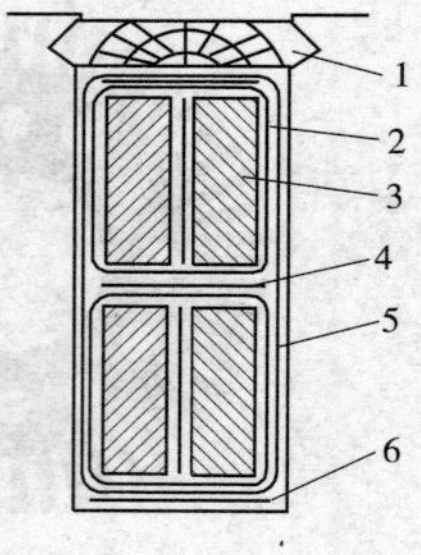

1—槽楔；2—线圈绝缘；3—导体；
4—层间绝缘；5—槽绝缘；6—槽底绝缘

图 3-10 电枢槽内绝缘

电枢绕组的作用：作为发电机运行时，产生感应电动势和感应电流；作为电动机运行时，通电后受到电磁力的作用，产生电磁转矩。

4. 转轴

转轴起电枢旋转的支撑作用，需有一定的机械强度和刚度，一般用圆钢加工而成。此外在轴上还装有风扇，以加强电机的冷却散热。

（三）气隙

定子与转子之间存在有空隙，称为气隙。它的大小和形状对电机性能有很大的影响。气隙的大小跟电机的容量有关，小型电机气隙为 1 ~ 3 mm，大型电机气隙为 10 ~ 12 mm。气隙虽小，但因空气磁阻较大，在电机磁路系统中有着重要作用。

第二节 直流电动机的分类和铭牌值

一、直流电动机的分类

电流通过线圈激发磁场，线圈获得励磁电流的方法称为励磁方式。直流电动机的性能与励磁方式有密切关系，励磁方式不同，电机的运行特性有很大差异。根据励磁绕组与电枢绕组连接方式的不同，可以分为他励电动机、并励电动机、串励电动机和复励电动机。

（一）他励式

直流电动机的励磁电流由其他直流电源供电的方式叫他励式。

他励方式中,励磁绕组和电枢绕组没有电路上的联系,励磁电流 I_f 由独立的直流电源供电,与电枢电流 I_a 无关。用永久磁铁作主磁极的电动机可当做他励电动机。对直流电动机来说,如图 3-11 所示,负载电流 I 是指电源输入电动机的电流。

他励直流电动机的电枢电流,I_a 与负载电流 I 相等,即 $I_a = I$。

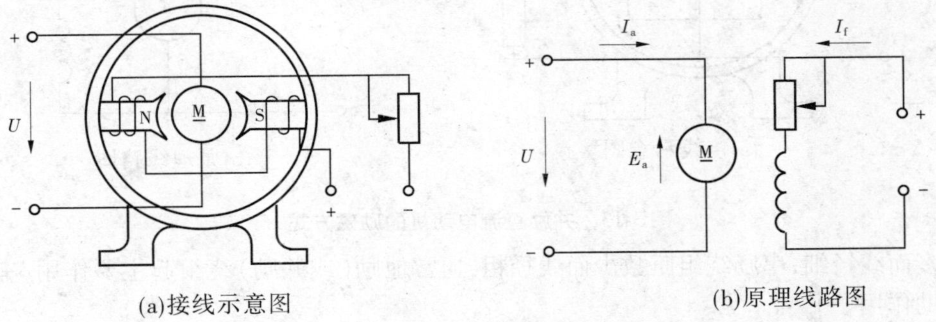

图 3-11　他励直流电动机的励磁方式

(二)串励式

励磁绕组与电枢绕组的连接方式为串联,再接通直流电源的方式称为串励式。

在一般情况下,如图 3-12 所示,励磁绕组与电枢绕组串接于同一外加电源,励磁电流由外加电源提供。串励式直流电动机常用于要求很大启动转矩且转速允许有较大变化的负载等。

串励方式中,励磁绕组和电枢绕组串联,$I_a = I = I_f$,数值较大,因此串励绕组匝数很少,导线较粗。

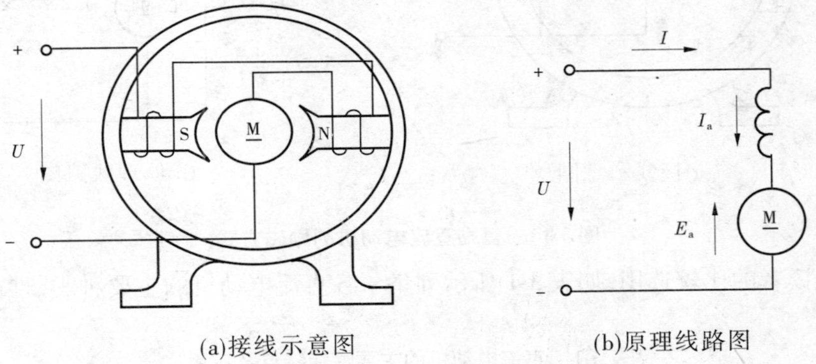

图 3-12　串励直流电动机的励磁方式

(三)并励式

励磁绕组与电枢绕组的连接方式为并联,称为并励式。

在一般情况下,如图 3-13 所示,励磁绕组与电枢绕组并接于同一外加电源,励磁电压等于电枢电压,励磁绕组匝数多,导线细,电阻较大。励磁电流由外加电源提供,$I_a = I - I_f$。并励式直流电动机一般用于恒压系统。中小型直流电动机多为并励式。

(四)复励式

励磁绕组与电枢绕组的连接方式既有并联又有串联,这种励磁方式为复励式。并励绕

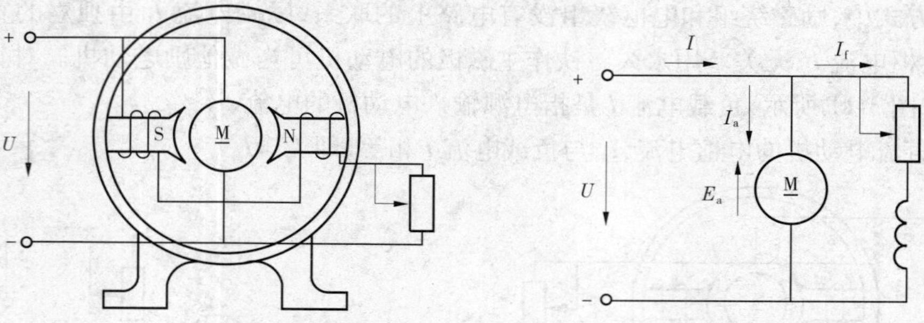

(a)接线示意图　　　　(b)原理线路图

图 3-13　并励直流电动机的励磁方式

组匝数多而线径细,串励绕组匝数少而线径粗,通常他励(或并励)绕组起主要作用,串励绕组起辅助作用。

因串励绕组与并励绕组产生的磁势方向有异同,又将复励式电动机分为积复励和差复励。串励绕组产生的磁势与并励磁势方向相同时称为积复励;两者磁势方向相反时称为差复励。

图 3-14 所示为复励直流电动机。

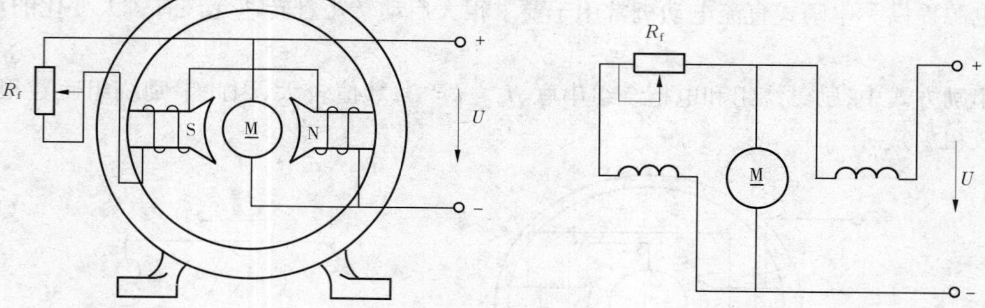

(a)接线示意图　　　　(b)原理线路图

图 3-14　复励直流电动机的励磁方式

为方便读者的比较选用,如表 3-1 所示列举了各直流电动机的主要种类、性能特点及应用。

表 3-1　直流电动机的主要性能特点及应用

直流电动机	他励	并励	串励	复励
主要性能特点及应用举例	机械特性硬、启动转矩大、调速范围宽、平滑性好。主要应用于调速性能要求高的生产机械,如离心泵、风机、金属切削机床、纺织印染、造纸和印刷机械等		机械特性硬度适中、启动转矩大、调速方便。常用于要求很大启动转矩且转速允许有较大变化的负载,如蓄电池供电车、起货机、起锚机、电车、电力传动车等	机械特性软、启动转矩大、过载能力强、调速方便。一般用于启动转矩小,而要求转速平稳的小型恒压驱动系统中,如空气压缩机、冶金辅助传动机械等

二、直流电动机的铭牌

直流电动机的铭牌用来标注型号和保证直流电动机长期可靠地工作的基本参考数据，铭牌标注的基本参数是用户进行试验和使用的依据。电机制造厂按照国家标准，根据电机的设计和试验数据而规定的每台电机的主要数据称为电机的额定值。额定值一般就标在电机的铭牌上或产品说明书上。表 3-2 所示为某厂生产的 Z2－42 型直流电动机的铭牌数据。此外，铭牌上还标有励磁方式、额定励磁电压、额定励磁电流和绝缘等级等参数。

表 3-2　电动机的铭牌

型号	Z2－42	励磁方式	并励
额定功率	4.0 kW	励磁电压	220 V
额定电压	220 V	励磁电流	22.70 A
额定电流	13.3 A	定额	连续
额定转速	1 500 r/min	温升	80 ℃
出厂编号—××××××		出厂日期　××年　××月	
×××电机厂			

图 3-15 为电动机型号中各个符号表示的意义。

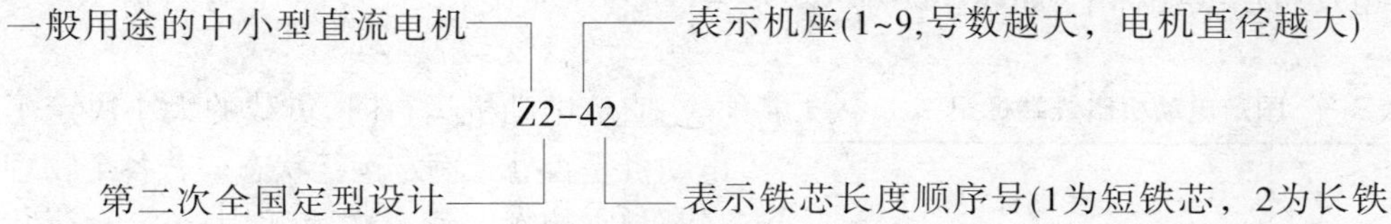

图 3-15　电动机型号中各符号意义

(1)额定电压 U_N。

额定电压是指电枢绕组能够安全工作的电压，对电动机是最大输入电压，对发电机是最大输出电压，单位为 V(伏)。

(2)额定电流 I_N。

额定电流是指电机在额定运行时，电枢绕组允许长期流过的电流，单位为 A(安)。

(3)额定功率 P_N。

额定功率是指电机在额定情况下允许输出的功率，对于发电机，是指向负载输出的电功率；对于电动机，是指轴上输出的机械功率。单位是 W 或 kW。

直流电动机的额定功率为

$$P_N = U_N I_N \eta_N$$

(4)额定转速 n_N。

额定转速是指电机在额定电压、额定电流和额定功率下运行时，电机的旋转速度，单位为 r/min(转/分)。

(5)励磁方式。

励磁方式指电机的励磁方式,包含他励、并励、串励和复励等。

(6)励磁电流 I_f。

励磁电流指电机产生主磁通所需要的励磁电流,单位是A。

(7)励磁电压 U_f。

励磁电压指电机在额定状态下励磁绕组两端所加的电压,单位是V。对于自励的并励的电机,励磁电压等于电机的额定电压;对于他励电机,励磁电压要根据使用情况来决定。

(8)定额。

定额指电机按铭牌数值工作时可以连续运行的时间和顺序。定额分为连续定额、短时定额、断续定额3种,例如铭牌上标有"连续",表示电机可不受时间限制连续运行。标有"25%",则表示电机在一个周期内工作25%的时间,休息75%的时间。

(9)温升 t_N。

温升是表示电机允许发热的一个限度。温升限度取决于电机所使用的绝缘材料。一般将环境温度定为40 ℃。例如,温升80 ℃,则电机温度不可超过120 ℃(80 ℃ +40 ℃)。否则,电机就要缩短使用寿命。

(10)额定效率 η_N。

电机在额定状态工作时,输出功率 P_2 与输入功率 P_1 的百分比值,称为额定效率。额定功率与额定电压和额定电流的关系如下:

直流电动机　$P_N = U_N I_N \eta_N \times 10^{-3}$ kW

(11)线端标记。

国产电动机出线端标记,如表3-3所示。

表3-3　国产电动机出线端标记

绕组名称	出线端标记	
	始端	末端
电枢绕组	A_1 或 S_1	A_2 或 S_2
换向极绕组	B_1 或 H_1	B_2 或 H_2
并励绕组	B_1 或 E_1	B_2 或 E_2
串励绕组	D_1 或 C_1	D_2 或 C_2
他励绕组	F_1 或 T_1	F_2 或 T_2

说明:我国现行采用的符号与IEC国际标准所规定相同。

直流电动机运行时,负载的大小决定了电动机是否处于额定运行状态。若各个物理量都与它的额定值一样,就称为额定运行状态,亦称为满载运行。在额定运行状态下,电机利用充分,运行可靠,并具有良好的性能。如果流过电机的电流小于额定电流,称为欠载运行;超过额定电流,称为过载运行。长期过载或欠载运行都不好。在欠载运行状态下,电机利用不充分、效率低。在过载运行状态下,易引起电机过热损坏。根据负载选择电机时,最好使电机接近于额定运行。电机在接近额定的状态下运行,才是经济的。

由于直流电动机具有良好的启动和调速性能,常应用于对启动和调速有较高要求的场合,如大型可逆式轧钢机、矿井卷扬机、龙门刨床、电动机车、大型车床和大型起重机等生产机械中。

三、直流电动机主要系列

Z2 系列：一般用途的中、小型直流电动机。

Z 和 ZF 系列：一般用途的中、大型直流电动机系列。Z 是直流电动机系列，ZF 是直流发电机系列。

ZT 系列：用于恒功率且调速范围较宽的拖动系统里的宽调速直流电动机。

ZJ 系列：精密机床用直流电动机。

ZQ 系列：电力机车、工矿电机车和蓄电池供电电车用的直流牵引电动机。

ZZJ 系列：专供起重机械用冶金工业用的专用直流电动机。它具有快速启动和承受较大过载能力的特性。

ZH 系列：船舶上各种辅助机械用的船用直流电动机。

ZU 系列：用于龙门刨床的直流电动机。

ZA 系列：用于矿井和有易爆气体场所的防爆安全型直流电动机。

ZKJ 系列：冶金、矿山挖掘机用的直流电动机。

BFG 系列：是直流换向片永磁电动机，用于电动玩具等。

第三节　他励直流电动机的运行

电动机运行状态是指稳定的运行状态，也就是电动机机械特性和负载转矩特性交点所对应的工作状态。

电动机的工作状态按拖动性能可分为电动及制动两大类。

当电动机接通电源后，产生与系统运动方向一致的转矩，并通过传动机构拖动生产机械工作时，即为电动工作状态。在电动工作状态下，电动机的电磁转矩 T 的方向与转速 n 的方向相同，此时电动机将电能变成机械能输出。通常情况下，电动机都是工作在电动状态下。

有的时候，由于某种需要，需要电动机工作在制动状态下。制动是指电动机从某一稳定的转速开始减速到停止或限制位能负载的下降速度时的一种运转过程。在制动工作状态下，电动机的电磁转矩的 T 方向与转速 n 的方向相反，此时电动机把机械能变成为电能输出。由此可见，制动工作状态的实质是，电动机变为发电机，消耗机械能而输出电能。

电力拖动系统之所以需要工作在制动状态，是生产机械提出的要求，主要有以下 3 种情况：

(1) 当生产机械在高速工作时，根据需要迅速降为低速或者迅速由正转变为反转。

(2) 生产机械为加快启动和制动过程，提高生产效率。

(3) 有些位能负载为获得稳定的下放速度。

一、直流电动机的电动势

直流电动机在运行时，其电枢绕组中的导体切割气隙磁场的磁力线产生感应电动势，电枢“+”极与“-”极之间的电动势就叫电枢电动势。

电枢电动势 E_a 为

$$E_a = C_e n\varphi \tag{3-1}$$

式中　C_e——直流电动机电动势常数，对于已制成的电机有确定值；

φ——气隙中每极磁通；

n——电机转速。

直流电动机运行时，感应电动势的方向与外加电源电压（电流）的方向正好相反，因此称为反电动势，起到与外加电源电压平衡的作用。在他励（或并励）电动机中

$$U - E_a = R_a I_a \tag{3-2}$$

式中　E_a——电枢电动势；

U——电动机电源电压；

I_a——电枢支路电流；

R_a——电枢绕组电阻。

感应电枢电动势的方向，是在确定 φ、n 的方向后按右手法则确定的。感应电动势的方向随着 φ 和 n 其中一个方向的改变而改变，但 φ 和 n 方向同时改变时，感应电动势方向不变。

二、直流电动机的电磁转矩

直流电动机不论运行在发电状态还是电动状态下，当电枢绕组中有电流流过时，电枢导体与气隙磁通相互作用就可产生电磁力，并因此产生电磁转矩。电磁转矩是直流电动机进行能量变换的一个重要的物理量，即

$$T = C_T \varphi I_a \tag{3-3}$$

式中　T——电磁转矩，N·m；

C_T——电机转矩常数；

φ——每极磁通，Wb；

I_a——电枢总电流，A。

从公式中可以看出，电机的电磁转矩与磁通 φ 和电枢电流 I_a 的乘积成正比。

电磁转矩的方向，是在确定 φ、I_a 的方向后按左手法则确定的。分别改变 φ 和 I_a 的方向，则可相应地改变电磁转矩的方向，但同时改变 φ 和 n 方向时，电磁转矩的方向不变。

由此式可见，在忽略电枢反应的情况下电磁转矩与电枢电流成正比，若考虑电枢反应使主磁通略有下降，电磁转矩上升的速度比电流上升的速度要慢一些。

三、直流电动机的功率

电动机将电能转变成机械能输出，但并不是将输入的电功率全部转换成机械功率，在转换过程中总有一部分能量消耗在电动机内部，称为电动机损耗。它包括机械损耗（即摩擦损耗）、铁芯损耗（即磁滞和涡流损耗）、铜损耗和附加损耗（其产生的原因复杂，一般取额定功率的0.5%～1%）。

直流电动机的功率关系为

$$P_1 = P_2 + \Delta P_0 + \Delta P_{Cu} = P_2 + \Delta P \tag{3-4}$$

式中　P_1——电动机输入电功率；

P_2——电动机（轴上）的输出功率；

ΔP——电动机损耗功率；

ΔP_0——电动机机械损耗、铁芯损耗及附加损耗；

ΔP_{Cu}——电动机铜损耗。

四、直流电动机的效率

直流电动机是电能转换成机械能的装置，在能量转换过程中会有能量损失。

直流电动机效率 η 为

$$\eta = \frac{P_2}{P_1} \times 100\% = \frac{P_2}{P_2 + \Delta P_0 + \Delta P_{Cu}} \times 100\%$$

当 $U = U_N, I_f = I_{f_N}$ 时，$\eta = f(I_a)$ 的关系称为效率特性。

$$\eta = \frac{P_1 - \sum P}{P_1} = 1 - \frac{P_0 + R_a I_a^2}{U_N I_a} \tag{3-5}$$

可知，空载损耗 P_0 是不随负载电流变化的。当负载电流较小时效率较低，输入的功率大部分消耗在空载损耗上；当负载电流增大时效率也增大，输入的功率大部分消耗在机械负载上；但当负载电流大到一定程度时铜损快速增大，此时效率又开始变小。

第四节　他励直流电动机的启动和反转

直流电动机的启动是指直流电动机接通电源，转速从零开始到转速稳定的过程。启动是直流电动机的过渡过程，对电机的运行性能和使用寿命及安全存在较大的影响。启动处理不好有如下三点危害：

(1)大电流使电机发热甚至烧毁电机。

(2)大转矩损坏负载设备。

(3)大电流使电网电压降低，影响启动和其他设备运行或使电网跳闸。

对直流电动机的启动，一般做如下要求：

(1)要有足够大的启动转矩，以缩短启动时间并能带负载启动。

(2)启动电流要限制在一定范围内，以免对电网和电动机产生有害影响。

(3)启动设备要简单、可靠。

启动过程本身为一过渡过程，但因电气的过渡过程时间要比机械的过渡过程的时间快得多，故通常我们可以假设当电动机还没有来得及转动，流入的电流已达到稳定值。当电枢在静止状态时，转速 $n = 0$，故在电枢回路中的反电势也为零。这时如把额定电压外施至电机的端点，则流入电枢回路的电流仅为电枢电阻所限制。由于电枢电阻是很小的，在通常的直流电动机中，额定电流流过电枢绕组的电压降为额定电压的 2% ~ 10%。如把额定电压直接外施至电枢的端点，则启动电流可达额定电流的 10 ~ 50 倍。这样大的电流可使电枢绕组损坏，且有可能在换向器上导致环火。因此，直流电动机启动和交流电动机一样也要采取种种措施。只有容量在数百瓦以下的微型电机，才能在额定电压下直接启动，这是因为微型电机的电枢电阻具有较大的相对值，且其转动惯量很小，在启动时转速上升很快的缘故。

一般的直流电流，在启动时必须在电枢回路中串入变阻器，以限制启动电流。专为电动机启动用的变阻器称为启动器。启动器实质上是一可变电阻，当转速逐渐上升时，可把启动电阻逐级切除，直到电动机的转速上升至稳定值，并把启动电阻全部切除，启动过程才告完毕。

直流电动机的启动方法有以下3种：全压启动、电枢回路串电阻启动和降压启动。无论采用哪种启动方法，启动时都应保证电动机的磁通达到最大值。

一、全压启动

直接将电动机接在额定电压的电源上进行启动，在启动的过程中无限流、降压措施的启动方式称为全压启动。

全压启动的优点：操作简单，不需要另加启动设备，操作简便。

全压启动的缺点：由于启动时，电枢两端加入额定电压，此时电枢回路中的启动电流为

$$I_{st} = \frac{U_N - E_a}{R_a} \approx \frac{U_N}{R_a} \tag{3-6}$$

在启动瞬间，感应电动势 E_a 较小，所以启动电流 I_{st} 很大，一般可达额定电流的10～20倍。从而造成换向的困难，对电网产生不利的影响，损坏换向器。

因此，全压启动的方法只适合用于功率为1～2 kW的小功率直流电动机，功率大的电机必须设法限制电枢电流。而且直流电动机在启动和运行中须保证励磁始终正常。图3-16为全压启动接线图。

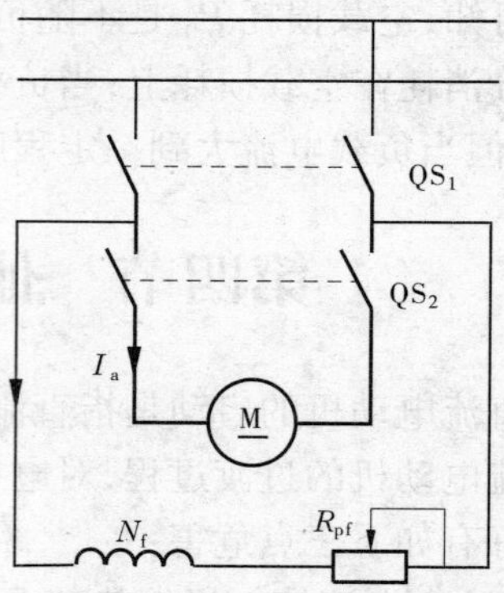

图3-16　全压启动接线图

二、电枢回路串电阻启动

由式(3-6)可知，为了限制过大的启动电流，在启动中可在电枢回路中串接电阻器 R_{st} 以减小启动电流 I_{st}。在电枢回路串接电阻器 R_{st} 后，启动电流为

$$I_{st} = \frac{U_N}{R_{st} + R_a} \tag{3-7}$$

则

$$R_{st} = \frac{U_N}{I_{st}} - R_a \tag{3-8}$$

且 R_{st} 的数值要使 I_{st} 不大于允许值。

由启动电流产生的启动转矩使电动机开始旋转并加速，随着转速的升高，电枢反电势增大，电枢电流减小，转速上升速度慢下来。为缩短启动时间，保证启动过程中维持电枢电流不变。因此，随着转速的升高应把 R_{st} 平滑地减小，直到稳定运行时全部切除。但是实际上随着转速升高，平滑切除 R_{st} 是难以做到的，一般是把启动电阻分为若干段而逐段加以切除。如图3-17所示，图中 $R_1 = R_a + R_{st}$，$R_2 = R_a + R_{st1} + R_{st2}$。

在启动过程中，要保证切除外加电阻时电枢的电流不超过限定值，应采用随着转速的上升，逐级切除电阻，完成电动机的分级启动。在启动的过程中，在电枢回路串接电阻的目的是为了限流，切除电阻的目的是为了获取更大的转矩，提高电机的转速、减小损耗，提高能量的转换效率。

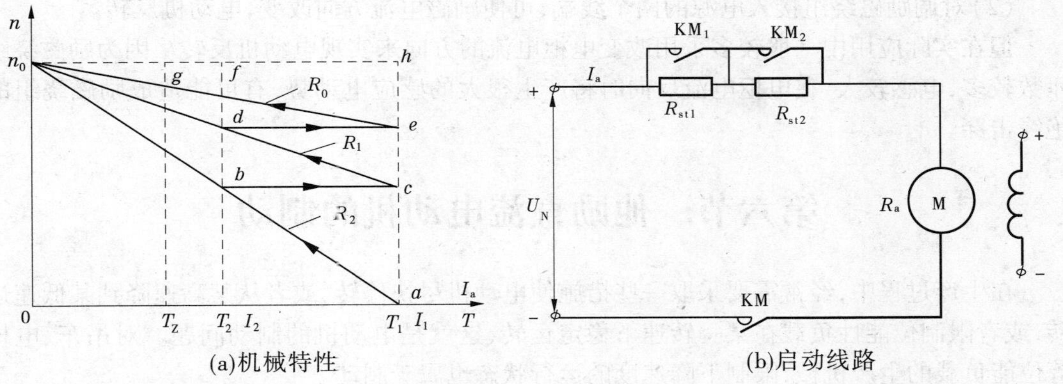

图 3-17　电枢回路串电阻启动

电枢回路串电阻启动,设备简单、操作方便、初始投资较小,但在启动过程中能量消耗较多,常用于中小容量启动不频繁的电动机。但用它来启动大容量的电动机时,变阻器容量大,较为笨重,若经常使用,还会消耗较多的电能。因此,对于需要经常启动的大容量电动机,常常采用降压启动的方法。

三、降压启动

降压启动是指通过暂时降低供电电压(以限制启动电流)的方式启动,启动电流会随着启动电压的降低而降低。启动后再逐渐升高供电电压到额定值,保证一定的电磁转矩和升速。启动时,励磁电压保持额定值,电枢电压从零逐渐升高到额定值。降压启动只能在电动机有专用可调直流电源时才能采用,目前多采用晶闸管可控直流电源作为降压启动的供电电源。

从式(3-6)可知,减少电枢两端的电压 U,能达到减小启动电流的目的。用这种方法启动时,开始时加于电动机电枢两端的电压很低,I_{st}较小,随着电动机转速的提高,逐步增加电枢电压 U,但要保证电枢电流限定在允许范围内。但要注意的是,启动时励磁绕组必须在额定电压 U_N 下工作。

采用降压启动时,需要一套专用的直流发电机或晶闸管整流电源作为电动机的电源。降压启动虽能保证启动电流小、启动过程平滑、能量损耗小,但需要专用的调压设备,投资较大。必须注意,直流电动机在启动和运行时,励磁电路一定要接通,不能断开。启动时要额定励磁。否则,由于磁路仅有很小的剩磁,可能出现飞车事故。

第五节　他励直流电动机的反转

根据工程的需要,常常要求直流电动机既能正转,又能反转。要使电动机反转,需改变电磁转矩的方向,而主磁通方向和电枢电流的方向决定电磁转矩的方向,因此只要改变磁通和电枢电流中任意一个的方向,就可以改变电磁转矩的方向。如果磁通和电枢电流方向同时改变,则电动机旋转方向不变。由此可见,有两种方法可以使直流电动机反转:

(1)对调电枢绕组接入电源的两个线端,可使电枢电流改变方向,电动机反转。

(2)对调励磁绕组接入电源的两个线端,可使励磁电流方向改变,电动机反转。

但在实际应用中一般较多采用改变电枢电流的方向来实现电动机反转。因为励磁绕组匝数较多,电感较大,在电枢电流反向时将产生很大的感应电动势,有可能造成励磁绕组的绝缘击穿。

第六节　他励直流电动机的制动

在生产过程中,经常需要采取一些措施使电动机尽快停转,或者从某高速降到某低速运转,或者限制位能性负载在某一转速下稳定运转,这就是电动机的制动问题。对吊车、电梯等位能负载的生产机械,限制下降速度的运行状态也属于制动。

制动的方式很多,最简单的方法是用机械抱闸,靠摩擦力把电机制动的方式,称为机械制动。本节主要讨论电气制动,即使电动机的电磁转矩方向与旋转方向相反进行制动。

电气制动有三种方法:能耗制动、反接制动和回馈制动。这三种制动方法的共同点是:在保留原来磁场大小和方向不变的情况下,使电动机电磁转矩方向与旋转方向相反,由驱动转矩变为制动转矩。

一、能耗制动

之所以称为能耗制动,是因为电动机由生产机械和自身的惯性作用拖动发电,把生产机械和电动机储存的动能转换为电能,再消耗在电枢回路的电阻上。

如图 3-18 所示,能耗制动的过程就是在保持励磁绕组接通的情况下,将电动机的电枢绕组从电源上断开的同时,将电枢绕组串入电阻形成回路。此时,电枢依靠惯性继续转动,绕组中的导体切割磁力线产生感应电流,受气隙磁场作用而产生与电枢转动方向相反的制动转矩,使电动机尽快停止转动。

在制动过程中,因电枢转速下降,导体切割磁力线的速度越来越小,电枢绕组中的感应电流越来越小,制动转矩也越来越小至零,此时电枢转动停止。

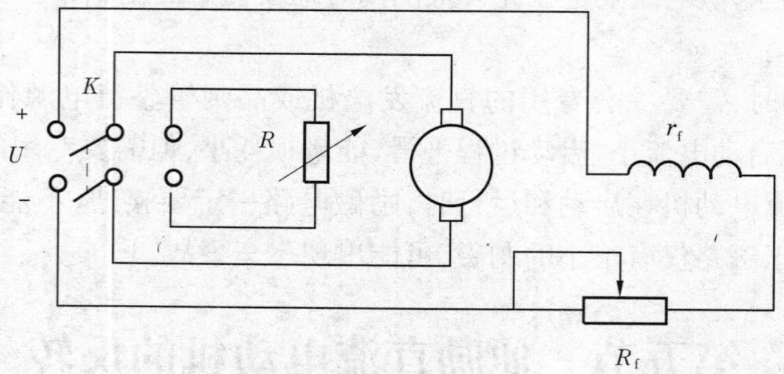

图 3-18　能耗制动

能耗制动有以下特点:

(1)制动时,在电枢中串联电阻 R 是为了限制制动电流。

(2)制动电阻愈小,制动时电枢电流愈大,产生的制动转矩也愈大,制动作用愈强。

(3)电动机使用能耗制动时,制动时间较长,但减速平稳,没有冲击。

(4)高速时能耗制动作用较大,低速时应配合机械制动装置使系统停止。

二、反接制动

如图 3-19 所示，当电动机正转时切断电枢电源，立即改变接在电枢绕组上的电压的极性，从而使电磁转矩的方向与电枢转动的方向相反，成为制动转矩，使电动机迅速停止转动。

在反接过程中，由于电枢绕组中的电流换向，电流变化率极大，将有很大的自感电动势和电流，为防止过大的电枢电流，在反接制动时电枢电路中应串入电阻 R，电阻的大小选择应使反接制动时电枢电流不超过额定电流的 2 ~ 2.5 倍。

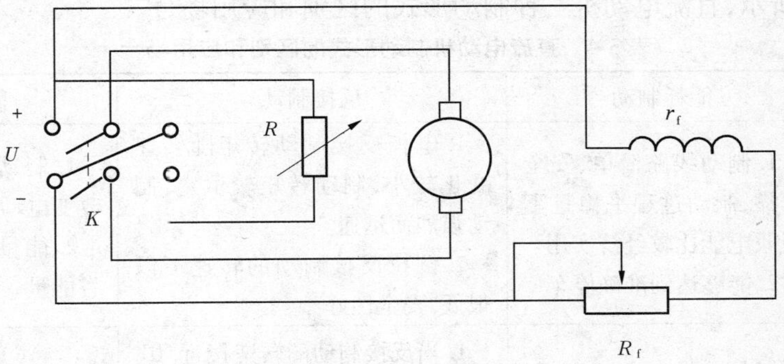

图 3-19　反接制动

反接制动有以下特点：

(1)若制动的目的是为了停车，而不是反转，当反接制动的转速接近“0”时，应将电枢电路断开，否则电动机将反转。

(2)为防止过大的电枢电流，在反接制动时电枢电路中应串入电阻 R。

(3)反接制动适合于要求制动强烈的场所，但制动时产生的冲击较大。

三、回馈制动

回馈制动又称再生发电制动，在电动机运行过程中，由于某种客观原因，使电动机的实际转速 n 高于理想空载转速 n_0，如电车下坡、起重机下放重物等情况，位能转换所得的动能使电动机加速，电机就处于发电状态，并对电动机起制动作用。此时电枢电动势 E_a 将超过电源电压 U。根据电动机的电势平衡方程式

$$I_a = \frac{U_N - E_a}{R_a} = -\frac{E_a - U_N}{R_a} \tag{3-9}$$

电枢中的电流方向发生改变，由原来从电源流入电枢变为由电枢流入电源；电磁转矩的方向将由原来与电枢转动方向相同变为相反，成为制动转矩。这时电动机变为发电机，把位能转变为电能，并将产生的电能反送回电网，所以称为回馈制动。回馈制动一般不串电阻，因为若串电阻，电机转速会升得很高，实际运行不允许；又因为不串电阻时，没有电阻上的能量损耗，使尽可能多的电能回馈电网。

电动机变为发电机运行后，转速升高，电枢绕组中的电流增大，制动转矩增大。当制动转矩与负载转矩相等时，转速稳定，使电动机的转速不能无限制地增大。所以，回馈制动实质是将电动机变为发电机以限制转速不至于过快地制动。

如吊车在下放重物时，在重力的作用下，电动机的转速会越来越快，超过理想空载转速

后，电动机变为发电机。此时，电磁转矩对下放的重物进行制动，使重物下放的速度不至于过大。反向回馈制动常用于高速下放重物时限制电机转速。

回馈制动的特点：

(1)回馈制动实质是将电动机变为发电机以限制转速不至于过大。

(2)在回馈制动过程中，电动机向电源回馈电能，为了节省能量，在电动机具有可调电压源又拖动反抗性负载时，可使整个停车过程都处于回馈制动状态，直到转速等于零。这种制动停车方法最能节省能量。

如表 3-4 所示，直流电动机三种制动形式的区别和应用场合。

表 3-4　直流电动机制动形式的区别和应用场合

制动形式	能耗制动	反接制动	回馈制动
优点	1. 制动线路简单、安全可靠，制动过程平稳且不吸收电能比较经济实用。 2. 能够达到准确停车	1. 电枢反接制动转矩随转速变化较小，制动转矩较恒定，制动强烈而迅速。 2. 倒拉反接制动的转速可以很低，安全性好	1. 制动简单可靠，不需改变电动机接线。 2. 能量反馈到电网，节省能量
缺点	制动时间较长，制动效果随转速下降而成比例减小	1. 当反接制动的转速接近“0”时，应将电枢电路断开，否则电动机将反转。 2. 倒拉反接制动从电网吸收大量电能。制动时产生的冲击较大	1. 在转速大于理想空载转速时才能产生制动，应用范围较窄。 2. 不能实现停车
应用	适用于要求减速平稳场合，例如反抗性负载准确停车。另应用于下放重物	电枢反接制动应用于频繁正、反转的电力拖动系统，适合于要求制动强烈的场所	应用于位能负载的稳定高速下降场合；在降压和弱磁调速的过渡过程中可能出现这种制动状态

第七节　他励直流电动机的调速

为了提高生产效率或满足生产工艺的要求，许多生产机械在工作过程中都需要调速。所谓调速，是指在负载不变的情况下，人为地改变电动机转速的方法。电枢电流 I_a 不变时，只要改变电枢电压 U、电枢回路的附加电阻 R、励磁磁通 Φ 中的任一项，都会引起转速变化。因此，他励直流电动机有三种调速方法，分别是电枢回路串电阻调速、改变电源电压调速和减小气隙磁通调速。

一、电枢回路串电阻调速

对于他励直流电动机，可在电源电压和气隙磁通不变的情况下，改变电枢回路中的电阻，达到调速的目的。在电源电压 $U = U_N$，气隙磁通 $\Phi = \Phi_N$，电枢外串电阻时，$n = f(T)$ 的机械特性的曲线，如图 3-20 所示。其数学表达式为

$$n = \frac{U_N}{C_e \Phi_N} - \frac{R_a}{C_e C_T \Phi_N^2} T = n_0 - B_N T = n_0 - \Delta n_N \tag{3-10}$$

式中　R_a——电枢电阻；

C_e——电动势常数，$C_e = \frac{P_N}{\sigma_0}$；

C_T——转矩常数，$C_T \approx 9.55 C_e$。

电枢回路串电阻调速时，所串电阻越大，稳定运行转速越低。所以，这种方法只能在低于额定转速的范围内调速。电枢电路串电阻调速，设备简单，操作方便。但串入电阻后机械特性变软，调速的平滑性差，电阻上的功率损耗较大。低速时，调速电阻上有较大电流，损耗大，电动机效率低。轻载时调速范围小，且只能从额定转速向下调，调速范围一般小于或等于2。因此，电枢串电阻调速多用于对调速性能要求不高的生产机械上，如起重机、电车等。

二、改变电源电压调速

在直流电动机中改变电枢的端电压，可以实现调节直流电动机转速的目的。由于电动机的工作电压不允许超过额定电压，因此电枢电压只能在额定电压以下进行调节，所以也叫降低电源电压调速。

在气隙磁通 $\Phi = \Phi_N$，电枢外串电阻 $R_\Omega = 0$，改变电枢端电压时，$n = f(T)$ 的机械特性曲线，如图 3-21 所示。其数学表达式为

$$n = \frac{U}{C_e \Phi_N} - \frac{R_a}{C_e C_T \Phi_N^2} T = \frac{U}{C_e \Phi_N} - B_N T \tag{3-11}$$

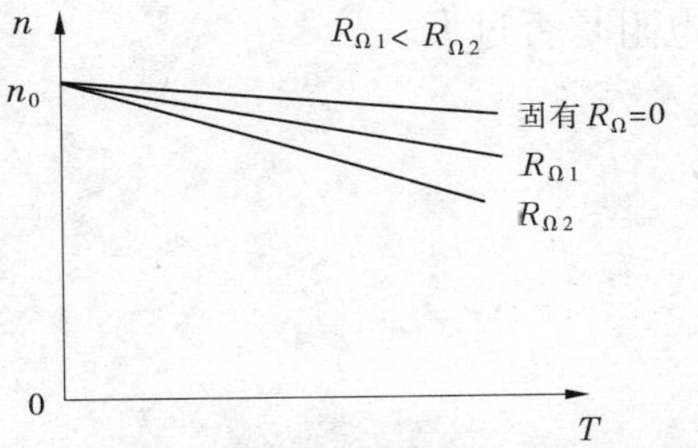

图 3-20　电枢回路串电阻调速的机械特性曲线

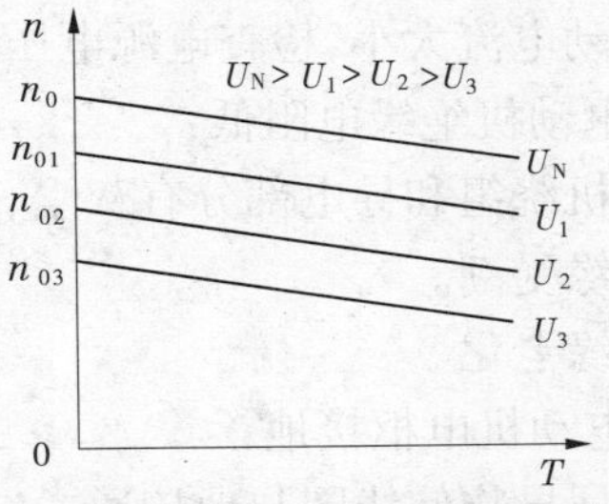

图 3-21　改变电枢电源电压调速的机械特性曲线

由转速特性方程知：调节电枢电压 U、n_0 变化，但斜率不变，所以调速特性是一组平行曲线。

降低电源电压调速有许多优点：首先是电源电压便于平滑调节，调速平滑性好，可实现无级调速。其次是调速前、后机械特性斜率不变，机械特性硬度高，速度稳定性好，调速范围宽。另外，降压调速是通过减小输入功率来降低转速的，故调速时损耗减小，调速经济性好。

降低电源电压调速的缺点是：要有电压可调的直流电源，设备多，较复杂。

降低电源电压调速多用在对调速要求较高的生产机械上，如机床、造纸机等。

三、减小气隙磁通调速

额定运行的电动机，其磁路已基本饱和，因此改变磁通只能从额定值往下调。在电源电压 $U = U_N$，电枢外串电阻 $R_\Omega = 0$，改变气隙磁通 Φ 时，$n = f(T)$ 的机械特性曲线，如图 3-22 所

示。其数学表达式为

$$n = \frac{U_N}{C_e \Phi} - \frac{R_a}{C_e C_T \Phi^2} T \quad (3\text{-}12)$$

减小气隙磁通调速的优点是：调速平滑，可实现无级调速。励磁电流小，能量损耗少，调速前后电动机的效率基本不变，经济性比较好。机械特性较硬，转速稳定。

减小气隙磁通调速的缺点是：转速只能调高，但同时又受到换向能力和机械强度的限制，因此调速范围不大，一般调速范围 $D \leqslant 2$。

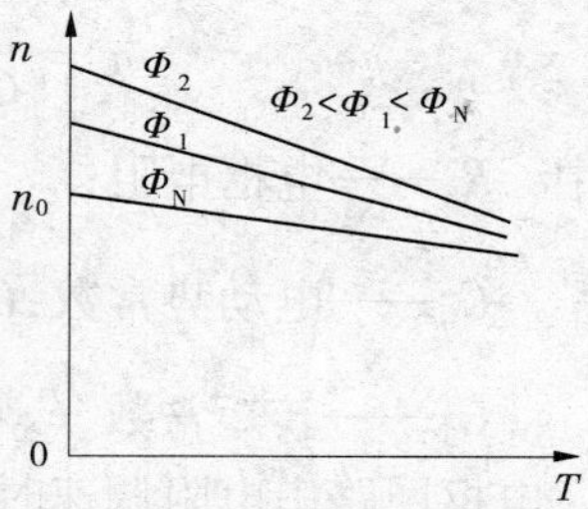

图 3-22　减小气隙磁通调速的机械特性曲线

为了得到较大的调速范围，常常把降低电源电压调速和减小气隙磁通调速两种方法结合起来，在额定转速以下采用降低电源电压调速，在额定转速以上采用减小气隙磁通调速。

第八节　直流电动机的电气故障及分析

直流电动机常见的电气故障可分为以下几方面。

(1) 电动机无法启动：

①电源电路不通，检查接线端子是否正确，电刷接触是否良好，熔断器是否完好，启动设备是否正常。

②启动时负载过大或传动机构卡死，减轻负载或消除机械故障。

③励磁回路断路，检查励磁绕组和磁场变阻器是否断路。

④启动电流太小，检查电源电压是否过低，启动电阻是否过大。

(2) 电动机绝缘电阻低：

①电机绕组和导电部分有灰尘、金属、油污物。

②绝缘受潮。

③绝缘老化。

(3) 电动机电枢接地：

①金属异物使线圈与地接通。

②绕组槽部或端部损坏。

(4) 电枢绕组短路：

①接线错误。

②换向片间或升高片间有焊锡金属物短接。

③匝间绝缘损坏。

(5) 电枢绕组断路：

①接线错误。

②线圈和升高片的并头套焊接不良，接触电阻大。

③线圈和升高片的并头套焊接不良。

④升高片和换向片焊接不良。

(6) 电动机温升过高：

①负载过大或长期过载。

②电枢线圈短路。
③主极线圈短路。
④电枢铁芯绝缘损坏。
⑤冷却空气量不足,环境温度高,电机内部不清洁。
⑥定转子相擦,可检查定子铁芯是否松动,轴承是否磨损。
⑦电压过低或过高。
(7)电动机电流和转速发生剧烈变化:
①电刷不在几何中性线处。
②电动机电源电压波动。
③串励绕组或换向极绕组接反。
④励磁电流太小或励磁电路有断路。
⑤并励绕组接线不良或断路。
⑥串励电动机轻载或空载。
⑦电枢绕组存在匝间短路可修理或更换电枢绕组。
(8)电动机机械震动过大:
①电动机的基础不坚固或电机在基础上固定不牢固。
②机组、电机轴线定心不正确。
③电枢不平衡。
④风叶不平衡。
⑤转轴变形。
⑥联轴器未校正。
⑦地基不平或地脚螺丝松动。
(9)滚动轴承发热、有噪声:
①轴承内润滑脂充得太满。
②滚珠磨损。
③轴承与轴配合太松。
(10)滑动轴承发热、漏油:
①轴径与轴间隙太小,轴瓦研刮不好。
②油环停滞,压力润滑系统的油泵有故障,油路不畅通。
③油牌号不适合,油内含有杂质和赃物。
④油箱内油位太高。
⑤轴承挡油盖密封不好,轴承座上下接合面间隙大。
(11)电刷下火花过大:
①电刷与换向器接触不良。
②电刷磨损过短。
③电刷压力不当。
④电动机过载。
⑤换向器表面不干净。
⑥换向极绕组接反。

⑦电枢绕组有断路或短路。

(12)机壳带电：

①电动机受潮可烘干或重新浸漆处理。

②绝缘老化可重新浸漆处理。

③引线碰壳可用绝缘带包扎处理。

本章小结

电动机的作用是将电能转换为机械能。现代各种生产机械都广泛应用电动机来驱动。生产机械由电动机驱动有很多优点：简化生产机械的结构；提高生产率和产品质量；能实现自动控制和远距离操纵；减轻繁重的体力劳动。

电动机可分为交流电动机和直流电动机两大类。直流电动机具有良好的启动、制动与调速性能，容易实现各种运行状态的自动控制，因此在工业生产中直流拖动系统得到了广泛的应用。本章就常用的直流电动机进行介绍。对于直流电动机我们应该了解下列几个方面的问题：①基本构造；②工作原理；③励磁方式；④电动机的铭牌；⑤电动势、电磁转矩、功率等电机参数；⑥启动、反转、制动及调速的基本原理；⑦直流电动机的电气故障等。

习　题

3-1　直流电动机按励磁方式可分为哪几类？

3-2　直流电动机是怎样工作的？

3-3　直流电动机按励磁方式可分为哪几类？各主要性能特点是什么？

3-4　有一台直流电动机的型号为 Z4－250，各符号都代表什么含义？

3-5　什么叫直流电动机的启动？直流电动机的启动方法有哪些？各有什么特点？

3-6　直流电动机的启动要求有哪些？直流电动机为什么不能直接启动？如果直接启动会引起什么后果？

3-7　怎样改变他励直流电动机的转向？

3-8　直流电动机的制动方法有哪些？各有什么优缺点？

3-9　怎样实现他励直流电动机的能耗制动？

3-10　采用能耗制动和电压反接制动进行系统停车时，为什么要在电枢回路中串入制动电阻？哪一种情况下串入电阻大？为什么？

3-11　当提升机下放重物时：(1)要使他励直流电动机在低于理想空载转速下运行，应采用什么制动方法？(2)若在高于理想空载转速下运行，又应采用什么制动方法？

3-12　直流电动机有哪几种调速方法？各有何特点？

3-13　一台他励直流电动机 $U_N = 220$ V，$I_N = 40$ A，$n_N = 1\,500$ r/min，电枢总电阻 $R_a = 0.60\ \Omega$，假定磁路不饱和，当 $I_a = 10$ A 时，电动机的转速和电磁转矩是多少？

3-14　$P_N = 10$ kW，$U_N = 220$ V，$I_N = 53.8$ A，$R_a = 0.286\ \Omega$，$n_N = 1\,500$ r/min 的他励直流电动机。

(1)若直接启动，则启动电流是多少？

(2)若要求启动电流限制在额定电流的2倍,采用降压启动,则启动电压是多少?

(3)如果要求启动电流限制在额定电流的2倍,电枢回路串电阻启动,则启动开始时应串入多大阻值的启动电阻?

3-15 如果直流电动机在正常运行时温升过高,请分析原因并简述处理的办法。

3-16 在运行中发现电动机机壳带电,有可能是哪方面的故障?

第四章　其他电机

前面介绍了变压器、三相异步电动机、直流电动机的结构及应用，本章将重点介绍单相异步电动机和控制电机。传动生产机械用的传动电机主要用来完成能量的变换，具有较高的力能指标（如效率和功率因数等）；而控制电机则主要用来完成控制信号的传递和变换，要求其技术性能稳定可靠、动作灵敏、精度高、体积小、重量轻、耗电少。控制电机是在一般旋转电机的基础上发展起来的小功率电机，就电磁过程及所遵循的基本规律而言，它与一般旋转电机没有本质区别，只是所起的作用不同。控制电机一般用于自动控制、自动调节、远距离测量、随动系统以及计算装置中的微特电机。它是构成开环控制、闭环控制、同步连接等系统的基础元件，根据它在自动控制系统中的职能可分为测量元件、放大元件、执行元件和校正元件四类。

第一节　单相异步电动机

由单相交流电源供电的异步电动机称为单相异步电动机。单相异步电动机具有结构简单，成本低廉，噪声小等优点，因此广泛用于工业、农业、医疗和家用电器等方面，最常见的如电风扇、洗衣机、空调等。单相异步电动机与同容量的三相异步电动机比较，体积较大，运行性能较差。因此，一般只制成小容量的电动机。我国现有产品的功率从几瓦到几千瓦。

一、单相异步电动机的工作原理及基本结构

（一）工作原理

单相异步电动机的工作原理与三相异步电动机相似，由定子绕组通入交流电产生旋转磁场，转子导体产生感应电压和电流，从而产生电磁转矩使转子转动。

单相异步电动机的定子绕组通以单相电流后，就在绕组轴线方向上产生一个脉动磁场，磁场的强度和方向按正弦规律变化。如图 4-1 所示，当电流在正半周时，磁场方向垂直向下；当电流在负半周时，磁场方向垂直向上，所以说，它是一个脉动磁场。

这个脉动磁场可以分解为两个幅值相同、转速相等，但转向相反的旋转磁场（每个旋转磁场的幅值为脉动磁场的一半）。下面通过图解的方法来证明此结论，如图 4-2 所示，图中给出了脉动磁场大小随时间变化的正弦曲线和不同瞬间由 $\Phi-$ 和 $\Phi+$ 合成的磁场 Φ。

转子在脉动磁场作用下所受的电磁转矩 T 也就等于两个旋转磁场分别作用下所受电磁转矩 $T-$ 和 $T+$ 的合成。当转子静止时，两个旋转磁场分别在转子上产生两个转矩，其大小相等、方向相反，合成转矩 T 为零，它不能自行启动，这是单相异步电动机的特点。如果用外力使转子顺时针转动一下，此时顺时针方向转矩大于逆时针方向转矩，转子就会按顺时针方向不停地旋转，直到接近同步转速。当然，反方向旋转也是如此。

（二）基本结构

单相异步电动机在结构上与三相笼型异步电动机类似，转子绕组也为笼型转子。定子

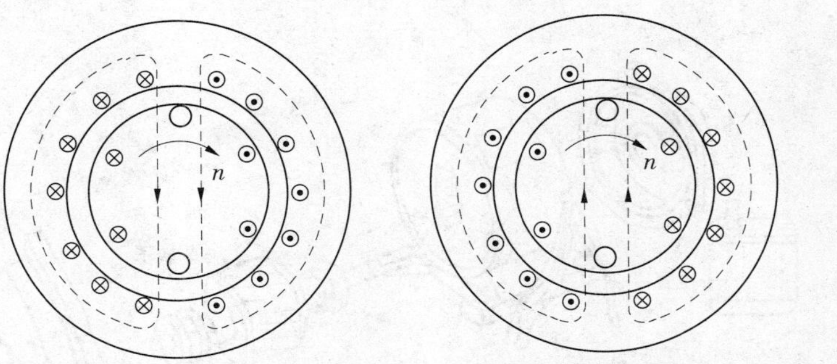

(a)电流正半周产生的磁场　　(b)电流负半周产生的磁场

图 4-1　不同时刻磁场随时间的变化

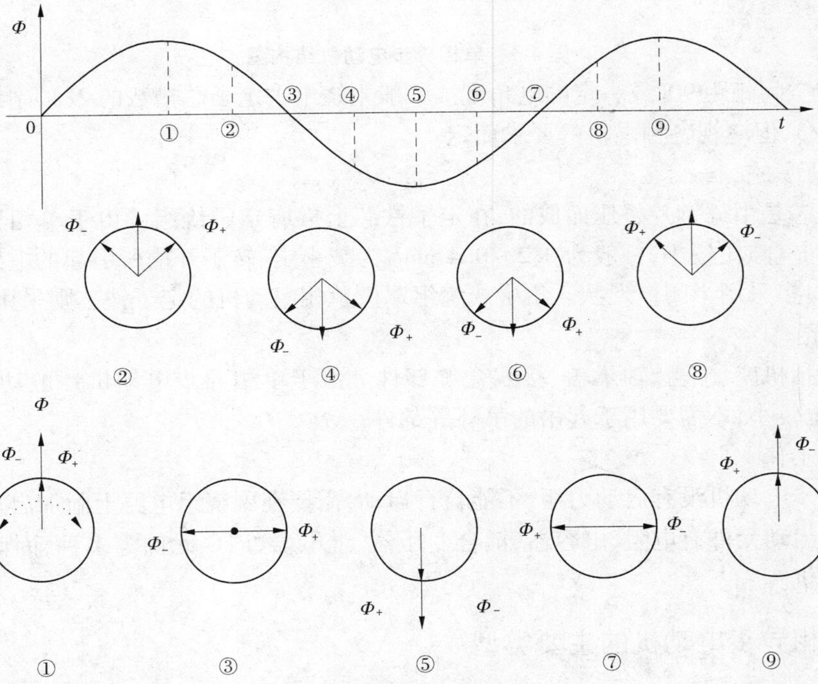

图 4-2　脉动磁场的合成

上有一个单相工作绕组和一个启动绕组,为了能产生旋转磁场,在启动绕组中还串联了一个电容器,其结构如图 4-3 所示。

1. 转子

转子主要用来产生旋转力矩,拖动生产机械旋转。其转子结构都是笼型的,转子主要由转子铁芯、轴和转子绕组等组成。

2. 定子

定子是电动机的固定部分,是用来产生旋转磁场的,由定子铁芯、定子绕组和外壳组成。

(1)定子绕组。

单相异步电动机正常工作时,一般只需要单相绕组即可。但单相绕组通以单相交流电时产生的磁场是脉动磁场,没有启动转矩。为了使单相电动机能自行启动并能改善其运行性能,除工作绕组(又称主绕组)外,在定子上还安装一个辅助的启动绕组(又称副绕组)。

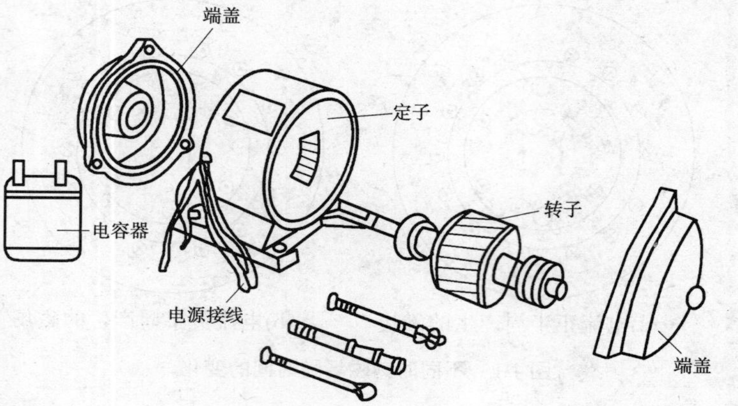

图 4-3　单相异步电动机结构图

两个绕组在空间相距 90°或一定的电角度。一般主绕组占定子总槽数的 2/3,副绕组占定子总槽数的 1/3,但应视各种电机的要求而定。

(2)定子铁芯。

定子铁芯是由硅钢片叠压而成的,在定子铁芯上嵌有定子绕组。由于单相异步电动机定、转子之间气隙比较小,一般为 0.2 ~ 0.4 mm,为减小定、转子开槽所引起的电磁噪声等影响,定子槽口多采用半闭口形状。集中式绕组罩极单相电动机的定子铁芯则采用凸极形状。

(3)外壳。

外壳包括机座、端盖、轴承盖、接线盒等部件。由于单相异步电动机一般功率较小,因此,其体积也较小,不需要用于起吊的吊环等部件。

3. 启动元件

单相异步电动机没有启动力矩,不能自行启动,需要在副绕组电路上附加启动元件才能启动运转。启动元件有电阻、电容器、耦合变压器、继电器、PTC 元件等多种,因而构成不同类型的电动机。

二、单相异步电动机的主要类型

若在定子上安放空间位置相差 90°的两套绕组,再通入相位相差 90°的正弦交流电,就能产生一个像三相异步电动机那样的旋转磁场,实现自行启动。根据获得旋转磁场的方式不同(也就是启动方法),单相异步电动机分为罩极式和分相式电动机两类。下面介绍单相异步电动机的几种主要类型。

(一)单相罩极式异步电动机

单相罩极式异步电动机根据定子结构形式的不同,可分为凸极式和隐极式两种,其中凸极式结构应用较广。单相罩极式异步电动机的主要优点是成本低、结构简单、维护方便。但启动性能和运行性能较差,所以主要用于小功率电动机的空载启动场合,如电风扇、小型鼓风机、油泵、录音机和电唱机等。

凸极式罩极电动机的定子、转子铁芯用厚度为 0.5 mm 的硅钢片叠成,定子做成凸极形式,组成磁极,在每个磁极 1/4 ~ 1/3 处开一个小槽,将磁极表面分为两部分,在较小的一部分磁极上套入短路铜环,套有短路铜环的磁极称为罩极。整个磁极上绕有单相绕组,转子与普通异步电动机相同,其结构如图 4-4 所示。当绕组中通以单相交流电时,产生一脉振磁通,一部分通过磁极的未罩部分,一部分通过短路环。后者在短路环中感生电动势,并产生电流。短路环中的电流阻碍磁通的变化,致使有短路环部分和没有短路环部分产生的磁通有了相位差,从而形成旋转磁场,使转子转起来,如图 4-5 所示。

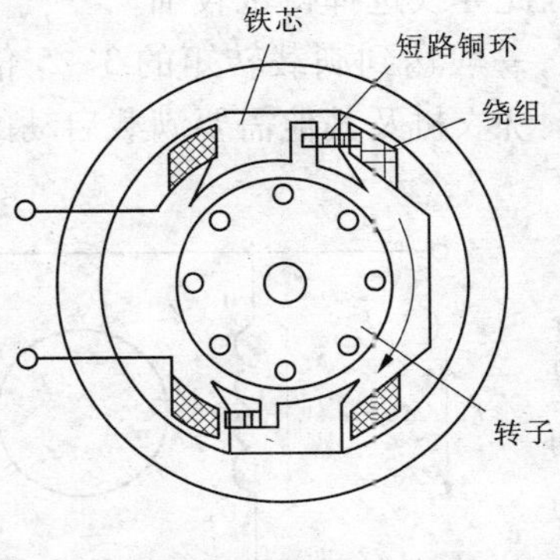

图 4-4　凸极式罩极电动机结构

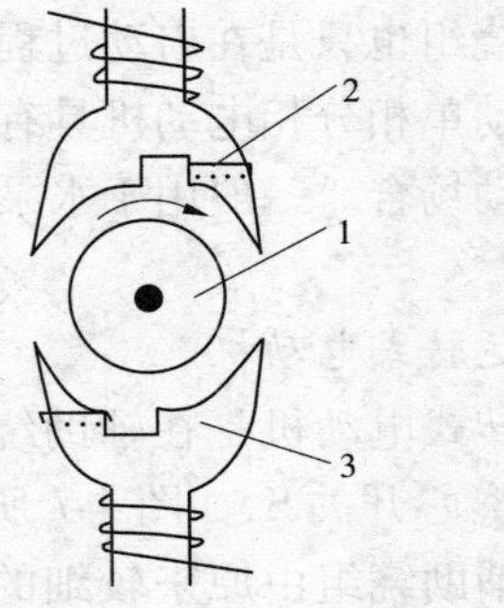

1—转子；2—短路环；3—定子磁极

图 4-5　凸极式罩极电动机原理图

单相隐极式罩极异步电动机的功率一般较大,电动机的定子铁芯用环形硅钢片叠压而成,齿槽内嵌放有主绕组和副绕组,其罩极线圈不是短路环,而是在部分线槽内同时嵌入几匝用粗铜线绕制而成的短路线圈。主绕组匝数多,嵌放在齿槽底部。罩极线圈匝数少,导线截面粗,嵌放在上层,并接成闭合回路,而且使主绕组与罩极绕组在空间的相对位置错开一定角度(通常为 45°),以保证定子气隙中产生一个旋转磁场。

(二)分相式电动机

若在空间不同相的绕组中通以时间不同相的电流,其合成磁场就是一个旋转磁场,分相式电动机就是根据这一原理设计的。分相式电动机又分为电容分相式和电阻分相式两类。

1. 电容启动式电动机

电容启动单相分相电动机,在定子上嵌有两个单相绕组,一个称为主绕组(或称为工作绕组),一个称为辅助绕组(或称为启动绕组)。两个绕组在空间位置相差 90°,它们接在同一单相电源上,如图 4-6(a)所示。

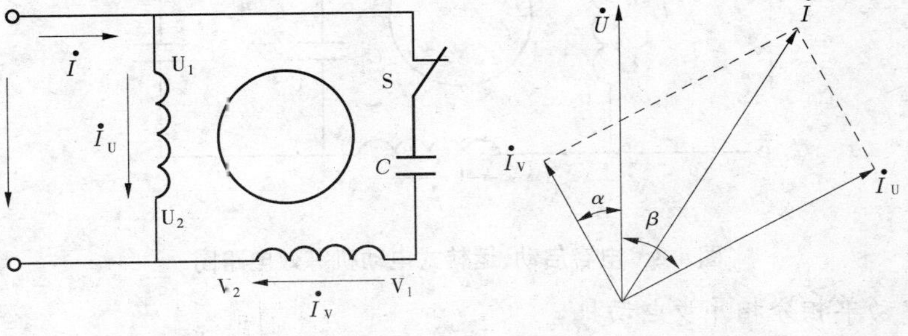

(a)等效电路图　　(b)电压、电流相量图

图 4-6　单相电容启动电动机

当电动机静止不动或转速较低时,装在电动机后端盖上的离心开关 S 处于闭合状态,因而辅助绕组连同电容器与电源接通。当通入单相电源时,空间位置差为 90°的主绕组 U 和

辅助绕组 V 接在同一电源上，但绕组 V 与电容 C 串联，故电流 I_V 滞后于电源电压 U，而电流 I_U 引前于电源电压 U，在两相绕组 U、V 产生的旋转磁场的作用下，转子开始转动，电动机开始启动，当电动机启动完毕后，转速接近同步转速的 75% ~80% 时，由于离心力的作用，自动将开关 S 切断，同时断开辅助绕组电路，电动机便作为单相电动机稳定运转。由于这种电动机的辅助绕组也只是在启动过程中短时间工作，因此导线选择得也较细。

电容启动单相分相电动机具有较高的启动转矩，一般达到满载转矩的 3 ~5 倍，故能适用于满载启动场合。一般用于水泵、压缩机、电冰箱、洗衣机及其他需要满载启动的电器、机械中。

2. 电容运转式电动机

电容运转式电动机是在辅助绕组中只串接电容 C，而不串接离心开关 S，如图 4-7 所示。这时就可以将电动机的辅助绕组由原来较细的导线改为较粗的导线串联，使辅助绕组不仅产生启动转矩，而且参与运行。运行时在辅助绕组电路中的电容器仍与电路接通，保持启动时产生的两相交流电和旋转磁场的特性，即保持一台两相异步电动机的运行，这样不仅可以得到较大的转矩，而且电动机的效率、功率因数、过载能力都比普通单相电动机要高。此外，由于电容具有滤波作用，因此该类电动机噪声低、震动较小，常用于比较容易启动的家用电器。

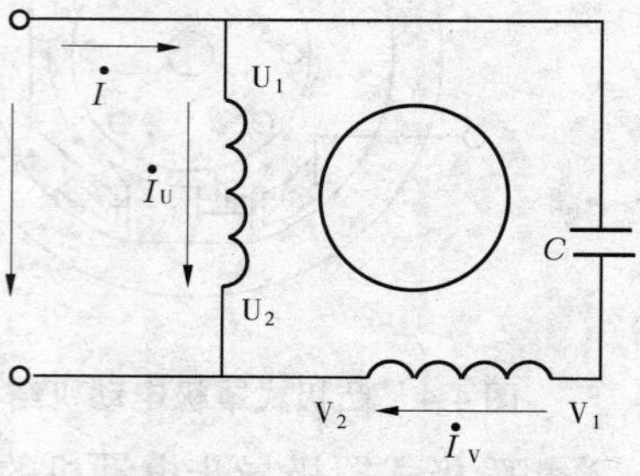

图 4-7　电容运转式电动机等效电路图

3. 电容启动、运转式电动机

电容启动、运转式电动机是结合了电容启动电动机及电容运转式电动机两者特点的一种电动机。其等效电路如图 4-8 所示。在启动时，并联一个容量较大的启动电容器 C_1。当电动机的转速达到额定转速的 70% ~80% 时，离心开关 S 自动断开，使启动电容器 C_1 脱离电源，而辅助绕组与容量较小的电容器 C_2 仍串联在电路中参与正常运行。

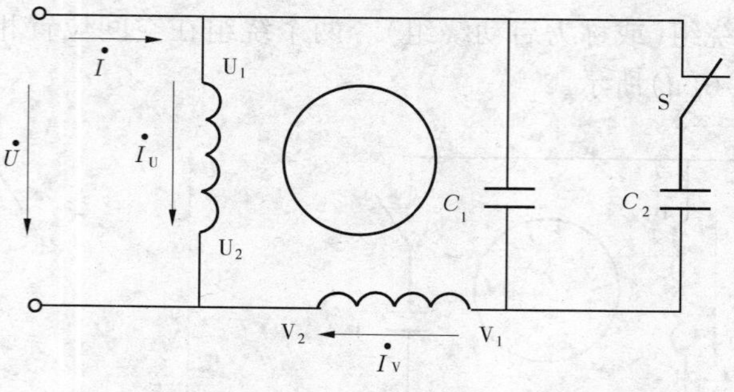

图 4-8　电容启动、运转式电动机等效电路图

4. 电阻启动单相分相异步电动机

在结构上，电阻启动单相分相异步电动机和电容启动单相分相异步电动机相似，只是在辅助绕组中串入的不是电容而是一个电阻，等效电路如图 4-9(a) 所示。

电动机的辅助绕组一般要求阻值较大，因此采用较细的导线绕成，以增大电阻（匝数可以与主绕组相同，也可以不同）。由于主绕组 U_1、U_2 和辅助绕组 V_1、V_2 的阻抗不同，流过两个绕组的电流的相位也不同，一般使辅助绕组中的电流领先于主绕组中的电流，形成了一个

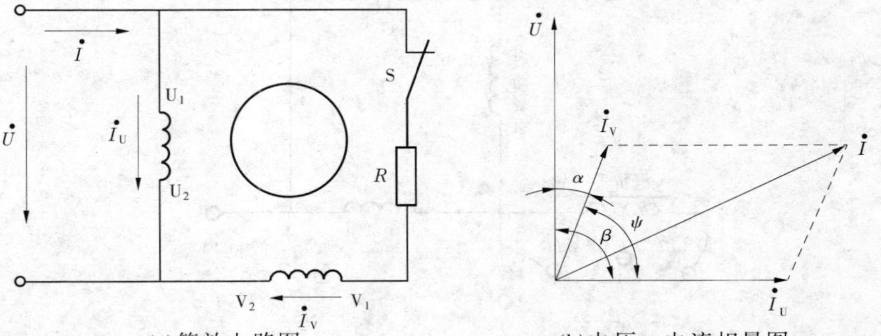

(a)等效电路图　　(b)电压、电流相量图

图 4-9　单相电阻启动电动机

两相电流系统,这样就在电动机中形成旋转磁场,从而产生启动转矩。

S 是离心开关,平时处于闭合状态。通常辅助绕组是按短时运行设计的,为了避免辅助绕组长期工作而过热,在启动后,当电动机转速达到一定数值时,离心开关 S 自动断开,把辅助绕组与电源切断。

由于主、辅绕组的阻抗都是感性的,因此两相电流的相位差不可能很大,更不可能达到90°,由此而产生的旋转磁场椭圆度较大,所以产生的启动转矩较小,启动电流较大。

电阻启动单相分相异步电动机具有结构简单、价格低廉、故障率低、使用方便等特点。适用于低惯量负载、不频繁启动、负载可变而要求转速基本不变的场合。一般用于小型鼓风机、研磨搅拌机、小型钻床、医疗器械、电冰箱压缩机等设备中。

三、单相异步电动机的控制

(一)单相异步电动机的调速

单相异步电动机在不同场合有不同的速度要求。在电动机磁极数不变的条件下,电动机转速与绕组所加电压成正比关系,因此可以采用改变绕组的大小来实现调速。然而,由于电压的下降使得转速和转矩都下降,因此这种方法也只用在转矩跟随转速下降的负载情况中,如家用电风扇调速。实际中常用的调速方法有串电抗器调速、抽头法调速、PTC 元件调速等。

1. 串电抗器调速

电抗器是一种感性元件,既有电阻也有电抗,当交流电通过电抗器时,就呈现出电抗,有空气式电抗器和带间隙的铁芯式电抗器两种。这里使用带间隙的铁芯式电抗器,中间有几个抽头,所对应的线圈的匝数各不相同。在电动机的电源线路中串入电抗器,通过开关选择电抗器绕组的匝数来改变电抗值,从而改变定子绕组的电压,达到调速的目的。串电抗器调速的接线图如图 4-10 所示。

串电抗器调速的优点是结构简单、调速方便,但消耗的材料较多,吊扇电动机常采用此方法调速。

2. 抽头法调速

如果将电抗器和电机结合在一起,在电动机定子铁芯上嵌入一个中间绕组(或称调速绕组),通过调速开关改变电动机气隙磁场的大小及椭圆度,可达到调速的目的。中间绕组与工作绕组和启动绕组的接线方式,常用的有 T 形接法和 L 形接法,如图 4-11 所示。

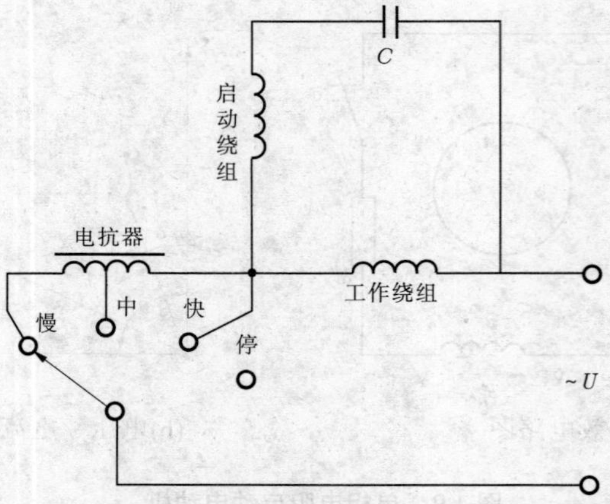

图 4-10　串电抗器调速的接线图

抽头法调速与串电抗器调速相比，具有用料省，耗电少等优点，但是绕组嵌线和接线比较复杂。

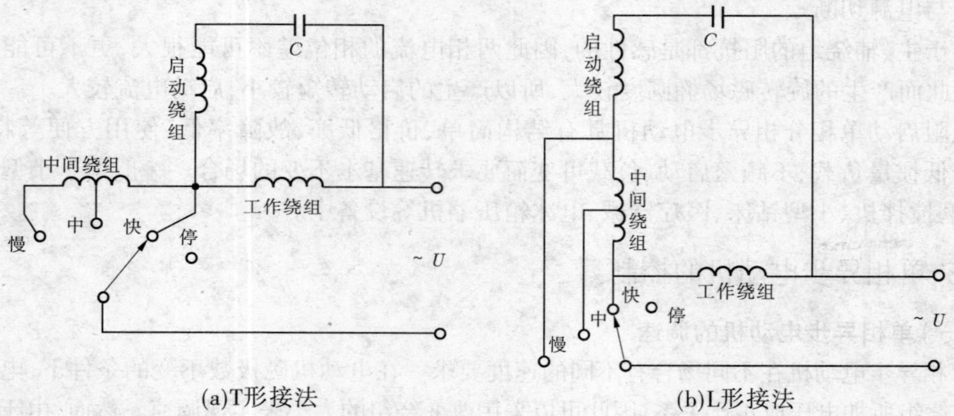

图 4-11　抽头法调速接线图

3. PTC 元件调速

PTC（正温度系数热敏电阻）元件是一种半导体材料的名称，是以酞酸钡掺合微量稀土元素，通过采用陶瓷工艺制成的元件。其特点是它的阻值大小对温度非常敏感。在室温下，PTC 元件的阻值很小，当达到某一温度值（临界温度）时，电阻值会骤增到数千倍。

如图 4-12 为某类家用台式风扇的调速控制电路。其中采用 PTC 元件实现了电动机低速启动。当按下“微风”挡时，由于 PTC 元件处在室温状态，阻值较小，在它上面的电压降也很小，电动机得到的是接近于“慢速”挡的电压，因此能够顺利启动。在启动过程结束时，PTC 元件的温度也已升到临界温度，此时其阻值急剧增加，达到数千欧，它两端的压降也迅速增大，使电动机的主绕组的端电压下降，电动机进入转速较低的“微风”挡运行。

（二）单相异步电动机反转控制

单相异步电动机的旋转方向与其定子绕组产生的旋转磁场方向一致，改变旋转磁场的方向就可以改变电动机的旋转方向。

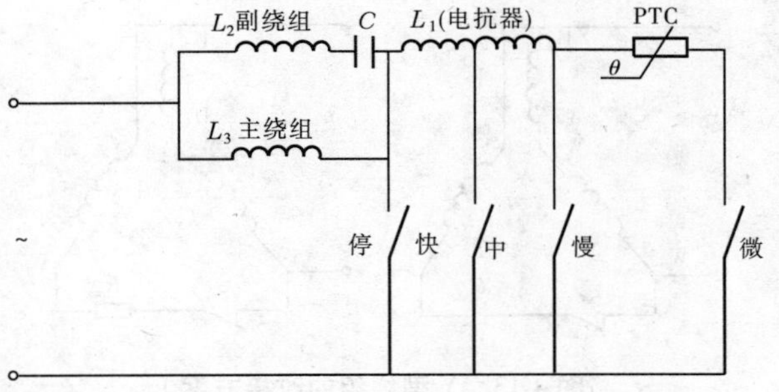

图 4-12　台式风扇的调速控制原理图

1. 分相式电动机的反转

要改变分相式电动机转动方向,只要将电源切断,把两个绕组中任一绕组的两个端头换接,就改变了两绕组中电流之间的相序,也就改变了旋转磁场的方向,使电动机的旋转方向得到改变。

2. 罩极式电动机的反转

由于罩极线圈是固定在铁芯上的,装成之后只能单向旋转,即使倒换绕组的两接线端也不能改变转向。若想在运行中改变转向,则可以在定子槽中增加一套主绕组或罩极线圈,用开关来改变工作的主绕组和罩极线圈的相对位置,即可以得到不同的转向。

四、三相异步电动机改单相运行的方法

若由于电源限制或没有单相异步电动机等原因,需要将三相异步电动机用做单相异步电动机时,可以通过将小功率的三相异步电动机的接线方式加以改变,临时使用。

(一)三相异步电动机改单相运行的原理

从单相异步电动机的运行原理可以看出,在空间位置差 90°电角度的两套绕组中通入电流时,它们所产生的磁场轴线在空间也会相差 90°电角度。若通过两套绕组的电流也具有一定的相位差,就能形成一个两相旋转磁场,从而产生启动转矩,使电动机转动起来。因此,可以采用将三相异步电动机中的任意两相绕组串联起来作为一套绕组,另一相绕组作为另一套绕组,形成具有空间位置差的两套绕组,再通过在单相绕组中串接以适当的电容、电阻或电感实现电流的分相,形成两相旋转磁场,产生启动转矩,使电动机启动并正常运行。

(二)三相异步电动机改单相运行的实现方法

下面以 Y 形绕组的三相异步电动机为例,阐述基于以上原理实现三相异步电动机的单相运行的方法,对于△接法的三相异步电动机改单相运行实现方法读者可自行研究。

1. 方案 1

对于 Y 形绕组的三相异步电动机,将 V 相绕组的尾端从星点断开,使 U、W 两相绕组呈串联状态,作为运行绕组,V 相绕组作为启动绕组。将 V 相绕组与离心开关 S 及电容 C 或电阻 R 串联,再与运行绕组并联,接到单相电源上去。如图 4-13 所示。

2. 方案 2

对于方案 1,需要改变三相异步电动机的结构,比较麻烦,作为理论学习可以参考,实际中很少使用。方案 2 在不改变异步电动机的结构和绕组参数的情形下,将电容器并联在绕组引出线的任意两个端点上,然后将单相交流电压接至这两个端点上,如图 4-14 所示。

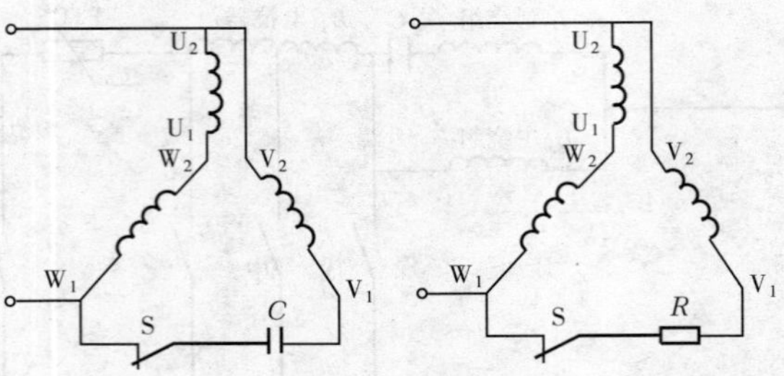

图 4-13　Y 型绕组的改接方案 1

对于图 4-14 中,电容 C_1、C_2 可按公式求得

$$C_1 = \frac{1\,590 I_n}{U_N \cos\varphi}, \quad C_2 = (1 \sim 4)\ C_1 \qquad (4\text{-}1)$$

式中　C_1——工作电容(耐压在 450 ~ 600 V 的油浸无极式电容);

C_2——启动电容(耐压在 450 ~ 600 V 的油浸无极式电容);

I_n——电动机额定电流,A;

$\cos\varphi$——电动机功率因数。

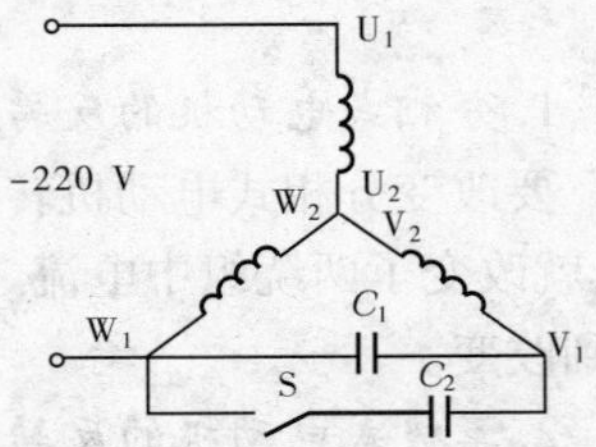

图 4-14　Y 型绕组的改接方案 2

(三)三相异步电动机改单相运行后的常见问题

(1)三相异步电动机改装成单相电容电动机后有较好的启动特性和运行特性,由于接有电容器 C_1,功率因数较高。

(2)电动机的输出功率一般只有原电动机的 60% ~70%,因此应注意改接后电动机所承担的负载大小。

(3)由于单相电源的容量一般较小,主要适用于小容量的电动机,使用时必须注意供电系统的容量。

(4)若需要改变电动机的运行方向,则只需调换串接电容一相绕组的两个接线端,即图 4-14 中的 U_1、V_1 端。

第二节　交流伺服电动机

伺服电动机常被称为执行电动机,其任务是将接收的电信号转换为转轴上的角位移或角速度,以驱动控制对象。伺服电动机分为直流伺服电动机和交流伺服电动机两大类。与直流伺服电动机相比,交流伺服电动机结构简单、价格便宜、维护方便且对环境要求低。尤其是伴随着交流电动机调速技术的快速发展,交流伺服电动机得到了更广泛的应用。

一、交流伺服电动机的主要类型及特点

交流伺服电动机依据电动机运行原理的不同,可分为感应异步式、永磁同步式两种。

(一)感应异步式

感应异步式交流伺服电动机有三相和单相两类,也有鼠笼型和线绕型,通常多用鼠笼型三相感应电动机。其转子电流由滑差电动势产生,并与磁场相互作用产生转矩。其结构简

单，与同容量的直流电动机相比，质量轻1/2，价格仅为直流电动机的1/3。缺点是不能经济地实现范围很广的平滑调速，必须从电网吸收滞后的励磁电流。因而令电网功率因数变差。另外，由于电动机非线性参数的变化影响控制精度，因此必须进行参数在线辨识才能达到较好的控制效果。

(二)永磁同步式

永磁同步式交流伺服电动机的定子与感应电动机一样，都在定子上装有对称三相绕组。而转子却不同，按不同的转子结构又分电磁式及非电磁式两大类。非电磁式又分为磁滞式、永磁式和反应式多种。其中磁滞式和反应式同步电动机存在效率低、功率因数较差、制造容量不大等缺点。数控机床中多用永磁式同步电动机。与电磁式相比，永磁式优点是结构简单、运行可靠、效率较高；缺点是体积大、启动特性欠佳。但永磁式同步电动机采用高剩磁感应，高矫顽力的稀土类磁铁后，可比直流电动机外形尺寸约小1/2，质量减轻60%，转子惯量减到直流电动机的1/5。它与异步电动机相比，由于采用了永磁铁励磁，消除了励磁损耗及有关的杂散损耗，所以效率高。

二、交流伺服电动机的结构及工作原理

鉴于永磁式同步电动机在数控机床等设备上的广泛使用，下面以永磁同步式交流伺服电动机为例介绍交流伺服电动机的结构及工作原理。

(一)结构

永磁式同步电动机主要由三部分组成：定子、转子和检测元件（转子位置传感器和测速发电机）。其中定子有齿槽，内有三相绕组，形状与普通感应电动机的定子相同，但其外圆多呈多边形，且无外壳，以利于散热，避免电动机发热对机床精度产生影响。永磁同步式伺服电动机剖面图，如图4-15所示。

(二)工作原理

永磁同步式交流伺服电动机的定子绕组为对称的Y形接法的三相绕组，当通过对称三相交流电时，定子的合成磁场为一旋转磁场，其空间上的相位角与电流的相位角有关。如图4-16所示。当U相电流达到正向最大时，合成磁场作用力 F_d 的相位角与U相绕组轴线重合。若电流相序为 $U_1 > V_1 > W_1$，则合成磁场的旋转方向为顺时针。在转子磁场力 F_r 和 F_d 的共同作用下，则会产生顺时针的转矩 T。在该转矩的作用下，电动机开始转动。同时，驱动控制器会读取转子位置传感器PS的检测值，给出转子磁场的移动量，用以控制定子三相电流值，以保证 F_r 与 F_d 相对位置稳定，实现输出转矩不变。

三、交流伺服电动机的控制

交流伺服电动机，通常由配套的交流伺服驱动器来控制，其控制方式主要有以下3种。

(一)幅值控制

幅值控制，即通过改变控制电压 U_c 的大小来控制电机转速。如图4-17所示，控制电压 U_c 与励磁电压 U_f 的幅值相等，相位相差90°电角度，且两绕组空间相差90°电角度，此时所产生的气隙磁通势为圆形旋转磁通势，产生的电磁转矩最大；当控制电压小于励磁电压的幅值，所建立的气隙磁场为椭圆形旋转磁场，产生的电磁转矩减小，电机转速变慢。

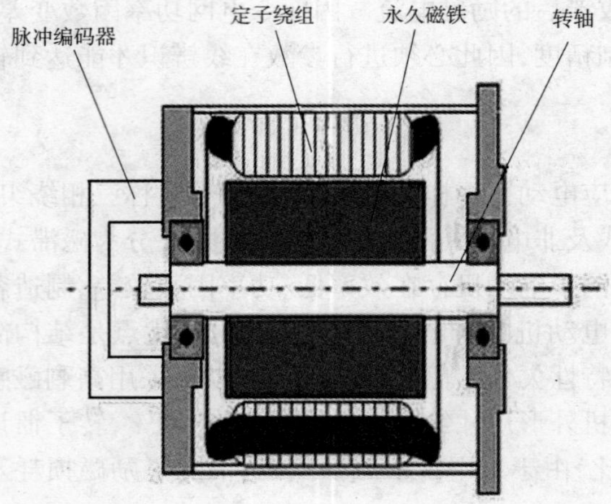

图 4-15　永磁同步式伺服电动机剖面图

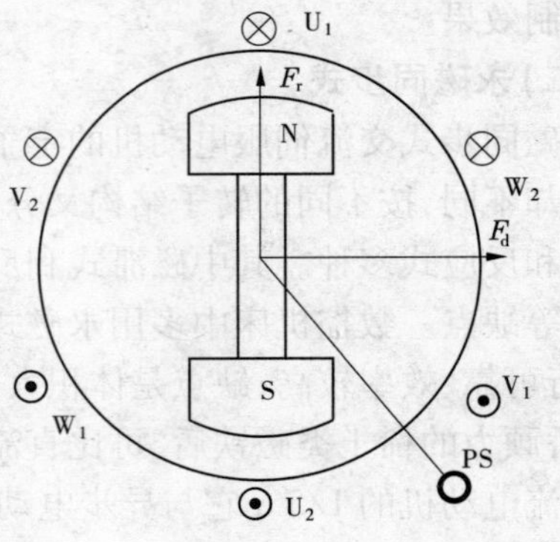

图 4-16　永磁同步式伺服电动机原理图

(二)相位控制

相位控制,即改变控制电压 U_c 与励磁电压 U_f 之间的相位差来实现对电机转速和转向的控制,而控制电压的幅值保持不变。如图 4-18 所示,将励磁绕组直接接到交流电源上,而控制绕组经移相装置后接到同一交流电压上,U_c 与 U_f 的频率相同。而 U_c 相位可以通过移相装置改变,从而改变两者之间的相位差。改变 U_c 与 U_f 相位差的大小,可以改变电机的转速和转向。

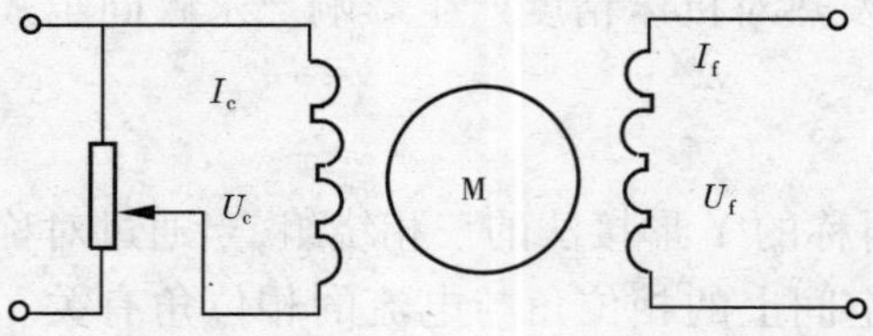

图 4-17　交流伺服电动机幅值控制原理图

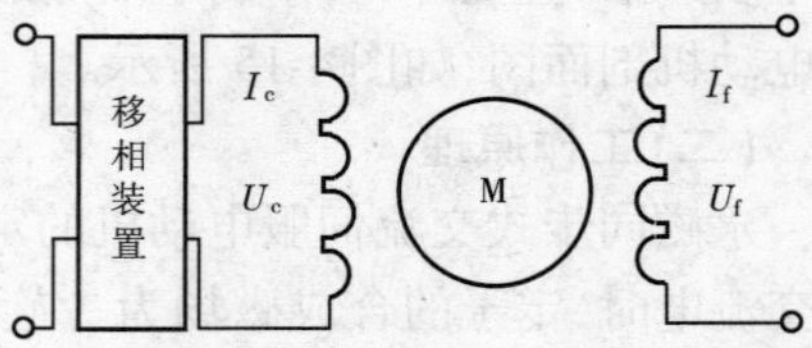

图 4-18　交流伺服电动机相位控制原理图

(三)幅值 - 相位控制

交流伺服电动机的幅值 - 相位控制是励磁绕组串接电容 C 后再接到交流电源上。如图 4-19 所示,当 U_c 的幅值改变时,转子绕组的耦合作用,使励磁绕组的电流 I_f 发生变化,从而使励磁绕组上的电压 U_f 及电容 C 上的电压也发生改变,从而 U_c 与 U_f 的相位差也随之改变,进而改变电机的转速。

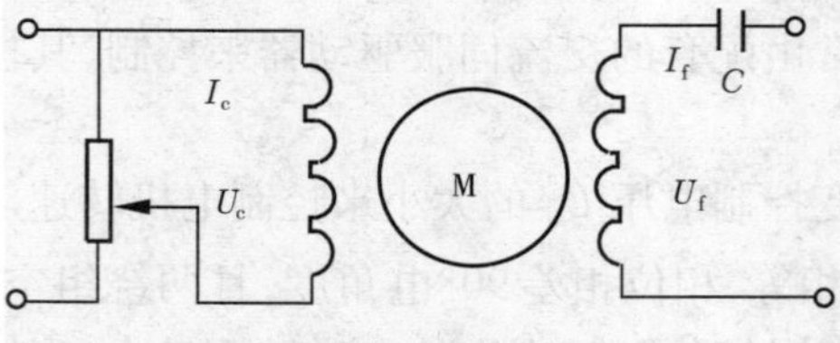

图 4-19　交流伺服电动机幅值 - 相位控制原理图

幅度 - 相位控制不需要复杂的移相装置,只需电容进行分相,具有线路简单、成本低廉、输出功率较大的优点,因而成为使用最多的控制方式。

四、交流伺服电动机的特点

虽然交流伺服电动机的工作原理与分相式单相异步电动机相似,但前者的转子电阻比后者大得多。交流伺服电动机与单相异步电动机比较有以下显著特点:

(1)启动转矩大。

由于转子电阻大,交流伺服电动机的转矩特性曲线如图 4-20 中曲线 1 所示,与普通异步电动机的转矩特性曲线 2 相比,有明显的区别。它可使临界转差率 $S_0>1$,这样不仅使转矩特性(机械特性)更接近于线性,而且具有较大的启动转矩。因此,当定子一有控制电压,转子立即转动,即具有启动快、灵敏度高的特点。

(2)运行范围较宽。

如图 4-20 所示,转差率 S 在 0 到 1 的范围内时,伺服电动机都能稳定运转。

(3)无自转现象。

正常运转的伺服电动机,只要失去控制电压,电机立即停止运转。当伺服电动机失去控制电压后,它处于单相运行状态,由于转子电阻大,定子中两个反方向旋转的旋转磁场与转子作用所产生的两个转矩特性(T_1—S_1、T_2—S_2 曲线)以及合成转矩特性(T—S 曲线)如图 4-21所示,与普通的单相异步电动机的转矩特性(T'—S 曲线)不同。这时的合成转矩 T 是制动转矩,从而使电动机迅速停止运转。

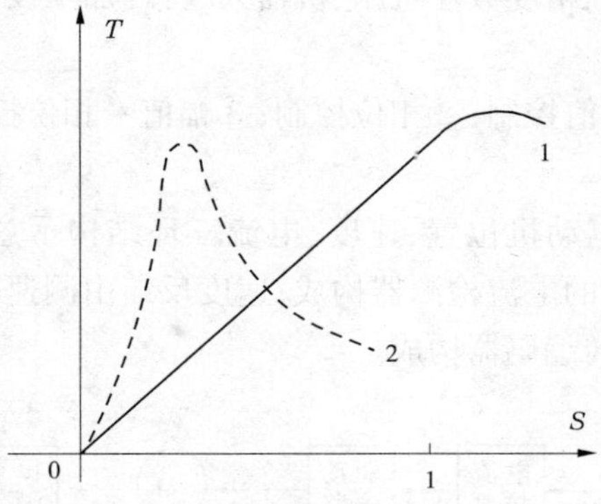

图 4-20　交流伺服电动机的转矩特性

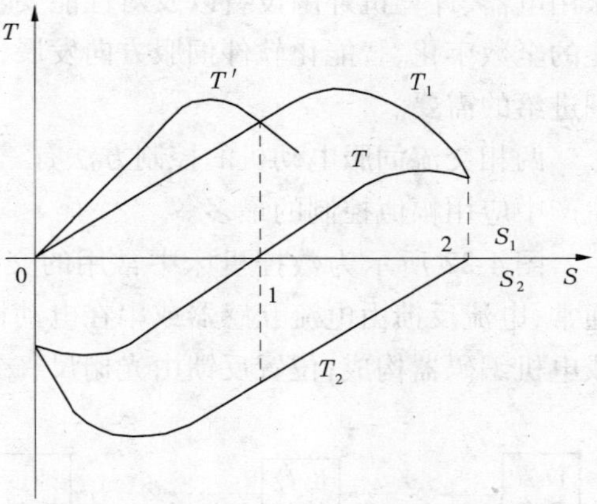

图 4-21　伺服电动机单相运行时的转矩特性

五、交流伺服电动机的应用

(一)交流伺服电动机几个主要技术数据

(1)电压。

电压有励磁电压和控制电压两个,励磁绕组的额定电压一般运行变动范围为 5% 左右。电压太高,电机会发热,电压太低,电机的性能会变坏。控制绕组的额定电压有时也称为最大控制电压,在幅值控制条件下加上这个电压就能得到圆形旋转磁场。

(2)型号说明。其型号含义如下:

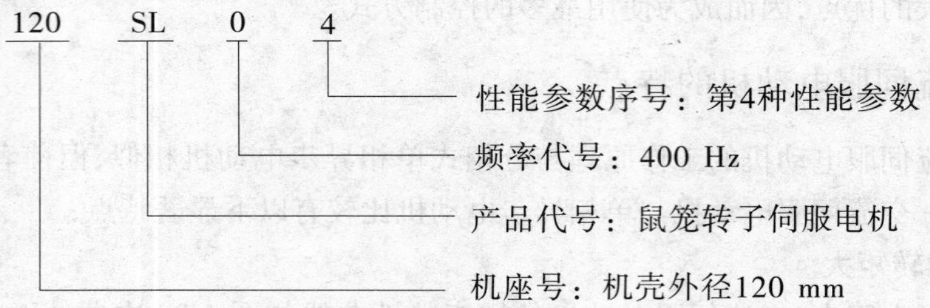

(3)频率。

目前,控制电机常用的频率有低频(50 Hz 或 60 Hz)和中频(400 Hz 或 500 Hz)两种。

(4)堵转转矩,堵转电流。

定子两相绕组加上额定电压,转速等于零时的输出转矩,称为堵转转矩。这时流经励磁绕组和控制绕组的电流分别称为堵转励磁电流和堵转控制电流。

(5)空载转速。

定子两相绕组加载额定电压,且电机不带任何负载时的转速,称为空载转速。

(二)交流伺服系统的应用

由于交流伺服系统具有调速范围宽、稳速精度高、动态响应快速等技术性能,其动、静态特性已可与直流伺服系统相媲美。交流伺服系统将向两大方向发展:一个方向是简易低成本的交流伺服系统将迅速发展,应用领域进一步扩大,如简易数控机床、办公室自动化设备、家用电器、计算机外围设备以及对性能要求不高的工业运动控制等;另一个方向是向更高性能的全数字化、智能化软件伺服方向发展,以满足高精度数控机床、机器人、特种加工设备精细进给的需要。

两相交流伺服电动机的控制方法有三种:①幅值控制;②相位控制;③幅值－相位控制,生产中应用幅值控制的最多。

图4-22 所示为数控机床中常用的交流伺服电动机位置、速度、电流三环结构示意图。通常,电流反馈由电流互感器或串在电动机电源上的电流检测器构成;速度反馈由测速电机或电机编码器构成;位置反馈由光栅尺、磁栅或旋转编码器构成。

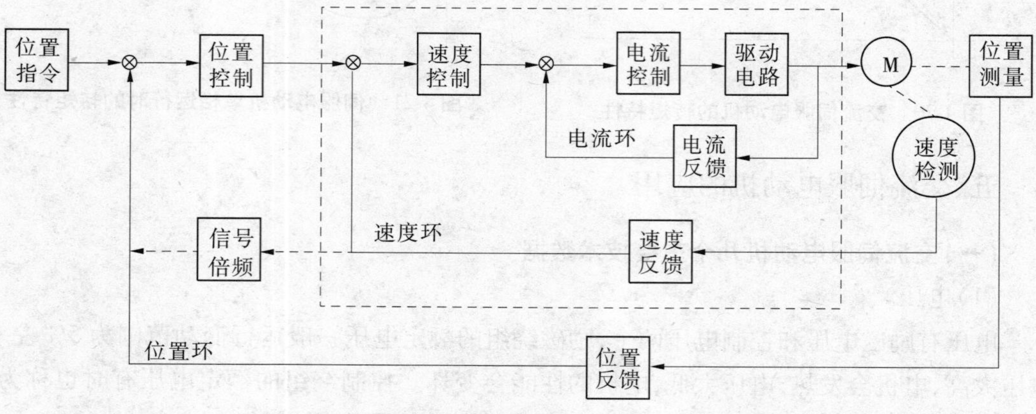

图4-22　交流伺服电动机位置、速度、电流三环结构示意图

第三节　步进电动机

步进电动机是一种用电脉冲信号进行控制，并将此信号转换成相应的角位移或线位移的控制电动机。步进电动机的转速不受电压波动和负载变化的影响，及环境条件（温度、压力、冲击和振动等）的限制，仅与脉冲频率同步。步进电动机能按控制脉冲的要求立即启动、停止、反转或改变转速，而且每一转都有固定的步数，且在不失步的情况下运行时，步距误差不会长期积累。由于步进电动机成本较低，易于采用计算机控制，因而被广泛应用于开环控制的伺服系统中。目前，一般数控机械和普通机床的微机改造中大多数均采用开环步进电动机控制系统。图 4-23 所示为三种步进电动机的实物图。

(a)130BYGH 二相步进电机　(b)57BYGH 三相步进电机　(c)64BYGH 五相步进电机

图 4-23　步进电动机实物图

一、步进电动机的类型及工作原理

步进电动机是将一种电脉冲信号变换成相应的角位移或线位移的机电执行元件。每当输入一个点脉冲时，它便转过一个固定的角度，称为步距角 θ_b，简称为步距。脉冲一个一个地输入，电动机随之一步一步地转动，步进电动机因此命名。步进电动机的位移量与脉冲数严格成比例，这就不会引起误差的积累，其转速与脉冲频率和步距角有关。

（一）步进电动机的类型

步进电动机由带有绕组的定子和转子组成。根据励磁方式的不同，步进电动机分为反应式、永磁式和感应子式（又叫混合式）。

反应式步进电动机的转子为一带槽的铁芯，该磁场吸引转子铁芯，实现电动机的运转。因为转子没有磁性，因此反应式步进电动机不具有位置保持特性，但其结构简单，生产成本低。

永磁式步进电动机的转子由永久磁铁制成。定子绕组通电后产生磁场，该磁场与转子磁场相互作用来实现电动机的运转，具有位置保持特性，动态性能好，但步距角大。

混合式步进电动机综合了反应式、永磁式步进电动机两者的优点，它的步距角小，转矩大，动态性能好，具有位置保持特性，是目前性能最高的步进电动机。有时也称之为永磁感应子式步进电动机。

反应式步进电动机应用比较广泛，其工作原理比较简单，下面就以三相反应式为例论述步进电动机的工作原理。

（二）步进电动机的工作原理

图 4-24 所示为三相反应式步进电动机原理图。如图 4-24（a）所示，电机的定子上有六个均布的磁极，其夹角是 60°。各磁极上套有线圈，连成 X、Y、Z 三相绕组。转子上均布 40 个小

齿，所以每个齿的齿距为 $\theta_E = 360°/40 = 9°$，而定子每个磁极的极弧上有 3 个小齿，且定子和转子的齿距和齿宽均相同。由于定子和转子的小齿数目分别是 30 和 40，其比值是一分数，这就产生了所谓的齿错位。若以 X 相磁极小齿和转子的小齿对齐，那么 Y 相和 Z 相磁极的小齿就会分别和转子小齿相错三分之一的齿距，即 3°。因此，Y、Z 相磁极下的磁阻比 X 相磁极下的磁阻大。若给 Y 相通电，Y 相绕组产生定子磁场，其磁力线穿越 Y 相磁极，并力图按磁阻最小的路径闭合，这就使转子受到反应转矩（磁阻转矩）的作用而转动，直到 Y 相磁极上的小齿与转子小齿对齐，恰好转子转过 3°，此时 X、Z 相磁极下的小齿又分别与转子小齿错开三分之一齿距。接着停止对 Y 相绕组通电，而改为 Z 相绕组通电，同理，在反应转矩的作用下，转子按顺时针方向再转过 3°。依次类推，当三相绕组按 X→Y→Z→X 顺序循环通电时，转子会按顺时针方向，以每个通电脉冲转动 3°的规律步进式转动起来。若改变通电顺序，按 X→Z→Y→X 顺序循环通电，则转子就按逆时针方向以每个通电脉冲转动 3°的规律转动。因为每一瞬间只有一相绕组通电，并且按三种通电状态循环通电，故称为单三拍运行方式。单三拍运行时的步距角（即通过一个电脉冲转子转过的角度）θ_b 为 30°。三相步进电动机还有两种通电方式，它们分别是双三拍运行，即按 XY→YZ→ZX→XY 顺序循环通电的方式，以及单、双六拍运行，即按 X→XY→Y→YZ→Z→ZX→X 顺序循环通电的方式。六拍运行时的步距角将减小一半。

反应式步进电动机的步距角（即通过一个电脉冲转子转过的角度）可按下式计算：

$$\theta_b = 360°/NZ_r \tag{4-2}$$

式中 Z_r——转子齿数；

N——运行拍数，$N = km$，m 为步进电动机的绕组相数，$k = 1$ 或 2。

因此，每分钟转过的圆周数即转速为

$$n = \frac{60f}{Z_r N} = \frac{60f \times 360°}{360° Z_r N} = \frac{\theta_b}{6°} f \quad (\mathrm{r/min}) \tag{4-3}$$

当控制脉冲停止输入，而使最后一个脉冲控制的绕组继续通电时，电动机可以保持在固定位置。

（三）步进电动机的转动原理

步进电动机的转动原理，如图 4-24（b）、（c）、（d）所示，转动时，每给一个脉冲，转子就旋转一个角度 θ。

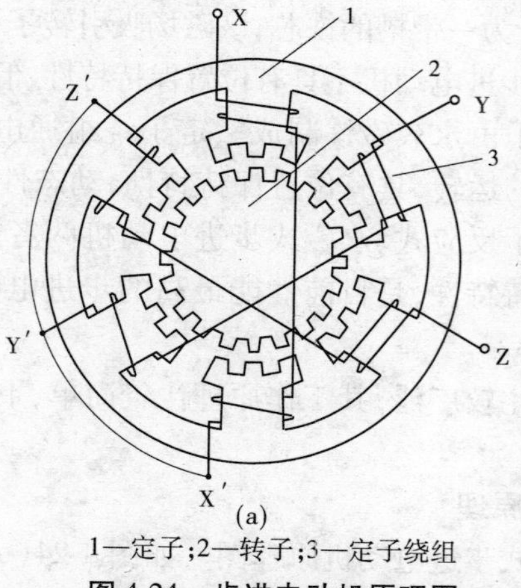

(a)

1—定子；2—转子；3—定子绕组

图 4-24　步进电动机原理图

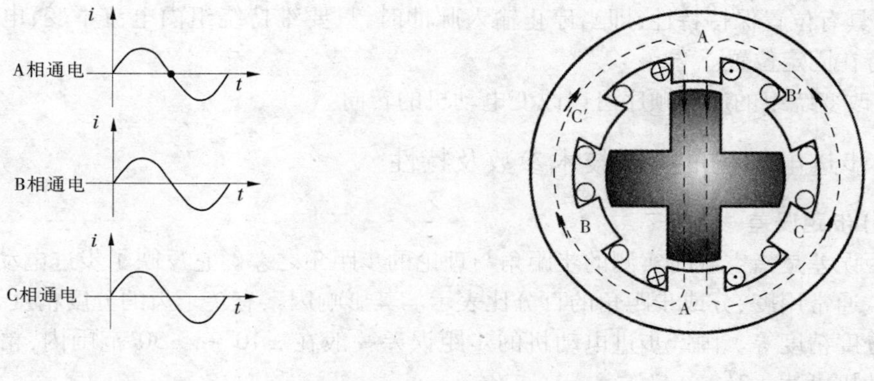

(b) A 相通电

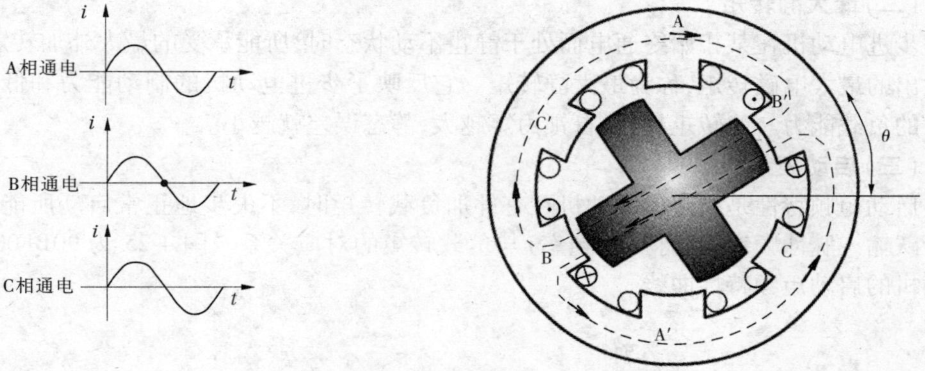

(c) B 相通电

(d) C 相通电

续图 4-24

(四)步进电动机的特点

从步进电动机的原理分析可以看出,其具有以下特点:

(1)步进电动机的输出转角与输入的脉冲个数成严格的比例关系,无累积误差。因此,步进电动机的位移量可以通过控制输入的脉冲个数计算。

(2)由式(4-3)可以看出,步进电动机的转速与输入脉冲频率成正比。因此,可以通过调节脉冲频率来改变步进电动机的转速。

(3)具有位置保持特性，即当停止输入脉冲时，只要维持绕组内电流不变，电动机轴就可以保持在固定位置。

(4)改变绕组的通电顺序可以改变电动机的转向。

二、步进电动机的主要技术参数及特性

(一)步距误差

步距误差是指空载时实测的步距角与理论的步距角之差。它反映了步进电动机角位移的精度。通常用度、分或步距角的百分比表示。其影响因素有转子齿的分度精度、定子磁极与齿的分度精度等。国产步进电动机的步距误差一般在 ±10′ ~ ±30′范围内，精度较高的步进电动机可达 ±2′ ~ ±5′。

(二)最大静转矩

步进电动机在某相始终通电而处于静止不动状态时，所能承受的最大外加转矩，亦即所能输出的最大电磁转矩，称为最大静转矩。它反映了步进电动机的制动能力和低速步进运行时的负载能力。静转矩越大，自锁力矩越大，静态误差就越小。

(三)启动矩频特性

启动矩频特性是指步进电动机在有外加负载转矩时，不失步地正常启动所能接受的最大阶跃输入脉冲频率(又称启动频率)与负载转矩的对应关系。图 4-25 为 90BF002 型步进电动机的启动矩频特性曲线。

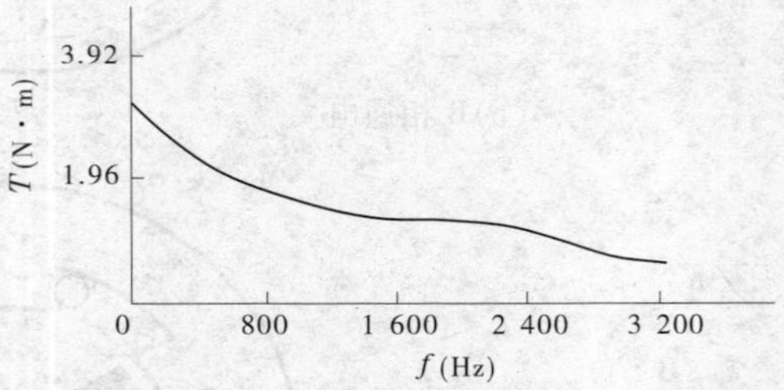

图 4-25　90BF002 型步进电动机的启动矩频特性曲线

(四)启动惯频特性

启动惯频特性是指步进电动机带动纯惯性负载启动时，启动频率与转动惯量之间的关系。

(五)运行矩频特性

运行矩频特性是指步进电动机运行时，输出转矩与输入脉冲频率的关系。

(六)步进运行和低频振荡

当输入脉冲频率很低时，如脉冲周期大于步进电动机的过渡过程时间，步进电动机就会处于一步一停的运行状态，这种运行状态称为步进运行。步进电动机都有一较低的固有频率，当步进运行频率或低速运行频率与该固有频率相等或接近时，就会产生共振，使步进电动机振荡不前，这种现象称为低频振荡。常采用的避免低频振荡的方法有：一是使运行频率避开固有频率；二是前一方法不允许时，可通过调节步进电动机上的阻尼器来改变固有频率。

（七）最大相电压和最大相电流

最大相电压是指步进电动机每相绕组所允许施加的最大电源电压。最大相电流指步进电动机每相绕组所允许流过的最大电流。

第四节　测速发电机

测速发电机是一种测量转速的电机，它将输入的机械转速转换为电压信号输出。在理想状态下，测速发电机的输出电压 U 可表示为

$$U = Kn = K\frac{\mathrm{d}\theta}{\mathrm{d}t} \tag{4-4}$$

式中　K——比例系数；

n——转速；

θ——旋转角度。

自动控制系统对测速发电机的要求，主要是精确度高、灵敏度高、可靠性好等。此外，还要求它的体积小、重量轻、结构简单、工作可靠、对无线电通信的干扰小、噪声小等。在自动控制系统中，测速发电机常作为检测元件、解算元件、角加速度信号元件等。例如：在速度控制系统中，测速发电机常作为速度敏感元件，通过输出电信号的变化来反映系统速度的微小变化，达到检测目的或通过反馈信号自动调节电动机的转速，以提高系统的跟随稳定性和精度。测速发电机还可代替测速计，直接测量运动机械的转速。

测速发电机按输出电压的不同，分为直流和交流两大类。直流测速发电机有电磁式和永磁式两种。虽然它们存在机械换向问题，会产生火花和无线电干扰，但它们的输出不受负载性质的影响，也不存在相角误差，所以在实际中的应用较广泛。交流测速发电机有同步测速发电机和异步测速发电机两种。前者的输出电压虽然与转速成正比，但输出电压的频率随转速而变化，所以只作指示元件用；后者是目前应用最多的一种，尤其是空心杯转子异步测速发电机性能较好。

一、直流测速发电机

直流测速发电机就是一台微型直流发电机，按励磁方式来分，可分为永磁式和电磁式两种。对于永磁式，定子磁极是由永久磁铁做成的，具有结构简单，使用方便等特点，近年来发展较快。由于没有励磁绕组，所以可省去励磁电源。对于电磁式，其定子常为二极，励磁绕组由外部直流电源供电，通电时产生磁场。目前，国内生产的 CY 系列直流测速发电机为永磁式，CD 系列直流测速发电机为电磁式。

直流测速发电机的工作原理与普通直流发电机相同，如图 4-26 所示。当励磁电压 U_{f} 恒定且主磁通 Φ 不变时，测速发电机的电枢与被测机构连轴且随之以转速 n 旋转，电枢导体切割主磁通 Φ 而在其中生成感应电动势 E。电动势 E 的极性决定于测速发电机的转向，电动势 E 的大小与转速成正比。当测速发电机空载时，其输出电压 U 为

$$U = E = C_{\mathrm{e}}\Phi n \tag{4-5}$$

式(4-5)表明，测速发电机空载时输出电压 U 与转速 n 成正比。当被测机构转向发生变化，输出电压的极性也会随之发生变化。所以，测速发电机以输出电压的大小和极性来反

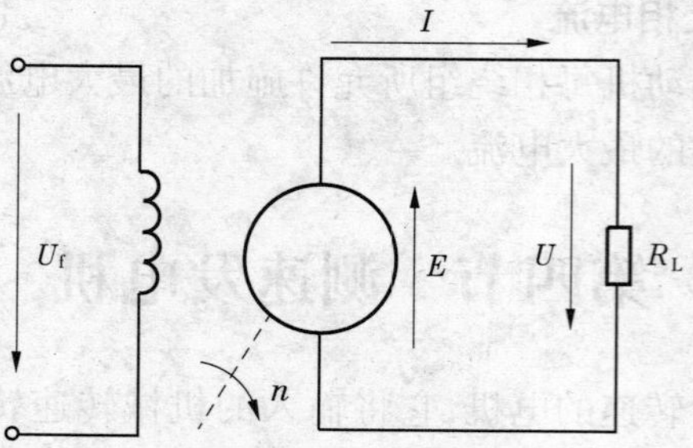

图 4-26　直流测速发电机原理

映被测机构的转速大小和转向。

当测速发电机接上负载电阻 R_L 时，电枢绕组中因流过电枢电流 I 而在电枢绕组电阻 R_a 上产生电压降 IR_a，如果忽略电枢反应、工作温度对主磁通 Φ 的影响，以及电刷与换向器之间的接触压降，则其输出电压 U 为

$$U = E - IR_a = E - \frac{U}{R_L}R_a \tag{4-6}$$

整理得

$$U = \frac{E}{1 + \dfrac{R_a}{R_L}} = \frac{C_e\Phi}{1 + \dfrac{R_a}{R_L}}n = Kn \tag{4-7}$$

式中　K——比例系数，$K = \dfrac{C_e\Phi}{1 + R_a/R_L}$。

在理想的情况下，R_a、R_L 和 Φ 均为常数，直流测速发电机的输出电压 U 与转速 n 仍成正比例关系。分析 $K = \dfrac{C_e\Phi}{1 + R_a/R_L}$ 可以得出，K 随着 R_L 的变化而变化，R_L 增大，K 也增大。如图 4-27 所示，直线 2 的斜率大于直线 1 的斜率，说明直线 2 对应的负载电阻要大于直线 1 对应的负载电阻。同时，K 值越大，则输出电压 U 对转速 n 的变化越明显，即测速发电机的灵敏度越高。

下面是直流测速发电机的几个主要性能指标：

(1)额定转速。

测速发电机的额定转速指的是在允许的线性误差范围内的电枢最高转速，又称为最大线性工作转速。

(2)输出斜率。

输出斜率指的是在额定励磁条件下，单位转速所产生的输出电压。输出斜率越大越好。

(3)负载电阻。

负载电阻指的是保证输出特性在允许误差范围内的最小负载电阻值。在使用时，接到电枢两端的电阻应不小于此值。

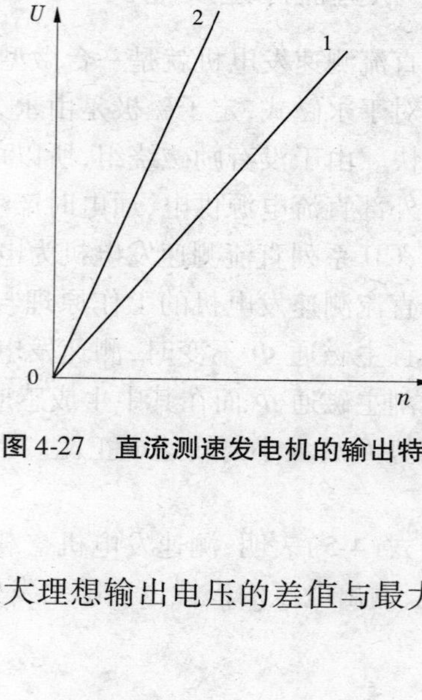

图 4-27　直流测速发电机的输出特性

(4)线性误差。

在测速发电机工作的转速范围内，实际输出电压与最大理想输出电压的差值与最大理

想输出电压之比，称为线性误差。常用 $\Delta U\%$ 表示，一般要求 $\Delta U\%$ 在 1% ~2%。

（5）不灵敏区。

由于换向器与电刷间的接触压降，而导致测速发电机在低转速时，其输出电压很低，几乎为零，这个转速范围称为不灵敏区。

二、交流测速发电机

交流测速发电机有同步测速发电机和异步测速发电机两大类。同步测速发电机又分为永磁式、感应子式和脉冲式三种。异步测速发电机按其结构可分为鼠笼转子型和空心杯转子型两种。鼠笼转子异步测速发电机输出斜率大，但线性度差，相位误差大，剩余电压高，一般只用在精度要求不高的控制系统中。空心杯转子异步测速发电机的精度较高，转子转动惯量也小，性能稳定，是最为常用的测速发电机。因此，这里以空心杯型测速发电机为例说明交流测速发电机的工作原理。

空心杯型测速发电机结构与空心杯型交流伺服电动机一样，也是由外定子、空心杯转子和内定子三部分组成。在分析交流异步测速发电机工作原理时，可将杯型转子看成由无数条并联的导体组成，与笼型转子相似，如图 4-28 所示。

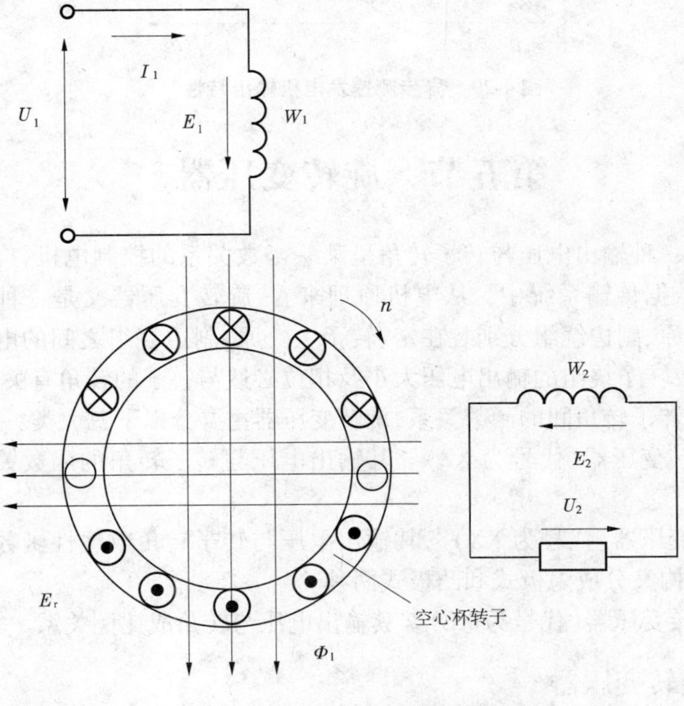

图 4-28　交流异步测速发电机原理图

当测速发电机静止不动时，励磁电压为 U_1，在励磁绕组轴线方向上产生一个交变脉动磁通 Φ_1。这个脉动磁通与输出绕组的轴线垂直，两者之间无匝链，无互感，故输出绕组中并无感应电动势产生，输出电压为零。

当测速发电机由转动轴驱动而以转速 n 旋转时，由于转子切割而在转子中产生感应电动势 E_r 和感应电流 I_r，且 E_r 和 I_r 与磁通 Φ_1 及转速 n 成正比，即 $E_r \propto \Phi_1 n$，$I_r \propto \Phi_1 n$。转子电

流产生的磁通 Φ_2 也与 I_r 成正比，即 $\Phi_2 \propto I_r$，Φ_2 与输出绕组的轴线一致，因而在输出绕组中产生感应电动势，有电压 U_2 输出，且 U_2 与 Φ_2 成正比，即 $U_2 \propto \Phi_2$。由上述关系得 $U_2 \propto \Phi_1 n$。如果转子的转向相反，输出电压的相位也相反，这样就可以从输出电压 U_2 的大小及相位来测量带动测速发电机转动的原电机的转向及转速。

测速发电机的重要特性是输出特性。输出特性是指测速发电机输出电压与转速之间的关系曲线，即 $U_2 = f(n)$。输出特性在理想情况下为直线，实际上输出特性并不是平稳的线性关系，如图 4-29 所示。

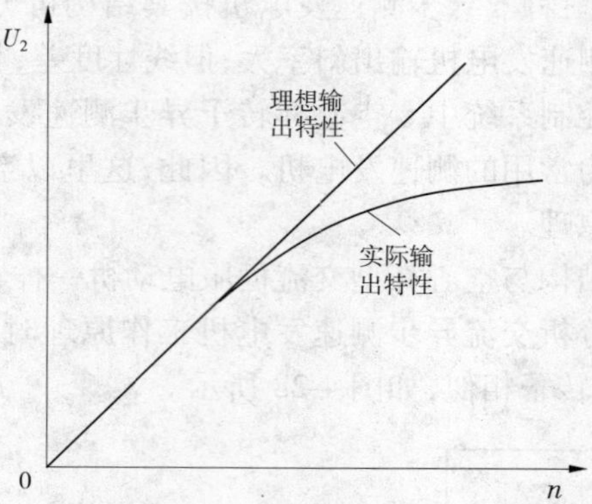

图 4-29　异步测速发电机输出特性

第五节　旋转变压器

旋转变压器是一种输出电压与转子转角呈某一函数关系的控制电机，广泛应用于解算装置、伺服系统及数据传输系统中。从电机原理来看，旋转变压器又是一种能旋转的变压器。这种变压器的原、副边绕组分别装在定、转子上。原、副边绕组之间的电磁耦合程度由转子的转角决定，故转子绕组的输出电压大小及相位必然与转子的转角有关。

按输出电压与转子转角间的函数关系，旋转变压器主要分以下三大类：

（1）正余弦旋转变压器（代号为 XZ）。其输出电压与转子转角的函数关系成正弦或余弦函数关系。

（2）线性旋转变压器（代号为 XX）。其输出电压与转子转角成线性函数关系。线性旋转变压器按转子结构又分成隐极式和凸极式两种。

（3）比例式旋转变压器（代号为 XL）。其输出电压与转角成比例关系。

一、正余弦旋转变压器

正余弦旋转变压器的转子输出电压与转子转角呈正弦或余弦关系，它可用于坐标变换、三角运算、单相移相器等场合。

正余弦旋转变压器的定子绕组有两个，分别叫定子励磁绕组（其引线端为 X_1、X_2）和定子交轴绕组（其引线端为 X_3、X_4）。两个绕组结构上完全相同，它们都布置在定子槽中，而且两绕组的轴线在空间互成 90°，如图 4-30 所示。定子铁芯由导磁性能良好的硅钢片叠压而成，定子硅钢片内圆处冲有一定数量的规定槽形，用以嵌放定子绕组。定子铁芯外圆是和机壳内圆过盈配合的，机壳、端盖等部件起支撑作用，是旋转电机的机械部分。

若在定子绕组 X_1X_2 施以交流励磁电压 U_1，则建立磁通势 F，而产生脉动磁场。当转子在原来的基准电气零位逆时针转过 θ 角度时，则转子绕组 Y_1Y_2、Y_3Y_4 中所产生的电压分别为

$$U_{Y12} = k_u U_1 \cos\theta \tag{4-8}$$

$$U_{Y34} = k_u U_1 \sin\theta \tag{4-9}$$

其中 k_u 为比例常数。称转子的 Y_1Y_2 绕组为余弦绕组，称 Y_3Y_4 绕组为正弦绕组。

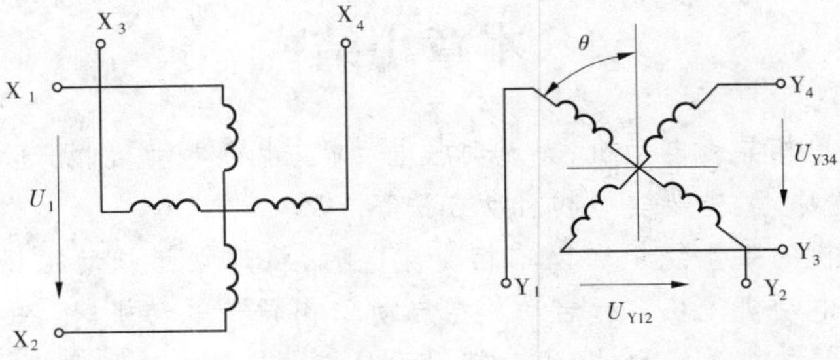

图 4-30　正余弦旋转变压器工作原理图

为了使正余弦旋转变压器带负载时的输出电压不畸变，仍是转角的正余弦函数，则使用时应注意：

(1)正余弦绕组的负载阻抗尽量相等。

(2)定子绕组 X_3X_4 自行短接，以补偿(抵消)由于负载电流引起的与磁通势 F 相垂直会引起输出电压畸变的磁通势，因此 X_3X_4 绕组也称为补偿绕组。

二、线性旋转变压器

线性旋转变压器是由正余弦旋转变压器改变连接线而得到的，即把正余弦旋转变压器的定子绕组 X_1X_2 与转子绕组 Y_1Y_2 串联，成为一次侧绕组(励磁)，如图 4-31 所示。再利用正弦输出绕组的输出电压 $U_{Y34} = k_u U_1 \sin\theta$，当 θ 角很小时，$\sin\theta \approx \theta$，则 $U_{Y34} \approx k_u U_1 \theta$，输出电压与转子转角 θ 成线性关系。当向一次侧绕组施以交流电压 U_1 时，转子绕组 Y_3Y_4 所产生的电压 U_{Y34} 与转子转角有如下关系：

$$U_{Y34} = \frac{k_u U_1 \sin\theta}{1 + k_u \cos\theta} \tag{4-10}$$

当 k_u 取值为 0.56～0.60 时，则转子转角 θ 在 ±60°范围内，且与输出电压呈良好的线性关系。

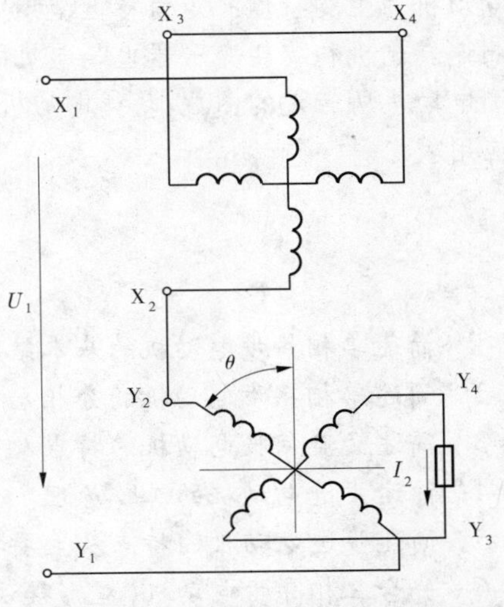

图 4-31　线性旋转变压器工作原理图

三、比例式旋转变压器

比例式旋转变压器的用途是用来匹配阻抗和调节电压的。若在定子绕组 X_1X_2 施以交

流励磁电压 U_1，当转子在原来的基准电气零位逆时针转过 θ 角度时，则转子绕组 Y_1Y_2 中所产生的电压为 $U_{Y12} = k_u U_1 \cos\theta$，则 $U_{Y12}/U_1 = k_u\cos\theta$。由于 θ 在 0～360°变化，故比值 U_{Y12}/U_1 将在 $-k_u \sim +k_u$ 变化。如果调节转子转角 θ 到某定值，则可得到唯一的比值。这就是比例式旋转变压器的工作原理。

在自动控制系统中，若前级装置的输出电压与后级装置需要的输入电压不匹配，可以在其中间放置一比例式旋转变压器。将前级装置的输出电压加在该旋转变压器的输入端，调整比例式旋转变压器的转子转角到适当值，即可得到后级装置所需要的输入信号电压。

本章小结

本章主要介绍单相异步电动机、交流伺服电动机、步进电动机、测速发电机和旋转变压器的基本结构、工作原理、主要类型和启动方法等。

单相异步电动机的工作绕组通以单相交流电时，将建立起脉动磁场，不会产生启动转矩。因此单相异步电动机无法自行启动。在启动单相异步电动机时，一般是通过启动时在气隙中建立旋转磁场的方法实现的，比如常用的分相式启动方法和罩极式启动方法等。

交流伺服电动机的励磁绕组和控制绕组分别相当于分相式异步电动饥的主绕组和辅助绕组。交流伺服电动机的控制方式有 3 种：幅值控制、相位控制和幅值－相位控制。它们都是通过控制气隙磁场的椭圆度来调节转速的。

步进电动机是一种将脉冲信号转换成角位移或直线位移的执行元件，广泛应用于数字控制系统中。步进电动机每给一个脉冲信号就前进一步，转动一个步距角，所以它能按照控制脉冲的要求启动、停止、反转、无级调速，在不失步的情况下，角位移的误差不会长期积累。步进电动机的主要特性有矩角特性、动稳定区、最大负载转矩、矩频特性等。

测速发电机和旋转变压器也是电机的一种。作为检测电动机，可以通过测量旋转速度或检测电动机所转过的圈数，获得电动机所拖动的直线位移量。其在闭环或半闭环控制系统中应用较广。

习　题

4-1　简述单相异步电动机的基本结构及工作原理。

4-2　简述单相异步电动机的分相启动方法。

4-3　简述交流伺服电动机的特点及主要技术参数。

4-4　简述步进电动机的工作原理。

4-5　简述步进电动机的特点及主要技术参数。

4-6　一台三相异步电动机（星形接法）发生一相断线时，相当于一台单相电动机，若电动机原来在轻载或重载运转，在此情况下还能继续运转吗？为什么？当停机后，能否再启动？

4-7　为什么交流伺服电动机的转子电阻要相当大？单相异步电动机在结构上与交流伺服电动机相似，可否代用？

4-8　对于一台单相异步电动机若不采取措施，启动转矩为什么为零？当给电动机转子一个外力矩时,电动机为什么就向该力矩方向旋转?

4-9　什么是步进电动机?有哪些类型的步进电动机?各有什么特点?

4-10　罩极式单相异步电动机的转向可以改变吗?如何判断罩极电动机的转向?

4-11　什么叫步进电动机的步距角?步距角的大小由哪些因素决定?

4-12　一台三相六极反应式步进电机步距角为3°,若控制脉冲频率为2 000 Hz,其转速是多少?

4-13　步距角为1.5°/0.75°的三相六极步进电动机的转子有多少个齿?若脉冲电源的频率为2 000 Hz,步进电动机的转速是多少?

4-14　三相异步电动机断了一相电源线后,为什么不能启动?而在运行时断了一相,为什么仍能继续转动?转动情况如何?

4-15　测速发电机的作用是什么?使用时的注意事项有哪些?

4-16　为什么直流测速发电机运行时,转速不宜超过规定的最高转速?负载电阻也不能小于规定值?

4-17　旋转变压器是怎样的一种控制电机?有哪些类型?常应用于哪些场合?

第五章　常用低压电器

通常我们把工作在交流电压 1 000 V、直流电压 1 200 V 及其以下的电器，称为低压电器。低压电器一般作为电气设备和供配电系统的通断、控制、保护和调节的电器。本章主要介绍常用的主令电器、低压开关类电器、熔断器、接触器、继电器等低压控制电器的结构和工作原理。

第一节　低压电器的分类

根据其控制对象的不同，低压电器分为配电电器和控制电器两大类。

配电电器主要用于低压配电系统和动力回路中，常用的有刀开关、转换开关、熔断器、自动开关等；控制电器主要用于电力传输系统和电气自动控制系统中，常用的有主令电器、接触器、继电器、启动器、控制器、电阻器、变阻器、电磁铁等。

第二节　配电电器

配电电器在低压配电系统和动力回路中主要作为主电路的开关和保护环节来使用。

一、刀开关

常用的刀开关主要有胶盖闸刀开关、铁壳开关等。

(一)胶盖闸刀开关

胶盖闸刀开关又称为开启式负荷开关，广泛用做照明电路和小容量(5.5 kW 及以下)动力电路不频繁启动的控制开关，其外形及结构，如图 5-1 所示。刀开关的图形、文字符号如图 5-2 所示。

胶盖闸刀开关具有结构简单，价格低廉和安装、使用、维修方便等优点。选用时，主要根据电源种类、电压等级、所需极数、断流容量等进行选择。控制电动机时，其额定电流要大于电动机额定电流的 3 倍。

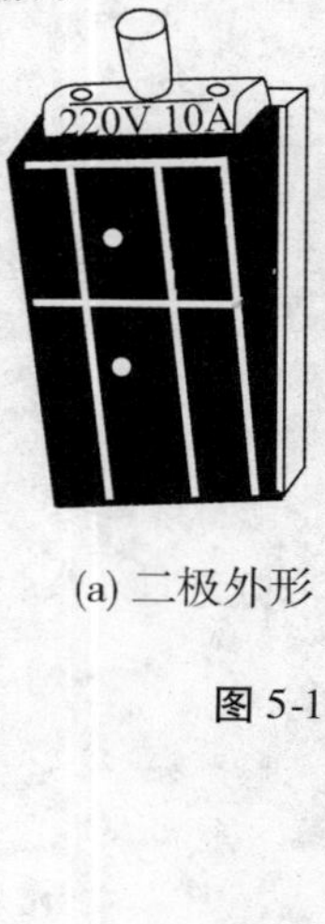

(a) 二极外形

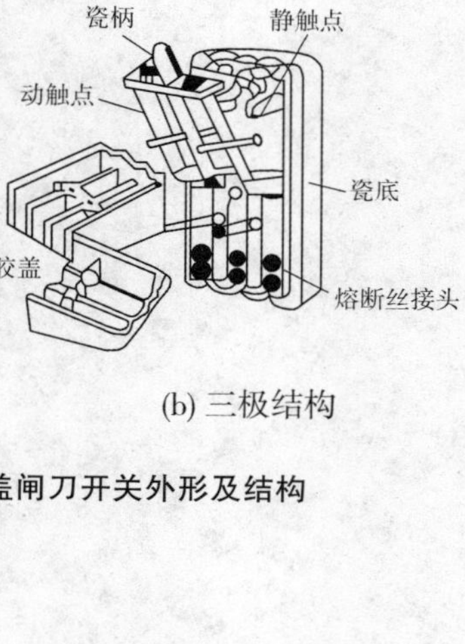

(b) 三极结构

图 5-1　胶盖闸刀开关外形及结构

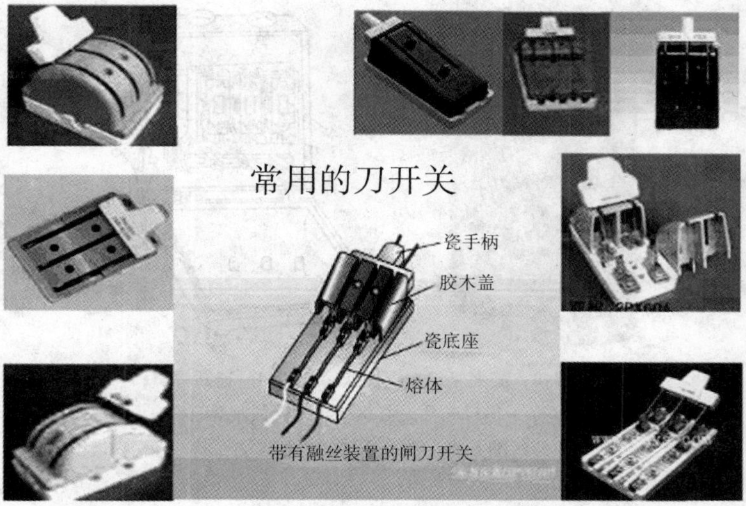

(c) 刀开关实物

续图 5-1

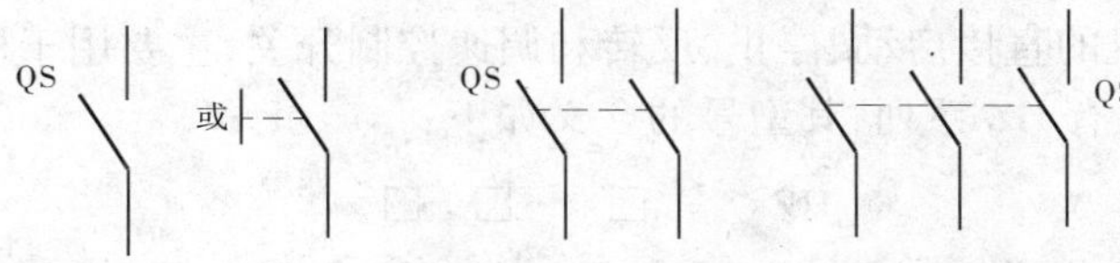

(a)单极　　(b)双极　　(c)三极

图 5-2　刀开关的图形、文字符号

(二)低压刀熔开关(又称熔断器式刀开关)

低压刀熔开关由刀开关与熔断器组合而成。如图 5-3 所示,为低压刀熔开关。

图 5-3　低压刀熔开关

(三)铁壳开关

铁壳开关又称封闭式负荷开关,可不频繁地接通和分断负荷电路,也可用做 15 kW 以下电动机不频繁启动的控制开关,其基本结构如图 5-4 所示。它的铸铁壳内装有由刀片和夹座组成的触点系统、熔断器和速断弹簧,30 A 以上的还装有灭弧罩。

常用的铁壳开关为 HK 系列,其型号的含义如下:

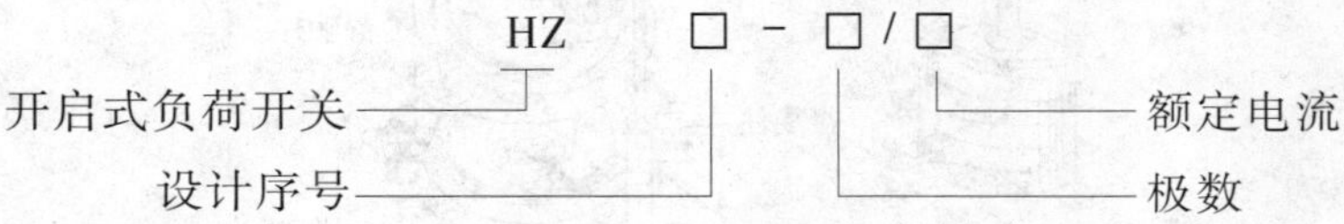

铁壳开关具有操作方便、使用安全、通断性能好等优点。选用时可参照胶盖闸刀开关的选用原则进行。操作时,不得面对它拉闸或合闸,一般用左手掌握手柄。若更换熔丝,必须

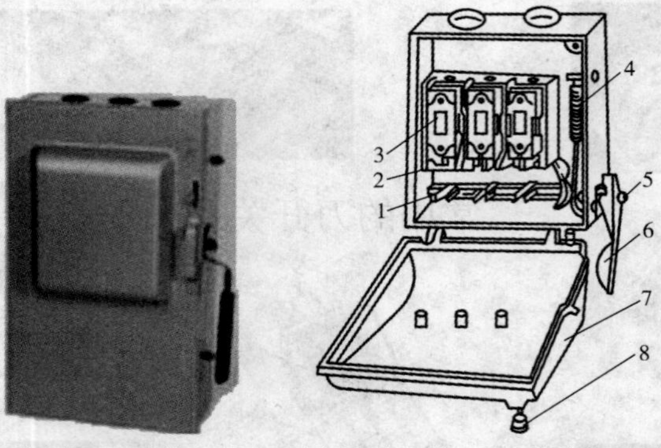

1—U 形动触刀；2—静夹座；3—瓷插式熔断器；4—速断弹簧；5—转轴；

6—手柄；7—开关盖；8—开关盖锁紧螺钉

图 5-4　铁壳开关内部结构

在分开时进行。

二、组合开关

组合开关由多节触点组合而成，是一种手动控制电器。它可用做电源引入开关，也可用做 55 kW 以下电动机的直接启动、停止、反转和调速控制开关，主要用于机床控制电路中。

常用的组合开关有 HZ 系列，其型号的含义如下：

HZ □ - □/□

组合开关（HZ）

设计序号（第一个□）

额定电流（第二个□）

极数（第三个□）

组合开关的外形及结构，如图 5-5 所示。它的内部有三个静触点，分别用三层绝缘板相隔，各自附有连接线路的接线柱。三个动触点相互绝缘，与各自的静触点相对应，套在共同的绝缘杆上，绝缘杆的一端装有操作手柄，转动手柄，即可完成三组触点之间的开合或切换。开关内装有速断弹簧，以提高触点的分断速度。

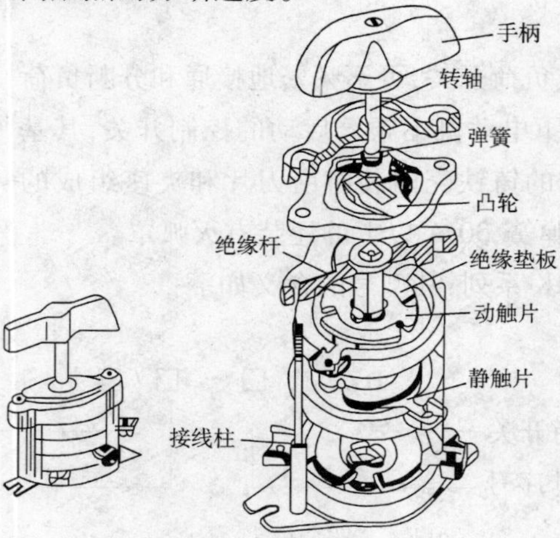

(a) 外形　　(b) 结构

图 5-5　组合开关的外形及结构

组合开关的图形、文字符号如图 5-6 所示。

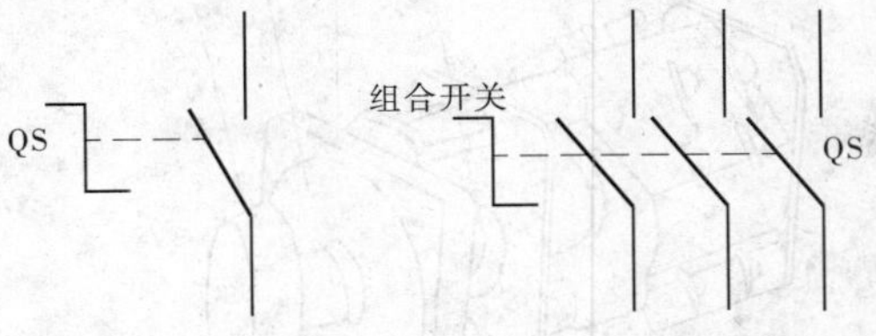

(a)单极　　(b)三极

图 5-6　组合开关的图形、文字符号

组合开关具有体积小、寿命长、结构简单、操作方便、灭弧性能较好等优点。选用时,应根据电源种类、电压等级、所需触点数量及电动机的容量进行选择。

三、万能转换开关

万能转换开关也称为波段开关,是一种多挡控制多个回路的开关电器。一般用于多挡位的功能选择控制,也可以作为电气测量仪表的换相开关或作为小容量电动机的启动、制动、调速和换向开关。其换接线路多,用途十分广泛。

万能转换开关由凸轮机构、触点系统和定位装置等组成。它依靠操作手柄带动转轴和凸轮转动,使触点动作或复位,从而按预定的顺序接通与分断电路,同时由定位机构确保其动作的准确可靠。

常用的万能转换开关有 LW8、LW6 系列。其中 LW6 系列万能转换开关还可以装配成双列型式,列与列之间用齿轮啮合,并由公共手柄进行操作,因此装入的触点数最多可达 60 对。如图 5-7 所示,为万能转换开关的实物及结构示意图。

(a) 万能转换开关实物

图 5-7　万能转换开关实物及结构示意图

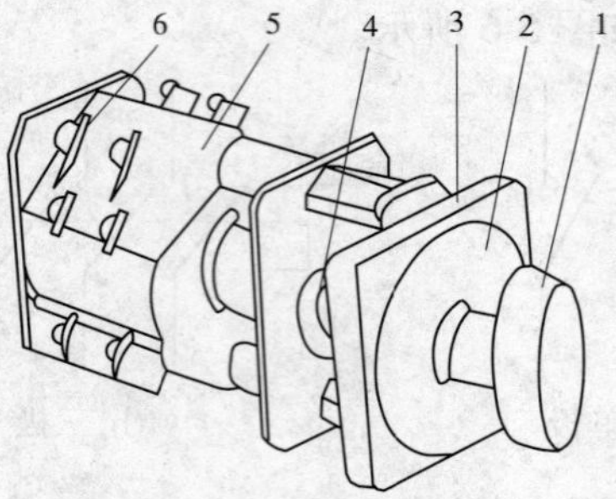

1—手柄;2—面板;3—绝缘垫板;4—凸轮;5—绝缘杆;6—接线端子

(b)万能转换开关结构示意图

续图 5-7

万能转换开关的图形符号及文字符号,如图 5-8 所示。图 5-8(a)中,虚线表示操作位置,若在其相应触点下涂黑圆点,即表示该触点在此操作位置是接通的,没有涂黑圆点则表示该触点在此操作位置是断开状态。图 5-8(b)所示的通断表,为用通断状态表示的转换开关触点形式,表中以“+”或“×”表示触点闭合,用“-”或无记号表示分断。

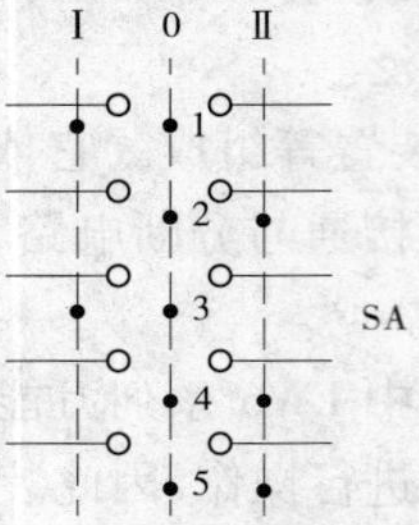

(a)图形符号及文字符号

触点号	Ⅰ	0	Ⅱ
1	×	×	
2		×	×
3	×	×	
4		×	×
5		×	×

(b)通断表

图 5-8　万能转换开关的图形符号及文字符号

四、熔断器

熔断器是一种广泛应用的最简单有效的保护电器。在使用时,熔断器串接在所保护的电路中,当电路发生短路或严重过载时,它的熔体能自动迅速熔断,从而切断电路,使导线和电气设备不致损坏。

(一)熔断器的组成

熔断器主要由熔体(俗称保险丝)和安装熔体的熔管(或熔座)两部分组成。熔体一般由熔点低、易于熔断、导电性能良好的合金材料制成。在小电流的电路中,常用铅合金或锌制成的熔体(熔丝)。对于大电流的电路,常用铜或银制成片状或笼状的熔体。在正常负载情况下,若熔体温度低于熔断所需温度,熔体不会熔断。当电路发生短路或严重过载时,电流变大,熔体温度达到熔断温度而自动熔断,切断被保护的电路。熔体为一次性使用元件,再次工作时必须更换新的熔体。如图 5-9 所示,为常见的熔断器实物图。

(二)熔断器的分类

熔断器常用产品有瓷插(插入)式、螺旋式和密封管式 3 种。

螺旋式熔断器

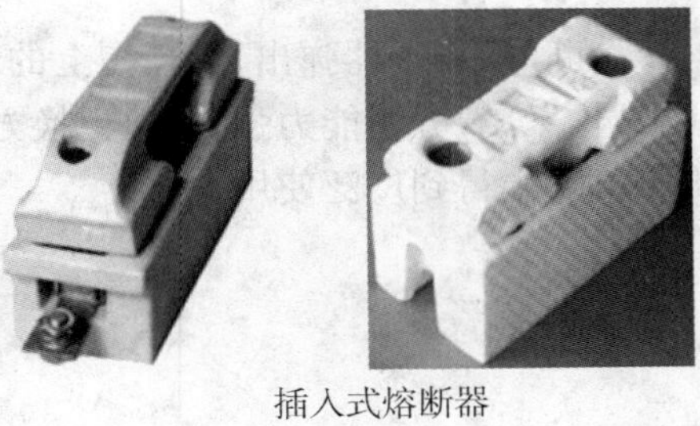

插入式熔断器

填料式熔断器

自恢复熔断器

图 5-9　熔断器实物图

1. 插入式熔断器

插入式熔断器常用于低压分支电路的短路保护。

插入式熔断器主要用于 380 V 三相电路和 220 V 单相电路作短路保护，其外形及结构示意图如图 5-10 所示。

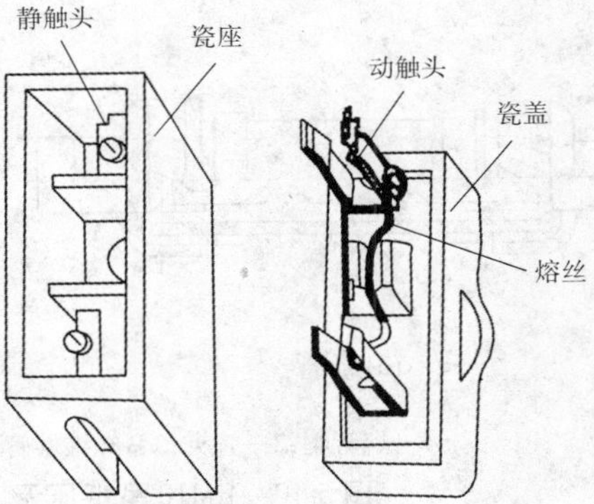

图 5-10　RC1 插入式熔断器的外形结构示意图

这种熔断器主要由瓷座、瓷盖、静触头、动触头、熔丝等组成，瓷座中部有一个空腔，与瓷盖的凸出部分组成灭弧室。60 A 以上的在空腔中垫有编织石棉层，加强灭弧功能。它具有结构简单、价格低廉、熔丝更换方便等优点，应用非常广泛。

2. 螺旋式熔断器

螺旋式熔断器用于交流 380 V、电流 200 A 以内的线路和用电设备作短路保护，其外形和结构如图 5-11 所示。这种熔断器主要由瓷帽、熔断管(熔芯)、瓷套、上下接线桩及底座等组成。熔芯内除装有熔丝外，还填有灭弧的石英砂。熔芯上端盖中心装有标有红色的熔断指示器，当熔丝熔断时，指示器弹出，从瓷帽上的玻璃窗口可检查熔芯是否完好。它具有体积小、熔断快、结构紧凑、分断能力强、熔丝更换方便、使用安全可靠、熔丝熔断后能自动指示等优点，在机床电路中得到广泛使用。

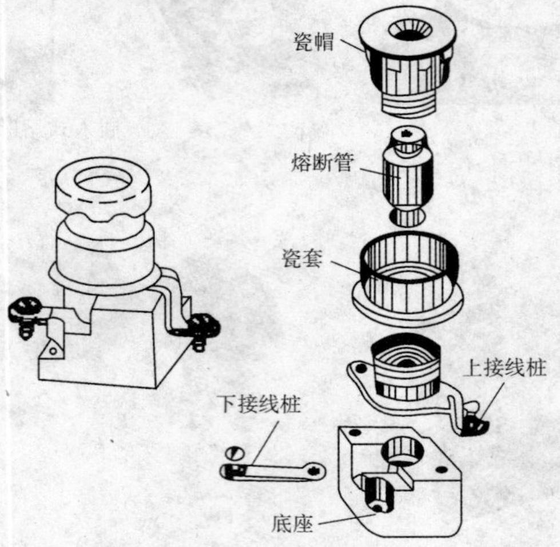

图 5-11　螺旋式熔断器的结构

3. 密封管式熔断器

密封管式熔断器常用于低压电力网或成套配电设备中。

1) RM10 型低压无填料密闭管式熔断器

灭弧断流能力较差，属非限流式熔断器；结构简单，价廉及更换熔体方便，仍较普遍地应用于低压配电装置中。如图 5-12 所示，为 RM10 型低压无填料密闭管式熔断器。

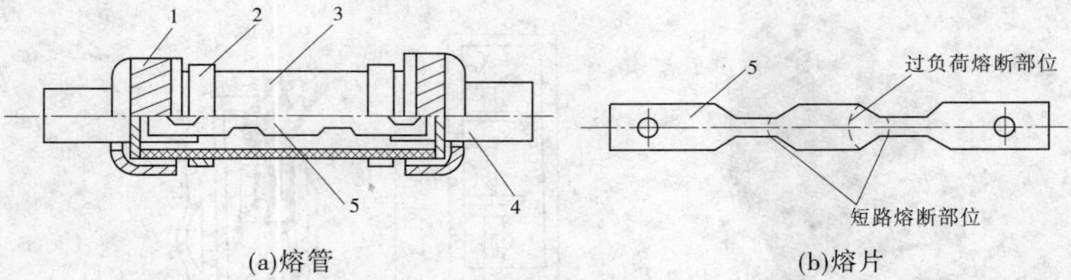

1—熔管帽；2—管夹；3—纤维熔管；4—触刀；5—变截面锌熔片

图 5-12　RM10 型低压无填料密闭管式熔断器

2) RT0 型低压有填料封闭管式熔断器

灭弧断流能力很强，具有限流作用。能实现短路保护和过负荷保护。RT0 系列有填料封闭管式刀形触头熔断器。RT0 适用于交流 50 Hz，额定电压为 380 V，或直流 400 V，额定电流至 630 A 的工业电气装置的配电设备中作线路过载和短路保护之用，保护性能好，断流能力大，可应用在靠近电源的配电装置，但它多为不可拆式，熔体熔断后报废，不经济。如图 5-13 所示，为 RT0 型填料封闭管式熔断器。

3) RS3 型有填料封闭管式快速熔断器

主要作硅整流元件及其成套装置的短路或过负荷保护，灭弧断流能力很强，具有限流作

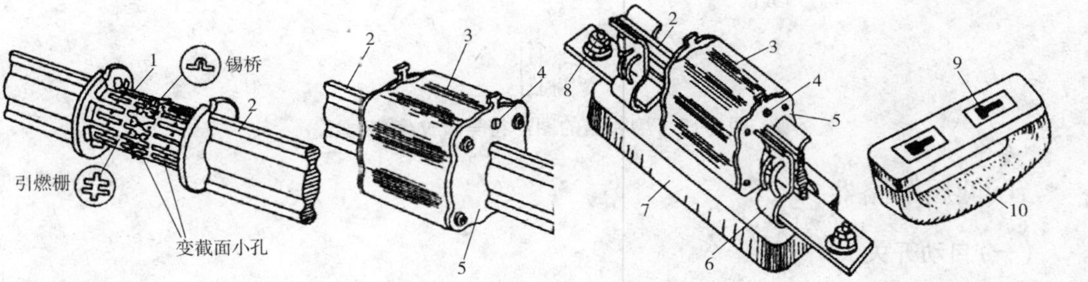

(a) 熔体　　(b) 熔管　　(c) 熔断器　　(d) 绝缘操作手柄

1—栅状钢熔体；2—触刀；3—瓷熔管；4—熔断指示器；5—端面盖板；6—弹性触座；
7—底座；8—接线端子；9—扣眼；10—绝缘拉手手柄

图 5-13　RT0 型填料封闭管式熔断器

用，长期工作不老化、不误动作。如图 5-14 所示，为 RS3 型有填料封闭管式快速熔断器。

图 5-14　RS3 型有填料封闭管式快速熔断器

（三）熔断器的选用（熔体额定电流的选择）

选择熔断器主要是选择熔断器的类型、额定电压、额定电流及熔体的额定电流。熔断器的类型应根据线路要求和安装条件来选择：熔断器的额定电压应大于或等于线路的工作电压，熔断器的额定电流应大于或等于熔体的额定电流。熔体额定电流的选择是熔断器选择的核心（具体选择方法见第八章第四节）。选择熔断器时，还要结合负载的性质来选择。

常用熔断器的主要技术数据，如表 5-1 所示。

表 5-1　常用熔断器的主要技术数据　（单位：A）

型号	熔断器额定电流	熔体额定电流	型号	熔断器额定电流	熔体额定电流
RC1A－5	5	1,2,3,5	RL1－15	15	2,4,5,10,15
RC1A－10	10	2,4,6,8,10	RL1－60	60	20,25,30,35,40,50,60
RC1A－15	15	6,10,12,15	RL1－100	100	60,80,100
RC1A－30	30	15,20,25,30	RL1－200	200	100,125,150,200
RC1A－60	60	30,40,50,60	RS3－50	50	10,15,30,50
RC1A－100	100	60,80,100	RS3－100	100	80,100
RC1A－200	200	100,120,150,200	RS3－200	200	150,200

熔断器的图形符号及文字符号如图 5-15 所示。

图 5-15　熔断器的图形符号及文字符号

五、低压断路器

(一)自动开关

自动开关又称为自动空气开关或自动空气断路器。它不但能用于正常工作时不频繁接通和断开的电路,而且当电路发生过载、短路或欠压等故障时,能自动切断电路,有效地保护串接在它后面的电气设备。因此,自动开关在机床上的使用越来越广泛。如图 5-16 所示,为常见的低压断路器。

图 5-16　常见的低压断路器

1. 分类

按其结构不同分类,常用自动开关有装置式和万能式两种。其型号含义如下:

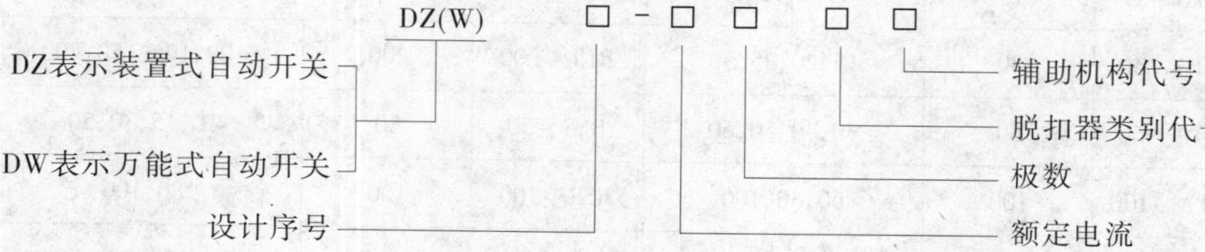

2. 结构和工作原理

自动开关主要由触点、灭弧装置、操作机构、保护装置(各种脱扣器)等部分组成。图 5-17所示为 3VE4 型自动开关的外观图。

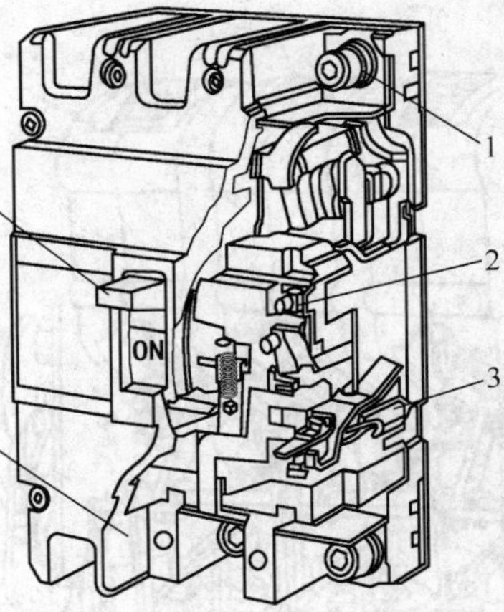

1—接线柱;2—脱扣指示按钮;3—过电流脱扣器;4—外壳;5—操作手柄

图 5-17 3VE4 型自动开关的外观图

自动开关的工作原理如图 5-18 所示。开关主触点依靠操作机构手动或电动合闸。主触点闭合后,自由脱扣机构将主触点锁在合闸位置上。过电流脱扣器的线圈和热脱扣器的热元件与主电路串联,欠电压脱扣器的线圈与电源并联。当电路发生短路或严重过载时,过电流脱扣器的衔铁吸合,使自由脱扣机构动作,主触点断开主电路。当电路过载时,热脱扣器的热元件发热使双金属片弯曲变形,使自由脱扣机构动作。当电路欠电压时,欠电压脱扣器的衔铁释放,也使自由脱扣机构动作。分励脱扣器则用做远距离分断电路。

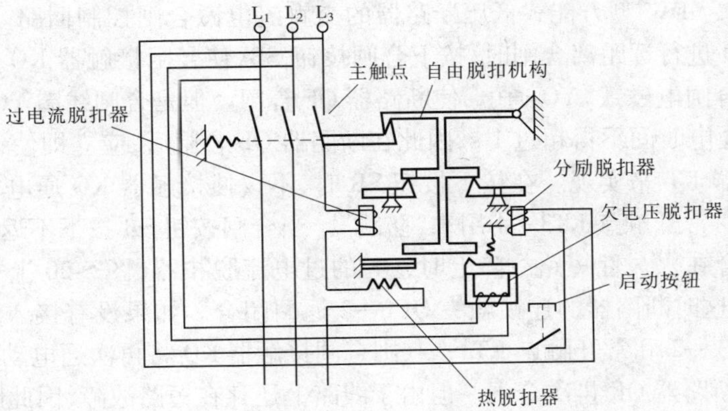

图 5-18 自动开关的工作原理图

(二)装置式自动开关

装置式自动开关又叫塑壳式自动开关,通过用模压绝缘材料制成的封闭型外壳将所有构件组装在一起,用于电动机及照明系统的控制、供电线路的保护等。主要型号有 DZS、DZ10、DZ15、DZ20 等系列。

(三)万能式自动开关

万能式自动开关又称为框架式自动开关,由具有绝缘衬垫的框架结构底座将所有的构件组装在一起,用于配电网络的保护。主要型号有 DW10、DW15 两个系列。

万能式自动开关是敞开地装设在金属框架上的,而其保护方案和操作方式较多,装设地点也较灵活,故名“万能式”或“框架式”。如图 5-19 所示,为 DW 型万能式低压断路器的外形结构图。

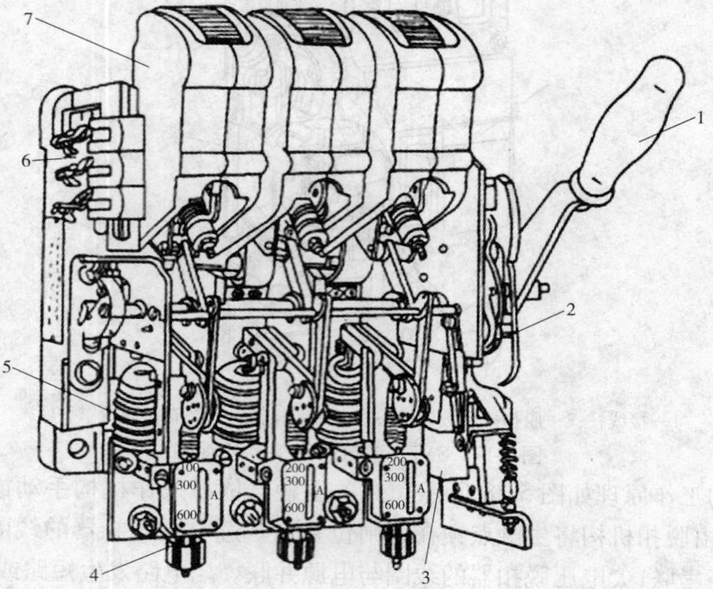

1—操作手柄;2—自由脱扣机构;3—失压脱扣器;4—过电流脱扣器电流调节螺母;
5—过电流脱扣器;6—辅助触点(连锁触点);7—灭弧罩

图 5-19　DW 型万能式低压断路器的外形结构图

图 5-20 所示为 DW 型万能式低压断路器的交直流电磁合闸控制回路。当断路器利用电磁合闸线圈 YO 进行远距离合闸时,按下合闸按钮 SB,使合闸接触器 KO 通电动作,于是电磁合闸线 圈(合闸电磁铁)YO 通电,使断路器 QF 合闸。但是合闸线圈 YO 是按短时大功率设计的,允许通电时间不得超过 1 s,因此在断路器 QF 合闸后,应立即使 YO 断电。这一要求靠时间继电器 KT 来实现。在按下按钮 SB 时,不仅使接触器 KO 通电,而且同时使时间继电器的另一对常开触点 KT3—4 用来“防跳”。当合闸按钮 SB 按下不返回或被粘住,而断路器 QF 又闭合在永久性短路故障上时,QF 的过电流脱扣器(图 5-20 上未画出)瞬时动作,使 QF 跳闸。这时断路器的连锁触头 QF1—2 返回闭合。如果没有接入时间继电器 KT 及其常闭触点 KT1—2 和常开触点 KT3—4,则合闸接触器 KO 将再次通电动作,使合闸线圈 YO 再次通电,使断路器 QF 再次合闸。但由于线路上还存在短路故障,因此断路器 QF 又要跳闸,而其连锁触头 QF1—2 返回时又将使断路器 QF 再一次合闸……断路器 QF 如此反复地在短路故障状态下跳闸、合闸(称为“跳动”),将使断路器触头烧毁,并将危及整个一次电路,使故障扩大。为此加装时间继电器常开触点 KT3—4,如图 5-20 所示。当断路器 QF 因短路故障自动跳闸时,其连锁触头 QF1—2 返回闭合,但由于在 SB 按下不返回时,时间继电器 KT 一直处于动作状态,其常开触点 KT3—4 一直闭合,而其常闭触点 KT1—2 则一直断开,因此合闸接触器 KO 不会通电,断路器 QF 也就不可能再次合闸,从而达到了“防跳”的目的。低压断路器的连锁触头 QF1—2 用来保证电磁合闸线圈 YO 在 QF 合闸后不致再次误通电。

DW 型断路器的合闸操作方式较多,除手柄操作外,还有杠杆操作、电磁操作和电动机操作等。如图 5-21 所示,为常见的万能式断路器。

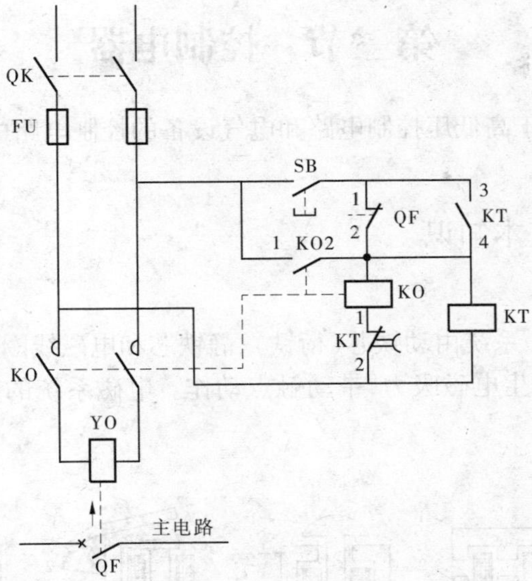

QF—低压断路器;SB—合闸按钮;KT—时间继电器;KO—合闸接触器;YO—电磁合闸线圈

图 5-20　DW 型低压断路器的交直流电磁合闸控制回路

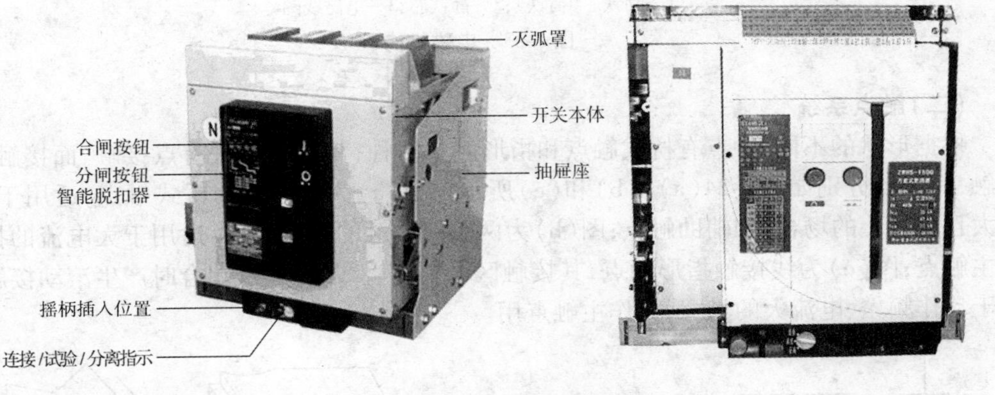

图 5-21　常见的万能式断路器

自动开关的图形、文字符号如图 5-22 所示。

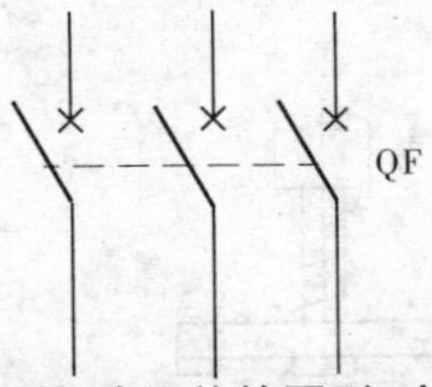

图 5-22　自动开关的图形、文字符号

目前,推广应用的万能式低压断路器有 DW15、DW15X、DW16 等型号及引进技术生产的 ME、AH 等型号。此外还生产有智能型万能式断路器如 DW48 等型号,其中 DW16 型保留了 DW10 型结构简单、使用维修方便和价格低廉的特点,而在保护性能方面大有改善,是取代 DW10 型的新产品。

第三节　控制电器

控制电器广泛应用于高低压控制电路和电气设备的控制电路中，主要由电磁系统、触点和附件组成。

一、控制电器的基本知识

（一）电磁系统

如图 5-23 所示，电磁系统由动铁芯（衔铁）、静铁芯和电磁线圈三部分组成，其作用是将电磁能转换成机械能，产生电磁吸力，带动触点动作。电磁系统的铁芯形状有 U 形和 E 形两种。

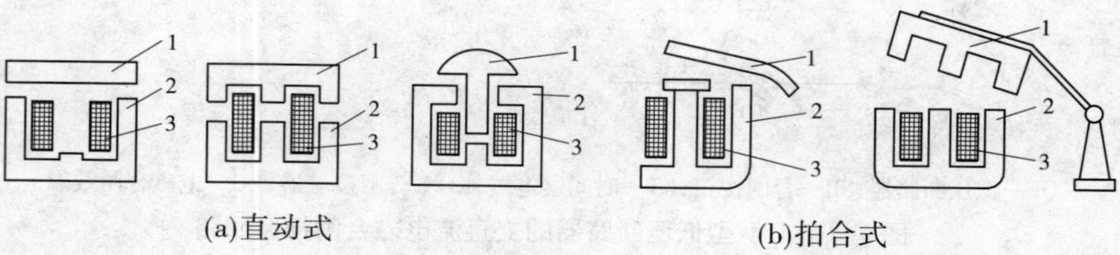

1—动铁芯（衔铁）；2—静铁芯；3—电磁线圈

图 5-23　电磁机构

（二）触点系统

根据形状的不同，触点有桥式触点和指形触点两种，其接触形式有点接触、面接触及线接触，其形状分别如图 5-24（a）、（b）和（c）所示。图（a）为点接触的桥式触点，适用于电流不大且压力小的场合，如辅助触点；图（b）为两个面接触的桥式触点，适用于大电流的控制，如主触点；图（c）为线接触指形触点，其接触区域为一直线，在触点闭合时产生滚动接触，适用于动作频繁、电流大的场合，如作主触点用。

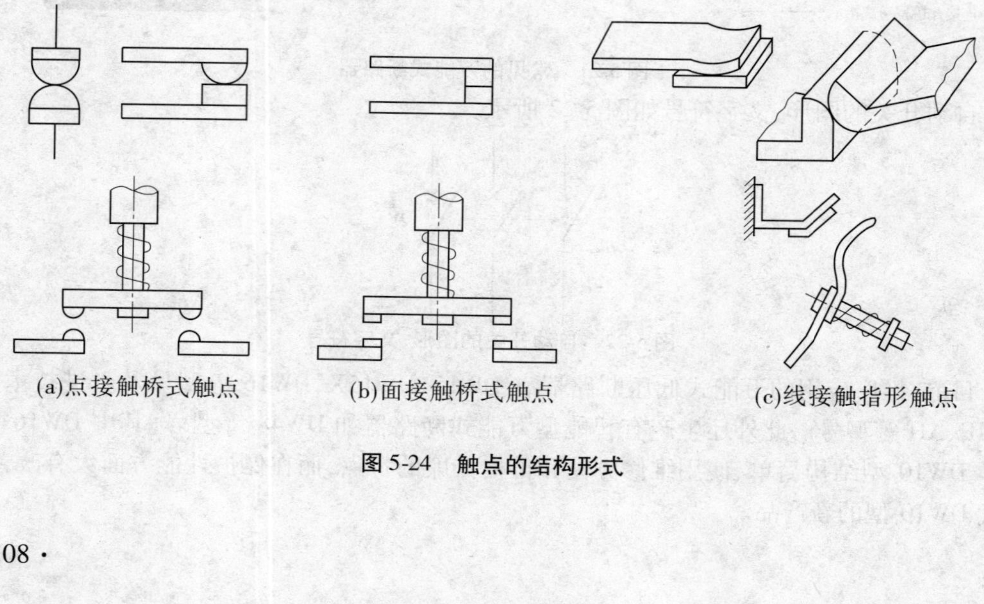

图 5-24　触点的结构形式

根据原始状态的不同，触点有常开和常闭触点，所谓常开触点，是指原始状态（即线圈未通电）断开、线圈通电后闭合的触点；而常闭触点是指原始状态闭合、线圈通电后断开的触点，线圈断电后所有触点复原。

为使触点接触更紧密，减小接触电阻，消除开始接触时产生的有害振动，桥式触点或指形触点都安装有压力弹簧，随着触点的闭合加大触点间的互压力。

触点通常用紫铜制成，由于铜的表面容易氧化生成不良导体氧化铜，故一般都在触点的接触点部分镶上银块，使之接触电阻小，导电性能好，使用寿命长。

（三）短路环

交流电磁铁的铁芯一般用硅钢片叠压铆成，以减少交变磁场在铁芯中产生的涡流及磁滞损耗，避免铁芯过热。为了减少接触器吸合时产生的振动和噪声，在铁芯上装有一个短路环（又称减振环），如图 5-25 所示。当线圈中通有交流电时，在铁芯中产生的是交变磁通，它对衔铁的吸力是按正弦规律变化的。当磁通经过零值时，铁芯对衔铁的吸力也为零，衔铁在弹簧的作用下有释放的趋势，使得衔铁不能被铁芯紧紧吸住，产生振动，发出噪声。同时，这种振动使衔铁与铁芯容易磨损，造成触点接触不良。安装短路环后，它相当于变压器的一个副绕组，当电磁线圈通入交流电时，线圈电流 I_1 产生磁通 Φ_1，短路环中产生感应电流 I_2，形成磁通 Φ_2。由于 I_1 与 I_2 的相位不同，故 Φ_1 与 Φ_2 的相位也不同，即 Φ_1 与 Φ_2 不同时为零。这样，在磁通 Φ_1 过零时，Φ_2 不为零而产生吸力，使衔铁始终被铁芯吸牢，振动和噪声显著减小。

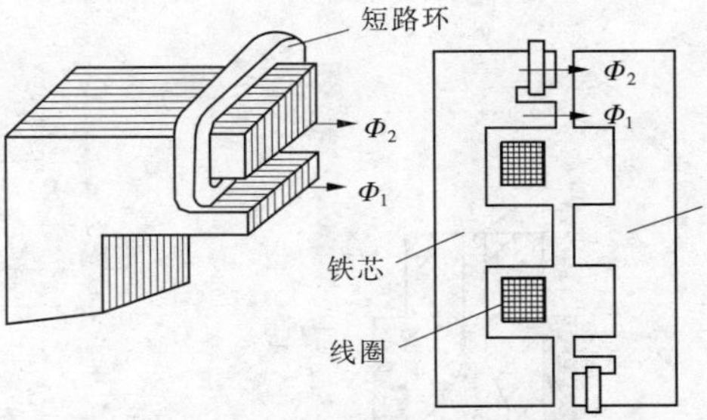

图 5-25　交流电磁铁的短路环

（四）灭弧装置

1. 电弧的产生

触点在分断大电流或高电压电路时，其动、静触点间气体在强电场作用下发生放电，形成电弧。电弧产生的原因有：强电场放射、撞击电离、热电子发射、高温游离等。电弧发光、发热将会灼伤触点，并使电路切断时间延长，引发事故。因此，为使接触器可靠工作，必须采取措施，使电弧迅速熄灭。

2. 灭弧方法

常用的灭弧方法如下所示，其相应的装置如图 5-26 所示，容量在 10 A 以上的接触器都应有灭弧装置。

1）栅片灭弧

栅片灭弧装置的结构及原理如图 5-26（a）所示，主要由灭弧栅和灭弧罩组成。灭弧栅用镀铜的薄铁片制成，各栅片之间互相绝缘。灭弧罩用陶土或石棉水泥制成。当触点分断电路时，在动触点与静触点间产生电弧，电弧产生磁场。由于薄铁片的磁阻比空气小得多，因此，电弧上部的磁通容易通过灭弧栅形成闭合磁路，使得电弧上部的磁通很稀疏，而下部的磁通则很密。这种上稀下密的磁场分布对电弧产生向上运动的力，将电弧拉到灭弧栅片当中。栅片将电弧分割成若干短弧，一方面使栅片间的电弧电压低于燃弧电压，另一方面将电弧的热量散发，使电弧迅速熄灭。

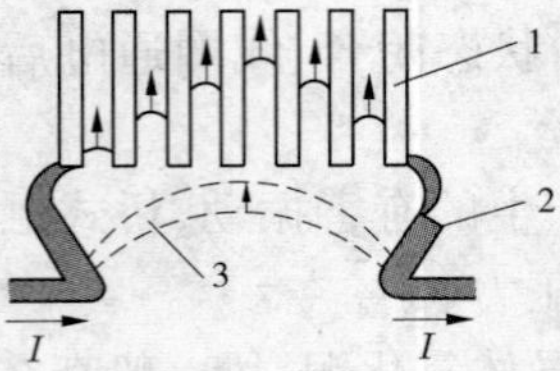

1—灭弧栅片;2—触点;3—电弧

(a)栅片灭弧

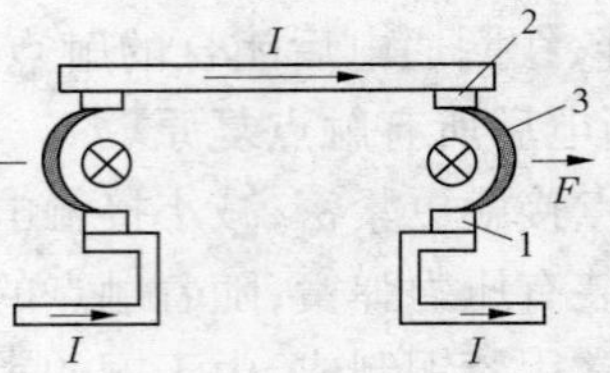

1—静触点;2—动触点;3—电弧

(b)双断口电动力灭弧

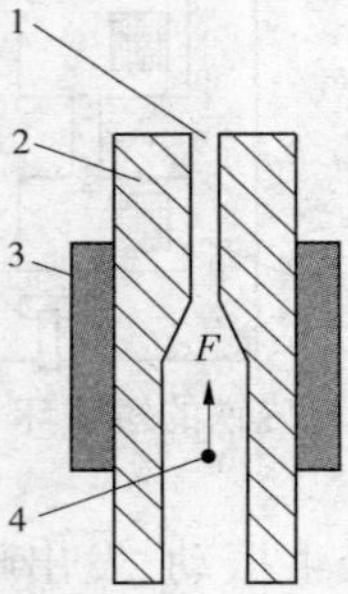

1—纵缝;2—介质;3—磁性夹板； 4—电弧

(c)窄缝灭弧

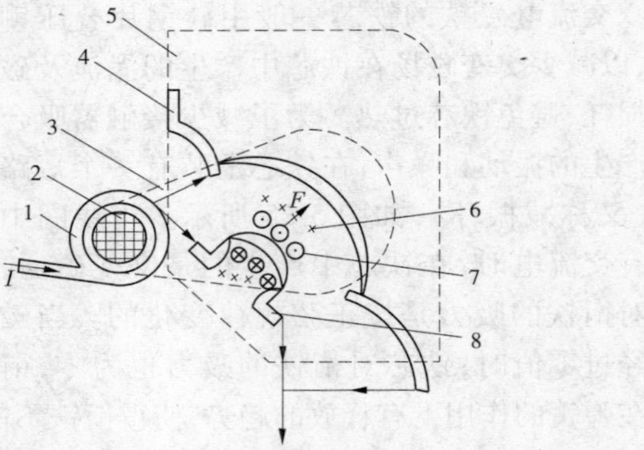

1—磁吹线圈;2—铁芯;3—导磁夹板； 4—引弧角;5—灭弧罩;
6—磁吹线圈磁场;7—电弧电流磁场;8—动触点磁性夹板

(d)磁吹灭弧

图 5-26　常用的灭弧装置

2)双断口电动力灭弧

这种方法是将整个电弧分成两段,同时利用电动力,使电弧迅速熄灭。它适用于桥式触点,其原理如图 5-26(b)所示。

3)窄缝灭弧

窄缝灭弧是采用一个纵缝灭弧装置来完成灭弧任务的,如图 5-26(c)所示。灭弧罩内有一条纵缝,下宽上窄。下宽便于放置触点,上窄有利于电弧压缩,并和灭弧室内壁有很好的接触。当触点分断时,电弧被外界磁场或电动力横吹进入缝内,其热量传递给灭弧室内壁而迅速冷却熄灭。

4)磁吹灭弧

磁吹灭弧是利用触点分断时本身的电动力将电弧拉长,使电弧热量在拉长的过程中冷却而迅速熄灭的,其原理如图 5-26(d)所示。

(五)其他部件

交流接触器除上述三个主要部分外,还包括反作用弹簧、复位弹簧、缓冲弹簧、触点压力弹簧、传动机构、接线桩、外壳等部件。

二、主令电器

自动控制系统中用于发送控制指令的电器称为主令电器。利用它控制接触器、继电器或其他电器,使电路接通和分断来实现对生产机械的自动控制。常用的主令电器有按钮开关、行程开关、接近开关、凸轮控制器、主令控制器等。

（一）按钮开关

按钮开关是一种用来短时接通或分断小电流电路的手动控制电器。在控制电路中，通过它发出“指令”控制接触器、继电器等电器，再由它们去控制主电路的通断。

控制按钮通常是在低压控制电路中，用于手动短时接通或断开小电流控制电路的开关，如图 5-27 所示。

图 5-27　控制按钮实物图

按钮开关的外形和结构如图 5-28 所示，主要由按钮帽、复位弹簧、常开触点、常闭触点、接线柱、外壳等组成。它在不同状态下的图形符号和文字符号如图 5-29 所示。

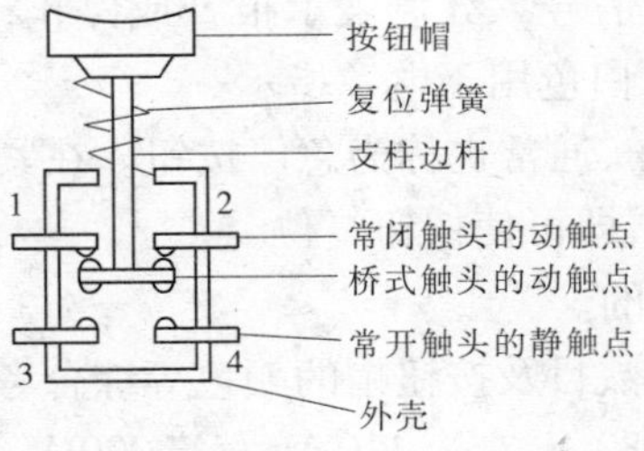

(a)结构图

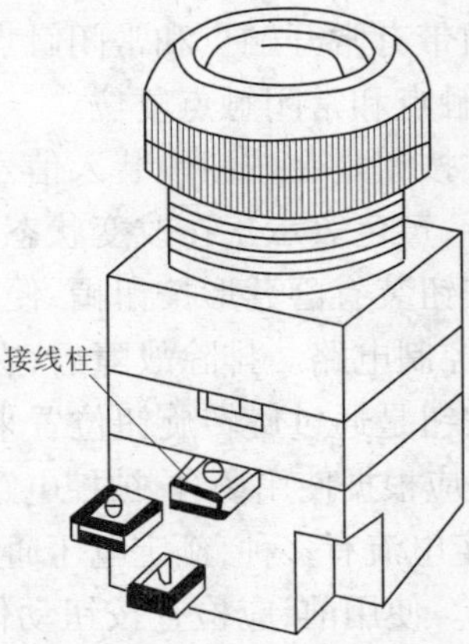

(b)外形图

图 5-28　按钮开关结构及外形图

按钮开关的种类很多，生产机械上常用的有 LAZ、LA10、LA18、LA19、LA20 等系列。其

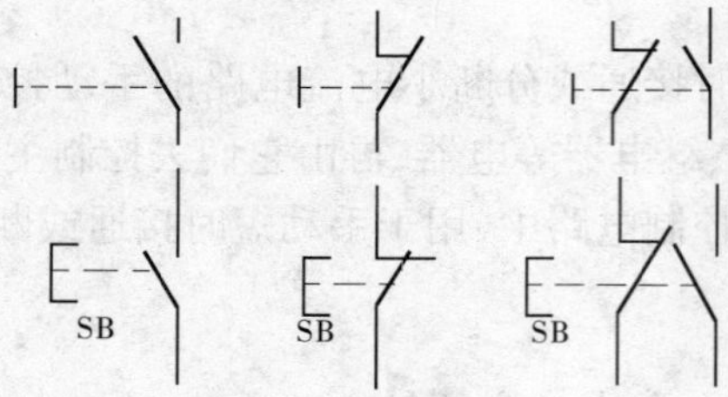

(a)启动按钮 (b)停止按钮 (c)复合按钮

图 5-29　按钮开关不同状态下的图形、文字符号

中 LA18 系列按钮是积木式结构,触点数目可按需要拼装,其结构形式有揿按式、紧急式、钥匙式和旋钮式。LA19 系列在按钮内装有信号灯,除作为控制电路的主令电器使用外,还可兼作信号指示灯使用。

按钮开关的型号含义如下:

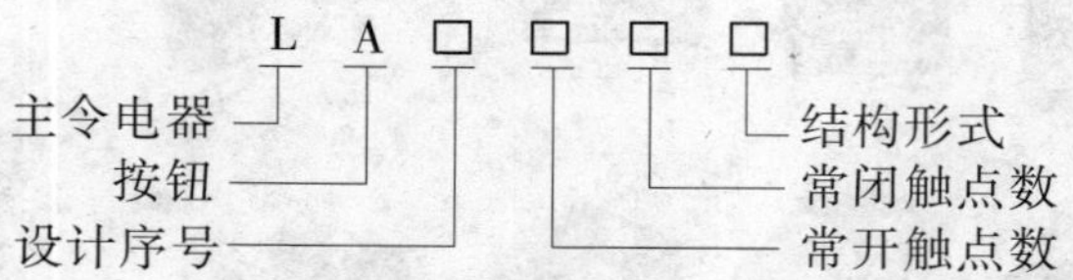

不同结构形式的按钮,分别用不同的字母表示:如 A—按钮;K—开启式;S—防水式;H—保护式;F—防腐式;J—紧急式;X—旋钮式;Y—钥匙式;D—带指示灯式;DJ—紧急式带指示灯。

启动按钮通常带有常开触点,手指按下按钮帽,常开触点闭合;手指松开,常开触点复位。启动按钮的按钮帽通常采用绿色。

停止按钮带有常闭触点,手指按下按钮帽,常闭触点断开;手指松开,常闭触点复位。停止按钮的按钮帽通常采用红色。

复合按钮带有常开触点和常闭触点,手指按下按钮帽,常闭触点断开,常开触点闭合;手指松开,常开触点和常闭触点复位。

指示灯式按钮是在按钮内装入信号灯以显示信号。红色表示报警或停止;绿色表示启动或正常运行;黄色表示正在改变状态(如变速);白色用于电源指示。

紧急式按钮装有蘑菇形按钮帽,便于紧急操作,通常也称为急停按钮。在紧急状态按下此按钮,断开控制电路。排除故障后,右旋蘑菇头,即可使按钮复位。

旋钮式按钮是通过旋转旋钮位置来进行操作的。

选用按钮应根据使用场合、被控电路所需触点数目及按钮帽的颜色等综合考虑。按钮的额定电压、额定电流有多种,额定电压通常为交流 380 V、交流 110 V、直流 220 V 等;额定电流为 5 A、2 A 等。使用前,应检查按钮动作是否自如,弹性是否正常,触点接触是否良好可靠。由于按钮触点之间距离较小,应注意保持触点及导电部分的清洁,防止触点间短路或漏电。

(二)行程开关

行程开关又称限位开关或位置开关,其作用与按钮开关相同,只是其触点的动作不是靠手动操作,而是利用生产机械运动部件的碰撞使其触点动作来接通或分断电路,从而限制机械运动的行程、位置或改变其运动状态，达到自动控制的目的。

如图 5-30 所示，行程开关分为自动复位式和自锁(非自动复位)式两种。机床上常用的行程开关型号有 LX2、LX19、JLXK11 型及 LXW－11、JLXWl－11 型(微动开关)等。

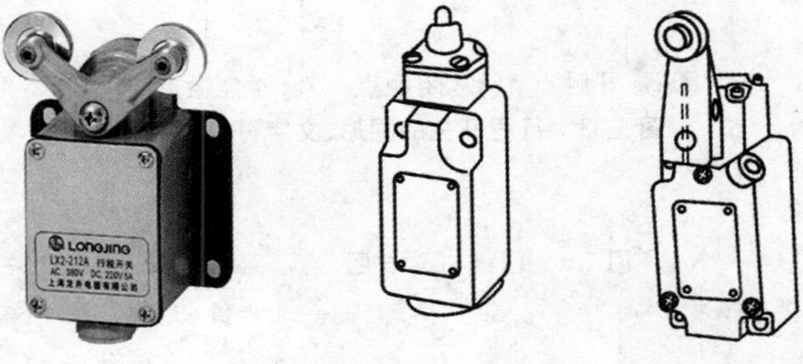

(a) 实物图　(b) 按钮式行程开关　(c) 触点式行程开关

图 5-30　行程开关实物及结构示意图

为了适应生产机械对行程开关的碰撞，行程开关有多种构造形式，常用的有直动式(按钮式)、滚轮式(旋转式)。其中滚轮式又有单滚轮式和双滚轮式两种。直动式和滚轮式行程开关的外形分别如图 5-31、图 5-32 所示。行程开关图形符号和文字符号如图 5-33 所示。

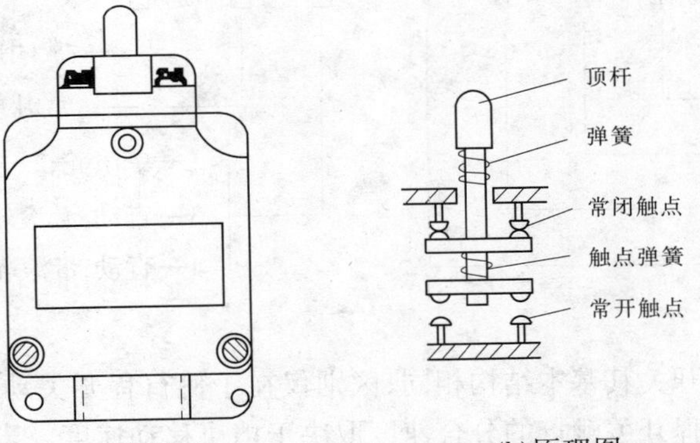

(a)外形图　(b)原理图

图 5-31　直动式行程开关

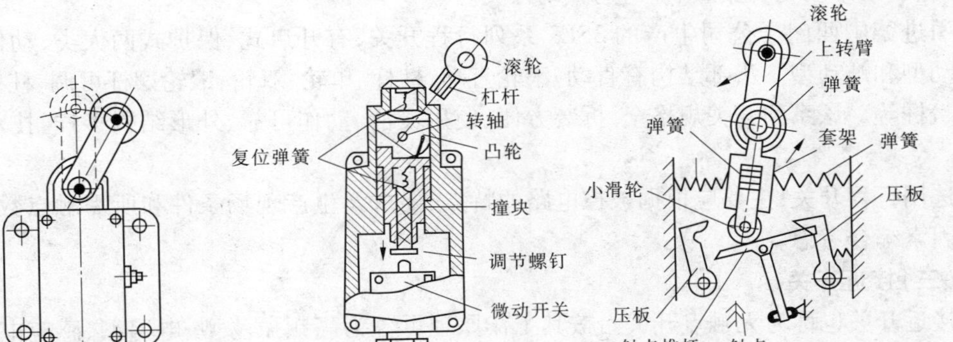

(a)外形图　(b)内部结构　(c)原理图

图 5-32　滚轮式行程开关

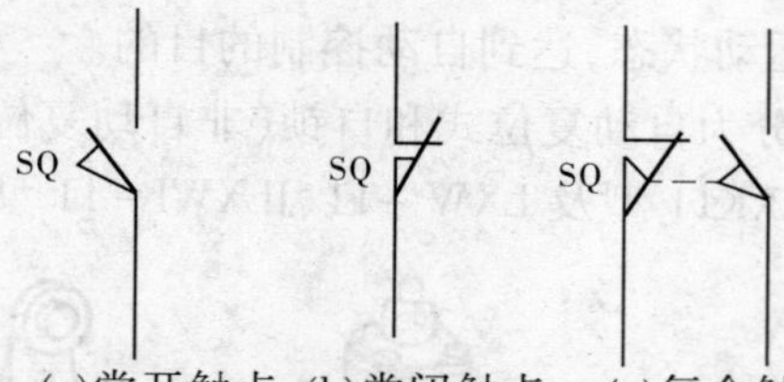

(a)常开触点 (b)常闭触点 (c)复合触点

图 5-33 行程开关的图形、文字符号

其型号含义如下：

L X □ - □ □ □

- L：主令电器
- X：行程开关
- □：设计序号
- □：0—无滚轮;1—单滚轮;2—双滚轮;3—直动无滚轮;4—直动带滚轮
- □：0—仅有径向传动杆;1—滚轮装在传动杆外侧;2—滚轮装在传动杆内侧;3—滚轮装在转动杆凹槽内侧
- □：1—自动复位;2—不能自动复位

J L X K 1 - □ □ □

- J：机床电器
- L：主令电器
- X：行程开关
- K：快速
- 1：设计序号
- □：1—单滚轮;2—双滚轮;3—直动,无滚轮;4—直动,带滚轮
- □：常开触点数
- □：常闭触点数

各种系列的行程开关其基本结构相同,区别仅在于使行程开关动作的传动装置和动作速度不同。直动式行程开关触点的分合速度取决于挡块移动速度。当挡块移动速度低于 4 m/min 时,触点切断太慢,易受电弧烧灼,这时应采用有盘形弹簧机构能瞬时动作的滚轮式行程开关,或采用更为灵敏、轻巧的微动开关。

引进德国西门子公司生产的 3SE3 系列行程开关,有开启式、保护式两大类,动作方式有瞬动型和蠕动型。头部结构有直动、滚轮直动、杠杆、单轮、双轮、滚轮摆杆可调、杠杆可调和弹簧杆等。该系列开关规格全、拆装方便、使用灵活、动作可靠、外形结构多样、技术性能优良。

选用行程开关,主要应根据被控电路的特点、要求及生产现场条件和所需触点数量、种类等因素综合考虑。

(三)接近开关

接近开关也称为无触点开关。按其工作原理可分为高频振荡型、电容型、感应电桥型、永久磁铁型、霍尔效应型等多种,其中以高频振荡型最为常用。

高频振荡型接近开关的电路由振荡器、晶体管放大器和输出电路三部分组成。其基本工作原理是:当装在运动部件上的金属物体接近高频振荡器的线圈(感辨头)时,由于该物体内部产生涡流损耗，使振荡回路等效电阻增大、能量损耗增加，使振荡减弱直至终止，开关输出控制信号。图 5-34 所示为接近开关实物图。

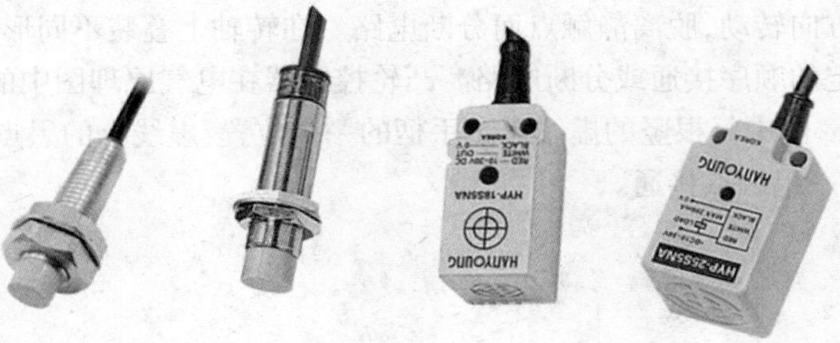

图 5-34　接近开关实物图

接近开关应根据其使用的目的、使用场所的条件以及与控制装置的相互关系等来选择。要注意检测物体的形状、大小、有无镀层，检测物体与接近开关的相对移动方向及其检测距离等因素。检测距离也称为动作距离，是接近开关刚好动作时感辨头与检测体之间的距离，如图 5-35 所示。

接近开关多为三线制。三线制接近开关有 2 根电源线(通常为直流 24 V)和 1 根输出线。

常用的接近开关有 LJ1、LJ2、JX10 及 JK 等系列。接近开关具有工作稳定可靠、使用寿命长、重复定位精度高、操作频率高、动作迅速等优点，因此应用越来越广泛。

接近开关的图形符号及文字符号如图 5-36 所示。接近开关可视为行程开关的一种，所以在机床电气中，也可通用行程开关的图形符号。

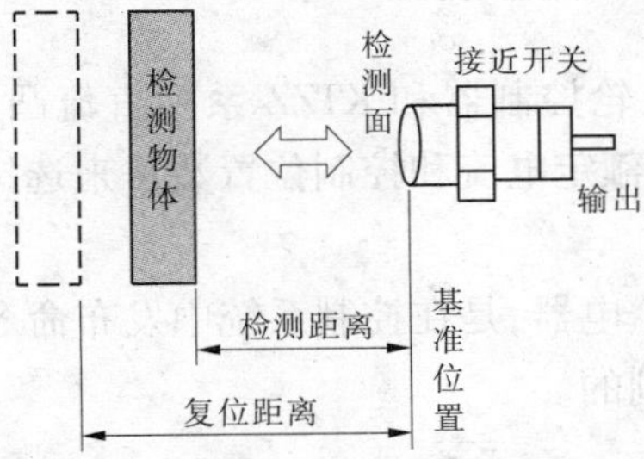

图 5-35　接近开关的检测距离

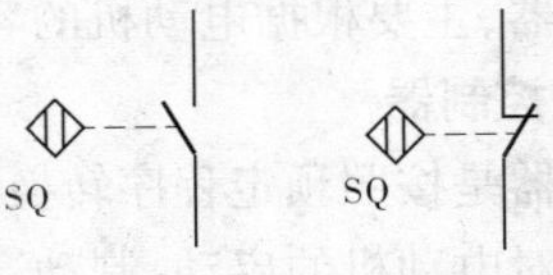

图 5-36　接近开关的图形符号及文字符号

(四)凸轮控制器

凸轮控制器主要用于起重设备和其他电力拖动装置，以控制电动机的启动、正反转、调速和制动。它主要由手柄、定位机构、转轴、凸轮和触点组成，其结构如图 5-37 所示。

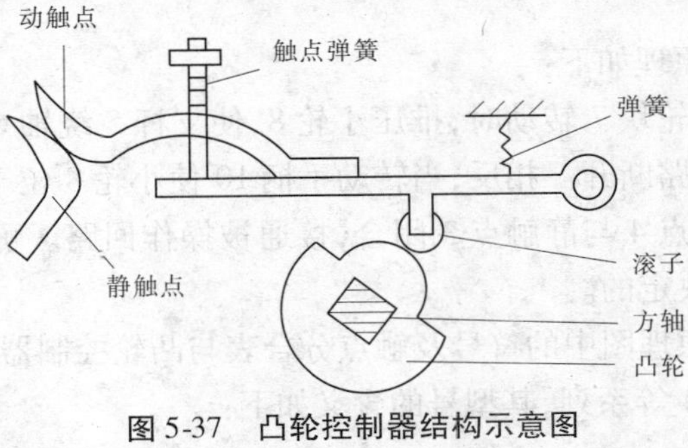

图 5-37　凸轮控制器结构示意图

凸轮控制器的动作原理如下：

转动手柄时，转轴带动凸轮一起转动。转到某一位置时，凸轮顶动滚子，克服弹簧压力使动触点顺时针方向转动，脱离静触点而分断电路。在转轴上叠装不同形状的凸轮，可使若干个触点组按规定的顺序接通或分断电路。凸轮控制器在电气原理图中的符号及触点通断表如图 5-38 所示。图中每根竖的虚线表示手柄的一个位置，虚线上的黑点“·”表示手柄在该位置时，上面这一组触点接通。

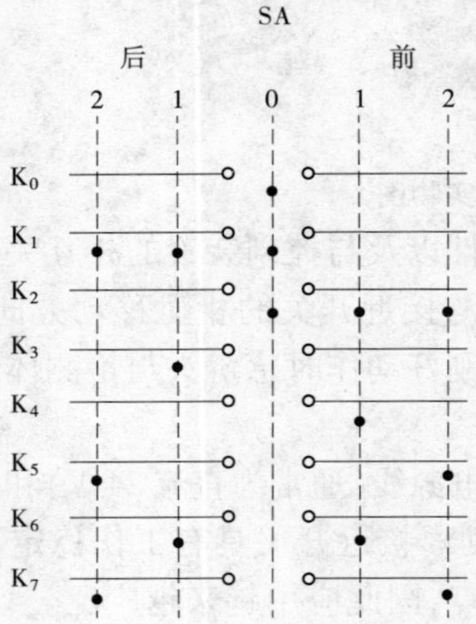

(a)符号

触点	向后		零位	向前	
	2	1	0	1	2
K_0			+		
K_1	+	+	+		
K_2			+	+	+
K_3		+			
K_4				+	
K_5	+				+
K_6		+		+	
K_7	+				+

(b)触点通断表

图 5-38　凸轮控制器的符号及触点通断表

国产的凸轮控制器有 KT10、KT14 等系列交流凸轮控制器和 KTZZ 系列直流凸轮控制器。凸轮控制器，主要根据电动机的容量、额定电压、额定电流和控制位置数目来选择。

(五)主令控制器

主令控制器是按照预定程序转换控制电路的主令电器，是在控制系统中发布命令，通过接触器来实现对电动机的启动、制动、调速和反转控制的。

主令控制器的外形及结构，如图 5-39 所示。

主令控制器由铸铁的底座、支架和支架上安装的动、静触点及凸轮盘所组成的接触系统等构成。图 5-39(b)中 1 与 7 表示固定于方形转轴上的凸轮块；2 是固定触点的接线柱，由它连接操作回路；3 是静触点，由桥式动触点 4 来闭合与分断；动触点 4 固定于能绕轴 6 转动的支杆5 上。

主令控制器的动作原理如下：

当转动手柄 10 使凸轮块 7 转动时，推压小轮 8，使支杆 5 绕轴 6 转动，使动触点 4 与静触点 3 分断，将被操作回路断开。相反，当转动手柄 10 使小轮 8 位于凸轮块 7 的凹槽处，由于弹簧 9 的作用，使动触点 4 与静触点 3 闭合，接通被操作回路。可见，触点闭合与分断的顺序是由凸轮块的形状决定的。

主令控制器在电气原理图中的符号及触点分合表与凸轮控制器相同。常用的主令控制器有 LKI、LKS、LK6、LK14 等系列，其型号的含义如下：

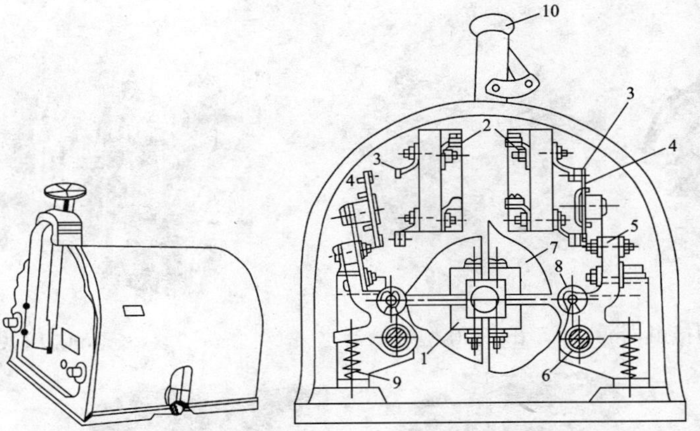

(a) 外形　　　　　　(b) 结构

图 5-39　主令控制器的外形及结构

L　K　□ - □/□

主令电器 —— L

控制器 —— K

设计序号 —— □

控制回路数 —— □

结构形式代号 —— □

主令控制器的选用主要根据额定电流和所需控制回路数来选择。

三、电磁式接触器

接触器是电力拖动自动控制系统中使用量很大的一种低压控制电器，用来频繁地接通或分断带有负载的主电路。主要控制对象是电动机，能实现远距离控制，具有欠（零）电压保护功能。线圈的工作电源可以是直流，也可以是交流。机床上应用最多的是交流接触器，如图 5-40 所示。

（一）交流接触器

1. 交流接触器的电磁系统

接触器的电磁系统由线圈、静铁芯、动铁芯（衔铁）、灭弧装置及其他部件等组成，其作用是操纵触点的闭合与分断。交流接触器的铁芯具有短路环。交流接触器的外形及结构如图 5-41 所示。

2. 交流接触器的触点

接触器的触点按功能不同分为主触点和辅助触点两类。主触点用于接通和分断电流较大的主电路，体积较大，一般由三对常开触点组成；辅助触点用于接通和分断小电流的控制电路，体积较小，有常开和常闭两种辅助触点，用于控制电路中的电气自锁或互锁。如 CJ0－20系列交流接触器有三对常开主触点，两对常开辅助触点和两对常闭辅助触点。

3. 交流接触器的工作原理

如图 5-42 所示，当线圈通电后，线圈电流产生磁场，静铁芯产生电磁吸力将衔铁吸合。衔铁带动触点系统动作，使常闭触点断开，常开触点闭合。当线圈断电时，电磁吸力消失，衔

(a)CJX1(3TB) 型接触器

(b)CJ20 型接触器

(c)CJ12 型接触器

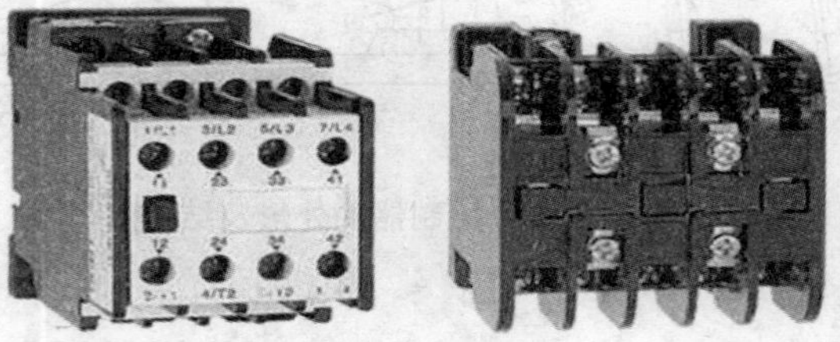

(d)CJ10 型接触器

图 5-40　交流接触器实物图

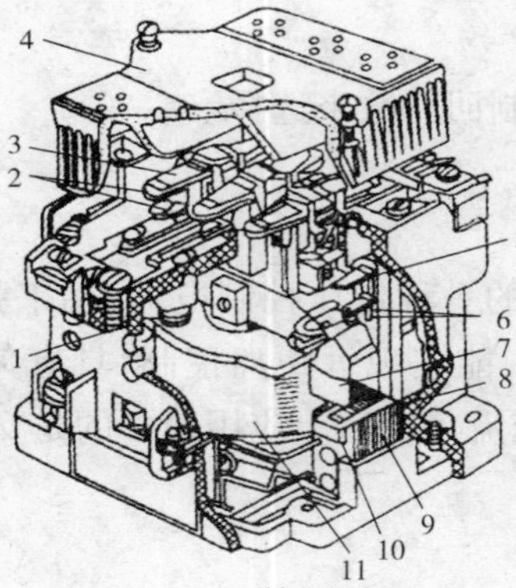

(a) 外形图

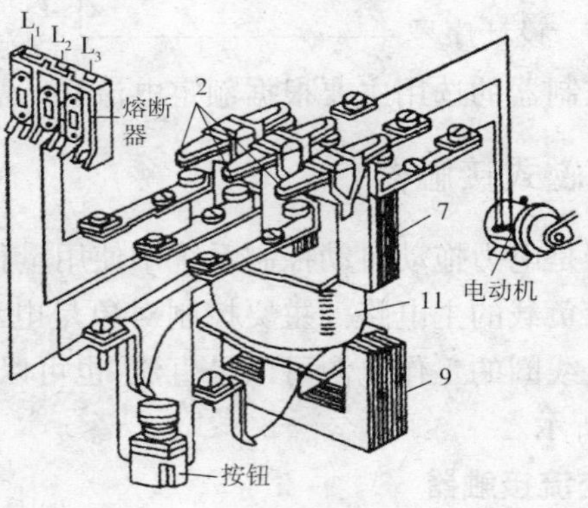

(b) 结构图

1—反作用弹簧；2—主触点；3—触点压力弹簧；4—灭弧罩；5—辅助常闭触点；
6—辅助常开触点；7—动铁芯；8—缓冲弹簧；9—静铁芯；10—短路环；11—线圈

图 5-41　交流接触器外形及结构

铁在反作用弹簧的作用下释放，触点系统随之复位。

4. 交流接触器的选用

交流接触器的选用主要考虑主触点的额定电压、额定电流，辅助触点的数量与种类，吸引线圈的电压等级、操作频率、机械寿命、电寿命等。接触器的图形符号及文字符号，如图 5-43所示。

（1）交流接触器的触点。

接触器的额定电压是指主触点的额定电压。交流接触器的额定电压，一般有 500 V 或 380 V 两种，应大于或等于负载回路的电压。

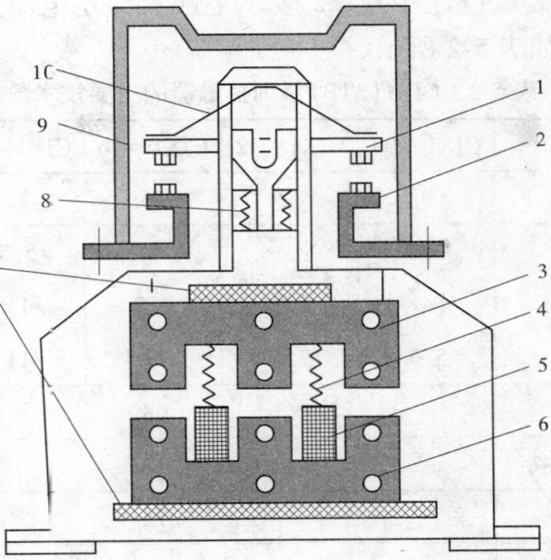

1—动触点;2—静触点;3—衔铁;4—弹簧;5—线圈;6—铁芯;7—垫毡;
8—触点弹簧;9—灭弧罩;10—触点压力弹簧

图 5-42　交流接触器工作原理示意图

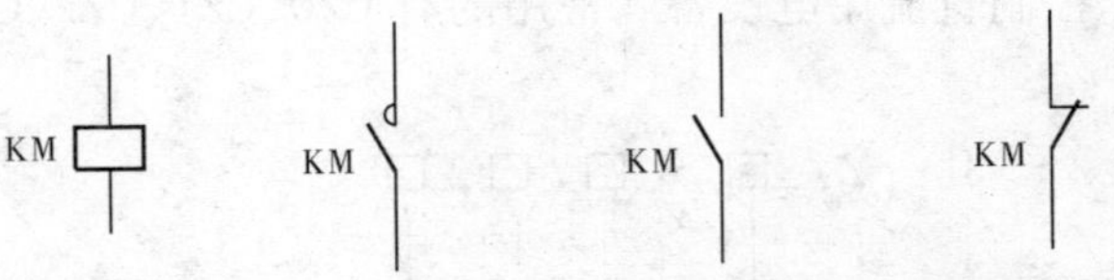

(a)线圈　(b)常开触点　(c)辅助常开触点　(d)辅助常闭触点

图 5-43　接触器的图形符号及文字符号

接触器的额定电流是指主触点的额定电流,有 5 A、10 A、20 A、40 A、60 A、100 A、150 A 等几种。其应大于或等于被控回路的额定电流。对于电动机负载,可按下列经验公式计算:

$$I_C = P_N / KU_N \tag{5-1}$$

式中　I_C——接触器主触点电流,A;

P_N——电动机的额定功率,kW;

U_N——电动机的额定电压,V;

K——经验系数,一般为 1 ~ 1.4,频繁启动时取最小值。

接触器的触点数量和种类应满足主电路和控制线路的需要。各种类型的接触器触点数目不同:交流接触器的主触点有 3 对(常开触点),辅助触点通常有 4 对(2 对常开、2 对常闭),最多可达到 6 对(3 对常开、3 对常闭);直流接触器的主触点一般有 2 对(常开触点)。

(2)交流接触器的线圈。

接触器吸引线圈的额定电压等于控制回路的电源电压,从安全角度考虑,应选择低一些。交流接触器的吸引线圈的额定电压有 36 V、110(127) V、220 V、380 V 等几种。

(3)额定操作频率。

接触器额定操作频率是指每小时线圈接通的次数。通常交流接触器为 600 次/h;直流接触器为 1 200 次/h。

常用的交流接触器型号有 CJ0、CJ10、CJ12 及 CJX1(3TB)等。CJX1 - 32 型号的意义是:

CJ 表示交流接触器,X1 表示设计序号,32 表示主触点额定电流为 32 A。CJX1(3TB)系列接触器的主要技术数据如表 5-2 所示。

表 5-2　CJX1(3TB)系列接触器的主要技术数据

型号			CJX1-09	CJX1-12	CJX1-16	CJX1-22	CJX1-32	CJX1-45
(主触点)额定工作电流(A)			9	12	16	22	32	45
三相鼠笼型电机容量(kW)	220 V		2.2	3	4	5.5	8.5	15
	380 V		4	5.5	7.5	11	15	30
	660 V		5.5	7.5	11	11	15	49
线圈功率(kW)	50 Hz	吸合	68					183
		维持	10					17
	60 Hz	吸合	72					230
		维持	10.5					18
线圈电压(V)			24、48、110、220、380					

(二)直流接触器

直流接触器主要用于控制直流用电设备。常用的有 CZ0、CZ1、CZ2、CZ3、CZ4 等系列产品,其型号的含义如下:

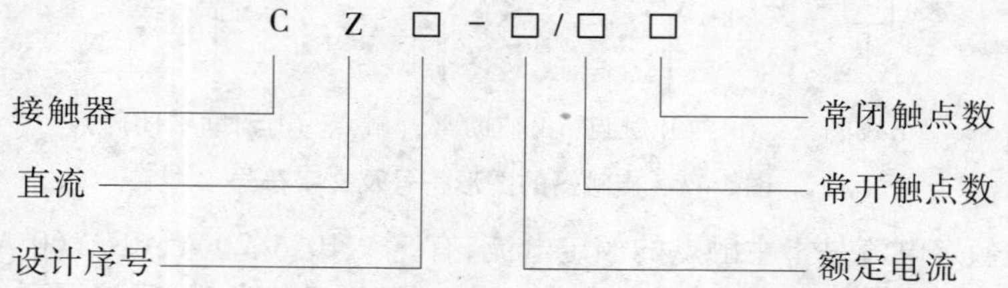

直流接触器的结构、工作原理与交流接触器基本相同,其结构如图 5-44 所示。它主要由线圈、铁芯、衔铁、触点、灭弧装置等组成。不同之处除触点电流和线圈电源为直流外,其触点大都采用滚动接触的指形触点,辅助触点采用点接触的桥式触点,铁芯采用整块铸钢或铸铁制成,线圈做成长而薄的圆筒状。为保证衔铁能可靠释放,磁路中通常夹有非磁性垫片,以减小剩磁影响。直流接触器吸引线圈的额定电压有 24 V、48 V、110 V、220 V 等几种。

直流接触器是用于远距离接通和分断直流电路及频繁地操作和控制直流电动机的一种自动控制电器,广泛应用于冶金、机械和机床的电气控制设备中。由于通入直流接触器的是直流电,没有冲击启动电流,所以不会产生铁芯的猛烈撞击现象,因此它的寿命长,适用于频繁启动的场合。直流接触器的外形与交流接触器的外形基本相同,文字符号和图形符号也和交流接触器相同。其结构主要由电磁系统、触点系统和灭弧装置三部分组成。

(1)电磁系统。

直流接触器的电磁系统由线圈、铁芯和衔铁组成。由于线圈中通的是直流电,在铁芯中不会产生涡流,所以铁芯可用整块铸钢或铸铁制成,并且不需要短路环。线圈匝数较多,电阻较大,为了使线圈散热良好,通常将线圈做成长而薄的圆筒状。

(2)触点系统。

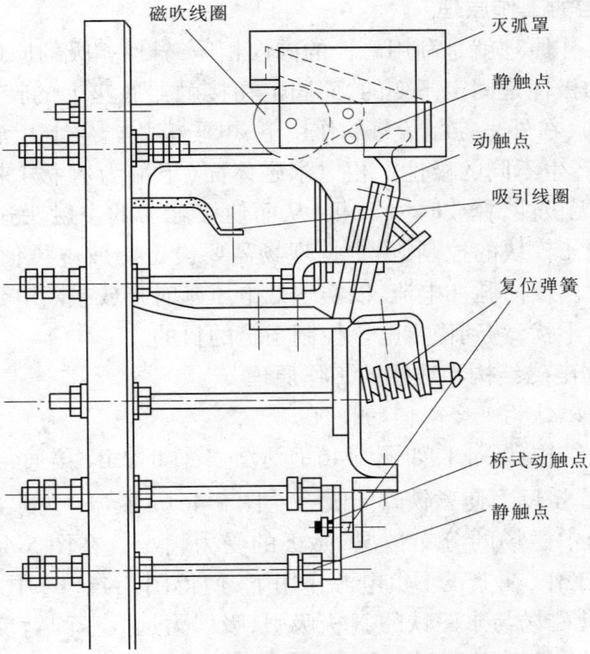

图 5-44　直流接触器的结构

直流接触器的触点也有主、辅之分。由于主触点通断电流较大，故采用滚动接触的指形触点。辅助触点通断电流较小，故采用双断点桥式触点。

(3)灭弧装置。

直流接触器的主触点在断开较大直流电流电路时，会产生强烈的电弧，容易烧坏触点而不能连续工作。为了迅速使电弧熄灭，直流接触器一般采用磁吹式灭弧装置，利用磁吹力的作用将电弧拉长，并在空气和灭弧罩中快速冷却，从而使电弧迅速熄灭。

四、永磁接触器

(一)永磁接触器的结构

永磁接触器采用永磁铁，将原电磁线圈改变为有中心抽头的电磁线圈，该线圈与电子模块共同组成复合电子模块。如图 5-45 所示，为 CJ20J 永磁接触器的结构示意图。

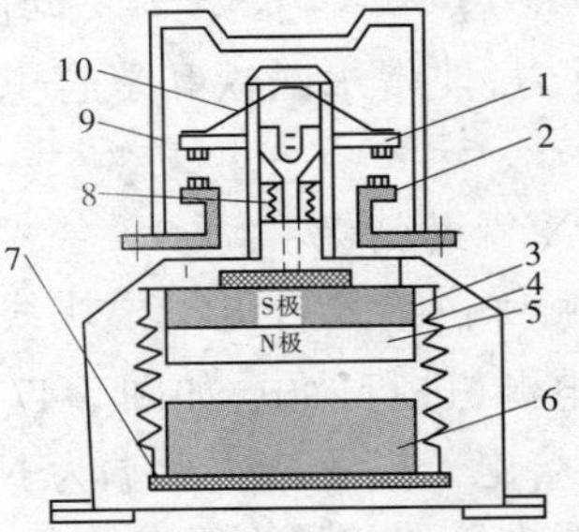

1—动触点；2—静触点；3—永磁铁 S 极；4—弹簧；5—永磁铁 N 极；6—复合电子模块；
7—垫毡；8—触头弹簧；9—灭弧罩；10—触头压力弹簧

图 5-45　永磁接触器结构示意图

（二）永磁接触器的工作原理

永磁接触器的工作原理就是利用磁极的同性相斥，异性相吸的原理，因安装在接触器联动机构上的永磁体的极性是固定不变的，而固定在接触器底座上的特殊工艺制作的复合电子模块（相当于软铁），在外来控制信号的作用下，电子模块产生十几至二十几毫秒的正、反向脉冲电流，使软铁产生不同的极性。相对永磁体面（下端为 N 极）来说，吸合时软铁上端为 S 极，保持时软铁无极性，释放时为 N 极，从而使接触器的主触头达到吸合、保持与释放的目的。由于采用电子模块的控制，可根据现场需要设定释放电压值（断电为零电压），并可延迟一段时间再发出反向脉冲电流，以实现低电压延时释放或断电延时释放的功能，免受网电压大幅度波动的干扰，达到稳定电气控制系统的目的。

（三）永磁接触器电磁结构和线圈的工作原理

1. 永磁接触器电磁结构吸合瞬间的情况

永磁接触器电磁结构和线圈，如图 5-46 所示。工作时 SB_2 接通，线圈 1—2 通电，产生较大的吸引力，克服弹簧反力使磁铁瞬间吸合。图 5-46（a）、（b）为永磁铁吸合瞬间线圈的工作情况和电磁结构中磁场的分布情况、磁极的受力情况。在图 5-46（a）中，按下 SB_2 按钮，1—2 之间的线圈工作，在上正下负电源作用下，使得图 5-46（b）中的复合电子模块产生上端为 S 极的磁场，此磁场与永磁铁的 N 极吸引，吸引力远大于弹簧反力，使得永磁铁和复合电子模块瞬间吸合。同时电源对电容 C_4 进行充电，如图 5-46（c）所示，为电容 C_4 充电情况。

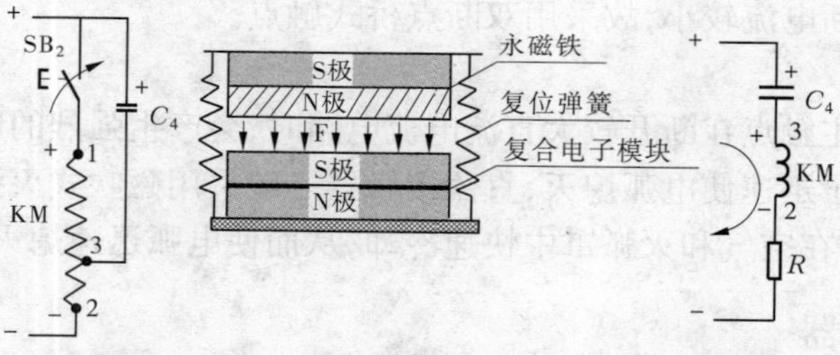

图 5-46　永磁接触器电磁结构和线圈

2. 永磁接触器电磁结构的吸合保持情况

在图 5-46（a）中，当吸合后，松开按钮 SB_2，1—2 之间的线圈断电，此时，软铁被永磁铁的 N 极吸引，吸引力大于弹簧反力，使得永磁铁和复合电子模块保持原来的吸合状态，如图 5-47（a）所示。

3. 永磁接触器电磁结构的断电释放情况

当需释放时，按下按钮 SB_1，解除供给复合电子模块线圈的主电源，此时，电容 C_4 作为复合电子模块线圈 3—2 部分的电源，进行放电，如图 5-47 所示，在线圈上产生上负下正的电源，在这个电源作用下，使得复合电子模块产生上端为 N 极的磁场，此磁场与永磁铁的 N 极推斥，小电磁线圈产生反向磁场推斥力和弹簧反力的合力，使得永磁铁和复合电子模块瞬间快速分离，如图 5-47（b）所示。

（四）永磁接触器电子模块工作原理

（1）永磁接触器复合模块中电子模块的参考电路如图 5-48 所示。

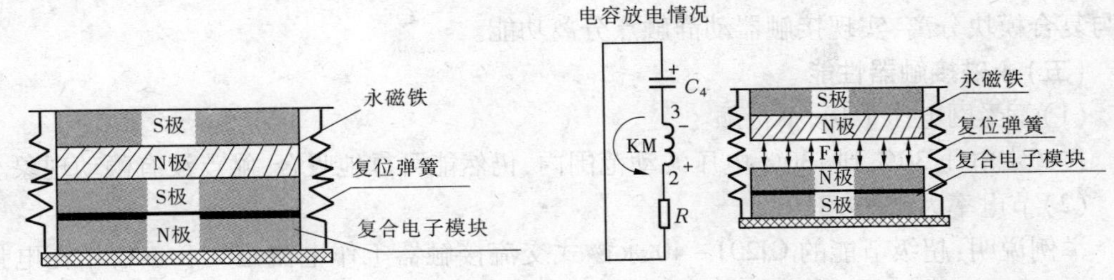

(a)永磁接触器电磁结构的吸合、保持情况　　(b)永磁接触器电磁结构释放和线圈

图 5-47　永磁接触器吸合和释放情况

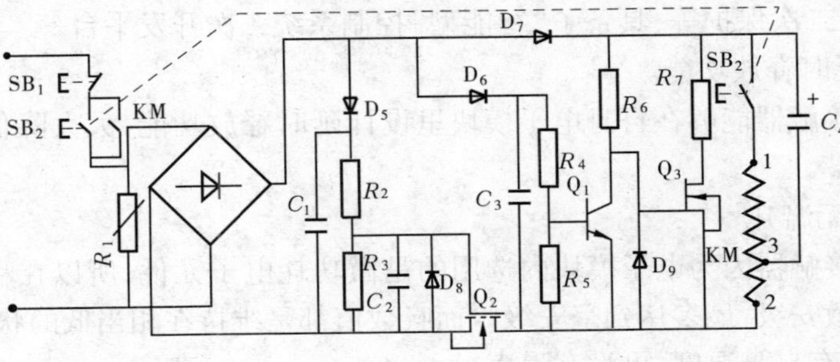

图 5-48　永磁接触器电子模块的参考电路

(2)永磁接触器电子模块的工作原理。

按下 SB_2 按钮,复合模块的全部线圈 1—2 得电,如图 5-46(a)所示。接触器线圈上端在大电流下,产生与永磁铁 N 极相反的极性 S 极,这样,永磁铁的 N 极与复合电子模块的 S 极相互吸引,克服复位弹簧的弹力,瞬间吸合,同时触点 KM 自锁,使得电源保持接通;松开 SB_2,复合模块的全部线圈 1—2 断电,软铁与永磁铁产生的磁力克服复位弹簧的弹力仍然保持吸合;当按下 SB_1 停止按钮时,主电源断电,电容 C_4 作为复合模块线圈 3—2 的电源,进行瞬间高电压、大电流放电,使得 KM 线圈 3—2 产生反方向的磁场,该磁场力与复位弹簧的合力克服软铁与永磁铁产生的磁力使得接触器瞬间释放。

(3)电子模块中各电子元件的作用。

R_1 为压敏电阻。由二极管 D_5,电阻 R_2、R_3,电容 C_1、C_2,稳压管 D_8,MOSTET 管 Q_2 组成欠压监视电路,当电压低于设定值时,Q_2 关断,主电源关断;由二极管 D_6,电容 C_3,电阻 R_4、R_5,组成分压电路,C_3 为滤波电容,当通以额定电压时,R_5 上分得的电压大于 0.6 V,使三极管 Q_1 饱和导通,Q_1 的集电极 C 极被拉成低电位,MOSTET 管 Q_3 截止,电阻 R_7 和 Q_3 所在的支路被关断;由二极管 D_7、电容 C_4、复合模块线圈 KM 构成充电主回路,如图 5-48 所示。

电压为额定值时,电解电容 C_4 两端电压高于额定电压,电容 C_4 充电时:①线圈中的电流形成磁场,保持永磁铁与复合电子模块处于吸合位置;②充好电的电容在断电时,作为电源,为保持永磁铁与复合电子模块排斥分开提供动力准备。当欠压(在额定值 10% ~70% 范围内)或失压时,Q_1 截止,C_4 两端的电压通过电阻 R_6 加在 Q_3 的栅源极,Q_3 导通,并联的稳压管 D_9 对 Q_3 进行保护;由 C_4、Q_3、复合模块线圈 KM 构成放电回路,如图 5-47 所示线圈产生的磁势上端为 N 极，正好与永磁铁下端 N 极相反，弹簧反力和电磁力排斥力推动永磁铁与复合模块分离，实现接触器动静触点分离功能。

（五）永磁接触器性能

（1）不受网电压干扰，不打颤。

在额定电压 30% 到 130% 电压波动范围内，仍然能可靠地吸合，触点没有颤动现象。

（2）节电率大于 99.8%。

举例说明：超级节能的 CJ20J－40 永磁式交流接触器工作电流是 0.8 mA，年耗电量是 2.66 kW·h。CJ20－40 传统接触器工作电流是 90 mA，年耗电量是 296.26 kW·h。

（3）可选择释放电压。

永磁式接触器采用复合电子模块控制吸合系统，在释放电压上精确控制，可实现欠压、过压、断相、过流、二次保护等，具备了“智能型”控制系统二次开发平台。

（4）独特的延时释放功能。

永磁式交流接触器能够在自身电子模块里设计延时释放功能，大大降低设备投资成本和维护成本。

（5）无噪音、无温升。

永磁式交流接触器因为电子模块内选用的是微功耗电子元件，所以在稳定工作状态的维持电流一般在微安级，最多达到毫安级。而且数值都是维持在相当低的状态下，稳定性能非常可靠，模块没有自身温度，更没有噪声。

永磁式交流接触器是一种大电流电磁结构吸合，触点导通；小电流电磁结构保持吸合，触点导通；高电压、大电流电磁结构瞬间释放，触点断开的电器元件。其具有工作可靠、节电、无噪声、结构简单等特点，为我国节能减排工程重点推广的节能产品。

五、电磁式继电器

继电器是一种根据某种输入信号的变化，接通或断开控制电路，实现控制目的的电器，主要用于控制和保护电路或作为信号转换之用。继电器的输入信号可以是电流、电压等电学量，也可以是温度、速度、时间、压力等非电量，而输出通常是触点的动作。由于电磁式继电器具有工作可靠、结构简单、制造方便、寿命长等一系列优点，故在电气控制系统中应用较广泛。

继电器的种类很多，按输入信号的性质可分为电压继电器、电流继电器、温度继电器、速度继电器、压力继电器、时间继电器等；按动作原理可分为电磁式继电器、感应式继电器、电动式继电器、热继电器、电子式继电器等。

继电器的结构及工作原理与接触器相似，也是由电磁系统、触点系统和释放弹簧等组成，其结构如图 5-49 所示。由于继电器用于控制电路，所以流过触点的电流比较小，故不需要灭弧装置。

（一）电压继电器

电压继电器的外形，如图 5-50 所示。如图 5-51 所示为电压继电器的图形符号及文字符号。

电压继电器的线圈并联在控制回路中，所以其匝数多，导线细，阻抗大。电压继电器按动作电压值的不同，分为过电压继电器、欠电压继电器和零电压继电器。过电压继电器在电

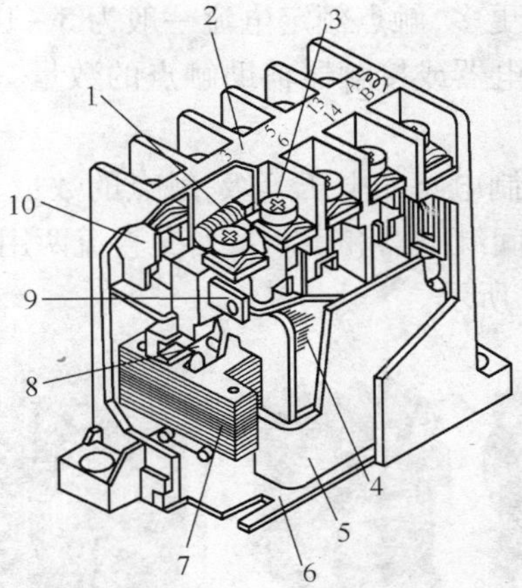

1—弹簧；2—框架；3—接线端子；4—线圈；5—护轨夹；

6—底座；7—铁芯；8—联动杆；9—动触点；10—静触点

图 5-49 继电器结构示意图

源电压为线圈额定电压的 110% ~115% 以上时动作；欠电压继电器在电源电压为线圈额定电压的 40% ~70% 时有保护动作；零电压继电器当电源电压降至线圈额定电压的 5% ~25% 时有保护动作。机床上常用的继电器型号有 JT3 型和 JT4 型。

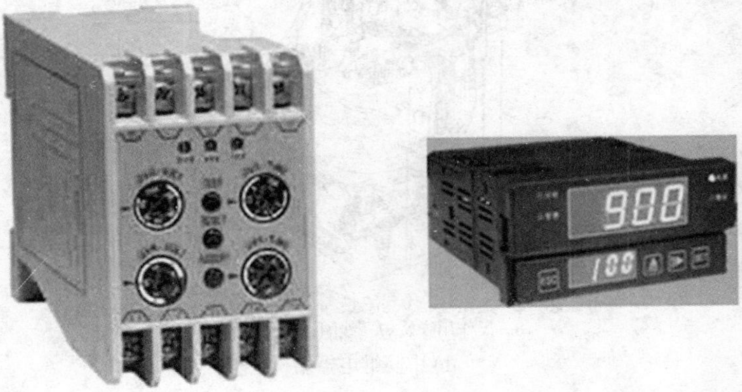

图 5-50 电压继电器外形

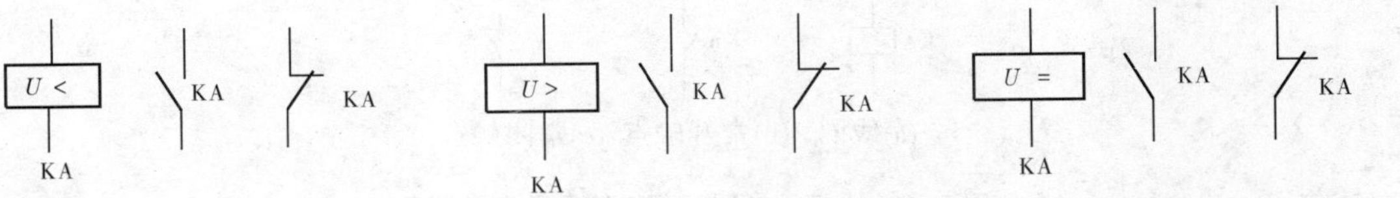

(a)欠电压继电器　　(b)过电压继电器　　(c)零电压继电器

图 5-51 电压继电器的图形符号及文字符号

(二) 中间继电器

如图 5-52 所示，中间继电器的原理与接触器完全相同，故称为接触器式继电器。它仍然由电磁线圈、动铁芯、静铁芯、触点系统、反作用弹簧和复位弹簧等组成，所不同的是中间继电器的触点对数较多，并且没有主、辅之分，各对触点允许通过的电流大小是相同的。

它的触点数可达 6 对甚至更多，触点额定电流一般为 5～10 A，其动作时间不大于 0.05 s，动作灵敏。它可用于扩大继电器或接触器辅助触点的数量，也可用于扩大 PLC 的触点容量，起到中间转换的作用。

中间继电器主要依据被控制电路的电压等级，触点的数量、种类及容量来选用。机床上常用的型号有 JZ7 系列交流中间继电器和 JZ8 系列交直流两用中间继电器。中间继电器的图形符号及文字符号如图 5-53 所示。

(a) 中间继电器实物

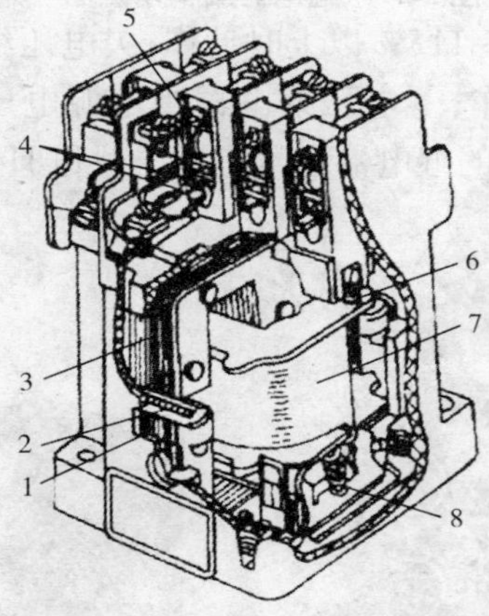

1—静铁芯；2—短路环；3—衔铁；4—常开触点；5—常闭触点；
6—反作用弹簧；7—线圈；8—缓冲弹簧

(b) 中间继电器结构

图 5-52　中间继电器结构图

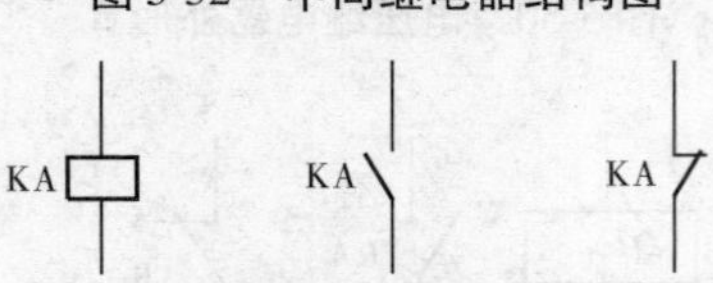

(a)线圈　(b)常开触点　(c)常闭触点

图 5-53　中间继电器的图形符号及文字符号

中间继电器的型号意义：

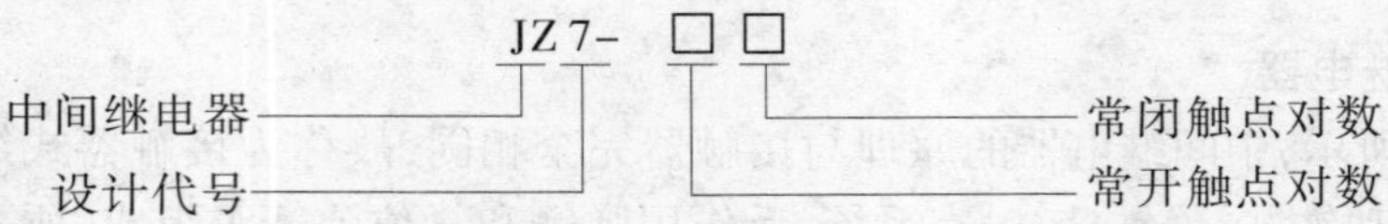

JZ7 系列中间继电器的技术数据如表 5-3 所示，适用于交流电压 380 V、电流 5 A 以下的控制电路。

表 5-3　JZ7 系列继电器技术数据

型号	触点额定电压（V）		吸引线圈额定电压（V）	触点额定电流（A）	触点数量		最高操作频率（Hz）
	交流	直流			常开	常闭	
JZ7－22	500	440	36，127，220，380	5	2	2	1 200
JZ7－44	500	440	12，36，127，220，380	5	4	4	1 200
JZ7－62	500	440	12，36，127，220，380	5	6	2	1 200
JZ7－80	500	440	12，36，127，220，380	5	8	0	1 200

（三）电流继电器

如图 5-54 所示，电流继电器的线圈串接在被测量的电路中，以反映电路电流的变化。为了不影响电路的工作情况，电流继电器线圈匝数少，导线粗，线圈阻抗小。

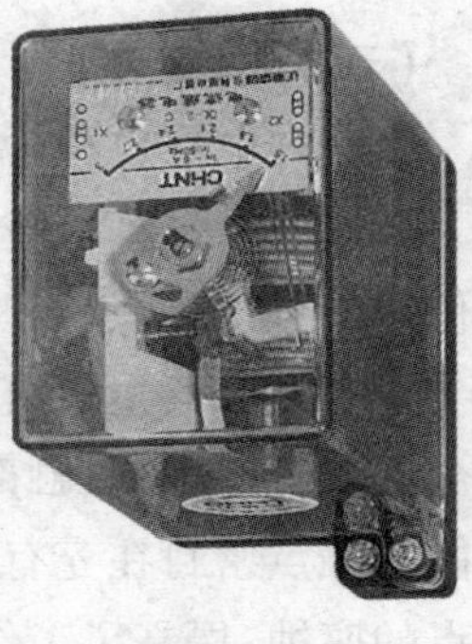

图 5-54　电流继电器外形

电流继电器有欠电流继电器和过电流继电器两类。欠电流继电器的吸引电流为线圈额定电流的 30% ～65%，释放电流为额定电流的 10% ～20%。因此，在电路正常工作时，衔铁是吸合的，只有当电流降低到某一整定值时，继电器才释放，输出信号。过电流继电器在电路正常工作时不动作，当电流超过某一整定值时才动作，整定范围通常为 1.1 ～4 倍额定电流。机床上常用的电流继电器型号有 JL14、JL15、JT3、JT9、JT10 等。选择时要根据主电路中电流的种类和工作电流来选择。

电流继电器的文字符号为 KI，线圈方格中 $I>$（或 $I<$）表示过电流（或欠电流）继电器，如图 5-55 所示。

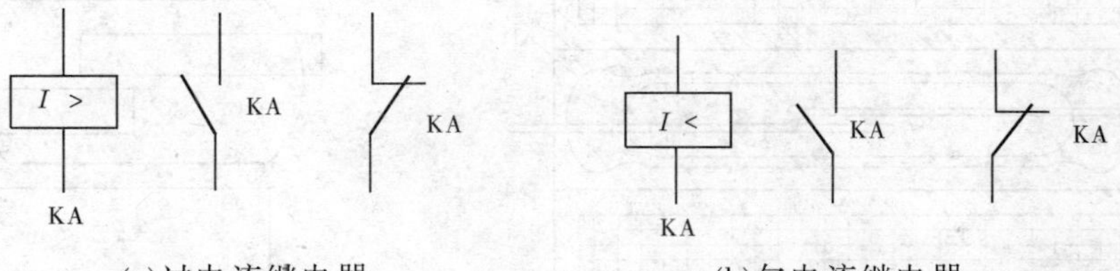

(a)过电流继电器　　(b)欠电流继电器

图 5-55　过电流继电器和欠电流继电器的图形符号及文字符号

如图 5-51 所示，电压继电器的文字符号为 KV，其图形符号与电流继电器类似，只是线圈方格中用 U 表示。线圈方格中用 $U<$（或 $U=0$）表示欠电压（或零电压）继电器。

（四）自动控制用小型继电器

小型继电器用于电子设备、通信设备、计算机控制设备、自动化控制装置等，作切换电路及扩大控制范围之用。它的工作原理与中间继电器类似，只是其体积小、重量轻，易于安装。

HH5 系列小型继电器为电子管插座式继电器，其特点是结构紧凑，使用方便，采用封闭式，与外电路连接采用电子管插头形式，其外形（去掉有机玻璃外罩）如图 5-56 所示。

(a) 实物　　　(b) 底座　　　(c) 结构

1—发光二极管;2—释放弹簧;3—线圈;4—动触点;5—静触点

图 5-56　小型继电器外形图

(五) 干簧继电器

干簧继电器也称为舌簧继电器,它可以反映电压、电流、功率以及电流极性等信号,在检测、自动控制、计算机技术等领域中应用广泛。干簧继电器还可以用永磁体来驱动,反映非电信号,用于限位、行程控制以及非电量检测等。

干簧继电器主要由干式舌簧片与励磁线圈组成。干式舌簧片(触点)是密封的,由铁镍合金制成,舌片的接触部分通常镀以贵重金属(如金、铑、钯等),接触良好,具有优良的导电性能。触点密封在充有氮气等惰性气体的玻璃管中,因而有效地防止了尘埃的污染,减少了触点的腐蚀,提高了工作可靠性。

干簧继电器的结构原理如图 5-57 所示。当线圈通电后,管中两舌簧片的自由端分别被磁化成 N 极和 S 极而相互吸引,因而接通了被控制的电路。线圈断电后,舌簧片在本身的弹力作用下分开并复位,控制电路亦被切断。

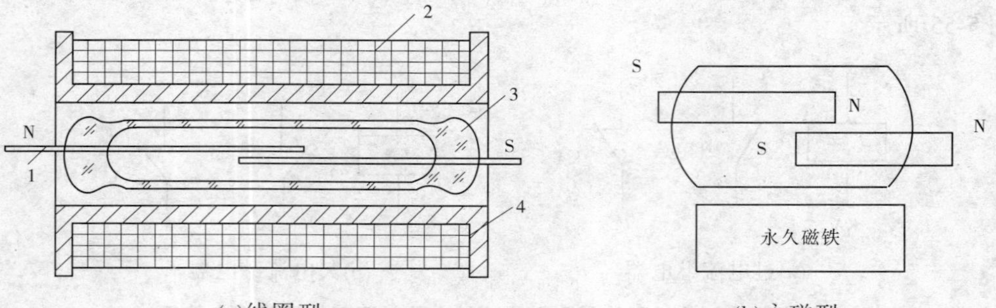

(a)线圈型　　　(b)永磁型

1—舌簧片;2—线圈;3—玻璃管;4—骨架

图 5-57　干簧继电器结构图

干簧继电器的特点是吸合功率小,灵敏度高;触点密封,不受尘埃、潮气及有害气体污染,触点电寿命长(一般可达 10^8 次左右);动片质量小、动程短,动作速度快;结构简单,体积小;价格低廉,维修方便。不足之处是触点易冷焊粘住,过载能力低,触点断开距离小,耐压低,断开瞬间触点易抖动。

六、固态继电器

固态继电器(SSR)的外形如图 5-58 所示。

(a)单相固态继电器　　　　(b)三相固态继电器

图 5-58　固态继电器的外形

固态继电器通常有两个输入端和两个输出端,其输入与输出之间通常采用光电耦合器隔离。其线圈在小电流(几毫安)回路中接通(输入端),而输出端可控制大电流(几安培)回路。

固态继电器按其输出端负载的电源类型,可分为直流型和交流型两类。

固态继电器的输出有常开和常闭两种触点形式。当固态继电器的输入端接入控制信号时,其输出端常开点闭合,常闭点断开。

固态继电器具有可靠性高、开关速度快、工作频率高、使用寿命长、输入控制电流小等优点,还可与 TTL、CMOS 等集成电路兼容。因此,在许多自动控制装置中替代了常规的继电器,而且还应用于微型计算机数据处理系统的终端装置、可编程控制器的输出模块、数控机床的数控装置以及在微机控制的测量仪表中。

七、时间继电器

从获得输入信号(线圈的通电或断电)时起,经过一定的延时后才有信号输出(触点的闭合或断开)的继电器,称为时间继电器。它是一种利用电磁原理或机械动作原理来延迟触点闭合或分断的自动控制电器,按其动作原理与构造不同,可分为空气阻尼式时间继电器、电子式时间继电器、电动式时间继电器、电磁式时间继电器等,如图 5-59 所示。随着科学技术的发展,在现代机床中,时间继电器已逐步被可编程序器件所代替。

(一)空气阻尼式时间继电器

空气阻尼式时间继电器在机床中应用最多,其型号有 JS7 - A 系列。根据触点的延时特点,可分为通电延时与断电延时两种。

(a) 空气阻尼式　　(b) 晶体管式　　(c) 数字式

图 5-59　时间继电器实物图

其型号的含义如下：

J　S　7 - □　A

- J：继电器
- S：时间
- 7：设计序号
- □：基本规格代号
- A：结构设计稍有改进

1. JS7 - A 系列时间继电器的结构

JS7 - A 系列时间继电器的结构如图 5-60 所示，它主要由电磁机构、延时机构、工作触点等组成。电磁机构有交流、直流两种，延时方式有通电延时型和断电延时型。当衔铁（动铁芯）位于静铁芯和延时机构之间时为通电延时型；当静铁芯位于衔铁和延时机构之间时为断电延时型。

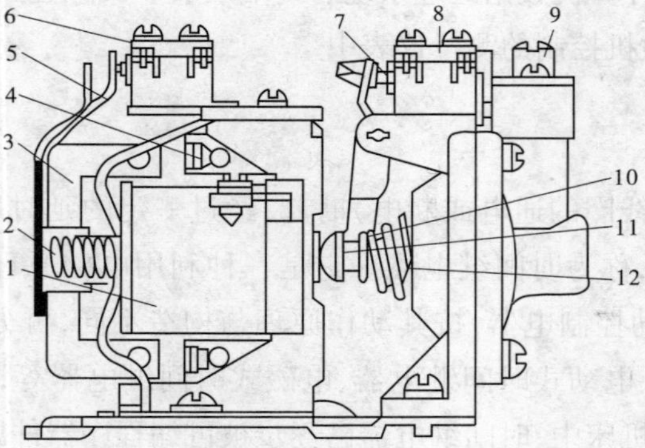

1—线圈；2—反力弹簧；3—衔铁；4—铁芯；5—弹簧片；6—瞬时触点；7—杠杆；
8—延时触点；9—调节螺钉；10—推杆；11—活塞杆；12—塔形弹簧

图 5-60　JS7 - A 系列时间继电器结构

2. JS7－A 系列时间继电器的工作原理

1）通电延时型时间继电器

图 5-61（a）所示为通电延时型时间继电器的结构图。当线圈 1 通电时，产生磁场，衔铁 3 克服反力弹簧阻力与铁芯吸合，活塞杆 6 在塔形弹簧 8 作用下带动活塞 12 及橡皮膜 10 向上移动，橡皮膜下方空气室空气变得稀薄形成负压，活塞杆只能缓慢移动，其移动速度由进气孔气隙大小来决定。经一段延时后，活塞杆通过杠杆 7 压动微动开关 15，使其触点动作，起到通电延时的作用。

当线圈断电时，衔铁释放，橡皮膜下方空气室内的空气通过活塞肩部所形成的单向阀迅速排出，使活塞杆、杠杆、微动开关等迅速复位。从线圈得电到触点动作的一段时间即为时间继电器的延时时间，延时长短通过调节螺钉 13 调节进气孔气隙大小来改变。

2）断电延时型时间继电器

将图 5-61（a）所示通电延时型时间继电器的电磁铁翻转 180°安装，即变成图 5-61（b）所示的断电延时型时间继电器。它的动作原理与通电延时型时间继电器基本相似，在此不再赘述，读者可自行分析。

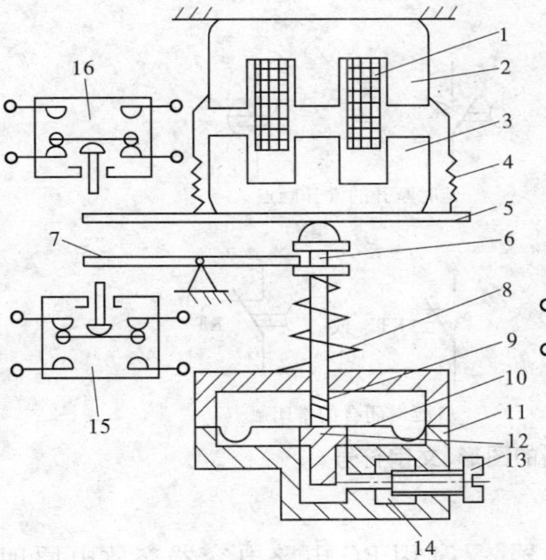

(a)通电延时型

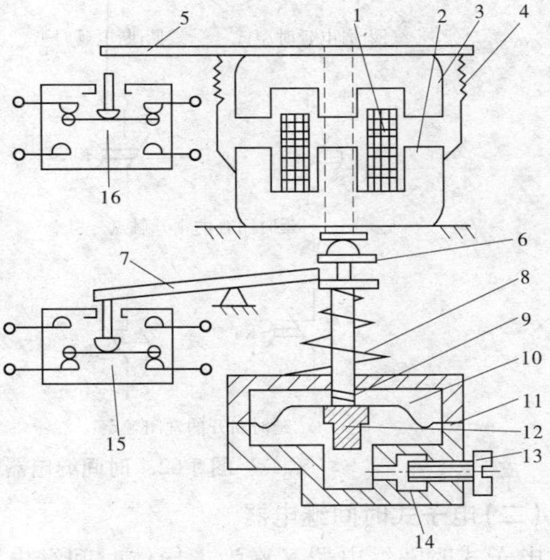

(b)断电延时型

1—线圈；2—铁芯；3—衔铁；4—复位弹簧；5—推板；6—活塞杆；7—杠杆；8—塔形弹簧；9—弱弹簧；10—橡皮膜；11—空气室壁；12—活塞；13—调节螺钉；14—进气孔；15，16—微动开关

图 5-61　JS7－A 系列时间继电器的工作原理示意图

空气阻尼式时间继电器结构简单、价格低廉、延时范围较宽（0.4～180 s），但延时误差较大，难以精确地整定延时时间，常用于对延时精度要求不高的场合。

日本生产的一种空气阻尼式时间继电器，其体积比 JS7 系列小 50% 以上，延时时间可达几十分钟，延时精度为 ±10%。

表 5-4 列出了 JS7－A 系列空气阻尼式时间继电器的技术参数。

表 5-4　JS7－A 系列空气阻尼式时间继电器的技术参数

型号	触点容量		延时触点数量				瞬时动作触点数量		线圈电压（V）	延时整定范围（S）	操作频率（次/h）
	电压（V）	额定电流（A）	线圈通电后延时		线圈断电后延时						
			常开	常闭	常开	常闭	常开	常闭			
JS7－1A	380	5	1	1					36	0.4～60	
JS7－2A	380	5	1	1			1	1	27	及	600
JS7－3A	380	5			1	1			220	0.4～180	
JS7－4A	380	5			1	1	1	1	380		

时间继电器的图形及文字符号如图 5-62 所示。

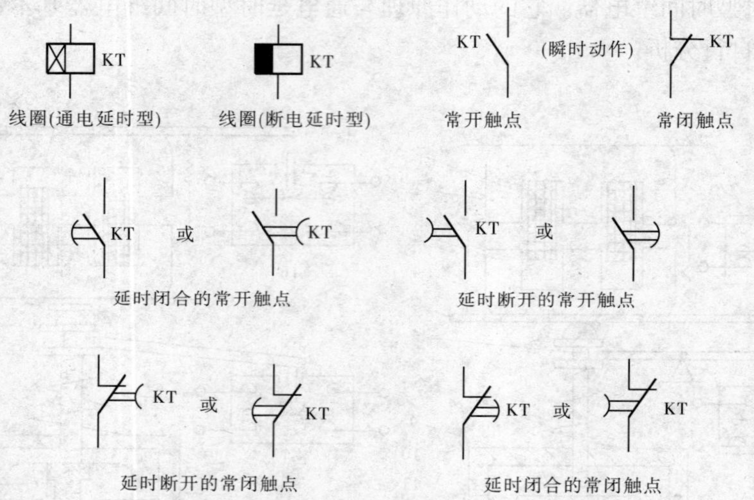

图 5-62　时间继电器的图形、文字符号

(二)电子式时间继电器

电子式时间继电器又称为半导体时间继电器，是利用 RC 电路电容器充放电原理实现延时的。以 JSJ 系列时间继电器为例，其原理图如图 5-63 所示。

电路有两个电源：主电源由变压器二次侧的 18 V 电压经整流、滤波获得；辅助电源由变压器二次侧的 12 V 电压经整流、滤波获得。当变压器接通电源时，晶体管 VT_1 导通，VT_2 截止，继电器 KA 线圈中电流很小，KA 不动作。两个电源经可调电阻 RP、R、KA 常闭触点向电容 C 充电，a 点电位逐渐升高。当 a 点电位高于 b 点电位时，VT_1 截止，VT_2 导通，VT_2 集电极电流流过继电器 KA 的线圈，KA 动作，输出控制信号。图中，KA 的常闭触点断开充电电路，常开触点闭合将电容放电，为下次工作做好准备。

调节 RP，可改变延时时间。这种时间继电器体积小、延时范围大（0.2～300 s）、延时精度高、寿命长，在工业控制中得到广泛应用。

电子式时间继电器的输出有两种形式：有触点式和无触点式。前者是用晶体管驱动小型电磁式继电器，后者是采用晶体管或晶闸管输出。

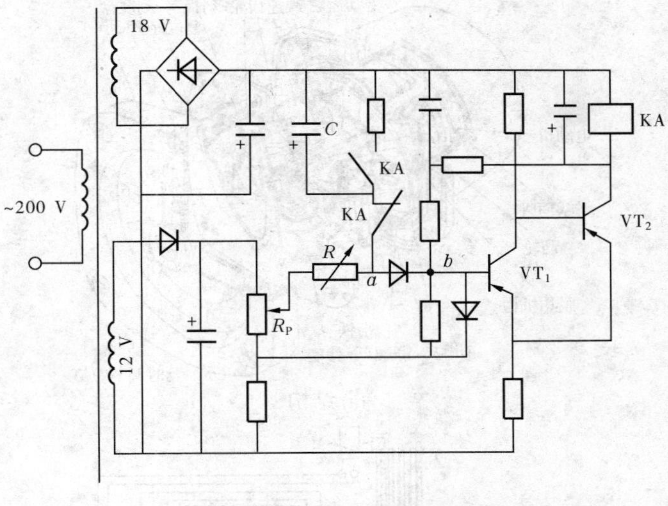

图 5-63　JSJ 型电子式时间继电器原理图

电子式时间继电器的新产品有 JS14A 系列、JS14P 系列、JS20 系列等。JS14P 系列为拨码式时间继电器。新产品共同的特点是体积小、延时精度高、触点输出容量大、工作寿命长且稳定可靠、产品规格全、安装方便等。

(三)电动机式时间继电器

常用的 JS11 型电动机式时间继电器,也有通电延时和断电延时两种,其型号的含义如下:

J　S　11 - □ □

继电器 —— J

时间 —— S

设计序号 —— 11

第一个 □ —— 延时调节范围:1—0~8 s;2—0~40 s
3—0~4 min;4—0~20 min
5—0~2 h;6—0~12 h
7—0~72 h

第二个 □ —— 1表示通电延时;2表示断电延时

1. 外形及结构

JS11 - □1 型电动机式时间继电器的外形及结构如图 5-64(a)所示,它主要由同步电动机 M,减速齿轮系 Z,差动齿轮 Z_1、Z_2、Z_3(棘齿),棘爪 H,离合电磁铁 I,触点 C,脱扣机构 C_a,凸轮 L 和复位游丝 F 等组成。

2. 工作原理

如图 5-64(b)所示,当同步电动机 M 接通电源时,以恒速旋转,带动减速齿轮系 Z 与差动齿轮组 Z_1、Z_2、Z_3 一起转动。这时,差动齿轮 Z_1 与 Z_3 在轴上空转且方向相反,Z_2 在另一轴上空转,而转轴不转。若要触点延时动作,则需接通离合电磁铁 I 线圈的电源,使它吸引衔铁,并通过棘爪 H 将 Z_3 刹住不转,而使转轴带动指针和凸轮 L 逆向旋转,当指针转到“0”值时,凸轮 L 推动脱扣机构 C_a,使延时触点 C 动作,同步电动机便因常闭触点 C 延时断开而脱离电源停转。若要复原,则将电磁铁线圈电源断开,指针在复位游丝的作用下,顺时针旋

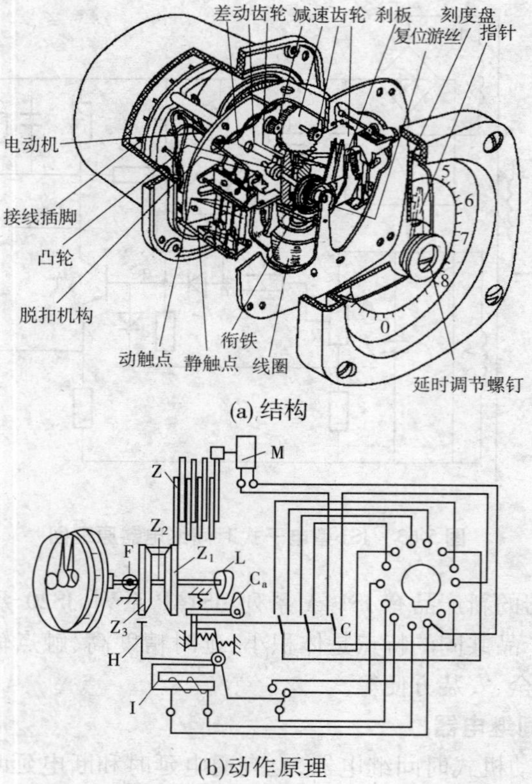

图 5-64　JS11 – □1 型电动式时间继电器的结构及动作原理

转复原。延时长短可通过调节指针在刻度盘上的定位位置，即凸轮的起始位置而获得。凸轮离脱扣机构远一些，则要转动较长时间才能推动脱扣机构动作，触点动作所需要的时间就长一些。反之，就短一些。

由于同步电动机的转速恒定，不受电源电压波动影响，故这种时间继电器的延时精确度较高，且延时调节范围宽，可从几秒钟到数十分钟，最长可达数十个小时。

(四) 直流电磁式时间继电器

直流电磁式时间继电器利用电磁惯性原理制成。其特点是结构简单、寿命长、允许操作频率高，但延时准确度较低、延时时间较短。以 JT 系列为例，最长不超过 5 s。一般只用于延时精度要求不高、延时时间不长的场合。

八、热继电器

热继电器是利用电流的热效应原理来对电动机和其他用电设备进行长期过载保护的。电动机在实际运行中，常会遇到过载情况，但只要过载不严重、时间短，绕组不超过允许的温升，是可行的。但如果过载情况严重、时间长，则会加速电动机绝缘的老化，甚至烧毁电动机，因此必须对电动机进行长期过载保护，常用的热继电器有 JR0、JR1、JR2、JR16 等系列，其型号的含义如下：

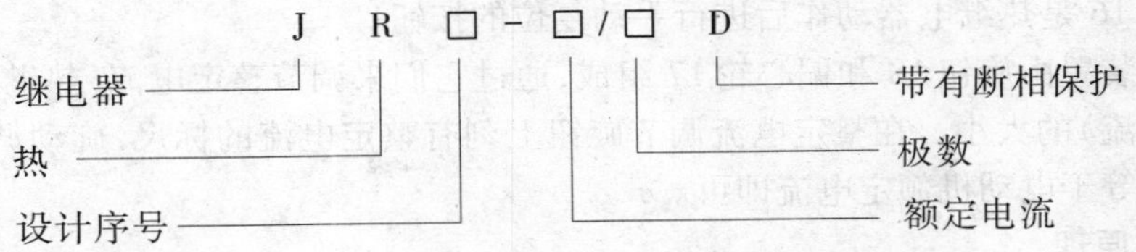

(一)外形与结构

热继电器的结构如图 5-65 所示，它是由热元件、触点、动作机构、复位按钮和整定电流装置等五部分组成的。

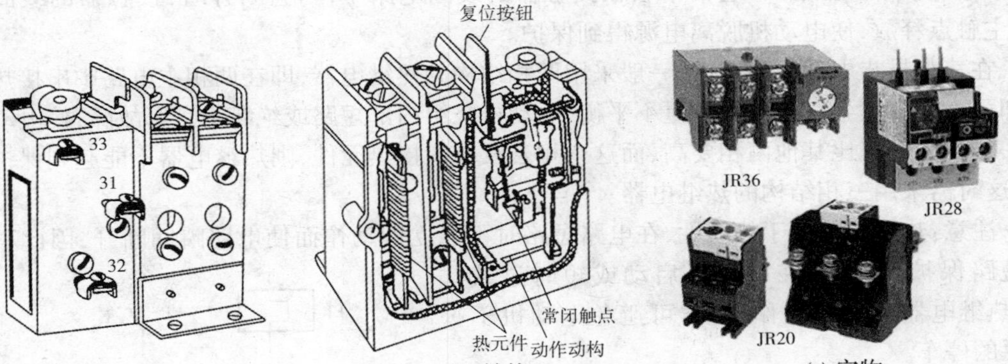

(a) 外形　　(b) 结构　　(c) 实物

图 5-65　热继电器的外形及结构

热元件由双金属片及绕在双金属片外面的电阻丝组成，双金属片由两种热膨胀系数不同的金属片复合而成。使用时，将电阻丝直接串联在异步电动机的电路上，如图 5-66 中的 1—1′及 2—2′。热元件有两相结构和三相结构两种。

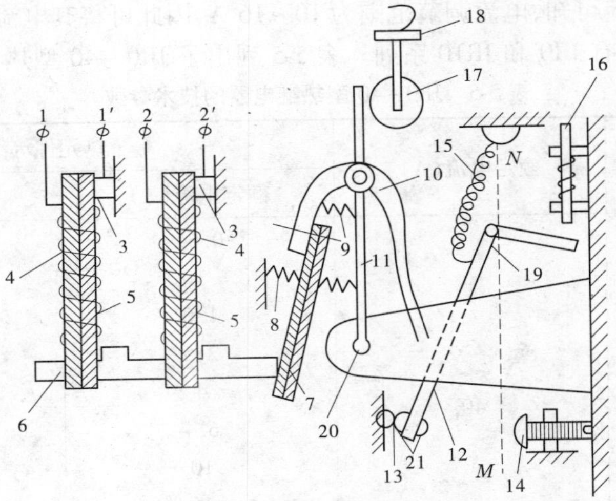

图 5-66　热继电器动作原理图

热继电器的触点有两副，由一个公共动触点 21、一个常开触点 14 和一个常闭触点 13 组成；动作机构由导板 6、补偿双金属片 7、推杆 10、杠杆 12 和拉簧 15 等组成。

复位按钮 16 是热继电器动作后进行手动复位的按钮。

整定电流装置由旋钮 18 和偏心轮 17 组成,通过它们来调节整定电流(热继电器长期不动作的最大电流)的大小。在整定电流调节旋钮上刻有整定电流的标尺,旋动调节旋钮,使整定电流的值等于电动机额定电流即可。

(二)工作原理

当电动机过载时,过载电流通过图 5-66 中串联在定子电路中的电阻丝 4,使之发热过量,双金属片 5 受热膨胀,因膨胀系数不同,左边膨胀系数较大的一片的下端向右弯曲;通过导板 6 推动补偿双金属片 7 使推杆 10 绕轴转动,带动杠杆 12 使它绕轴 19 转动,将常闭触点 13 断开。常闭触点 13 通常串联在接触器的线圈电路中,当它断开时,接触器的线圈断电,主触点释放,使电动机脱离电源得到保护。

在三相异步电动机电路中,一般采用两相结构的热继电器,即在两相主电路中串接热元件即可。如果发生三相电源严重不平衡、电动机绕组内部短路或绝缘不良等故障,使电动机某一相的线电流比其他两相要高,而这一相若没有串接热元件,则热继电器不能起到保护作用,这时需采用三相结构的热继电器。

注意:热继电器由于热惯性,在电路短路时不能立即动作而使电路瞬间断开,因此不能作短路保护。同理,在电动机启动或短时过载时,热继电器也不会动作,这样可避免电动机不必要的停车。

热继电器的图形符号及文字符号如图 5-67 所示。

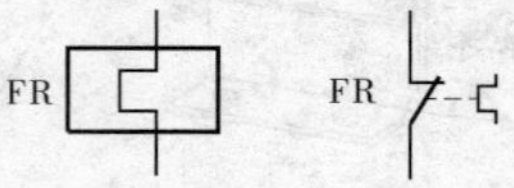

(a)热元件　(b)常闭触点

图 5-67　热继电器的图形符号及文字符号

(三)热继电器的选择

热继电器的型号及热元件的额定电流等级主要根据电动机的额定电流来确定。例如,电动机额定电流为 14.6 A,额定电压为 380 V AC,若选用 JR0－40 型热继电器,热元件电流等级为 16 A,由表 5-5 可知,电流调节范围为 10～16 A,因此可将其电流整定为 14.6 A。

常用的热继电器有 JR0 和 JR10 系列。表 5-5 列出了 JR0－40 型热继电器的技术参数。

表 5-5　JR0－40 型热继电器的技术参数

型号	额定电流(A)	热元件等级	
		额定电流(A)	电流调节范围
JR0－40	40	0.64	0.4～0.64
		1	0.64～1
		1.6	1～1.6
		2.5	1.6～2.5
		4	2.5～4
		6.4	4～6.4
		10	6.4～10
		16	10～16
		25	16～25
		40	25～40

九、速度继电器

速度继电器又称反接制动继电器，其作用是与接触器配合，对笼型异步电动机进行反接制动控制。机床控制线路中常用的速度继电器有 JY1、JFZ0 系列。

(一) 外形与结构

图 5-68 为 JY1 系列速度继电器的外形及结构示意图。它主要由永久磁铁制成的转子、用硅钢片叠成的铸有笼型绕组的定子、支架、胶木摆杆和触点系统等组成，其中转子与被控电动机的转轴相连接。

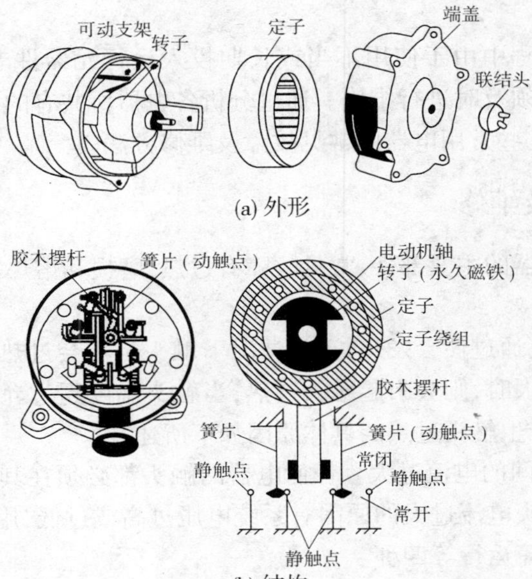

图 5-68　JY1 系列速度继电器的外形及结构

(二) 工作原理

由于速度继电器与被控电动机同轴连接，当电动机制动时，由于惯性，它会继续旋转，从而带动速度继电器的转子一起转动。该转子的旋转磁场在速度继电器定子绕组中感应出电动势和电流，由左手定则可以确定。此时，定子受到与转子转向相同的电磁转矩的作用，使定子和转子沿着同一方向转动。定子上固定的胶木摆杆也随着转动，推动簧片（端部有动触点）与静触点闭合（按轴的转动方向而定）。静触点又起挡块作用，限制胶木摆杆继续转动。因此，转子转动时，定子只能转过一个不大的角度。当转子转速接近于零（低于 100 r/min）时，胶木摆杆恢复原来状态，触点断开，切断电动机的反接制动电路。

速度继电器的动作转速一般不低于 1 300 r/min，复位转速约在 1 000 r/min 以下。使用时，应将速度继电器的转子与被控电动机同轴连接，而将其触点（一般用常开触点）串联在控制电路中，通过控制接触器来实现反接制动。

速度继电器的图形、文字符号如图 5-69 所示。

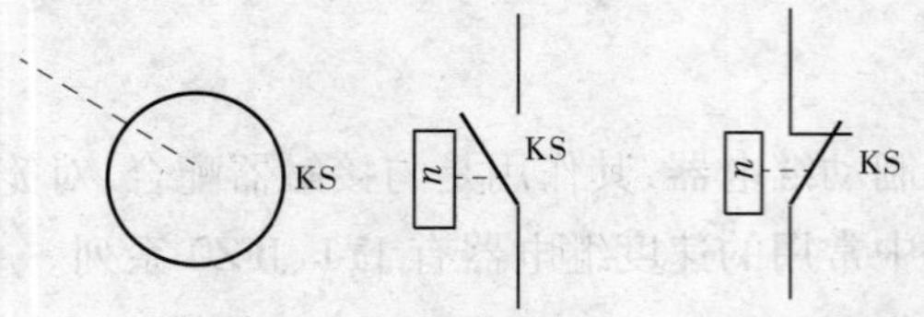

(a)转子　　(b)常开触点　(c)常闭触点

图 5-69　速度继电器的图形、文字符号

第四节　常用低压电器故障及分析

低压电器在运行过程中由于使用不当或长期投入运行元器件老化等原因均会出现故障,且故障种类繁多,必须及时进行维修。通过分析各电器所共有的各零部件常见故障及维修方法,可进一步掌握一些常用电器的常见故障及维修方法。

一、触头的故障及维修

触头是低压开关电器的主要部件,常见故障有过热、磨损和熔焊等。

(一)触头过热

触头接通时,有电流通过便会发热,正常情况下触头是不会过热的。当动、静触头接触电阻过大或通过电流过大时,则会引起触头过热;当触头温度超过允许值时,会使触头特性变坏,甚至产生熔焊。产生触头过热的具体原因如下所述:

(1)通过动、静触头间的电流过大。任何电器的触头都必须在其额定电流值下运行,否则触头会过热。造成触头电流过大的原因有系统电压过高或过低,用电设备超载运行,电器触头容量选择不当和故障运行等四种。

(2)动、静触头间的接触电阻变大。接触电阻的大小关系到触头的发热程度,其增大的原因有:一是因触头压力弹簧失去弹力而造成压力不足或触头磨损变薄,针对此情况应更换弹簧或触头;二是触头表面接触不良。例如,在运行中,粉尘、油污覆盖在触头表面,加大了接触电阻;再如,触头闭合分断时,因有电弧会使触头表面烧毛、灼伤,致使残缺不平和接触面积减小,而造成接触不良。因此,应注意对运行中的触头加强保养。对铜制触头表面氧化层和灼伤的各种触头可用刮刀或细锉修正;对大、中电流的触头表面,不求光滑,重要的是平整;对小容量触头则要求表面质量好;对银及银基触头只需用棉花浸汽油或四氯化碳清洗即可,其氧化层并不影响接触性能。

触头过热是指工作触头的发热量超过了额定温度。造成触头过热或灼伤的原因及其解决处理的方法如下所述:

(1)由于触头压力不足造成的过热要调整触头压力,一般为更换弹簧压力机构。对于触头压力的测试可用纸条凭经验来测定。将一条比触头略宽的纸条(厚 0.01 mm)夹在动、静触头间,并使开关处于闭合位置,然后用手拉纸条,一般小容量的电器稍用力,纸条即可拉出;对于较大容量的电器,纸条拉出后有撕裂现象。以上现象表示触头压力合适。若纸条被轻易拉出,则说明压力不够;若纸条被拉断,说明触头压力太大。测量方法如图 5-70 所示。

调整触头的压力可通过调整触头弹簧来解决。如触头弹簧损坏可更换新弹簧或按原

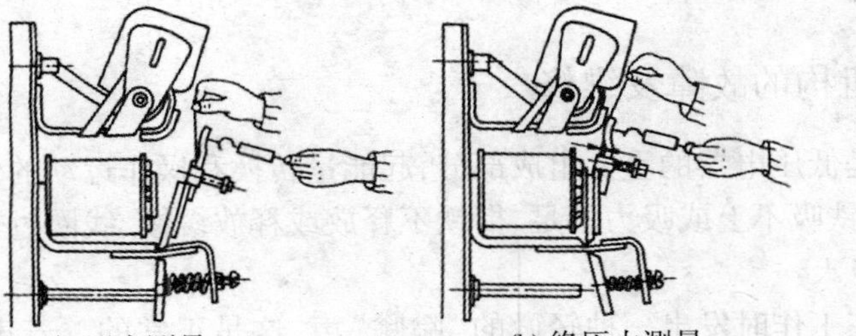

图 5-70 触头压力方法

尺寸自制。触头压力弹簧常用碳素钢弹簧丝来制造，新绕制的弹簧要在 250～300 ℃的条件下进行回火处理，保持时间 20～40 min，钢丝直径越大，所需时间越长。镀锌的弹簧要进行去氧处理，在 200 ℃左右温度中保持 2 小时，以便去脆性。

(2) 由触头接触不良，触头表面有油污或不平或触头表面氧化造成的，对触头进行清理，可使用汽油或刀具清除。维修人员在修磨触头时，切记不要刮削过多，以免影响使用寿命，同时不要使用砂布或砂轮修磨，以免石英砂粒嵌于触头表面，反而影响触头接触性能。

(3) 由操作频率过高或工作电流过大造成的，首先检查电源电压是否在额定电压范围，负荷是否过载，再根据需要调换容量较大的电器。由环境温度或使用于密闭环境中造成的要更换容量大的电器或降容使用。

(二) 触头磨损

触头磨损有两种：一种是电磨损，由于触头间电火花或电弧的高温使触头金属气化所造成的；另一种是机械磨损，由于触头闭合时的撞击触点接触面滑动摩擦等原因造成，当磨损到一定程度时均应更换。

触头在使用过程中，因磨损会越来越薄，当剩下原厚度的 1/2 左右时，就应更换新触头；若触头磨损太快，应查明原因，排除故障。

造成过度磨损的原因及排除方法如下所述：

(1) 由三相触头不同步造成的过度磨损，可通过调整使之同步并更换触头。

(2) 由负载侧短路造成的，需要排除短路故障。

(3) 由设备选用时超程太小，容量不足造成的，要更换成容量大的设备。

(三) 触头熔焊

动静触头表面被融化后焊在一起而分断不开的现象，称为触头熔焊。当触头闭合时，由于撞击和产生震动，在动静触点间的小间隙中产生短电流、电弧温度高达 3 000～6 000 ℃可使触头表面被灼伤或熔化，使动、静触头焊在一起。发生触头熔焊的常见原因是：选用不当，使触头容量太小，而负载电流过大；操作频率过高；触头弹簧损坏初压力减小。触头熔焊后，只能更换新触头，如果因触头容量不够而产生熔焊，则应选用容量大一些的电器。

触头熔焊的排除方法如下所示：

(1) 由操作频率过高或过负荷使用造成的，要按使用条件重新选用设备。

(2) 因触头压力过小造成的，要调整弹簧压力或更换新的压力机构。

(3) 因触头表面有金属异物造成的，要更换新的触头。

(4) 因操作回路电压过低或触头被卡住在刚接触位置上造成的，要提高操作电压，排除卡阻现象。

二、电磁机构的故障及维修

电磁机构是低压电器的重要组成部分，起能量转换和操作运动的作用，常见的故障有铁芯噪声较大、衔铁吸不上或吸力不足、衔铁不释放或释放缓慢、线圈过热或烧损等。

1. 铁芯噪声大

电磁系统在工作时发出一种轻微的“嗡嗡”声，这是正常的。若声音过大或异常，可判断电磁机构出现了故障。

1）衔铁和铁芯的故障及修理

（1）衔铁与铁芯的接触面接触不良或衔铁歪斜。

铁芯与衔铁经过多次碰撞后端面的变形和磨损，或接触面上积有的尘垢，油污、锈蚀等，都将造成相互间接触不良而产生振动和噪声。铁芯的振动会使线圈过热，严重时会烧毁线圈。对于E形铁芯，铁芯中柱和衔铁之间留有0.1～0.2 mm的气隙，铁芯端面变形会使气隙减小，也会增大铁芯噪声。铁芯端面若有油垢，应拆下清洗；端面若有变形或磨损，可用细砂布平铺在平板上，修复端面。因零件歪斜或发生机械卡阻造成的，要调整或重新整理安排有关零件。因触点压力过大造成的，要调整触点弹簧压力机构。因铁芯接触面磨损过度不平造成的，要更换铁芯。

（2）短路环损坏。

铁芯经过多次碰撞后，装在铁芯槽内的短路环，可能会出现断裂或脱落。短路环断裂常发生在槽外的转角和槽口部分，维修时可将断裂处焊牢，两端用环氧树脂固定；若不能焊接也可换短路环或铁芯。短路环跳出时，可先将短路环压入槽内。因短路环损坏引起的，更换铁芯或短路环。

（3）机械方面的原因。

如果触头压力过大或因活动部分运动受卡阻，使铁芯不能完全吸合，都会产生较强振动和噪声。

2）线圈的故障及维修

（1）线圈的故障。

当线圈两端电压一定时，它的阻抗越大，通过的电流越小。当衔铁在分离位置时，线圈阻抗最小，通过的电流最大；铁芯吸合过程中，衔铁与铁芯间的间隙逐渐减小，线圈的阻抗逐渐增大，当衔铁完全吸合后，线圈电流最小，如果衔铁与铁芯间不管是何原因，不完全吸合，会使线圈电流增大，线圈过热，甚至烧毁。如果线圈绝缘损坏或受机械损伤而形成匝间短路，或对地短路，在线圈局部就会产生很大的短路电流，使温度剧增，直至使整个线圈烧毁。另外，如果线圈电源电压偏低或操作频率过高，都会造成线圈过热烧毁。

（2）线圈的修理。

线圈烧毁一般应重新绕制。如果短路的匝数不多，短路又在接近线圈的端头处，其他部分尚完好，即可拆去已损坏的几圈，其余的可继续使用，这时对电器的工作性能的影响不会很大。

3）灭弧系统的故障及维修

（1）灭弧系统的故障。

灭弧系统的故障是指灭弧罩破损、受潮、碳化、磁吹线圈匝间短路，弧角和栅片脱落等。

这些故障均能引起不能灭弧或灭弧时间延长。

(2)灭弧系统的维修。

若灭弧罩受潮,烘干即可使用;碳化时可将积垢刮除;磁吹线圈短路时可用一字改锥拨开短路处;弧角脱落时应重新装上;栅片脱落和烧毁时可用铁片按原尺寸配做。

2. 衔铁吸不上或吸力不足

电源接通后,出现衔铁吸不上或吸力不足的原因及修理方法如下所述:

(1)操作回路电源电压过低,或发生断线,线圈进出线脱落以及接线错误等造成的,要增大电源电压,整理线路。

(2)电源电压过低或波动过大,或可动部分有卡阻现象、转轴生锈、歪斜等造成的,要调整电源电压,清除可动部件的故障。

(3)触头压力过大或超程过大造成的,要调整压力机构或更换。

3. 衔铁不释放或释放缓慢

当电源断开后,出现衔铁不释放或释放缓慢的原因及修理方法如下所述:

(1)触头弹簧压力过小造成的,要调整压力机构或更换。

(2)触头被熔焊造成的,要查找熔焊原因并更换触头。

(3)可动部件被卡阻,转轴生锈或歪斜造成的,要调整有关部件或更换转轴。

(4)铁芯端面有油污或端面之间的气隙消失造成的,要清洗端面或更换修理铁芯。

(5)反力弹簧损坏造成的,要更换弹簧或整个反力机构。

4. 线圈过热或烧坏

线圈在运行过程中出现过热或烧坏的原因及修理方法如下所述:

(1)线圈电压过高或过低造成的,要调整电源电压或线圈电压。

(2)操作频率过高或线圈参数不符合要求造成的,需更换线圈或按使用条件选用设备。

(3)铁芯端面不平造成衔铁和铁芯吸合时有间隙造成的,要修理或更换铁芯;线圈绝缘老化出现匝间短路或局部对地短路造成的,要更换新的线圈。

触点系统、电磁系统、灭弧装置常见故障和故障排除一览表,如表 5-6 所示。

表 5-6　触点系统、电磁系统、灭弧装置常见故障和故障排除一览表

故障类型	故障现象	故障原因	检查方法	排除方法
触点系统	触头过热	触头压力不足	触摸设备	调整弹簧压力
	触头磨损	电弧的烧蚀	现场观察	更换触头
	触头熔焊	线路电流过大	现场观察	更换熔点大的触头
电磁系统	电磁线圈断路	长期存放,受潮霉断	现场观察,电器不动作	还原
	电磁线圈短路	线圈受机械损伤或电流过大使绝缘层损坏	现场观察,衔铁不能吸合	更换线圈
灭弧装置	灭弧性能降低或失去灭弧功能	受潮、碳化或破碎灭弧栅片脱落、烧坏等	现场观察	烘干、刮除或更换

三、常用低压电器的故障和检修

（一）低压断路器故障

真空断路器作为一种新型断路器，与以往的少油断路器、磁吹断路器等相比具有许多优点，特别是近年来国外最新型真空断路器的涌入和国内厂家不断地推陈出新，使真空断路器的结构型式等与以往相比，发生了较大的变化，致使在使用、维护、保养新型真空断路器时，很多工作人员都会感到棘手，特别是出现故障时，更是束手无策。

真空断路器是否有故障，可以根据其能否准确无误地合闸、分闸并可靠地保持在合闸、分闸位置来判断。主回路方面的故障，可以从断路器例行的检修和维护中发现并排除。

主要的常见故障原因分析如下：

（1）不能储能。

不能储能是真空断路器较常见的故障之一，特别是棘轮、棘爪驱动的储能机构，故障概率较高。储能机构要完成储能动作，主要取决于储能电动机、驱动机构、定位件这三个环节。紧紧抓住这三个环节，很容易找出故障的症结。

（2）无合闸动作。

发生无合闸动作故障，主要与合闸电磁铁是否吸合、储能是否到位和定位件动作是否正常有关。

（3）空合。

有合闸动作但合不上闸称之为空合。在分析此类故障时，首先应从合闸保持（锁扣）入手分析，然后再分析是否与储能部分有关。

在此需强调指出，断路器发生拒动、空合等情况时，在分析检修断路器主体之前，要充分判断一下原因是否出在控制机构及二次元件如辅助开关、端子排等方面，然后再进行断路器的分析诊断。

（4）触头故障。

触头过热，可闻到配电控制柜有味道，经过检查是因为动触头没有完全插入静触头，触点压力不够，导致开关容量下降，引起触头过热。此时要调整操作机构，使动触头完全插入静触头。通电时闪弧爆响，经检查是由于负载长期过重，触头松动接触不良所引起的。检修此故障一定要注意安全，严防电弧对人和设备的危害。检修完负载和触头，先空载通电若运行正常，才能带负载检查运行情况，直至正常。此故障一定要注意电器设备的日常维护工作，以免造成不必要的危害。

（二）接触器的故障

接触器分为交流接触器、直流接触器、中频接触器、交流真空接触器等几种，其中交流接触器应用的最为广泛。交流接触器是一种电磁式自动开关，主要用于远距离控制功率较大、启动频繁的电动机及其他负载，是电力系统中最常用的控制电器。故障时，易造成设备与人身事故，须设法排除。交流接触器常见的故障就是线圈通电后，接触器不动作或动作不正常，以及线圈断电后，接触器不释放或延时释放。

（1）触头断相。

因某相触头接触不好或连接螺钉松脱造成断相，使电机缺相运行。此时，电机也能转动，但转速低并发出较强的“嗡嗡”声。发现这种情况，要立即停车检修。按“停止”按钮，电动机不停转,并且有可能发出“嗡嗡”声,此类故障是二相或三相触头由于过载电流大而引起熔焊现象,应立即断电,检查负载后更换接触器。通电衔铁不吸合,如果经检查通电时无振动和噪声,则说明衔铁运动部分没有卡住,只是线圈断路的故障,可拆下线圈按原数重新绕制后浸漆烘干。

(2)触头熔焊。

接触器操作频率过高、过载运行,负载侧短路、触头表面有导电颗粒或触头弹簧压力过小等原因,都会引起触头熔焊。发生此故障即使按下“停止”按钮,电机也不会停转,应立即断开前一级开关,再进行检修。

触头抗熔焊性能差,在启动电动机或线路短路时,大电流使触头焊牢而不能释放,其中以纯银触头较易熔焊。

(3)相间短路。

由于接触器正反转联锁失灵,因误动作致使两台接触器同时投入运行而造成相间短路;因接触器动作过快,转换时间短,在转换过程中,发生的电弧短路等此类故障,可在控制线路中采用接触器、按钮复合联锁控制电动机的正反转。

(4)线圈通电后,接触器不动作或动作不正常。主要故障原因以及应对方法有:

线圈控制线路断路:看接线端子有没有断线或松脱现象,如有断线更换相应导线,如有松脱紧固相应接线端子。

线圈损坏:用万用表测线圈的电阻,如电阻为无穷大,则更换线圈。

线圈额定电压比线路电压高。换上适应控制线路电压的线圈。

线圈断电后,接触器不释放或延时释放,主要故障原因有:机械结构卡死,触头粘结。

(5)磁系统故障。

磁系统中柱无气隙,剩磁过大。将剩磁间隙处的极面锉去一部分,使间隙为0.1~0.3 mm,或在线圈两端并联一只0.1 μF电容。启用的接触器铁芯表面有油或使用一段时间后有油腻。将铁芯表面防锈油脂擦干净,铁芯表面要求平整,但不宜过光,否则易于造成延时释放。

(三)继电器故障

继电器是一种自动装置,在电力系统中担负着保证电力系统安全可靠运行的重要任务,它随时监控系统的运行状态,并能迅速发现故障,进而有选择地通过断路器切除故障部分。

继电器常见的故障类型及诊断分析如下:

(1)触点电蚀。

触点切换的负载多是感性的,在断开感性负载的瞬间,它积蓄的磁能会在触点两端产生很高的反电势,击穿触点间的气隙形成火花,产生电蚀,造成接触面凹陷,引起接触不良,或是将两触点粘在一起不能分离,从而造成短路。防止触点间的电蚀可以采用设置电阻灭火花电路、阻容灭火花电路等措施实现。

(2)触点积尘。

灰尘、污垢会在继电器的触点上沉积,使触点表面生成一层黑色的氧化膜,导致继电器接触不良,因此需要定期对触点进行清洗,可以采用四氯化碳液体,这样能够保证触点的良好接触性能。

(四)热继电器故障

热继电器的故障一般有热元件烧坏、误动作和不动作等现象。

(1)热继电器不动作。

由于热元件烧断或脱落,电流整定值偏大,以致长时间过载仍不动作;导板脱扣;连接线太粗等原因,使热继电器不动作,因此对电动机也就起不到保护作用。根据上述原因,可进行针对性修理。另外,热继电器动作脱扣后,不可立即手动复位,应过 2 min,待双金属片冷却后,再使触头复位。

(2)热元件烧断。

当热继电器动作频率太高,负载侧发生短路或电流过大,致使热元件烧断。欲排除此故障应先切断电源,检查电路排除短路故障,再选用合适的热继电器,并重新调整整定值。

若电动机不能启动或启动时有"嗡嗡"声,可能是热继电器的热元件中的熔断丝烧断。此类故障的原因是热继电器的动作频率太高,或负载侧发生过载。排除故障后,更换合适的热继电器,且注意要重新调整整定值。

(3)热继电器误动作。

这种故障的原因是:整定值偏小,以致未过载就动作;电动机启动时间过长,使热继电器在启动过程中就有可能脱扣;操作频率过高,使热继电器经常受启动电流冲击;使用场所强烈的冲击和振动,使热继电器动作机构松动而脱扣;连接导线太细等。针对上述故障现象应调换适合上述工作性质的热继电器,并合理调整整定值或更换合适的连接导线。

(五)速度继电器的故障

速度继电器发生故障后,一般表现为电动机停车时,不能制动停转。此故障如果不是触头接触不良,就可能是调整螺钉调整不当或胶木摆杆断裂引起的。只要拆开速度继电器的后盖进行检修即可。

(六)时间继电器的故障

空气式时间继电器的气囊损坏或密封不严而漏气,使延时动作时间缩短,甚至不产生延时;空气室内要求极清洁,若在拆装过程中使灰尘进入气道内,气道将会阻塞,时间继电器的延时时间会变得很长。针对上述情况可拆开气室,更换橡胶薄膜或清除灰尘,即可解决故障。空气式时间继电器受环境温度变化影响和长期存放都会发生延时时间变化,可针对具体情况适当调整。

本章小结

低压电器一般作为电气设备和供配电系统的通断、控制、保护和调节的电器。低压电器分为配电电器和控制电器两大类。通过本章对低压电器元件,包括刀开关、主令电器、熔断器、接触器、变压器、继电器、时间继电器、热继电器、自动开关、速度继电器等的详细介绍,可熟悉低压电器元件的分类、组成、电气图形符号、代号表示以及它们的结构,为下章电气基本环节的学习打好基础。

习　题

5-1　熔断器在电路中的作用是什么？它有哪些主要参数？

5-2　短路环起什么作用？

5-3　熔断器与热继电器用于保护交流三相异步电动机时，能否互相替代？为什么？

5-4　中间继电器和接触器有何异同？在什么条件下可以用中间继电器来代替接触器启动电动机？

5-5　电动机的启动电流很大，当电动机启动时，热继电器会不会动作？为什么？

5-6　画出时间继电器触点及线圈的图形符号。

5-7　既然在电动机的主电路中装有熔断器，为什么还要装热继电器？装有热继电器是否可以不装熔断器？为什么？

5-8　电磁结构常见的故障有哪些？

5-9　触头常见的故障有哪些？怎么修理？

5-10　叙述线圈运行过程中出现过热或烧坏的原因及修理方法。

第六章　继电器控制电路的基本环节

机床设备电气控制不管有多么复杂，都是由一些简单的基本环节组成的，继电器控制电路的基本环节是构成复杂继电器控制电路的基础，本章对继电器控制电路的基本环节进行分析。

第一节　电气控制系统图

一、电气控制系统图中的图形符号和文字符号

（一）电气控制系统图

根据机床设备的机械运动形式对电气控制系统的要求，采用国家统一规定的电气图形符号和文字符号，按照电气设备和电器的工作顺序，详细表示电路、设备或成套装置的全部基本组成和连接关系的图形叫电气控制系统图。它表达电气控制系统的组成、结构与工作原理。电气控制系统图由图形符号、文字符号组成，并按照《电气制图》（GB/T 6988—1993～2002）要求来绘制电气控制系统图。

电气控制系统图一般有 3 种：电气原理图、电器元件布置图及电气安装接线图。

（二）图形符号

图形符号表示一个电气设备的图形、标记或字符。这些图形符号必须采用国家标准来表示。如《电气简图用图形符号》（GB/T 4728—1996～2000）、《电气设备用图形符号绘制原则》（GB/T 5465.1—1996）。

（三）文字符号

文字符号用于标明电气设备、装置和元器件的名称及电路的功能、状态和特征。它分为基本文字符号和辅助文字符号。

二、电气原理图

电气原理图是根据电气控制系统的工作原理绘制的。它采用电器元件展开的形式，利用图形符号和项目代号来表示电路各电器元件中导电部件和接线端子的连接关系。电气原理图中的电器元件并不是按其实际布置来绘制，而是根据其在电路中所起的作用画在不同的部位上。

电气原理图具有结构简单、层次分明的特点，适于分析电路工作原理、设备调试与维修。如图 6-1 所示，为电葫芦吊机电气控制线路原理图。

三、电器元件布置图

电器元件布置图是用来详细表明电气原理图中各电气设备、元器件在电气控制柜和机械设备上的实际安装位置，为电气控制设备的制造、安装、维修提供必要的资料。电器元件布置图可根据电气控制系统复杂程度采取集中绘制或单独绘制。图中各电器代号应与有关

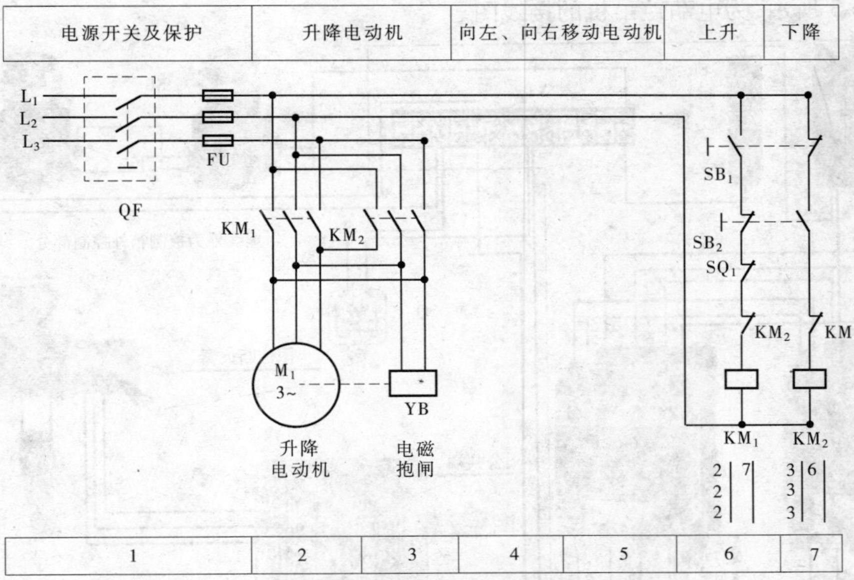

图 6-1　电葫芦吊机电气控制线路原理图

电路图和电器元件清单上所有元器件代号相同。各电器元件的安装位置是由机床的结构和工作要求决定的。如图 6-2 所示,为电葫芦吊机的电器元件布置图。

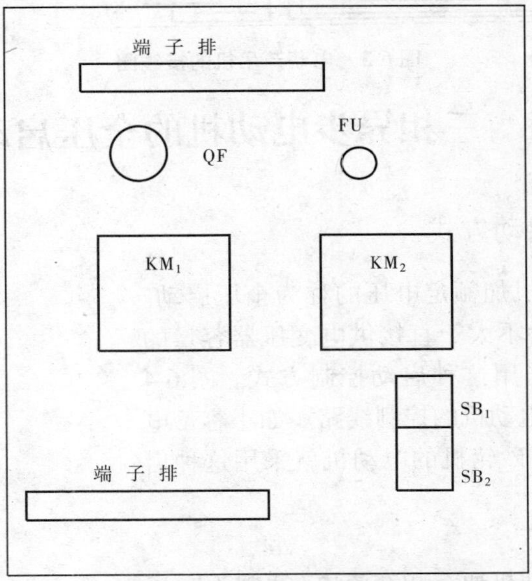

图 6-2　电葫芦吊机的电器元件布置图

四、电气安装接线图

电气安装接线图用来表明电气设备或装置之间的接线关系,可以清楚地表明电气设备外部元件的相对位置及它们之间的电气连接,是实际安装布线的依据。安装接线图主要用于电器的安装接线、线路检查、线路维修和故障处理,通常接线图与电气原理图和元件布置图一起使用。根据表达对象和用途不同,可细分为单元接线图、互连接线图和端子接线图等。如图 6-3 所示,为电葫芦吊机的接线图。

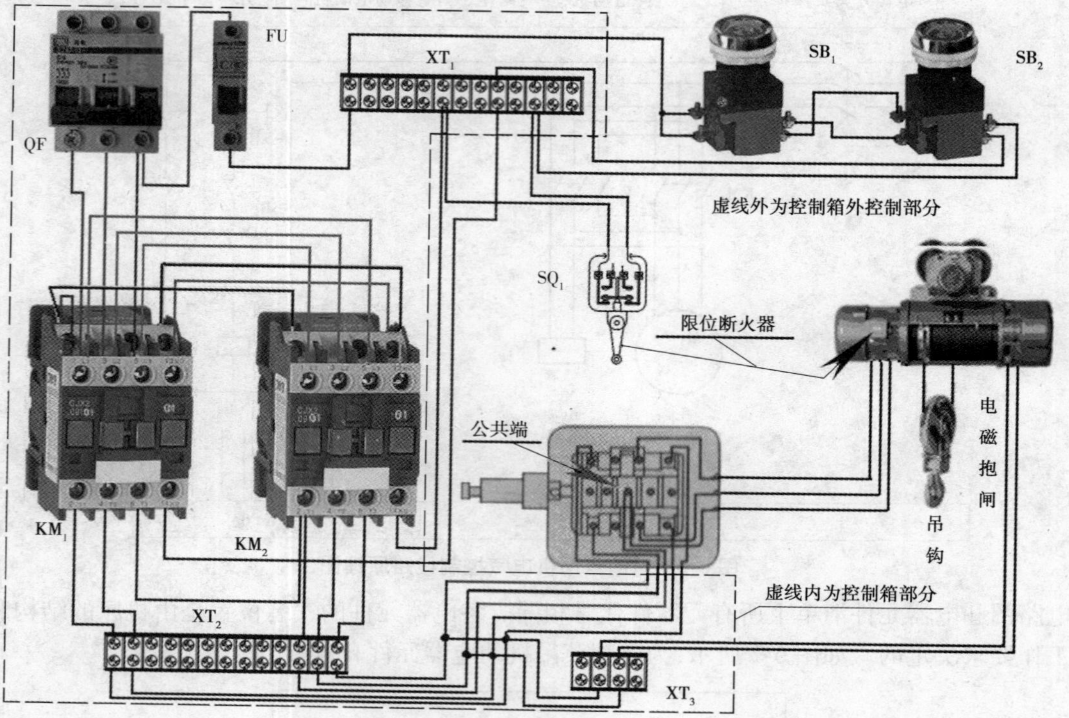

图 6-3 电葫芦吊机的接线图

第二节 三相异步电动机的全压启动控制

一、刀开关直接启动方式

启动时直接给电动机加额定电压的称为全压启动。一般来讲,电动机的容量不大于直接供电变压器容量的 20% ~30% 时,一般都采用这种启动控制方式。图 6-4 是采用刀开关直接启动电动机的控制线路。如小容量电动机、冷却泵、小型台钻、砂轮机的电动机就采用这种启动控制方式。

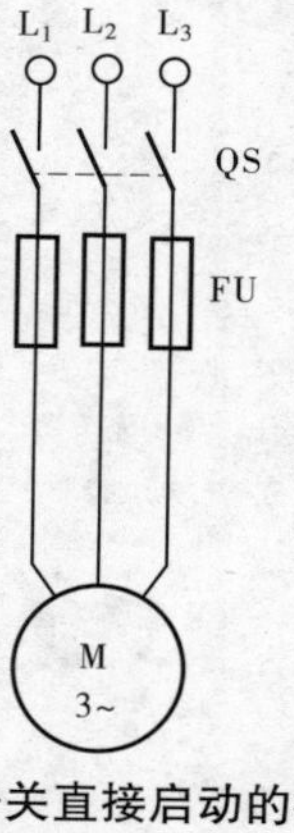

图 6-4 刀开关直接启动的控制线路

线路的工作过程如下:

合上刀开关 QS,电动机通三相交流电(通常为交流 380 V),全电压启动运行。断开刀开关 QS,电动机断电,停止运行。

二、点动控制

点动控制线路,如图 6-5(a)所示,按下按钮 SB 时电动机运转,松手时电动机停转,这种控制为点动控制。点动控制多用于机床刀架、横梁、立柱等快速移动和机床对刀等场合。

点动控制线路的主电路和控制线路分析简述如下：
按下 SB→KM 线圈通电→KM 主触点闭合→M 旋转。
松开 SB→KM 线圈断电→KM 主触点断开→M 停转。

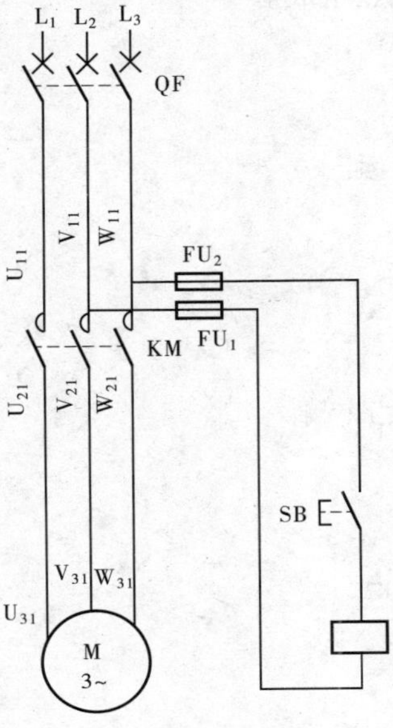

(a)原理图

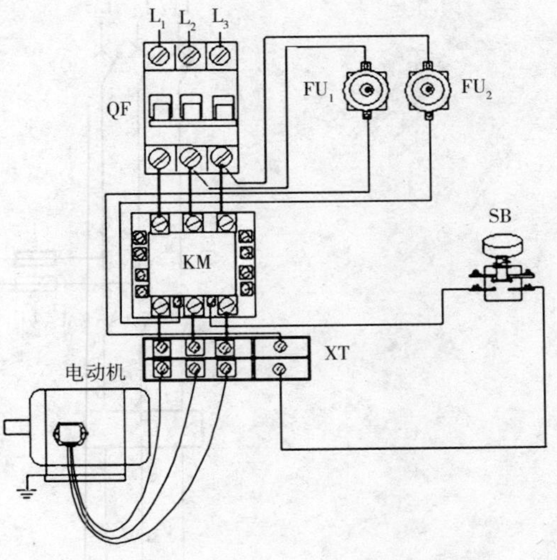

(b)接线图

图 6-5　点动控制线路

图 6-6 列出了实现点动控制的几种常见控制线路(为分析方便,省去了主电路线路)。

图 6-6(a)为带手动开关 SA 的点动控制线路。打开 SA 将自锁触点断开,可实现点动控制;合上 SA 可实现连续控制。图 6-6(b)增加了一个点动用的复合按钮 SB_3,点动控制时,用其常闭触点(SB_3)断开接触器 KM 的自锁触点;连续控制时,可按启动按钮 SB_2。图 6-6(c)为用中间继电器实现点动的控制线路。点动时按 SB_3,中间继电器 KA 的常闭触点断开接触器 KM 的自锁触点,KA 的常开触点使 KM 通电,实现点动控制;连续控制时,按 SB_2 即可。

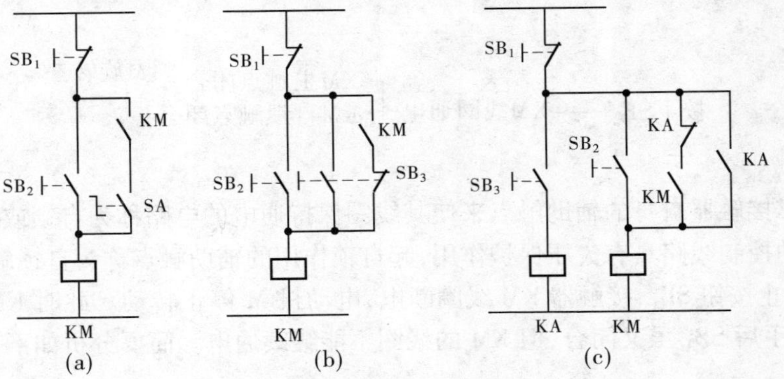

图 6-6　常见的点动控制线路

三、单向全电压控制启动方式

10 kW 以下交流电动机,在需要频繁关断时,不可以用开关直接通断,常采用按钮和接触器进行间接通断。

如图 6-7 所示为单向接触器全电压启动控制线路原理图。左边的电路为主电路，与图 6-5所示电路类似，只是多了一个接触器的 3 个主触点；右边的电路为控制线路，由启动按钮 SB_2、停止按钮 SB_1、接触器 KM 的线圈及其辅助常开触点组成。

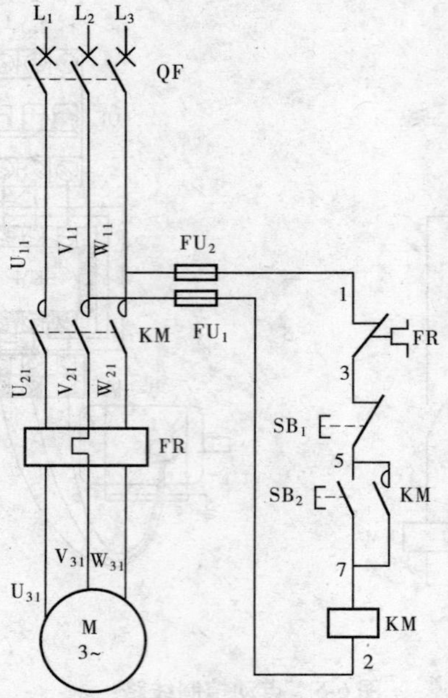

图 6-7　单向接触器全电压启动控制线路

单向接触器全电压控制线路的工作过程如下。

（1）首先合上电源开关 QF。按下启动按钮 SB_2，接触器 KM 的线圈通电，其主触点闭合，电动机启动运行。同时与 SB_2 并联的 KM 辅助常开触点闭合，将 SB_2 短接。KM 辅助常开触点的作用是，当松开启动按钮 SB_2 后，仍可使 KM 线圈通电，电动机继续运行。简要分析如下：

按下SB_2 → KM线圈通电 → KM主触点闭合 → M旋转
　　　　　　　　　　　　→ KM自锁触点闭合

这种依靠接触器自身的辅助触点来使其线圈保持通电的电路称为自锁或自保电路。带有自锁功能的控制线路具有欠压保护作用，起自锁作用的辅助触点称为自锁触点。

（2）按停止按钮 SB_1，接触器 KM 线圈断电，电动机 M 停止转动。此时 KM 的自锁常开触点断开，松手后 SB_1 虽又闭合，但 KM 的线圈不能继续通电。简要分析如下：

按下SB_1 → KM线圈断电 → KM主触点闭合 → M停转
　　　　　　　　　　　　→ KM自锁触点闭合

如图 6-8 所示，为单向接触器全电压启动控制线路接线图和控制按钮引线图。

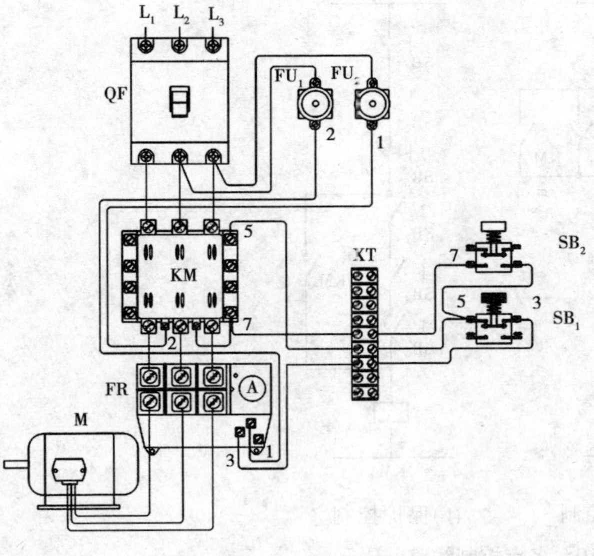

(a)线路接线图

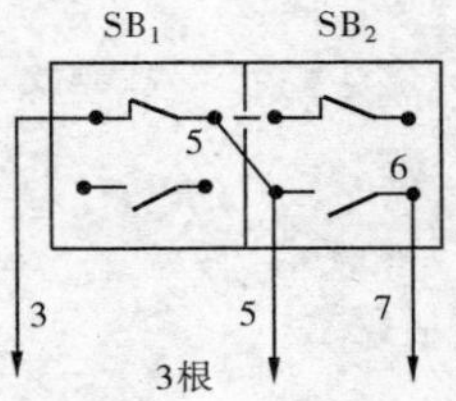

(b)控制按钮引线图

图 6-8　单向接触器全电压启动控制线路

(3)如图 6-9 所示,为单向接触器全电压启动控制线路元件位置图。

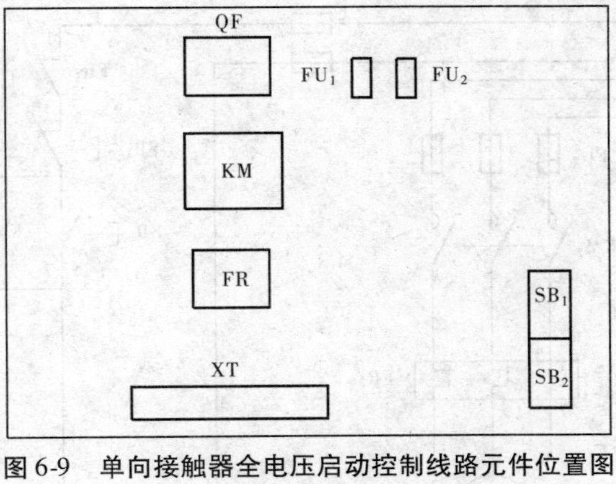

图 6-9　单向接触器全电压启动控制线路元件位置图

四、多点控制

大型机床为操作方便,往往要求在两个或两个以上的地点都能进行操作。实现多点控制的控制线路如图 6-10(a)所示,在各操作地点各安装一套按钮,其接线原则是:各按钮的常开触点并联连接,常闭触点串联连接。

多人操作的大型冲压设备,为保证操作安全,要求几个操作者都必须发出准备好信号后设备才能动作。此时应将启动按钮的常开触点串联,如图 6-10(b)所示。

五、电动机顺序启动、停止控制电路

(一)两台电动机顺序启动控制电路

(1)两台电动机顺序启动控制电路原理图,如图 6-11 所示。

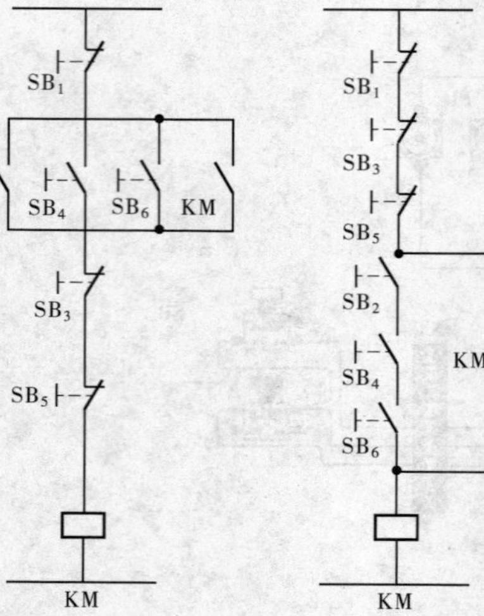

(a)多点控制　　(b)保护控制

图 6-10　多点控制线路

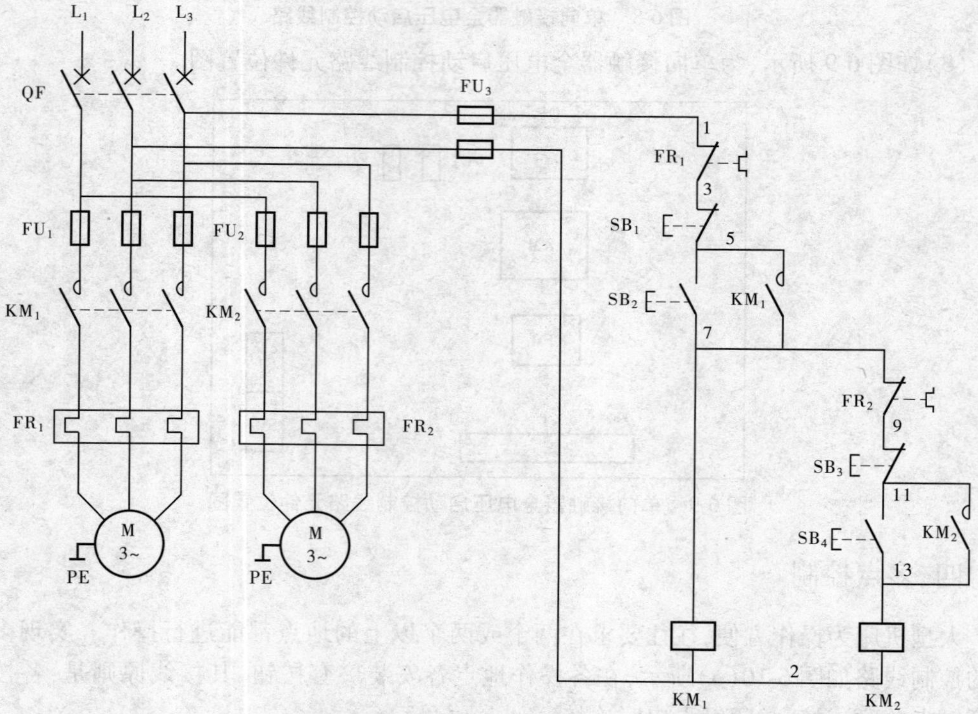

图 6-11　两台电动机顺序启动控制电路原理图

通过图 6-11 可以看出,顺序控制是一种在一个设备启动之后另一个设备才能启动的控制方法。如图中 KM_2 要先启动是不能动作的,因为 SB_4 和 KM_1 是断开状态,只有当 KM_1 吸合实现自锁之后,SB_4 按钮才起作用,使 KM_2 通电吸合,这种控制多用于大型空调设备的控制电路。

(2)两台电动机顺序启动控制电路接线示意图,如图 6-12 所示。

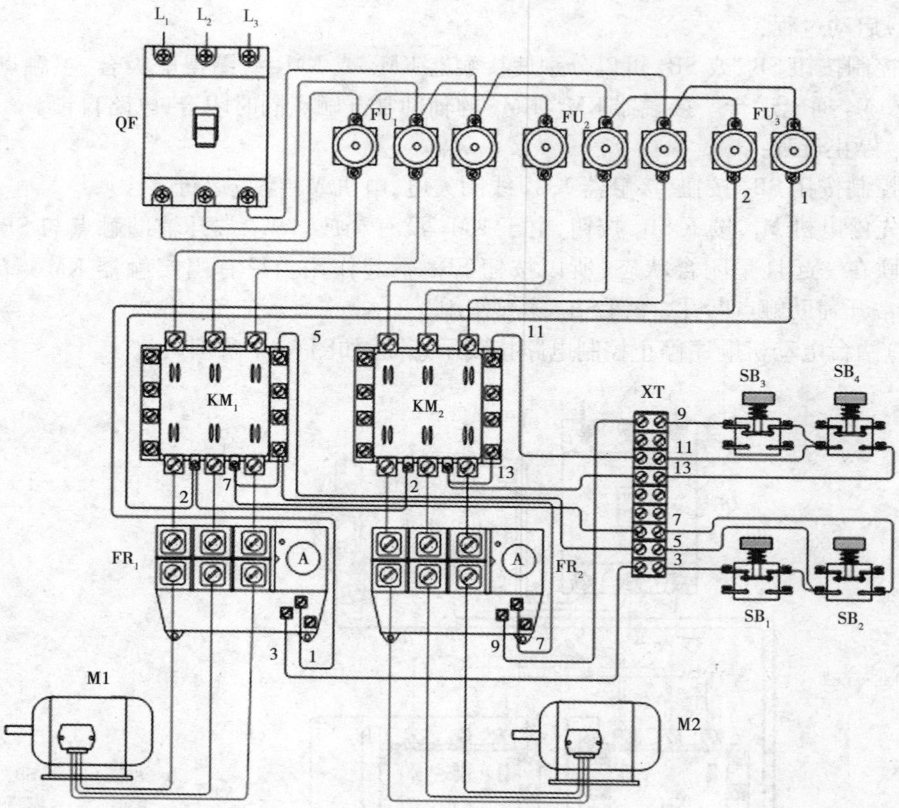

图 6-12　两台电动机顺序启动控制电路接线示意图

(二)两台电动机顺序停止控制电路

如图 6-13 所示,为两台电动机顺序停止控制电路原理图。

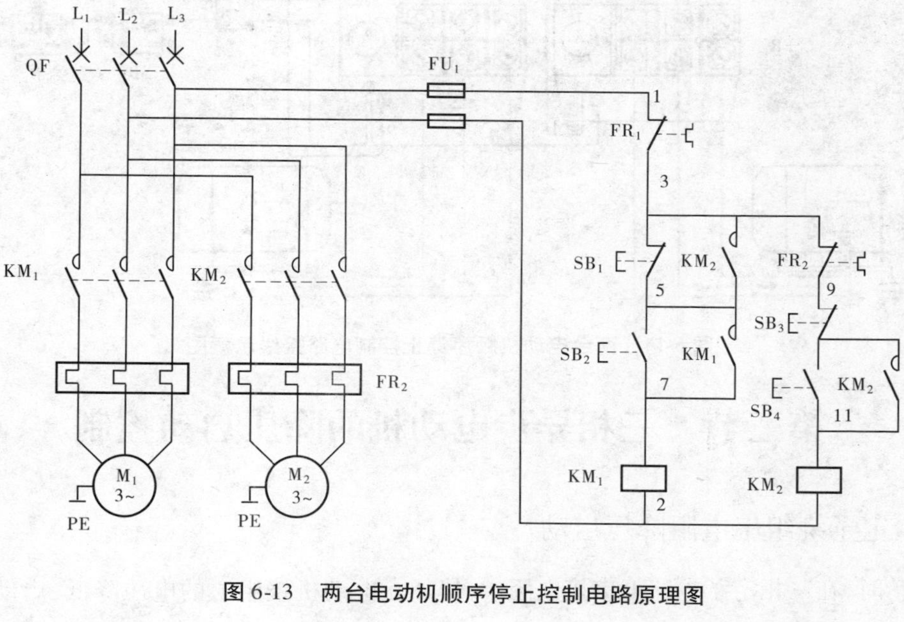

图 6-13　两台电动机顺序停止控制电路原理图

(1)启动过程：

按控制按钮 SB_2 或 SB_4 可以分别使接触器 KM_1 或 KM_2 线圈得电吸合，主触点闭合，电机 M_1 或 M_2 通电运行。接触器 KM_1、KM_2 的辅助常开触点同时闭合，电路自锁。

(2)停止过程：

按控制按钮 SB_3 按钮，接触器 KM_2 线圈失电，电机 M_2 停止运行。

若先停电机 M_1，按下 SB_1 按钮，由于 KM_2 没有释放，KM_2 常开辅助触点与 SB_1 的常开触点并联在一起且呈闭合状态，所以按钮 SB_1 不起作用。只有当接触器 KM_2 释放之后，KM_2 的常开辅助触点断开，按钮 SB_1 才起作用。

(3)两台电动机顺序停止控制电路接线示意图，如图 6-14 所示。

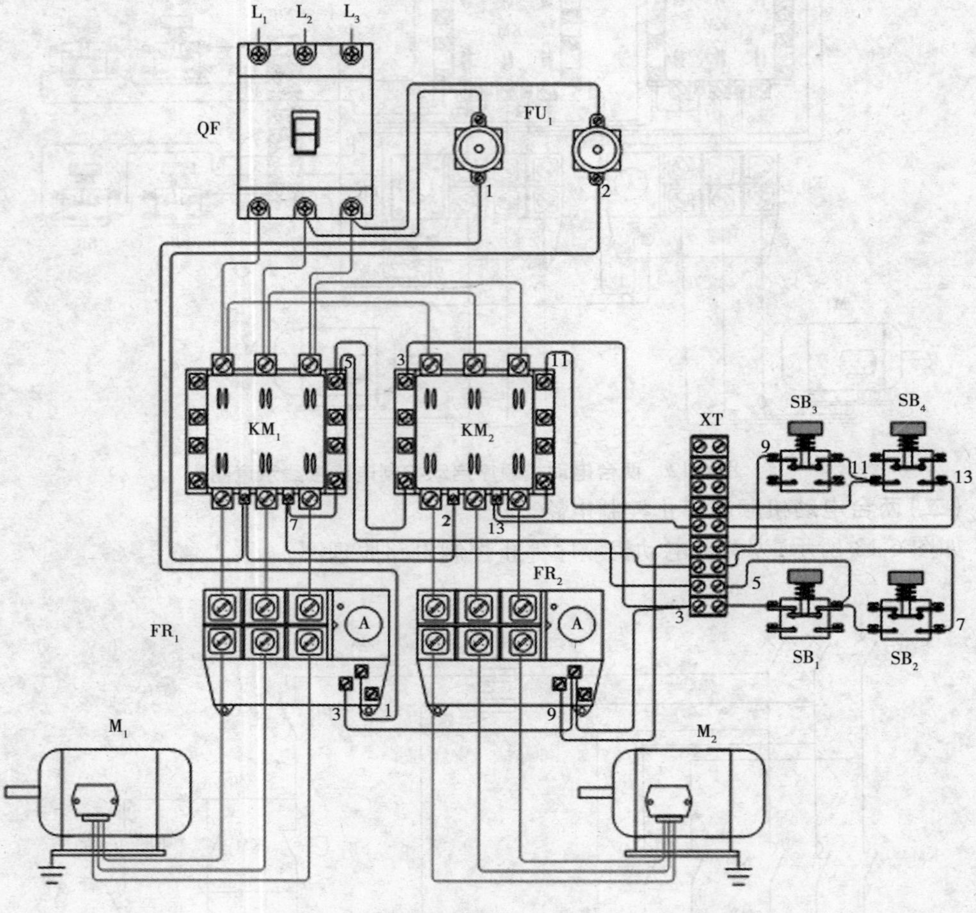

图 6-14 两台电动机顺序停止控制电路接线示意图

第三节 三相异步电动机的降压启动控制

一、定子绕组串电阻降压启动

启动时，在三相定子电路上串接电阻 R，使加在电动机绕组上的电压降低，启动完成后

再将电阻 R 短接,电动机加额定电压正常运行。这种启动方式利用时间继电器延时动作来控制各电器元件的先后顺序动作,称为按时间原则的控制。定子绕组串电阻启动控制线路,如图 6-15 所示。

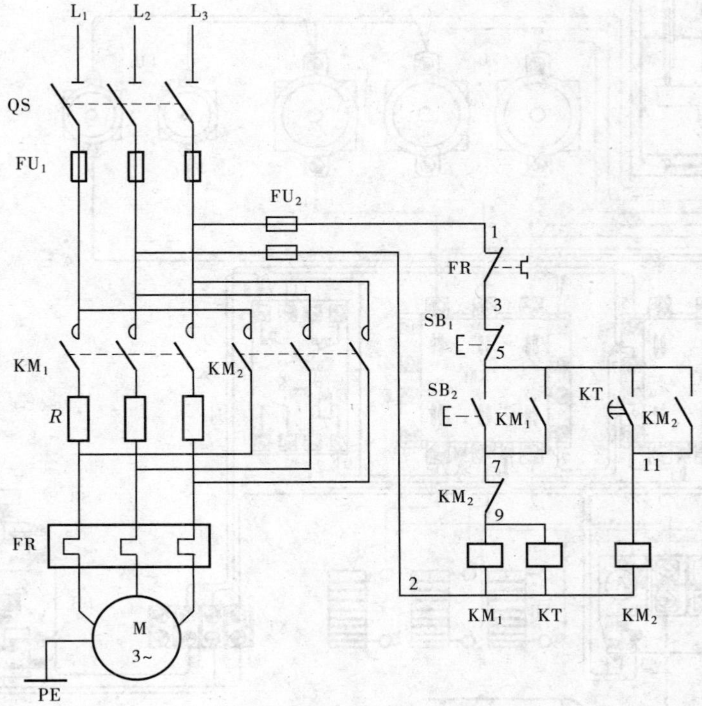

图 6-15　定子绕组串电阻启动控制线路

定子绕组串电阻启动控制线路工作过程如下:

(1)启动。

合上电源开关 QS,按下 SB_2 → KM_1线圈得电 →
- KM_1主触点闭合 → 电动机串联电阻 R 后启动
- KM_1自锁触点闭合
- KM_1常开触点闭合 → KT线圈得电 → KM_2线圈得电 →
  - KM_2自锁触点闭合
  - KM_2主触点闭合(短接电阻 R)→ 电动机M全压运行
  - KM_2常闭触点断开 → KM_1、KT线圈断电释放

(2)停止。

按下 SB_1→KM_2 线圈断电释放→M 断电停止。

启动电阻 R 一般采用 ZX_1、ZX_2 系列铸铁电阻,功率大,能够通过较大电流;三相电路中每相所串电阻值相等。

定子绕组串电阻降压启动不受电动机接线形式限制,线路简单。中小型机床常用这种方法限制点动调整时电动机的启动电流,如 C650 型车床、T68 型卧式镗床、T612 型卧式镗床等。

电动机定子串电阻降压启动控制电路接线示意图,如图 6-16 所示。

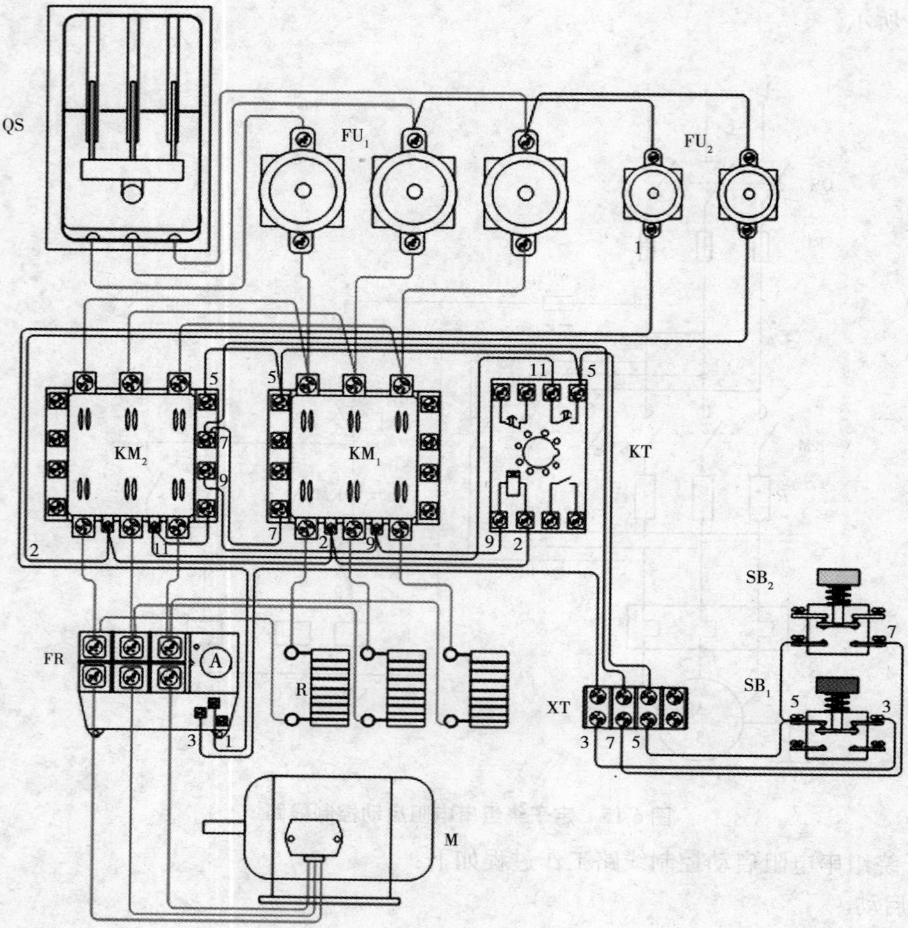

图 6-16　电动机定子串电阻降压启动控制电路接线示意图

二、Y-△降压启动

(一)鼠笼型异步电动机的 Y(星形)-△(三角形)降压启动控制线路

鼠笼型异步电动机的 Y(星形)-△(三角形)降压启动控制线路,如图 6-17 所示,是按时间原则控制的。这种启动方法只适用于正常工作时定子绕组作三角形联结的电动机。启动时,先将定子绕组接成星形,使每相绕组电压为额定电压的 $1/\sqrt{3}$,启动完成后再恢复成三角形接法,使电动机在额定电压下运行。它的优点是启动设备成本低,方法简单,容易操作,但启动转矩只有额定转矩的 1/3。

鼠笼型异步电动机 Y-△自动启动电路(时间继电器自动切换)启动过程的 Y-△转换是靠时间继电器自动完成的。

Y(星形)-△(三角形)降压启动控制电路分析如下:

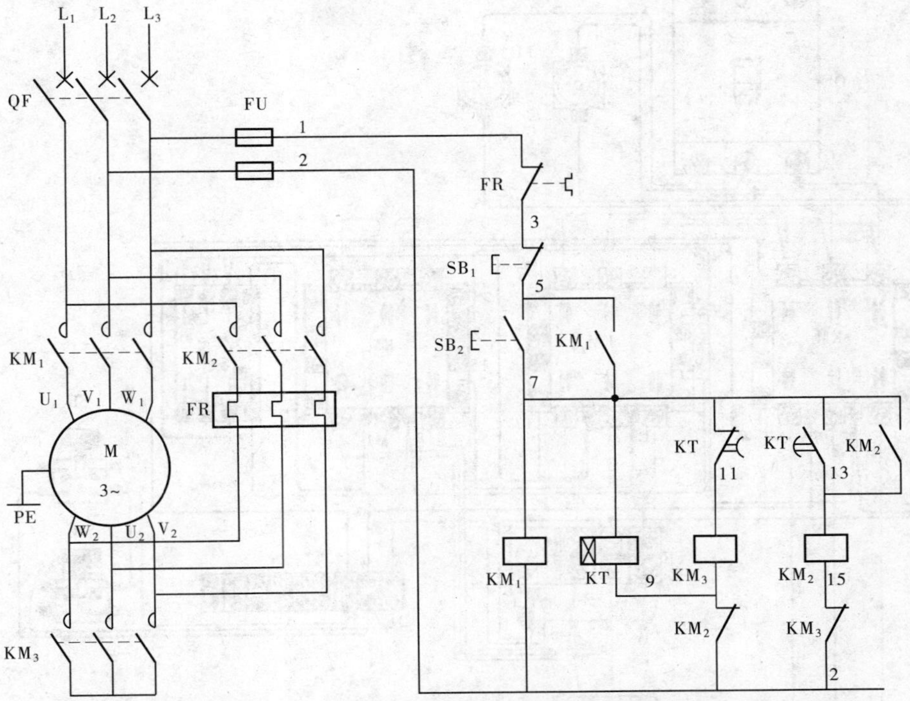

图 6-17　Y(星形)－△(三角形)降压启动控制线路(按时间原则控制)

(1)启动。

合上电源开关 QF，按下 SB_2 → KM_1 线圈得电 → KM_3 线圈得电，主触点闭合；KM_1 主触点闭合 → 电动机 M 星形启动；KM_1 自锁触点闭合 → KT 线圈得电延时 → KM_3 线圈断电 → KM_2 线圈得电 → KM_2 主触点闭合，KM_1 主触点仍闭合 → M 接成三角形运行

(2)停止。

按下 SB_1 → KM_1、KM_2 线圈断电释放 → M 断电停止。

线路中的互锁环节，KM_2 常闭触点接入 KM_3 线圈回路，KM_3 常闭触点接入 KM_2 线圈回路，KM_3 与 KM_2 的动断触点保证接触器 KM_3 与 KM_2 不能同时得电，避免电源短路。KM_2 的常闭触点同时使时间继电器 KT 断电。

电动机的过载保护由热继电器 FR 完成。

(二)鼠笼型异步电动机的 Y(星形)－△(三角形)降压启动控制线路接线图

鼠笼型异步电动机的 Y(星形)－△(三角形)降压启动控制线路接线，如图 6-18 所示。

(三)鼠笼型异步电动机的 Y(星形)－△(三角形)降压启动控制线路元件位置图

鼠笼型异步电动机的 Y(星形)－△(三角形)降压启动控制线路元件位置图，如图 6-19 所示。

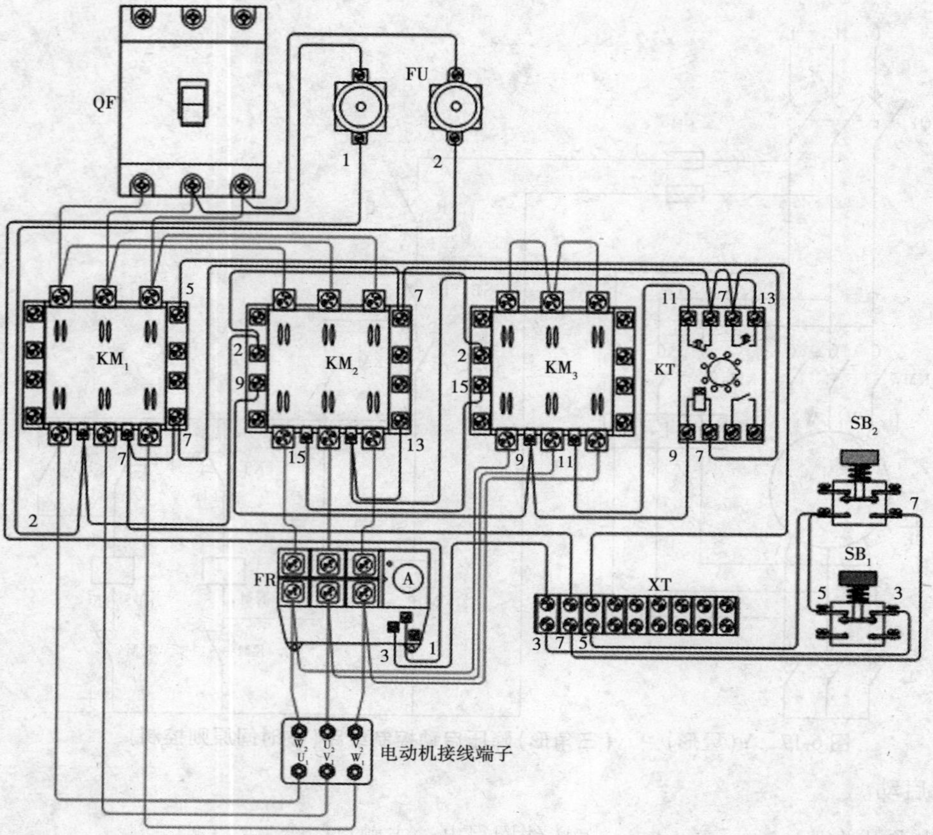

图 6-18 鼠笼型异步电动机的 Y(星形) - △(三角形)降压启动控制线路接线图

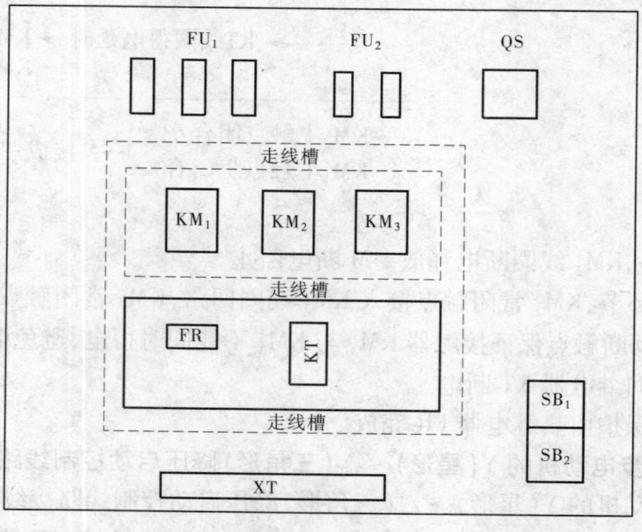

图 6-19 Y(星形) - △(三角形)降压启动控制线路元件位置图

上面介绍的是利用时间继电器实现自动控制的 Y－△降压启动控制线路，下面再介绍一种手动控制的 Y－△降压启动线路。

手动控制的 Y－△启动器电路结构简单，操作也方便。它不需控制电路，直接用手动方式扳动手柄，切换主电路达到降压启动的目的。常用手动 Y－△启动器的结构及控制线路，如图 6-20 所示。

图中 L_1、L_2、L_3 分别接三相电源相线，U_1、V_1、W_1 与 U_2、V_2、W_2 分别为电动机三相绕组对应的首尾端。启动器的触点系统共有 8 副常开触点，当操作手柄置于“0”位置时，8 副常开触点全部分断，电动机绕组不通电，电动机处于停止状态。当操作手柄置于“Y”位置时，触点 1、2、5、6、8 闭合，3、4、7 断开。其中触点 1 闭合，使 U_1 接 L_1；触点 2 闭合，使 W_1 接 L_3；触点 8 闭合，使 V_1 接 L_2；触点 5、6 闭合，使 U_2、V_2、W_2 接在一点，电动机定子绕组接成 Y 形，实现降压启动。当电动机转速上升到接近额定值时，将手柄扳到“△”位置，触点 1、2、3、4、7、8 闭合，5、6 断开。其中触点 1、3 闭合，使 U_1、W_2 相连并接通 L_1；触点 7、8 闭合，使 V_1、U_2 相连并接通 L_2；触点 2、4 闭合，使 W_1、V_2 相连并接通 L_3，电动机定子绕组接成△形全压运行。

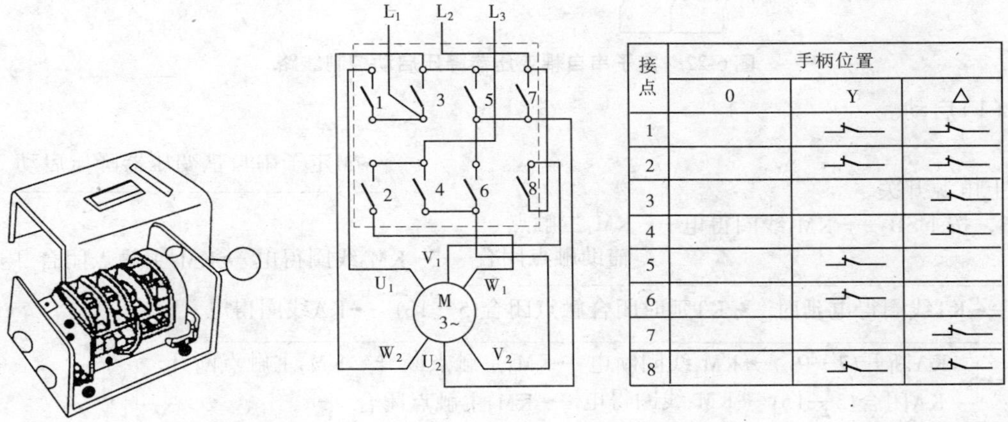

(a)手动 Y－△开关　　(b)接线图　　(c)触点状态表

图 6-20　手动 Y－△启动器结构及控制线路

三、自耦变压器降压启动

这种启动方式依靠自耦变压器的降压作用来限制电动机的启动电流。启动时，自耦变压器次级与电动机相连，定子绕组得到的电压是自耦变压器的二次电压，启动完毕，将自耦变压器切除，电动机直接接电源，进入全电压运行。自耦变压器的外形，如图 6-21 所示。

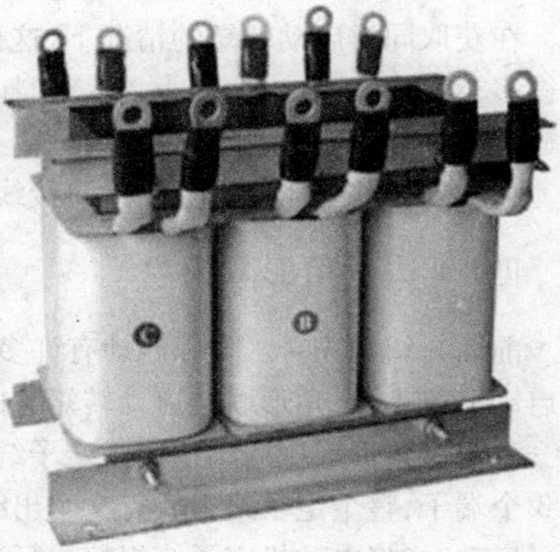

图 6-21　自耦变压器的外形

定子串自耦变压器降压启动控制线路，如图 6-22 所示。

定子串自耦变压器降压启动线路工作过程如下：

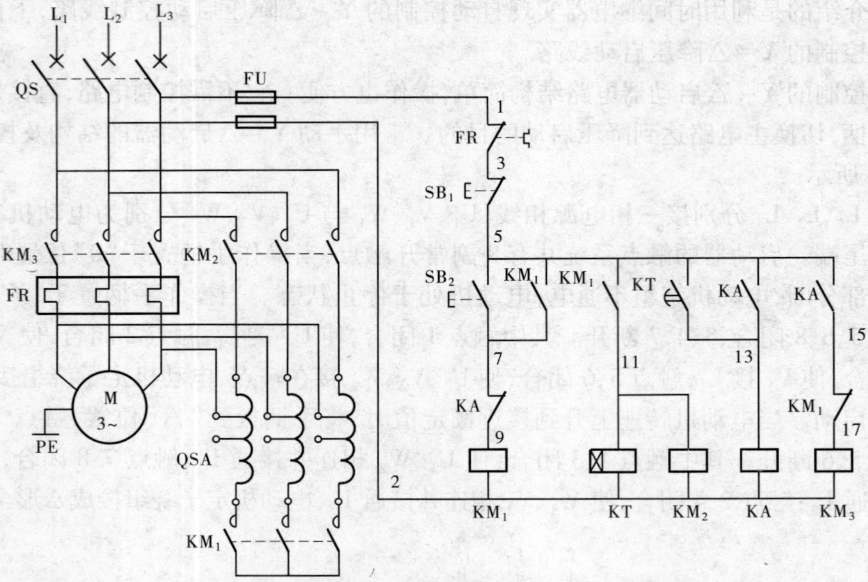

图 6-22　定子串自耦变压器降压启动控制线路

(1)启动。

合上电源开关 QS，按下SB_2 → KM_1线圈得电 → KM_1主触点、辅助触点闭合 → KM_2线圈得电 → KM_2主触点闭合 → M定子串自耦变压器降压启动

→ KT线圈得电延时 → KT延时闭合触点闭合(5—13) → KA线圈得电

→ KA断开(7—9) → KM_1线圈断电 → KM_1主触点断开、KM_2主触点断开

→ KA闭合(5—15) → KM_3线圈得电 → KM_3主触点闭合

→ M加全电压运行

(2)停止。

按下 SB_1→KT 和 KM_2 线圈断电释放→M 断电停止。

在获取同样启动转矩的情况下，这种启动方式从电网获取的电流，相对电阻降压启动要小得多，对电网的电流冲击小，功率损耗小。但自耦变压器价格较高，主要用于容量较大、正常运行为星形接法的电动机的启动。

自耦变压器降压启动控制线路接线图，如图 6-23 所示。

四、延边三角形降压启动

前面介绍的 Y－△降压启动有许多优点，不足的是启动转矩太小。如要求兼取星形联结启动电流小、三角形联结启动转矩大的优点，则可采用延边三角形降压启动。

延边三角形降压启动适用于定子绕组特别设计的电动机。这种电动机的定子每相绕组有 3 个端子，整个定子绕组共有 9 个出线端，其端子的连接方式如图 6-24 所示。

启动时，将电动机定子绕组接成延边三角形，启动结束后，再换成三角形接法，转入全电

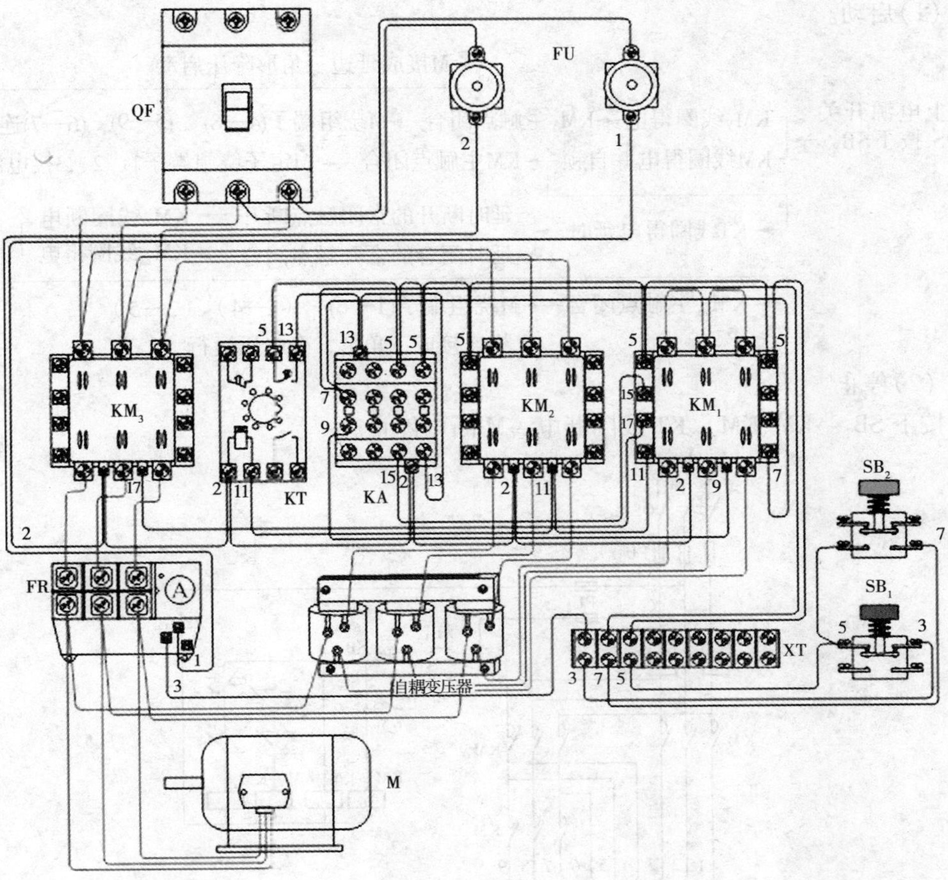

图 5-23　自耦变压器降压启动控制线路接线图

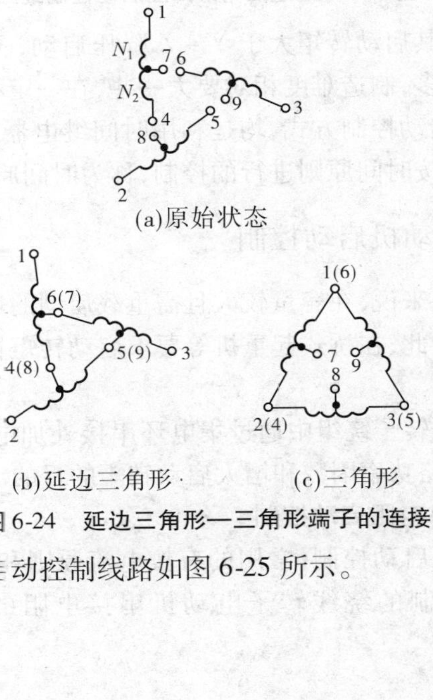

图 6-24　延边三角形—三角形端子的连接方式

压运行。延边三角形降压启动控制线路如图 6-25 所示。

(1)启动。

合上电源开关QS,按下SB_2 →
- KM_Y线圈得电 → KM_Y主触点闭合 → M绕组端子(4—8)、(5—9)、(6—7)连接 ┐
- KM线圈得电并自锁 → KM主触点闭合 → M定子绕组端子1、2、3接电源 ┘ → M接成延边三角形降压启动
- KM线圈得电并自锁 → KT线圈得电延时 →
  - 延时断开的常闭触点断开 → KM_Y线圈断电 ┐
  - 延时闭合的常开触点闭合 → $KM_\triangle$线圈得电 ┘ → $KM_\triangle$主触点闭合 → M绕组端子(1—6)、(2—4)、(3—5)相连接成三角形，全电压运行

(2)停止。

按下 SB_1→KM、$KM_\triangle$、KT 线圈断电→M 断电停止。

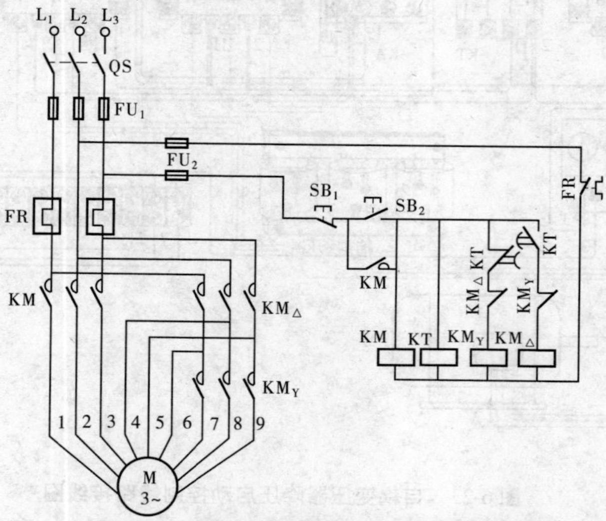

图 6-25　延边三角形降压启动控制线路

延边三角形降压启动,其启动转矩大于 Y－△降压启动,不需要专门的启动设备,线路结构简单,但电动机引出线多,制造难度相对要大一些,在一定程度上限制了它的使用范围。

综合上面介绍的几种启动控制方式,均是利用时间继电器来控制线路中各电器的动作顺序,完成操作任务。这种按时间原则进行的控制,称为时间原则自动控制,简称时间控制。

五、三相绕线转子电动机启动控制

对于鼠笼型异步电动机来说,在容量较大且需重载启动的场合,增大启动转矩与限制启动电流的矛盾十分突出。为此,在桥式起重机等要求启动转矩较大的设备中,常采用绕线转子电动机。

绕线转子电动机可以在转子绕组中通过集电环串接外加电阻或频敏变阻器启动,达到减小启动电流,提高转子电路功率因数和增大启动转矩的目的。

(一)绕线转子电动机串电阻启动控制

绕线转子电动机串电阻启动控制,常用的有按电流原则和按时间原则两种控制线路。这里仅介绍按电流原则控制的绕线转子电动机串接电阻的启动控制,其控制线路如

图 6-26 所示。启动电阻接成星形，串接于三相转子电路中。启动前，启动电阻全部接入电路。启动过程中，电流继电器根据电动机转子电流大小的变化控制电阻的逐级切除。图中，$KA_1 \sim KA_3$ 为欠电流继电器，这 3 个继电器的吸合电流值相同，但释放电流不一样。KA_1 的释放电流最大，KA_2 次之，KA_3 的释放电流最小。刚启动时，启动电流较大，$KA_1 \sim KA_3$ 同时吸合动作，使全部电阻接入。随着转速升高，电流减小，$KA_1 \sim KA_3$ 依次释放，分别短接电阻，直到转子串接的电阻全部短接。

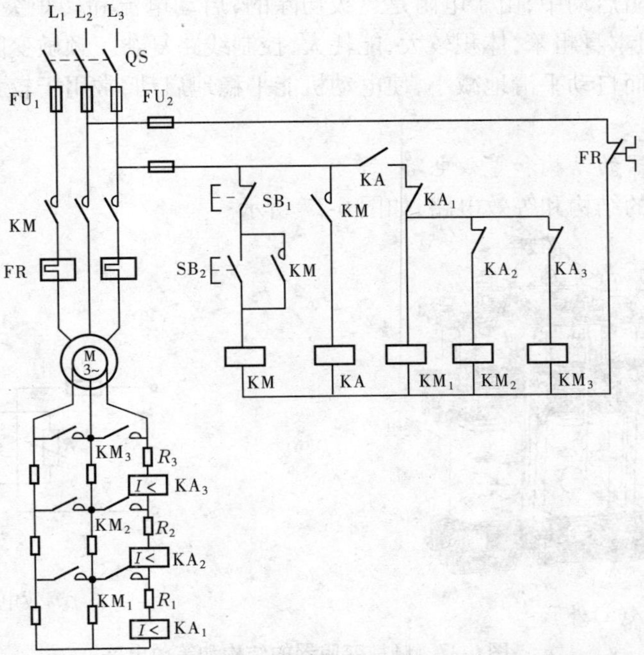

图 6-26　**按电流原则控制的绕线转子电动机串电阻启动线路**

线路工作过程如下：

(1)启动。

合上电源开关 QS，按下 SB_2 → KM 线圈得电 →
- KM 主触点闭合 → M 转子串接全部电阻启动
- KM 自锁 → 中间继电器 KA 得电，为 $KM_1 \sim KM_3$ 通电做准备

→ 随着转速升高，转子电流逐渐减小 → KA_1 最先释放，其常闭触点闭合

→ KM_1 线圈得电，主触点闭合 → 短接第一级电阻 R_1 → M 转速升高，转子电流又减小

→ KA_2 释放，其常闭触点闭合 → KM_2 线圈得电，主触点闭合 → 短接第二级电阻 R_2

→ M 转速再升高，转子电流再减小 → KA_3 最后释放，常闭触点闭合

→ KM_3 线圈得电，主触点闭合 → 短接最后一段电阻 R_3，M 启动过程结束

(2)停止。

按下 SB_1 → KM、KA、$KM_1 \sim KM_3$ 线圈均断电释放 → M 断电停止。

中间继电器 KA 是为保证电动机启动时，转子电路串入全部电阻而设计。若无 KA，在电动机启动时,转子电流由零上升但尚未达到电流继电器的吸合电流值,$KA_1 \sim KA_3$ 不能吸合,接触器 $KM_1 \sim KM_3$ 同时通电,转子电阻全部被短接,电动机处于直接启动状态。有了KA,从KM线圈得电到KA常开触点闭合需要一段时间,这段时间能保证转子电流达到最大值,使 $KA_1 \sim KA_3$ 全部吸合,其常闭触点全部断开,$KM_1 \sim KM_3$ 均断电,确保电动机串入全部电阻启动。

(二)绕线转子电动机串接频敏变阻器启动控制

在转子串电阻启动中,由于电阻是逐级切除的,启动电流和转矩突变,产生一定的机械冲击力,而且电阻本身粗笨,体积较大,能耗大,控制线路复杂。频敏变阻器的阻抗能随着电动机转速的上升而自动平滑地减小,使电动机能平稳地启动,常用于较大容量绕线转子电动机的启动。

1. 频敏变阻器的结构和等效电路

频敏变阻器的结构和等效电路,如图6-27所示。

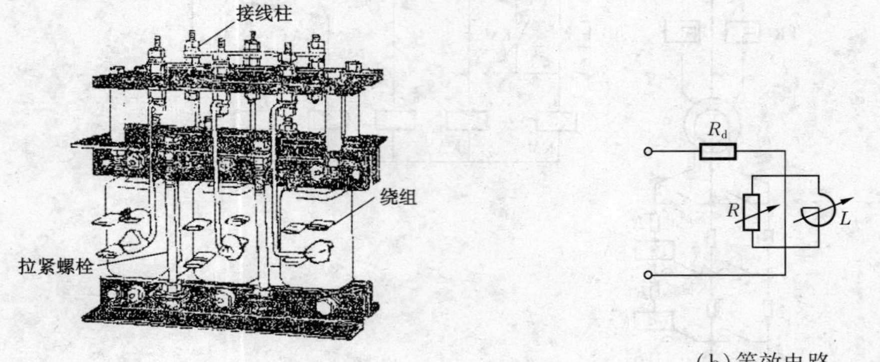

(a)外形　　(b)等效电路

图6-27　频敏变阻器的结构和等效电路

频敏变阻器由铁芯和绕组两个主要部分组成。一般做成三柱式,每个柱上有一个绕组,实际是一个特殊的三相铁芯电抗器,通常接成星形,铁芯是用几毫米到几十毫米厚的钢板焊成的。图6-27(b)是等效电路,R_d 为绕组直流电阻,R 为铁损等效电阻,L 为等效电感,R、L 值与转子电流频率 f 有关。

在启动过程中,随着转速的变化,转子电流频率是变化的。刚启动时,转速为零,转差率 $s=1$,转子电流频率 f_2 与电源频率 f_1 的关系为 $f_2=sf_1$。所以,刚启动时,$f_2=f_1$,频敏变阻器的电感和电阻均为最大,转子电流受到抑制。随着电动机转速的升高,s 减小,f_2 下降,频敏变阻器的阻抗随之减小。可见,绕线转子电动机转子串接频敏变阻器启动时,随着电动机转速的升高,变阻器阻抗逐渐减小,实现了平滑的无级启动。

绕线转子电动机串接频敏变阻器启动控制线路,如图6-28所示。

2. 电路工作原理

电路工作过程可分为自动控制和手动控制,中间由转换开关SA完成。

(1)自动控制。工作过程如下所示:

①合上空气开关QF接通三相电源。

②将SA扳向自动位置,按 SB_2 交流接触器 KM_1 线圈得电并自锁,主触点闭合,电动机定子接入三相电源开始启动。(此时频敏变阻器串入转子回路)。

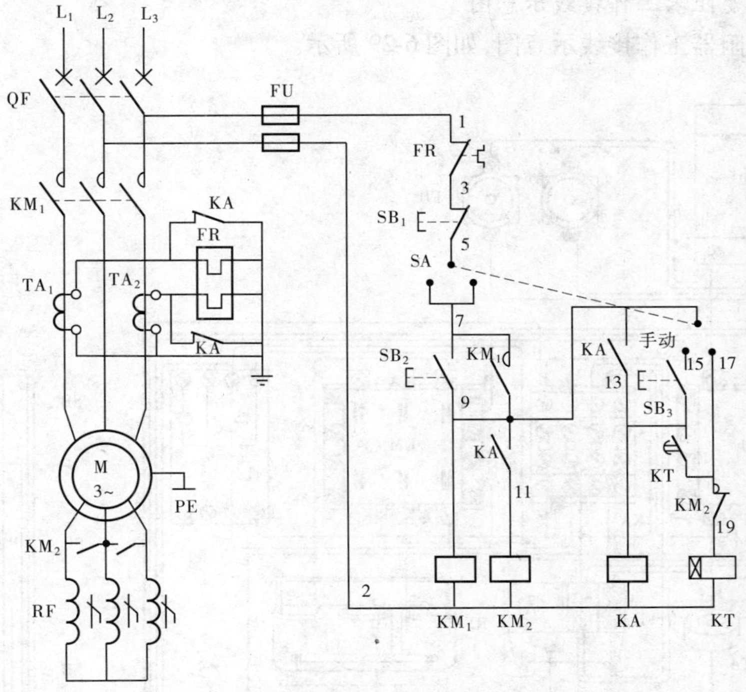

图 6-28　绕线转子电动机串接频敏变阻器启动电路原理图

③此时时间继电器 KT 也通电并开始计时，达到整定时间后 KT 的延时闭合的常开接点闭合，接通了中间继电器 KA 线圈回路，KA 其常开接点闭合，使接触器 KM_2 线圈回路得电，KM_2 的常开触点闭合，将频敏变阻器短路切除，启动过程结束。

④线路过载保护的热继电器接在电流互感器二次侧，这是因为电动机容量大。为了提高热继电器的灵敏度和可靠性，故接入电流互感器的二次侧。

⑤另外在启动期间，中间继电器 KA 的常闭接点将继电器的热元件短接，是为了防止启动电流大引起热元件误动作。在进入运行期间 KA 常闭触点断开，热元件接入电流互感器二次回路进行过载保护。

（2）手动控制。工作过程如下所示：

①合上空气开关 QF 接通三相电源。

②将 SA 搬至手动位置。

③按下启动按钮 SB_2，接触器 KM_1 线圈得电，吸合并自锁，主触点闭合电动机带频敏变阻器启动。

④待转速接近额定转速或观察电流表接近额定电流时，按下按钮 SB_3 中间继电器 KA 线圈得电吸合并自锁，KA 的常开触点闭合接通 KM_2 线圈回路，KM_2 的常开触点闭合将频敏变阻器短路切除。

⑤KA 的常闭触点断开，将热元件接入电流互感器二次回路进行过载保护。

电流互感器 TA 的作用是将主电路中的大电流变换成小电流进行测量。为避免因启动时间较长而使热继电器 FR 误动作，在启动过程中，用 KA 的常闭触点将 FR 的加热元件短接，待启动结束，电动机正常运行时才将 FR 的加热元件接入电路。

3. 串频敏变阻器工作接线示意图

串频敏变阻器工作接线示意图,如图 6-29 所示。

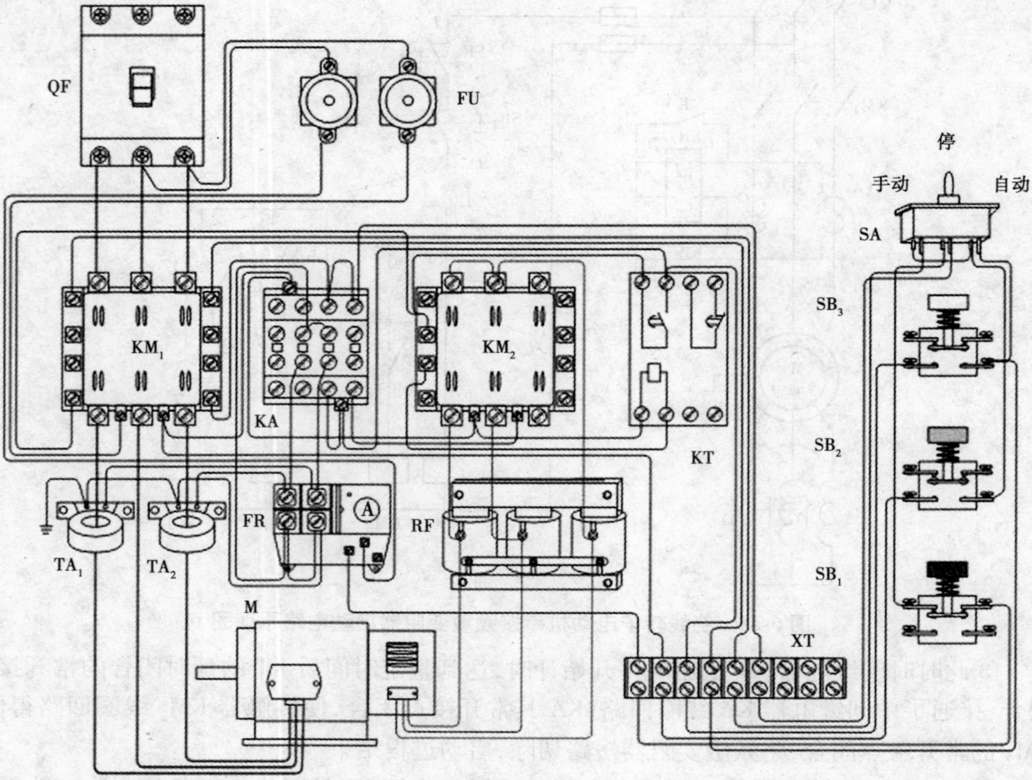

图 6-29　绕线式电动机转子回路串频敏变阻器工作接线示意图

第四节　三相异步电动机的正反转控制

在实际应用中,往往要求生产机械改变运动方向,如主轴的伸缩、工作台的左右移动等。这就要求电动机能实现正、反两个方向的运转。由三相异步电动机的工作原理可知,只要将电动机接在三相电源中的任意两根电线对调,即改变电源的相序,就可实现电动机的反转。如图 6-30 所示,为电动机的正反转控制线路。在其主电路中,电动机的正反转是通过两个接触器 KM_1、KM_2 的主触点,改变电动机定子绕组的电源相序而实现的。图中接触器 KM_1 为正向接触器,控制电动机 M 正转;接触器 KM_2 为反向接触器,控制电动机 M 反转。

一、电动机的“正—停—反”控制

如图 6-31 所示,按下启动按钮 SB_2(或 SB_3),接触器 KM_1(或 KM_2)线圈通电,KM_1(或 KM_2)的主触点使电动机正转(或反转)启动,其自锁触点使电动机正转(或反转)运行。KM_1、KM_2 两个接触器的常闭触点起互锁作用,即当一个接触器通电时,其常闭触点断开,使另一个接触器线圈不能通电。电动机换向时,必须先按停止按钮 SB_1,使接触器线圈断开,即断开互锁点,才能反方向启动。这样的线路常称为“正—停—反”控制线路。

简要分析如下：

按 SB_2→KM_1 通电自锁→M 正转运行；

按 SB_1→KM_1 断电→M 停转；

按 SB_3→KM_2 通电自锁→M 反转运行。

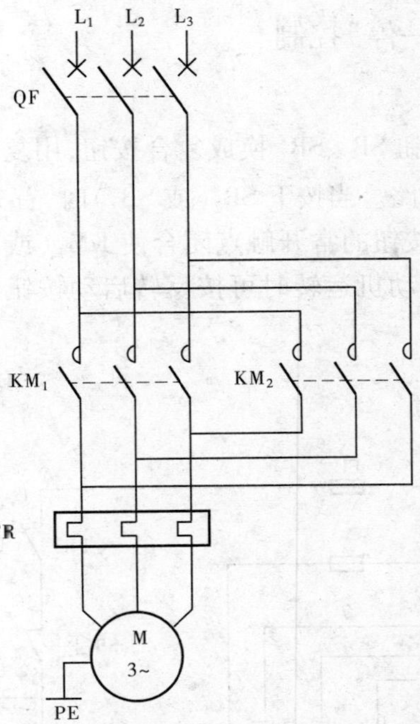

图 6-30　三相异步电动机的正反转控制线路

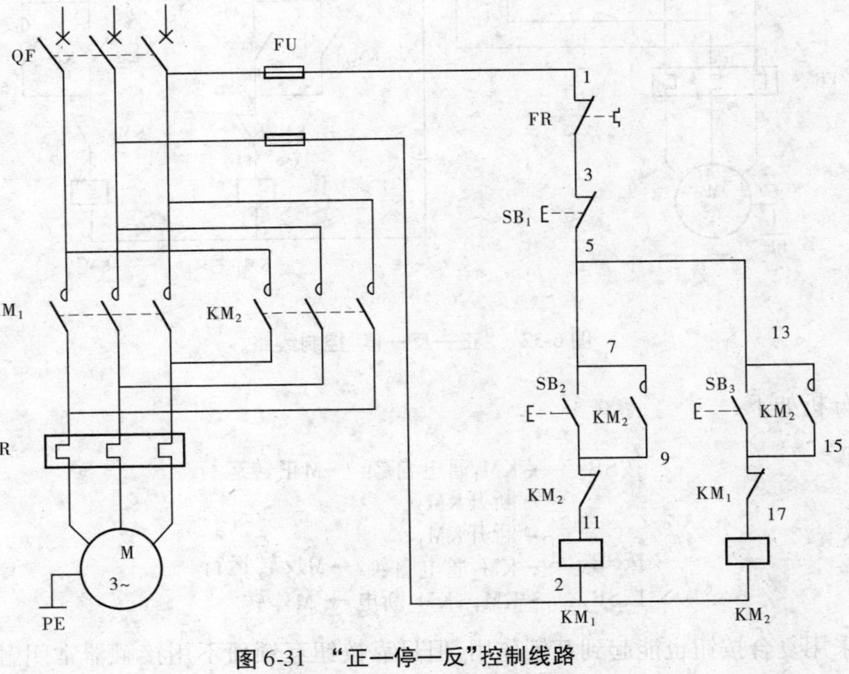

图 6-31　“正—停—反”控制线路

二、电动机的“正—反—停”控制

(一)工作原理

如图 6-32 所示,将启动按钮 SB_2、SB_3 换成复合按钮,用复合按钮的常闭触点来断开转向相反的接触器线圈的通电回路。当按下 SB_2(或 SB_3)时,首先是按钮的常闭触点断开,使 KM_2(或 KM_1)线圈断电,同时按钮的常开触点闭合使 KM_1(或 KM_2)线圈通电吸合,电动机反方向运转。此电路由于在电动机运转时可按反转启动按钮直接换向,因此常称为“正—反—停”控制线路。

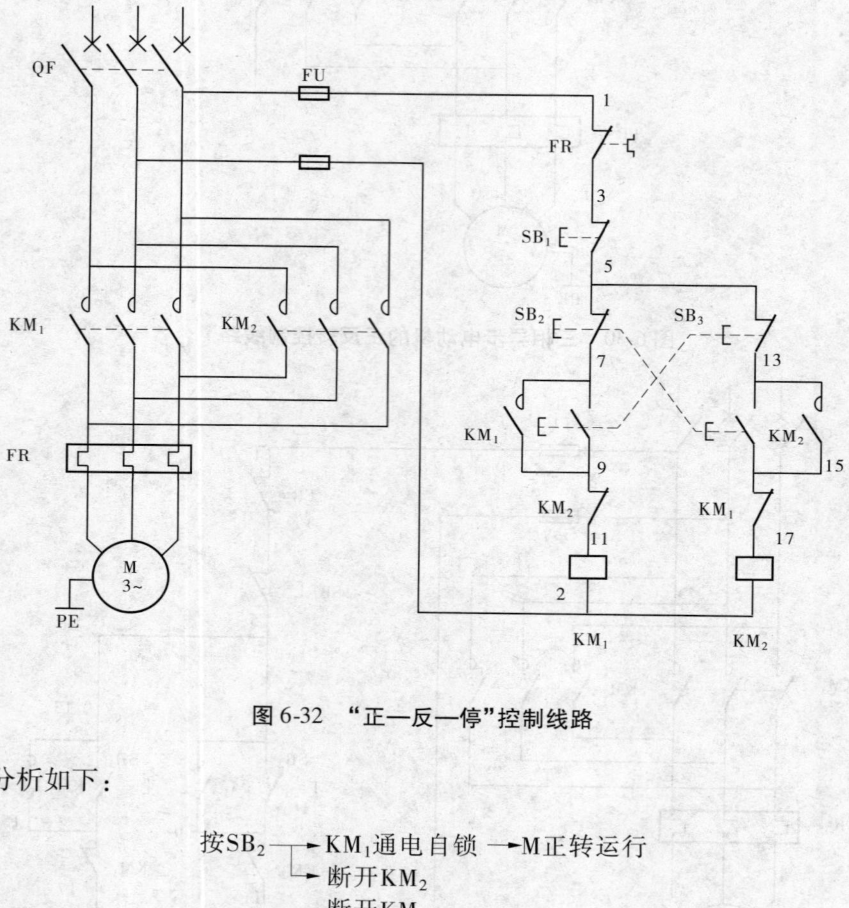

图 6-32 “正—反—停”控制线路

简要分析如下:

按SB_2 → KM_1通电自锁 → M正转运行
　　　　→ 断开KM_2
　　　　→ 断开KM_1
按SB_3 → KM_2通电自锁 → M反转运行
按SB_1 → KM_1、KM_2断电 → M停转

虽然采用复合按钮也能起到互锁作用,但只靠按钮互锁而不用接触器常闭触点进行互锁是不可靠的。因为当接触器主触点被强烈的电弧“烧焊”在一起或者接触器机构失灵时,会使衔铁卡在吸合状态,此时,如果另一只接触器动作,就会造成电源短路事故。若有接触器常闭触点互锁,则只要一个接触器处在吸合状态位置时,其常闭触点必然将另一个接触器线圈电路切断,故能避免电源短路事故的发生。

(二) 电动机“正—反—停”运行控制接线示意图

电动机“正—反—停”运行控制接线示意图，如图 6-33 所示。

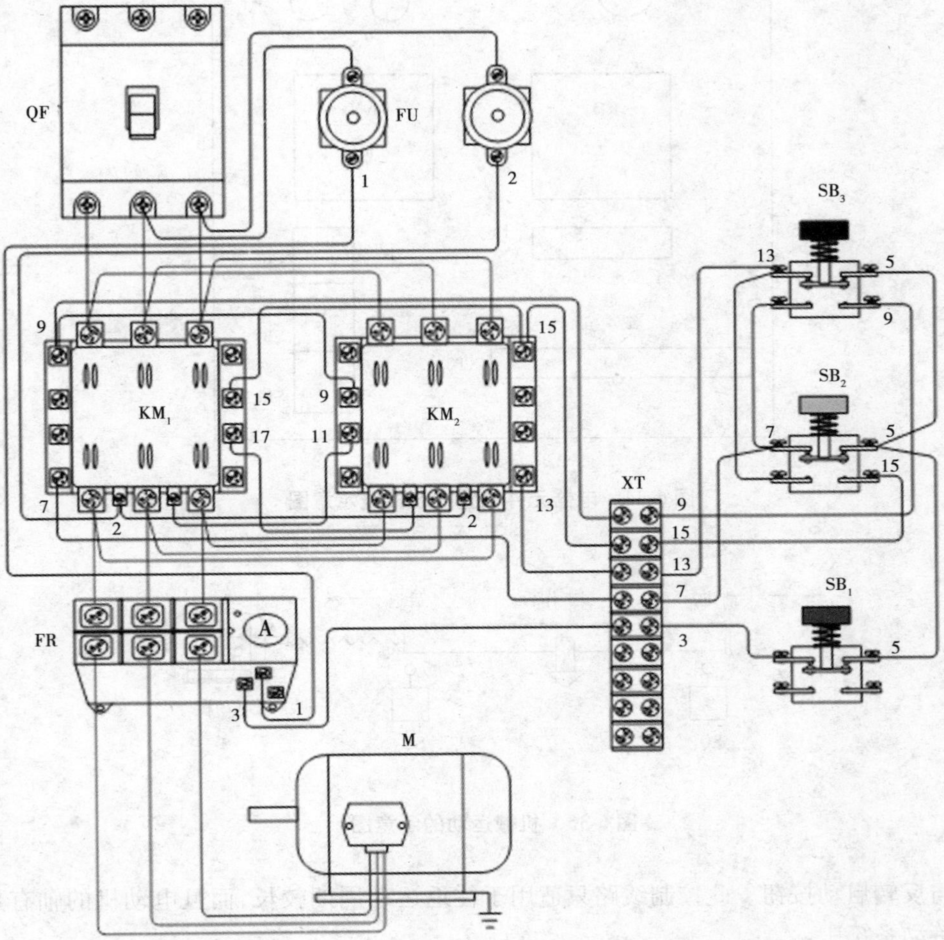

图 6-33　电动机“正—反—停”运行控制接线示意图

(三) 电器元件位置图

电器元件位置图，如图 6-34 所示。

三、电动机的正反转自动循环控制

按位置原则的自动控制是生产机械电气化自动装置中应用最多和作用原理最简单的一种形式。在位置控制的电气自动装置线路中，由行程开关或终端开关的动作发出信号来控制电动机的工作状态。如图 6-35 所示，是机械运动的示意图。

(一) 电动机自动往返循环控制电路

如图 6-36 所示，是用行程开关实现电动机正反转的自动循环控制线路，常用于机床工作台的往返循环控制。当运动到达一定的行程位置时，利用挡块压下行程开关来实现电动机的正反转。图中 SQ_1 与 SQ_2 分别为工作台左行与右行限位开关，SB_2 与 SB_3 分别为电动

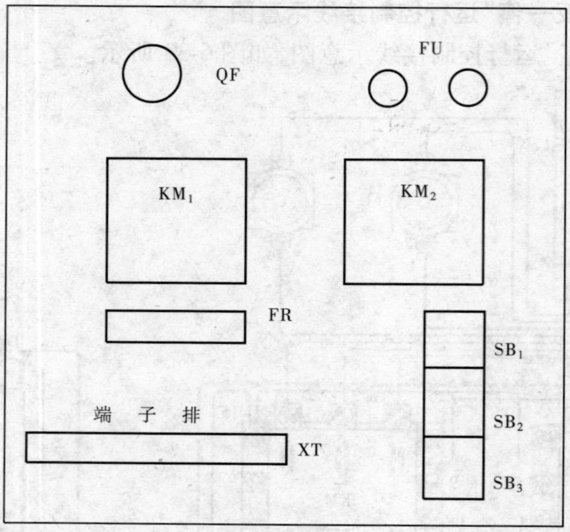

图 6-34 电器元件位置按钮接线示意图

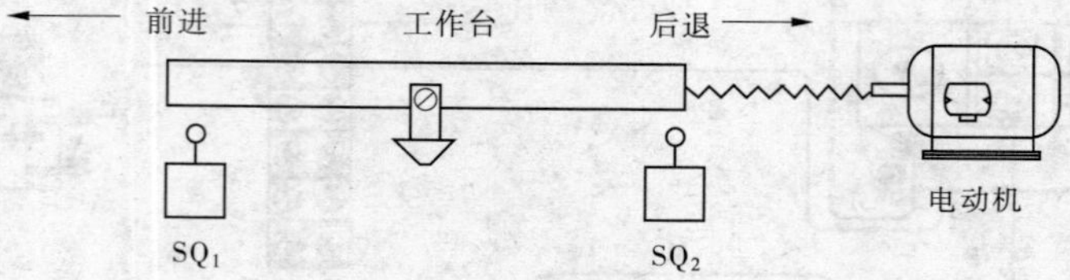

图 6-35 机械运动的示意图

机正转与反转启动按钮。此控制线路只适用于往返运动周期较长，而且电动机的轴有足够强度的传动系统中。

按正转启动，电动机正转，工作台右移。当工作台运动到右端时，挡块压下右行限位开关 SQ_1，电动机反转，使工作台左移。当运动到挡块压下左行限位开关 SQ_2 时，电动机正转，使工作台右移，这样一直循环下去。

若在预定的位置电动机需要停止，则将行程开关的常闭触点串接在相应的控制电路中，这样在机械装置运动到预定位置时行程开关动作，常闭触点断开相应的控制电路，电动机停转，机械运动也停止。

若需停止后立即反向运动，则应将此行程开关的常开触点并接在另一控制回路中的启动按钮处，这样在行程开关动作时，常闭触点断开了正向运动控制的电路，同时常开触点又接通了反向运动的控制电路。

电动机自动往返循环控制电路的动作原理如下：

（1）合上空气开关 QF 接通三相电源。

（2）按下正向启动按钮 SB_3 接触器 KM_1 线圈通电吸合并自锁，KM_1 主触点闭合接通电动机电源，电动机正向运行，带动机械部件运动。

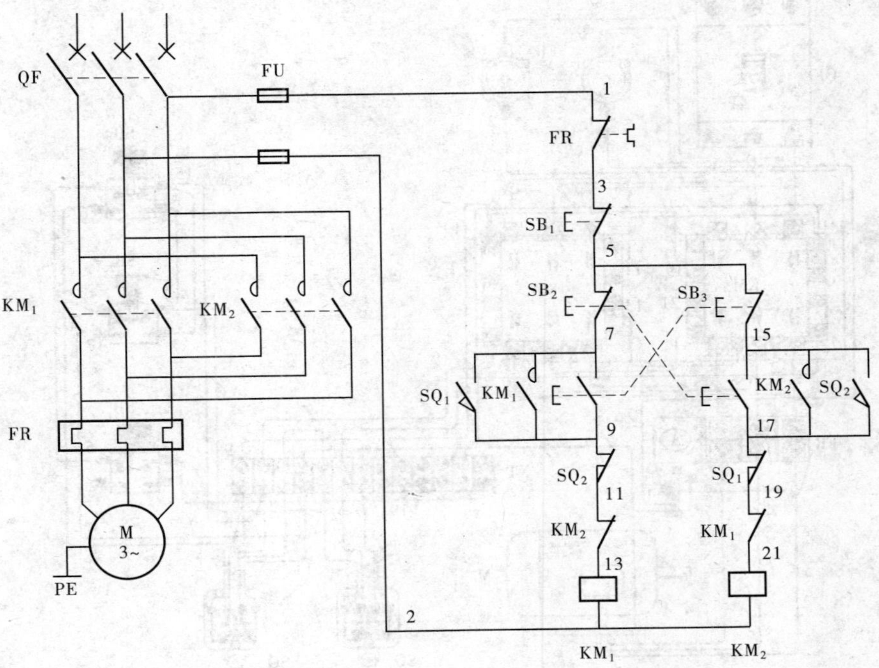

图 6-36　电动机自动往返循环控制电路

(3)电动机拖动的机械部件向左运动(设左为正向),当运动到预定位置挡块碰撞行程开关 SQ_1,SQ_1 的常闭触点断开接触器 KM_1 的线圈回路,KM_1 断电,主触点释放,电动机断电。与此同时 SQ_1 的常开触点闭合,使接触器 KM_2 线圈通电吸合并自锁,其主触点使电动机电源相序改变而反转。电动机拖动运动部件向右运动(设右为反向)。

(4)在运动部件向右运动过程中,挡块使 SQ_1 复位为下次 KM_1 动作做好准备。当机械部件向右运动到预定位置时,挡块碰撞行程开关 SQ_2,SQ_2 的常闭触点断开接触器 KM_2 线圈回路,KM_2 线圈断电,主触点释放,电动机断电停止向右运动。与此同时 SQ_2 的常开触点闭合使 KM_1 线圈通电并自锁,KM_1 主触点闭合接通电动机电源,电动机运转,并重复以上的过程。

(5)电路中的互锁环节:接触器互锁由 KM_1(或 KM_2)的辅助常闭触点完成;按钮互锁由 SB_2(或 SB_3)完成。

(6)自锁环节:由 KM_1(或 KM_2)的辅助常开触点并联 SB_2(或 SB_3)的常开触点实现自锁。

(7)若想使电动机停转则按停止按钮 SB_1,则全部控制电路断电,接触器主触点释放,电动机断开电源停止运行。

(8)电动机的过载保护由热继电器 FR 完成。

(二)电动机自动往返控制接线

电动机自动往返控制接线示意图,如图 6-37 所示。

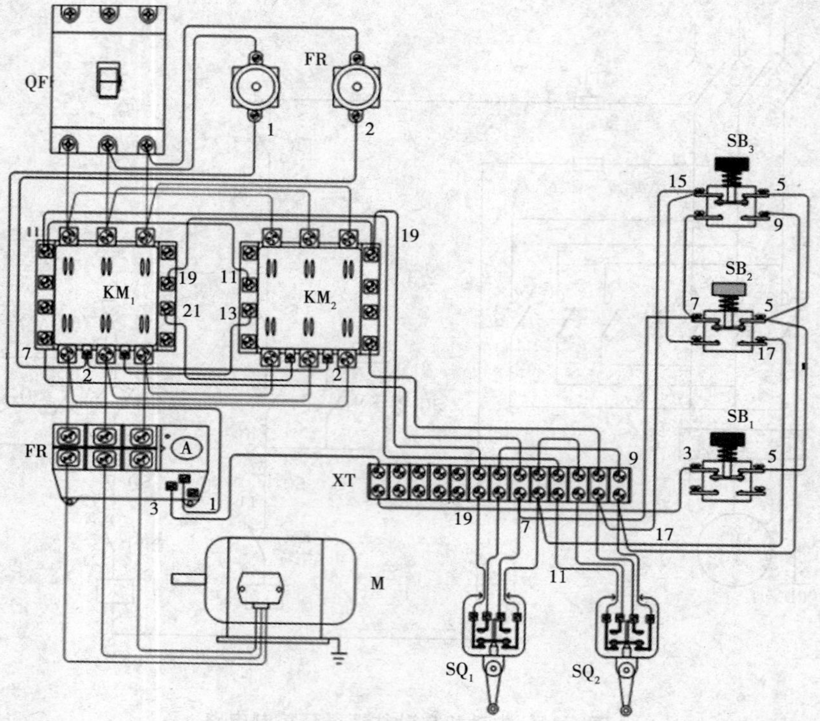

图 6-37　电动机自动往返控制接线示意图

第五节　三相异步电动机的制动控制

很多生产机械都希望在停车时有适当的制动作用,使运动部件能够迅速停车。当电动机定子绕组断电后,由于惯性作用,电动机不能马上停止运转,而很多生产机械,如起吊重物的行车,机床上需要迅速停车、准确定位的机构等,都要求电动机断电后立即停转。这就要求对电动机进行制动,强迫其立即停车。常用的制动方式有机械制动和电气制动,后者包括反接制动和能耗制动,下面分别进行介绍。

一、机械制动

所谓机械制动就是利用机械装置使电动机断电后立即停转。目前使用较多的机械制动装置是电磁抱闸,其基本结构如图 6-38 所示,其主要工作部分是电磁铁和闸瓦制动器。电磁铁由电磁线圈、静铁芯、衔铁组成。闸瓦制动器由闸瓦、闸轮、弹簧、杠杆等组成,其中闸轮与电动机转轴相连,闸瓦对闸轮制动力矩的大小可通过调整弹簧弹力来改变。

电磁抱闸的制动控制线路如图 6-39 所示。抱闸的电磁线圈由 380 V 交流电源供电,当需电动机启动运行时,按下启动按钮 SB_2,接触器 KM 线圈通电,其自锁触点和主触点同时闭合,电动机 M 通电。与此同时,抱闸电磁线圈通电,电磁铁产生磁场力吸合衔铁,衔铁克服弹簧的弹力,带动制动杠杆动作,推动闸瓦松开闸轮,电动机立即启动运转。停车时,只需按下停车按钮 SB_1,接触器 KM 线圈断电,主触点释放,电动机绕组和抱闸电磁线圈同时断

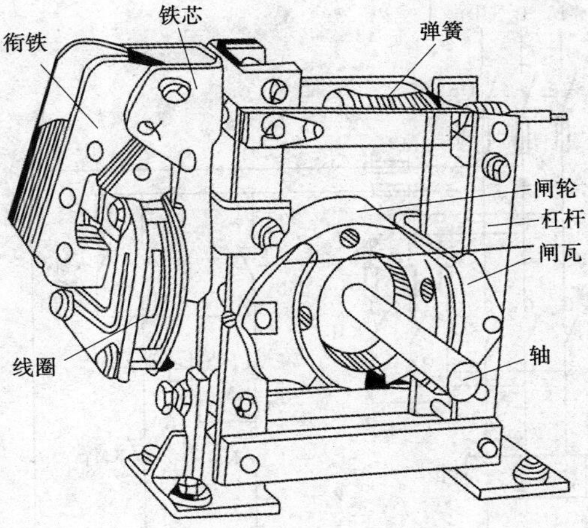

图 6-38　电磁抱闸结构示意图

电,电磁铁衔铁释放,弹簧的弹力使闸瓦紧紧抱住闸轮,闸瓦与闸轮间强大的摩擦力使惯性运动的电动机立即停止转动。

采用电磁抱闸制动的优点是通电时制动装置松开,断电时它能起制动作用,适用于要求断电时能进行制动的生产机械和其他机械装置。如起吊重物的卷扬机,当重物起吊到一定高度时突然停电,为使重物不致掉下,应采用电磁抱闸进行制动。再如客货电梯,如果运行中突然停电或电路发生故障,应使轿厢立即停止运行,稳定在井道中,等待救援。

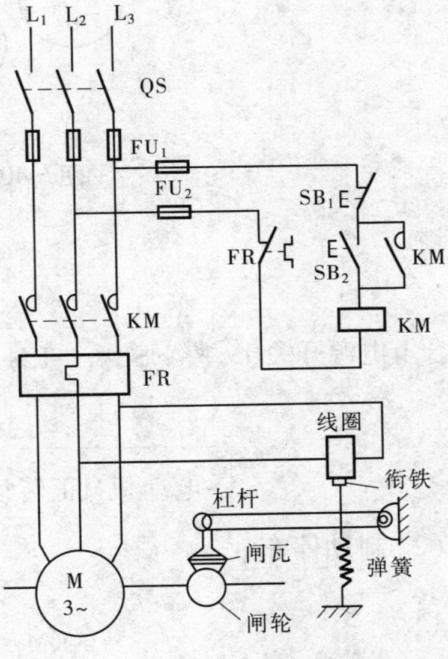

图 6-39　电动机的电磁抱闸制动控制线路

二、电气制动

所谓电气制动,就是电动机需要制动时,通过电路的转换或改变供电条件使其产生与实际运转方向相反的电磁转矩——制动力矩,迫使电动机迅速停止转动的制动方式。常用的电气制动方式有反接制动和能耗制动,它们在万能铣床、卧式镗床、组合机床中时有应用。

(一)反接制动

反接制动的实质是通过改变异步电动机定子绕组中的三相电源相序,产生与转子转动方向相反的转矩,迫使电动机迅速停转。其控制线路有单向运行反接制动控制线路和可逆运行反接制动控制线路。

1. 单向运行反接制动控制线路

电动机单向运行反接制动控制线路如图 6-40 所示。

线路工作过程:

(1)启动。

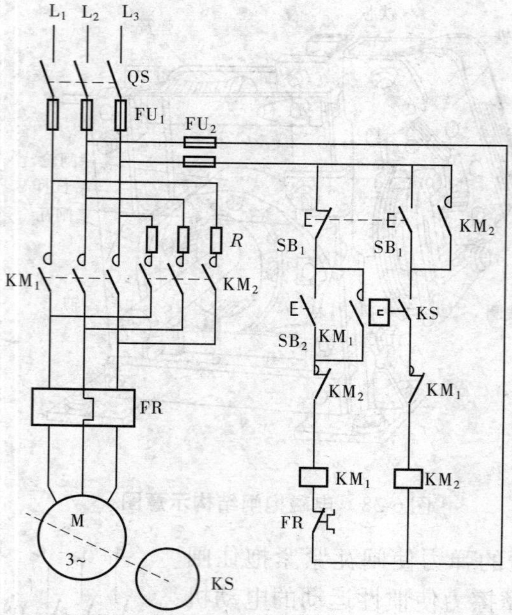

图 6-40　单向运行反接制动控制线路

合上电源开关QS,按下SB_2→ KM_1线圈得电 →
- KM_1自锁触点闭合
- KM_1互锁触点断开
- KM_1主触点闭合 →

→电动机M正转运行，KS常开触点闭合，为停车时反接制动做好准备

(2)制动停车。

按下停车按钮SB_1→
- KM_1线圈断电→ KM_1主触点释放→ M断电，惯性运转
- KM_2自锁触点闭合
- KM_2线圈得电 →
  - →KM_2互锁触点断开
  - →KM_2主触点闭合，串入电阻R 反接制动 →

→ 当电动机转速$n \approx 0$时，KS复位→ KM_2断电，制动结束

显然,速度继电器 KS 在控制中起着十分重要的作用,用来“判断”电动机的停与转。在结构上,速度继电器与电动机同轴连接,其常开触点串联在电动机控制电路中。当电动机转动时,速度继电器的常开触点闭合;电动机停止时,其常开触点打开。

2. 可逆运行反接制动控制线路

电动机可逆运行的反接制动控制线路如图 6-41 所示。

线路工作过程如下:

(1)正向启动。

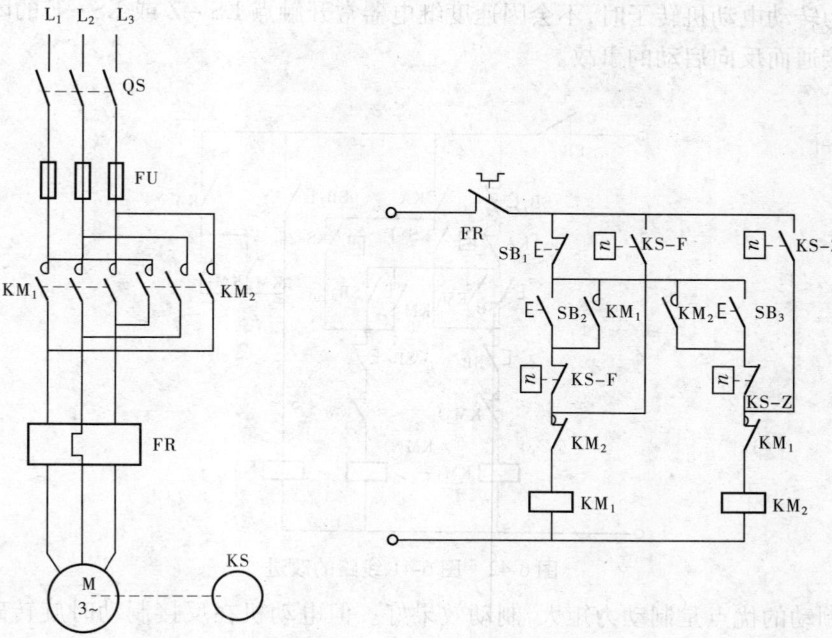

图 6-41　可逆运行的反接制动控制线路

合上电源开关QS，按下SB_2→ KM_1线圈得电→ KM_1主触点闭合→ M正向启动运行；KM_1互锁触点断开、自锁触点闭合→ 速度继电器KS-Z的常闭触点断开、常开触点闭合→为KM_2线圈参加反接制动做好准备

(2)正向运行时的制动。

按下 SB_1→KM_1 线圈断电释放，由于惯性，M 仍转动，KS－Z 常开触点仍闭合，KM_2 线圈得电，M 定子绕组电源改变相序，M 进入正向反接制动状态。当 M 转速 $n \approx 0$ 时，KS－Z 的常闭触点和常开触点均复位，KM_2 线圈断电，正向反接制动结束。

(3)反向启动。

按下SB_3→ KM_2线圈得电并自锁→ KM_2主触点闭合→ M反向启动运行；KM_2互锁触点断开→ 速度继电器 KS-F的常闭触点断开、常开触点闭合，为KM_1线圈参加反接制动做好准备

(4)反向运行时的制动。

按下 SB_1，KM_2 线圈断电释放，由于惯性，M 仍转动，KS－F 常开触点仍闭合，KM_1 线圈得电，M 定子绕组电源改变相序，进入反向反接制动状态，当 M 转速 $n \approx 0$ 时，KS－F 的常闭触点和常开触点均复位，KM_1 线圈断电，反向反接制动结束。

图 6-41 中，在停车检修时，如果人为地转动电动机转子，且转速达到 100 r/min 左右，KS－Z或 KS－F 的常开触点就有可能闭合，使 KM_1 或 KM_2 得电，电动机因短时接通而引起意外事故。

图 6-41 所示线路改进线路如图 6-42 所示，中间继电器 KA 的加入克服了图 6-41 的缺

点。当人为转动电动机转子时,不会因速度继电器常开触点 KS－Z 或 KS－F 的闭合导致电动机意外接通而反向启动的事故。

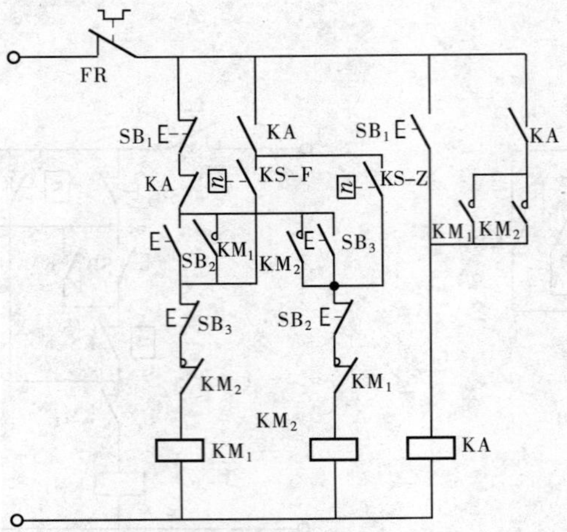

图6-42　图6-41 线路的改进

反接制动的优点是制动力矩大,制动效果好。但电动机在反接制动时旋转磁场的相对速度很大,对传动部件的冲击大,能量消耗也大,只适用于不经常启动、制动的设备,如铣床、镗床、中型车床主轴等。

(二)能耗制动

能耗制动是在运行中的三相异步电动机停车时,在切除三相交流电源的同时,将一直流电源接入电动机定子绕组中的任意两相,以获得大小和方向不变的恒定磁场,从而产生一个与电动机原转矩方向相反的电磁转矩以实现制动。当电动机转速下降到零时,再切除直流电源。根据制动控制的原则,有时间继电器控制与速度继电器控制两种形式。

1. 按时间原则控制的单向能耗制动控制线路

按时间原则控制的单向能耗制动控制线路及其接线图,如图 6-43 和图 6-44 所示,变压器和整流元件组成,提供制动用直流电。KM_2 为制动用接触器。KT 为时间继电器,控制制动时间的长短。

线路工作过程:

(1)启动。

合上电源开关QF，按下SB_1 →
- KM_1线圈得电并自锁→ KM_1常闭辅助触点断开
- KM_1主触点闭合→ 电动机M启动运行

(2)制动停车。

按下SB_2→
- KM_1线圈断电 → KM_1主触点断开 → 电动机M断电，惯性运行
- KM_2线圈得电 → KM_2主触点闭合 → 直流电通入M定子绕组，电动机能耗制动
- KT线圈得电延时 → KT常闭触点延时断开 → KM_2线圈断电，KM_2主触点断开，切断电动机直流电源，制动结束

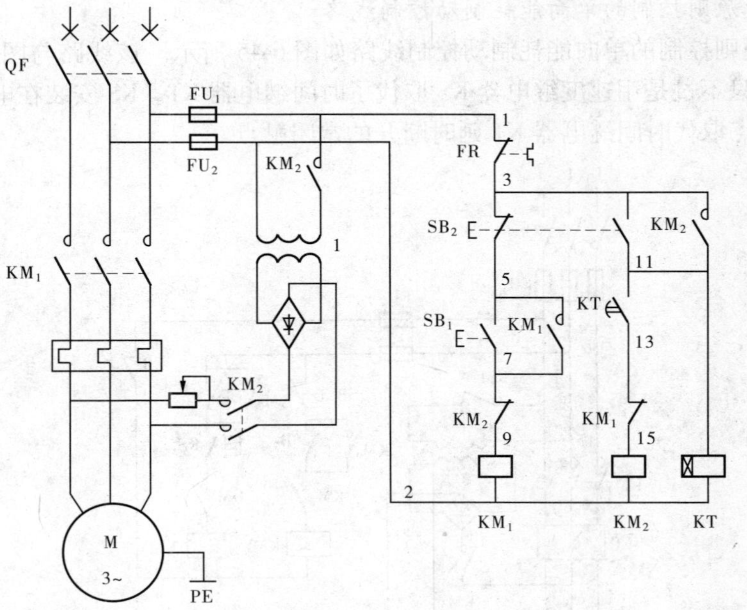

图 6-43　按时间原则控制的单向能耗制动控制线路

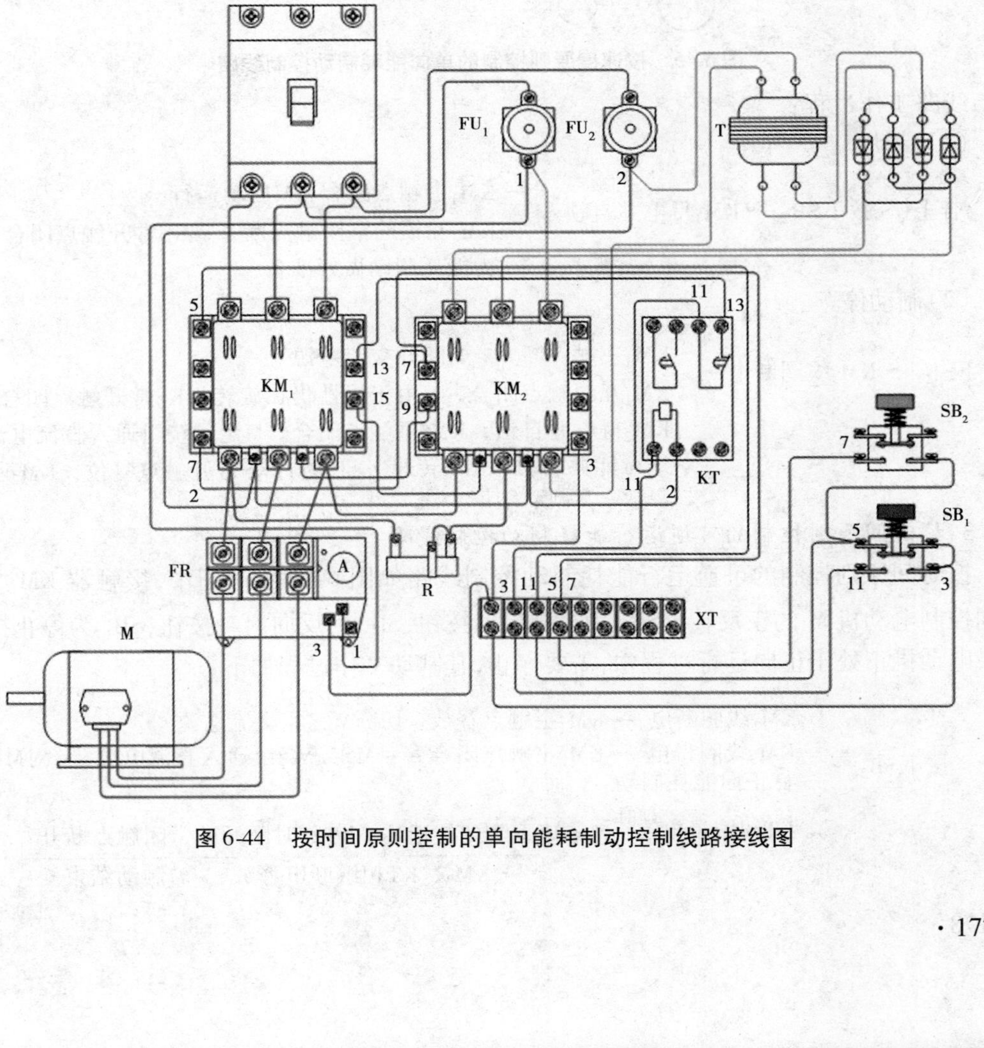

图 6-44　按时间原则控制的单向能耗制动控制线路接线图

2. 按速度原则控制的单向能耗制动控制线路

按速度原则控制的单向能耗制动控制线路如图6-45所示。该线路与图6-43的控制线路基本相同，只不过是用速度继电器KS取代了时间继电器KT。KS安装在电动机轴的伸出端，其常开触点取代时间继电器KT延时断开的常闭触点。

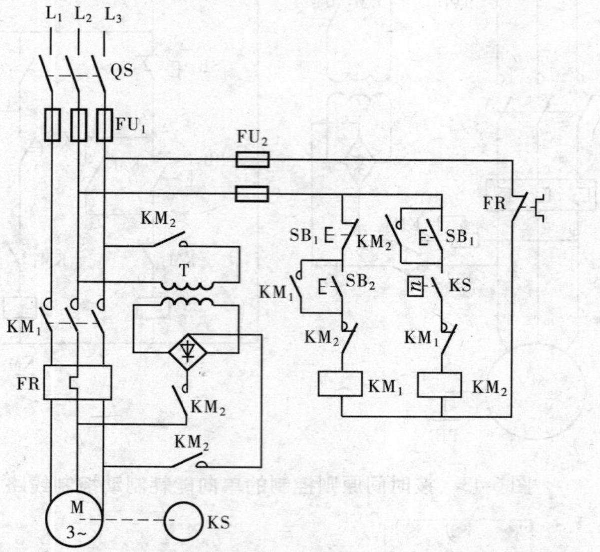

图6-45 按速度原则控制的单向能耗制动控制线路

线路工作过程：

(1)启动。

合上QS,按下SB_2→KM_1得电并自锁→
- KM_1主触点闭合，M启动运行
- KM_1互锁的常闭触点断开，KS常开触点闭合，为能耗制动做好准备

(2)制动停车。

按下SB_1→KM_1线圈断电→
- KM_1主触点断开，M断开交流电源
- KM_1互锁触点闭合，M由于惯性仍在旋转，KS常开触点闭合，KM_2得电并自锁，KM_2主触点闭合，M定子绕组通入直流电流，进行能耗制动，当M转速 $n \approx 0$时，KS常开触点复位，KM_2断电释放，M制动结束

3. 按时间原则控制的可逆运行能耗制动控制线路

按时间原则控制的可逆运行能耗制动控制线路如图6-46示。图中，接触器KM_1、KM_2分别控制电动机M的正反转。SB_2为正向启动按钮，SB_3为反向启动按钮，SB_1为停止按钮。如果电动机正处于正向运行过程中，需要停止，其制动工作过程如下：

按下SB_2→
- KM_1线圈断电→KM_1主触点释放，切断M三相交流电源
- KM_3线圈得电→KM_3主触点闭合→M定子绕组通入直流电源→对M进行正向能耗制动
- KT线圈得电$\xrightarrow{延时}$M转速下降到接近零，KT延时断开的常闭触点断开→KM_3、KT相继断电释放→M制动结束

电动机处于反向运行过程时的能耗制动过程与正向运行时类同,请读者自行分析。

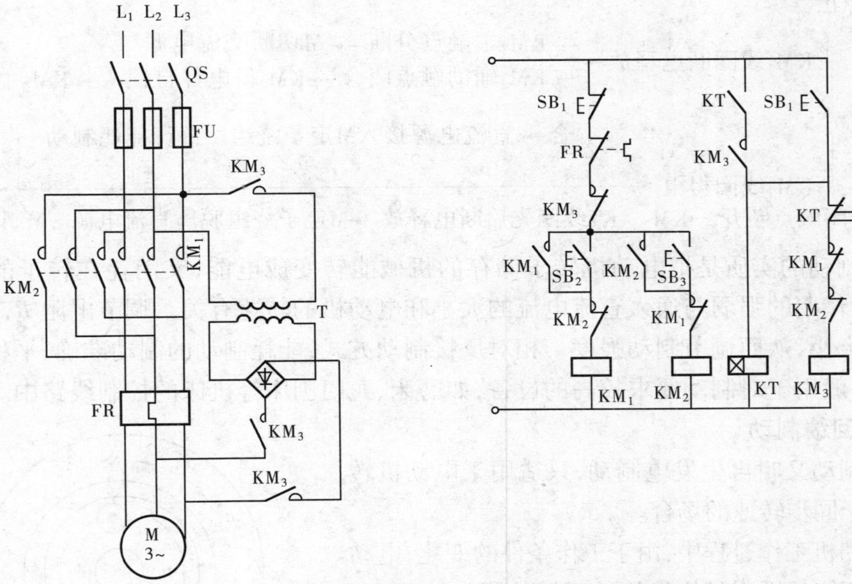

图 6-46　按时间原则控制的可逆运行能耗制动控制线路

如果用速度继电器取代图 6-46 的时间继电器 KT,只需对控制电路稍做改动,就可设计出一个按速度原则控制的可逆能耗制动控制线路,读者不妨一试。

4. 无变压器单相半波整流控制线路

前面介绍的几种能耗制动控制线路均需要变压器降压、全波整流,对于较大功率的电动机甚至还要采用三相整流电路,所需设备多,投资成本高。但是,对 10 kW 以下的电动机,如果制动要求不高,可采用无变压器单相半波整流控制线路,如图 6-47 示。

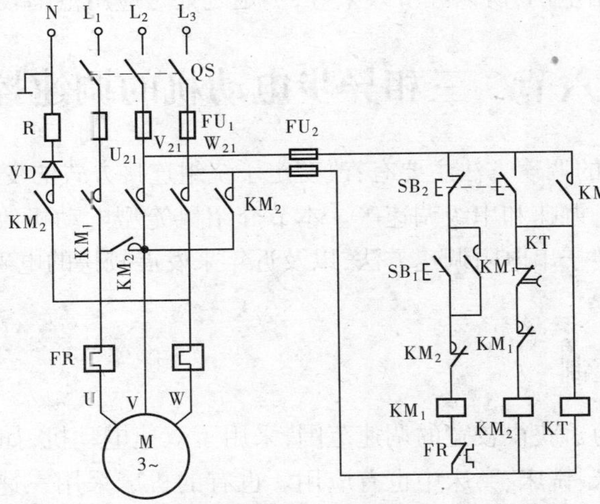

图 6-47　变压器单相半波整流能耗制动控制线路

线路工作过程:

(1)启动。

合上 QS,按下 SB_1→KM_1 得电并自锁→KM_1 主触点闭合→M 启动运行。

(2)停止。

按下SB_2→
- KM_1线圈断电释放→
  - KM_1主触点分断→M切断交流电源
  - KM_1辅助触点闭合→KM_2得电并自锁→KM_2主触点闭合→直流电源接入M定子绕组,进行能耗制动
- KM_1线圈得电 —延时→ KT延时断开的常闭触点断开→KM_2、KT线圈先后断电释放→M定子绕组脱离直流电源,M制动停止

能耗制动的实质是把电动机转子储存的机械能转变成电能,又消耗在转子的制动上。显然,制动作用的强弱与通入直流电流的大小和电动机的转速有关。调节电阻 R,可调节制动电流的大小,从而调节制动强度。相对反接制动方式,能耗制动的制动准确、平稳,能量消耗较小,一般用于对制动要求较高的设备,如磨床、龙门刨床等机床的控制线路中。

(三)回馈制动

回馈制动又叫再生发电制动,只适用于电动机转子转速高于同步转速的场合。

在电动机工作过程中,由于工作条件的变化,电动机的转速可能超过定子绕组旋转磁场的同步转速 n_1,起重机从高处降下重物时就是一例,如图 6-48 所示。

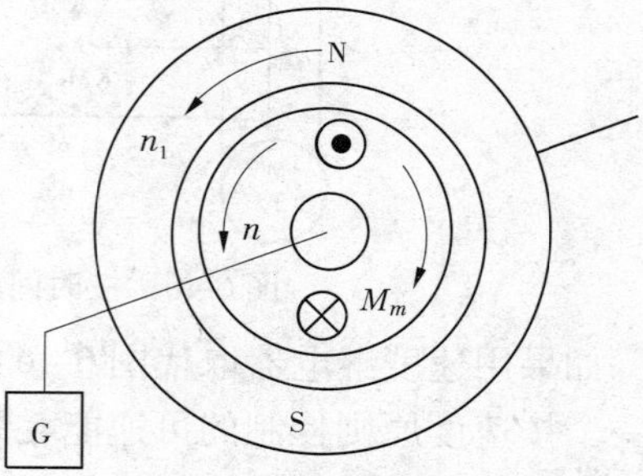

图 6-48　回馈制动原理示意图

图中电动机的转子转速与定子的旋转磁场的旋转方向相同,且转子转速比旋转磁场的转速高,即 $n>n_1$。这时,转子绕组切割旋转磁场,产生的感应电流的方向与原来电动机状态相反,则电磁转矩方向也与转子旋转方向相反,电磁转矩变为制动转矩,使重物不致下降过快。这种制动方式能把电动机储存的能量(此处包含重物的势能)转换为电能反馈给电网,所以经济效果好,不足之处是应用范围较窄。

第六节　三相异步电动机的调速控制

三相异步电动机的调速方法主要有:改变定子绕组连接方式的变极调速、改变转子电路中串联电阻调速、变频调速和串级调速等。本节介绍鼠笼型电动机改变磁极对数的调速方法、绕线转子电动机转子串电阻调速方法,以及近年来发展较快的电磁调速异步电动机的调速方法。

一、变极调速控制

在一些机床中,为了获得较宽的调速范围,采用了双速电动机,如 T68 型卧式镗床的主轴电动机,在某些车床、铣床、磨床中也有应用。也有的机床采用三速、四速电动机,以获取更宽的调速范围,其原理和控制方法基本相同。这里以双速异步电动机为例进行分析。

(一)双速异步电动机定子绕组的联结

双速异步电动机三相定子绕组△/YY 联结,如图 6-49 所示,图 6-49(a)为△接法,图(b)为 YY 接法,它们是通过改变定子绕组的接线方式,从而改变磁极对数来实现调速的,

故称为变极调速。

在图 6-49(a)中，出线端 U_1、V_1、W_1 接电源，U_2、V_2、W_2 端子悬空，绕组为三角形联结，每相绕组中两个线圈串联，成四个极，磁极对数 $p=2$，其同步转速，$n=60f/p=60\times 50/2=$ 1 500 r/min，电动机为低速；在图 6-49(b)中，出线端 U_1、V_1、W_1 短接，而 U_2、V_2、W_2 接电源，绕组为双星形联结，每相绕组中两个线圈并联，成两个极，磁极对数 $p=1$，同步转速 ，$r=$ 3 000 r/min，电动机为高速。由此可见，双速电动机高速运转时的转速是低速运转时的两倍。

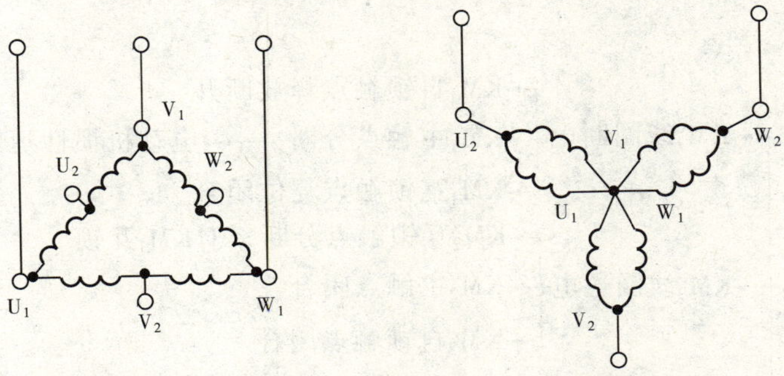

(a)△接法 (b)YY接法

图 6-49 三相定子绕组△/YY 联结

(二)用按钮控制的双速电动机高、低速控制线路

用按钮控制的双速电动机高、低速控制线路，如图 6-50 所示，其控制电路主要由两个复合按钮和三个接触器组成。SB_2 为低速启动按钮，SB_3 为高速启动按钮。在主电路中，电动机绕组接成三角形，从三个顶角处引出 U_1、V_1、W_1 与接触器 KM_1 主触点连接；在三相绕组各自的中间抽头引出 U_2、V_2、W_2 与接触器 KM_2 的主触点连接；在 U_1、V_1、W_1 三者之间又与接触器 KM_2 主触点连接。它们的控制电路由复合按钮 SB_2、SB_3 和接触器 KM_1、KM_2 的辅助常闭触点实现复合电气联锁。

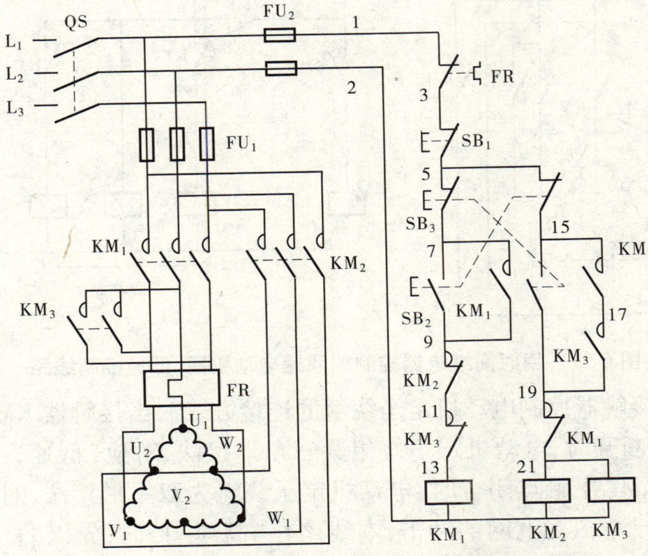

图 6-50 用按钮控制的双速电动机高、低速控制线路

线路工作过程：

（1）低速运转。

合上QS → 按下SB_2 → KM_1线圈通电
- → KM_1自锁触点闭合自锁
- → KM_1主触点闭合 → 电动机绕组接成△形，低速运转
- → KM_1互锁触点分断，对KM_2、KM_3互锁

（2）高速运转。

合上QS → 按下SB_3
- → KM_1线圈断电
  - → KM_1自锁触点释放断开
  - → KM_1主触点分断 → 电动机惯性运转
  - → KM_1互锁触点复位闭合
- → KM_2线圈通电
  - → KM_2互锁触点分断，对KM_1互锁
  - → KM_2主触点闭合
  - → KM_2自锁触点闭合
- → KM_3线圈通电
  - → KM_3自锁触点闭合
  - → KM_3主触点闭合，U_1、V_1、W_1并成一点
  - → KM_3互锁触点分断，对KM_1互锁

（KM_2主触点闭合、KM_2自锁触点闭合、KM_3自锁触点闭合、KM_3主触点闭合、KM_3互锁触点分断）→ 电动机绕组接成YY形高速运行

（三）用时间继电器控制的双速电动机高、低速控制线路

用时间继电器控制的双速电动机高、低速控制线路，如图6-51示。

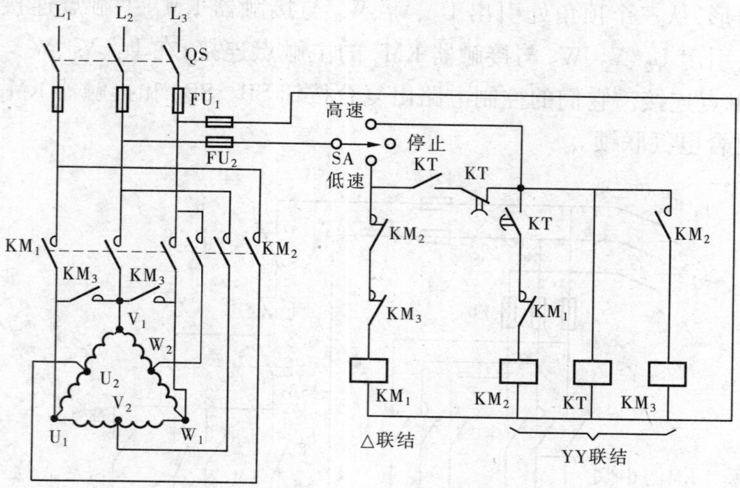

图6-51　用时间继电器控制的双速电动机高、低速控制线路

图中用了三个接触器控制电动机定子绕组的连接方式。当接触器KM_1的主触点闭合，KM_2、KM_3的主触点断开时，电动机定子绕组为三角形接法，对应“低速”挡；当接触器KM_1主触点断开，KM_2、KM_3主触点闭合时，电动机定子绕组为双星形接法，对应“高速”挡。为了避免“高速”挡启动电流对电网的冲击，本线路在“高速”挡时，先以“低速”启动，待启动电流过去后，再自动切换到“高速”运行。

SA 是具有三个挡位的转换开关。当扳到中间位置时，为“停止”挡位，电动机不工作。当扳到“低速”挡位时，接触器 KM_1 线圈得电动作，其主触点闭合，电动机定子绕组的三个出线端 U_1、V_1、W_1 与电源相接，定子绕组接成三角形，低速运转。当扳到“高速”挡位时，时间继电器 KT 线圈首先得电动作，其瞬动常开触点闭合，接触器 KM_1 线圈得电动作，电动机定子绕组接成三角形低速启动。然后经过延时，KT 延时断开的常闭触点断开，KM_1 线圈断电释放，KT 延时闭合的常开触点闭合，接触器 KM_2 线圈得电动作。紧接着，KM_3 线圈也得电动作，电动机定子绕组被 KM_2、KM_3 的主触点换接成双星形，以高速运行。

二、变更转子外串电阻的调速控制

绕线转子电动机可采用转子串电阻的方法调速。随着转子所串电阻的减小，电动机的转速升高，转差率减小。改变外串电阻值，使电动机工作在不同的人为特性上，可获得不同的转速，从而实现调速的目的。

绕线转子电动机广泛用于起重机、吊车一类生产机械上，通常采用凸轮控制器进行调速控制。图 6-52 是采用凸轮控制器控制的电动机正、反转和调速的线路。

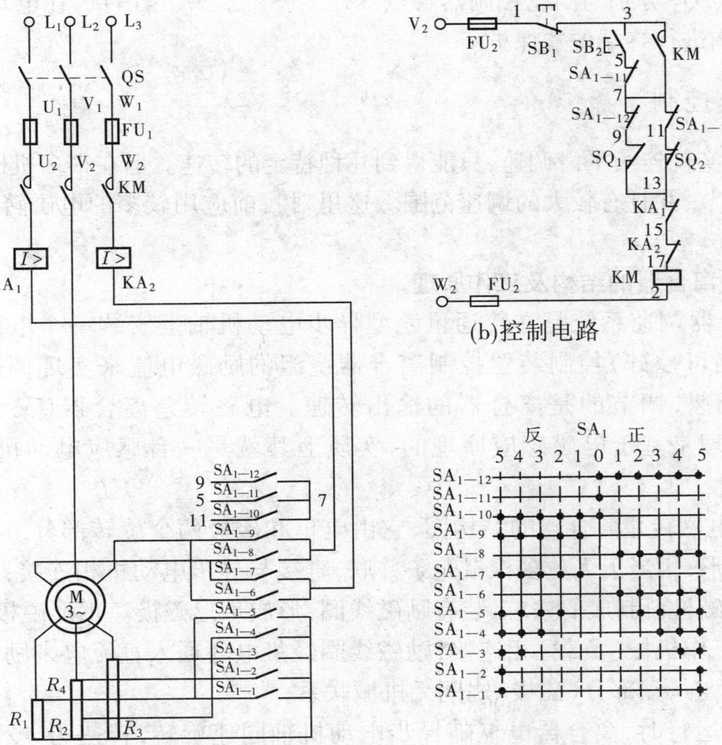

图 6-52 采用凸轮控制器控制电动机正、反转和调速的线路

在电动机 M 的转子电路中，串接了三相不对称电阻，在启动和调速时，由凸轮控制器的触点进行控制。定子电路电源的相序也是由凸轮控制器进行控制的。

该凸轮控制器的触点展开图,如图6-52(c)所示。列上的虚线表示"正"、"反"的5个挡位和中间"0"位,每一根横线对应凸轮控制器的一个触点。黑点表示该位置触点接通,没有黑点则表示不通。触点SA_{1-1} ~ SA_{1-5}与转子电路串接的电阻相连接,用于短接电阻,控制电动机的启动和调速。

线路工作过程:

将SA_1手柄置"0"位,SA_{1-10}、SA_{1-11}、SA_{1-12}三对触点接通。合上电源开关QS,按SB_2→KM线圈得电并自锁→KM主触点闭合→将凸轮控制器手柄扳到正向"1"位触点SA_{1-12}、SA_{1-8}、SA_{1-6}闭合→M定子接通电源,转子串入全部电阻($R_1+R_2+R_3+R_4$)正向低速启动→将SA_1手柄扳到正向"2"位→SA_{1-12}、SA_{1-8}、SA_{1-6}、SA_{1-5}四对触点闭合切除电阻R_1,M转速上升→当SA_1手柄从正向"2"位依次转向"3"、"4"、"5"位时,触点SA_{1-4} ~ SA_{1-1}先后闭合,R_2、R_3、R_4被依次切除,M转速逐步升高至额定转速运行。

将SA_1手柄由"0"位扳到反向"1"位,触点SA_{1-10}、SA_{1-9}、SA_{1-7}闭合,M因电源相序改变而反向启动。将手柄从"1"位依次扳向"5"位,M转子所串电阻被依次切除,M转速逐步升高,其过程与正转相同。

限位开关SQ_1、SQ_2分别与凸轮控制器触点SA_{1-10}、S_{A1-9}、SA_{1-7}串接,在电动机正、反转过程中,对运动机构进行终端位置保护。

三、电磁调速控制

变极调速不能实现连续平滑调速,只能得到几种特定的转速。但在很多机械中,要求转速能够连续无级调节,并且有较大的调速范围。这里对目前应用较多的电磁转差离合器调速系统进行分析。

(一)电磁转差离合器的结构及工作原理

电磁转差离合器调速系统是在普通鼠笼型异步电动机轴上安装一个电磁转差离合器,由晶闸管(又名可控硅)控制装置控制离合器绕组的励磁电流来实现调速的。异步电动机本身并不调速,调节的是离合器的输出转速。电磁转差离合器(又名滑差离合器)的基本工作原理是基于电磁感应原理的,实质上其就是一台感应电动机,其结构如图6-53(a)所示。

图6-53(a)为电磁转差离合器的结构图,它由电枢和磁极两个旋转部分组成。电枢用铸钢材料制成圆筒形,相当于无数多根鼠笼条并联,直接与异步电动机相连接,一起转动或停止。磁极是用铁磁材料制成的铁芯,装有励磁线圈,形成爪形磁极。爪形磁极的轴(即输出轴)与被拖动的工作机械(负载)相连接,励磁线圈经集电环通入直流电来励磁。离合器的主动部分(电枢)与从动部分(磁极)之间无机械联系。

当异步电动机运行时,离合器电枢随异步电动机轴同速旋转,转速为n,转向设为顺时针方向。若励磁绕组通入的励磁电流$I_L=0$,则电枢与磁极之间既无电联系也无磁联系,磁极不转动,相当于负载被"离开";若励磁电流$I_L\neq0$,磁极产生磁场,与电枢之间有了磁联系。由于电枢与磁极之间有相对运动,在电枢鼠笼导条中产生感应电动势和感应电流。根据右手定则,对着磁极N极的电枢导条电流流出纸面,对着S极的则流入纸面。这些电枢导条中的感应电流又形成新的磁场,根据右手螺旋定则可判定其极性,如图6-53(b)中的N、S。这种电枢上的磁极与爪形磁极N、S相互作用,使爪形磁极受到与

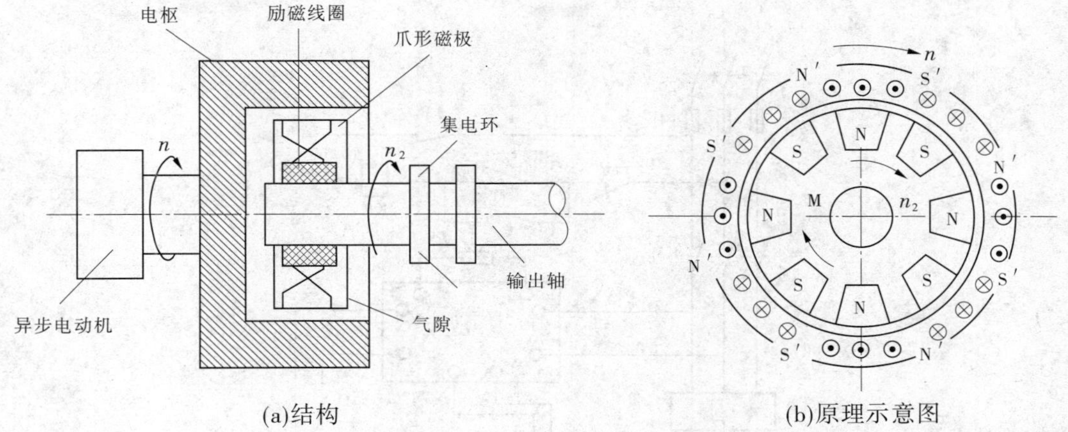

(a)结构　　　　(b)原理示意图

图 6-53　电磁转差离合器结构及工作原理

电枢转速 n 同方向的作用力，进而形成与转速同方向的电磁转矩 M，使爪形磁极与电枢同方向旋转，转速为 n_2 相当于负载被“合上”。爪形磁极的转速 n_2 必然小于电枢转速 n，因为只有它们之间存在转速差才能产生感应电流和转矩，故称为电磁转差离合器。又因为它的作用原理与异步电动机相似，所以又常将它及与其相连的异步电动机一起称为“滑差电动机”。

转差离合器从动部分的转速与励磁电流强弱有关。励磁电流越大，建立的磁场越强，在一定的转差下产生的转矩越大，输出转速越高。因此，调节转差离合器的励磁电流，就可调节转差离合器的输出转速。由于输出轴的转向与电枢转向一致，要改变输出轴的转向，必须改变异步电动机的转向。

电磁转差离合器调速系统的优点是结构简单、维护方便、运行可靠，能平滑调速，采用闭环系统可扩大调速范围。缺点是调速效率低，在低速时尤为突出，不宜长期低速运行，且控制功率小。由于其机械特性较软，不能直接用于速度要求比较稳定的工作机械上，必须在系统中接入速度负反馈，使转速保持稳定。

(二)电磁调速异步电动机的控制

电磁调速异步电动机的控制线路，如图 6-54 所示。VC 为晶闸管控制器，其作用是将单相交流电变换成可调直流电，供转差离合器调节输出转速。

线路工作原理如下：

按下启动按钮 SB_1，接触器 KM 线圈得电并自锁，主触点闭合，电动机 M 运转。同时接通晶闸管控制器 VC 电源，VC 向电磁转差离合器爪形磁极的励磁线圈提供励磁电流，由于离合器电枢与电动机 M 同轴连接，爪形磁极随电动机同向转动，调节电位器 R，可改变转差离合器磁极的转速，从而调节拖动负载的转速。测速发电机 TG 与磁极连接，将输出转速的速度信号反馈到控制装置 VC，起速度负反馈作用，稳定转差离合器输出转速。

SB_2 为停车按钮。按下 SB_2，KM 线圈断电，电动机 M 和电磁转差离合器同时断电停止。

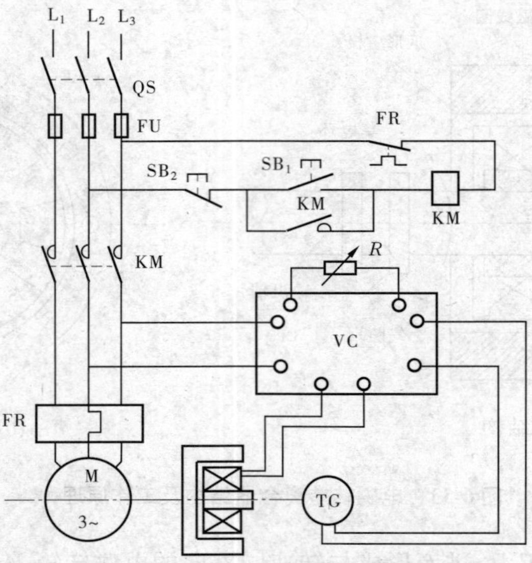

图 6-54 电磁调速异步电动机控制线路

第七节 电气控制系统的保护环节

为了确保设备长期、安全、可靠无故障地运行，机床电气控制系统都必须有保护环节，用以保护电动机、电网、电气控制设备及人身的安全。电气控制系统中常见的保护环节有短路保护、过载保护、过电流保护、零电压保护和欠电压保护以及弱磁保护等。

一、常见的保护环节

(一)短路保护

电动机绕组或导线的绝缘损坏，或者线路发生故障时，都可能造成短路事故。短路时，若不迅速切断电源，会产生很大的短路电流和电动力，使电气设备损坏。常用的短路保护元件有熔断器 FU 和自动开关 QF。

在短路时，熔断器由于熔体熔断而切断电路起保护作用；自动开关在电路出现短路故障时自动跳闸，起保护作用。

(二)过载保护

三相异步电动机的负载突然增加、断相运行或电网电压降低都会引起过载。电动机长期超载运行，其绕组温升将超过允许值，会造成绝缘材料变脆、变硬、减少寿命，甚至造成电动机损坏，因此要进行过载保护。常用的过载保护元件是热继电器 FR 和自动开关 QF。

由于热继电器的热惯性较大，不会受电动机短时过载冲击电源或短路电流的影响而瞬时动作，热继电器具有过载保护作用而不具有短路保护作用。选择时注意，作为短路保护，熔断器熔体的额定电流一般不应超过热继电器发热元件额定电流的 4 倍。

(三)过电流保护

过大的负载转矩或不正确的启动方法会引起电动机的过电流故障。过电流一般比短路电流要小，产生过电流比发生短路的可能性更大，尤其是在频繁正反转启动、制动的重复短时工作中更是如此。过电流保护主要应用于直流电动机或绕线式异步电动机。对于三相笼型异步电动机,由于其短时过电流不会产生严重后果,故可不设置过电流保护。过电流继电器同时也起着短路保护的作用,一般过电流的动作值为启动电流的 1.2 倍。过电流保护元件是过电流继电器,通常采用过电流继电器 KI 和接触器 KM 配合使用。

将过电流继电器线圈串接于被保护的主电路中,其常闭触点串接于接触器控制电路中。当电流达到整定值时,过电流继电器动作,其常闭触点断开,切断控制电路电源,接触器断开电动机的电源而起到保护作用。

(四)零电压保护

零电压保护是为防止电网失电后恢复供电时电动机自行启动而实行的保护。当电动机正在运行时,如果电源电压因某种原因消失,那么在电源电压恢复时,必须防止电动机自行启动。否则,将可能造成生产设备的损坏,甚至发生人身事故。而对电网来说,若同时有许多电动机自行启动,则会引起过电流,也会使电网电压瞬间下降,因此要进行零电压保护。

(五)欠电压保护

欠电压保护是为防止电源电压降到允许值以下造成电动机损坏而实行的保护。当电动机正常运转时,如果电源电压过分地降低,将引起一些电器释放,造成控制线路工作不正常,可能产生事故。对电动机来说,如果电源电压过低,而负载不变时,会造成电动机绕组电流增大,使电动机发热甚至烧坏,还会引起转速下降甚至停转,因此要进行欠电压保护。

一般通过接触器 KM 的自锁环节来实现电动机的零电压、欠电压保护,也可用自动开关 QF 来进行保护。

二、电动机多保护控制电路

(1)电动机多保护控制电路原理图,如图 6-55 所示。

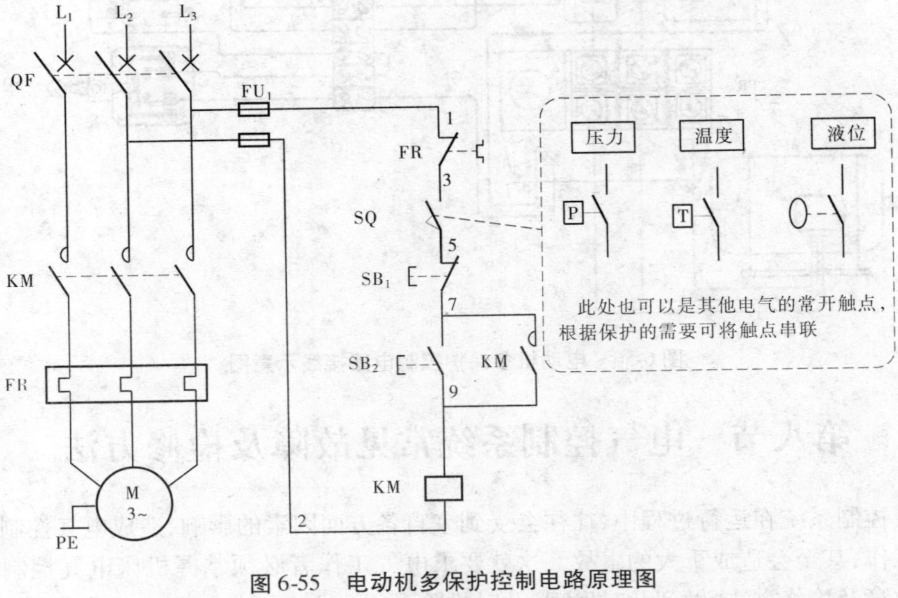

图 6-55　电动机多保护控制电路原理图

电动机多保护启动电路是外围辅助设备必须达到工作要求时电动机才可以启动的电

路，如图中的 SQ 是一个限位开关，起到位置保护作用，辅助设备未达到位置要求，电动机不能启动。根据工作需要，也可以是压力、温度、液位等多种控制，当需要多种保护时可将各种辅助保护设备的常开触点串接起来即可。

电动机多保护启动电路的启动过程是，合上 QF 开关电路得电，但这时 SB_2 启动按钮不起作用，因为辅助保护的 SQ 常开触点未闭合，只有当辅助设备达到位置要求时，SQ 常开触点闭合，SB_2 按钮才起作用。如果在运行当中辅助设备的位置发生了变化，SQ 触点立即断开，KM 接触器线圈断电释放，KM 接触器主触点断开电动机停止运行，从而达到保护的目的。

（2）电动机多保护控制电路接线示意图。

电动机多保护控制电路接线示意图，如图 6-56 所示。

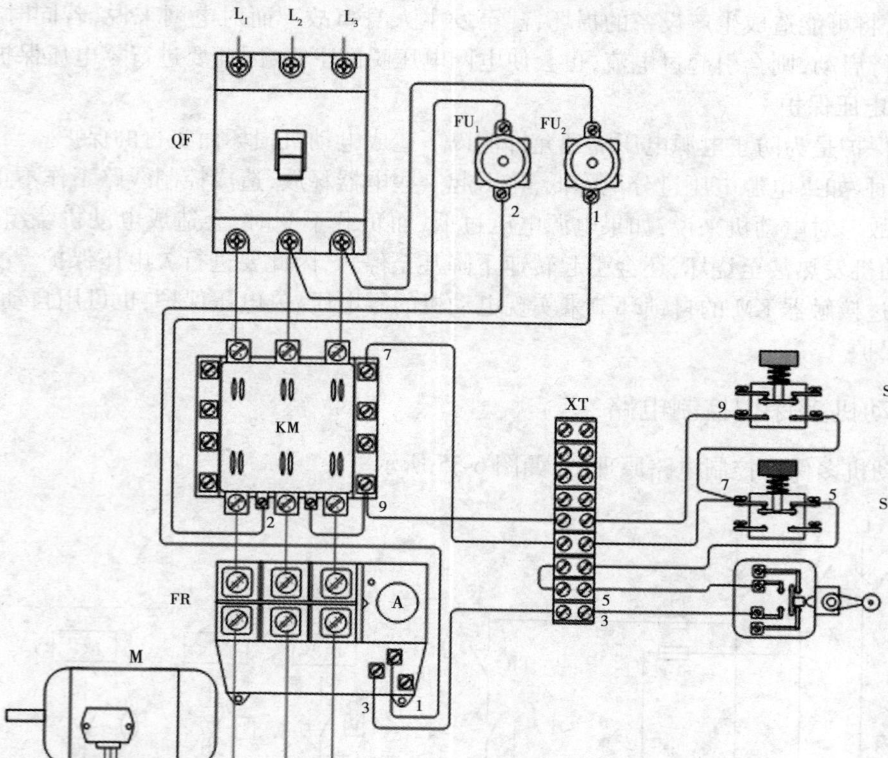

图 6-56　电动机多保护控制电路接线示意图

第八节　电气控制系统常见故障及检修方法

电气控制系统在运行过程中，往往会受到来自各方面因素的影响，造成电气控制系统不能正常工作，甚至会造成重大的事故。这就要求电气工作者必须掌握机床电气控制线路中的常见故障及检修方法，做到及时发现、及时排除。

一、电气控制系统常见故障及原因

电气控制系统的电路故障是指在一个电路内除了电源和元器件本身故障以外的使电路不能正常工作的其他一切故障。所以，电路故障也是整体方面的故障，包括接线方式、电接触、电路参数配合等方面。按照电气装置的构成特点，从查找电气故障的观点出发，常见的电气故障可分为电源故障、电路故障及设备和元件故障三类：

（一）电源故障

电源故障主要有缺电源、电压、频率偏差、极性接反、相线和中性线接反、缺一相电源、相序改变、交直流混淆等。

（二）电路故障

电路故障主要有断线、短路、短接、接地、接线错误等。

（1）断路故障。

电路断路故障是指电路某一回路非正常断开，使电流不能在回路中流通的故障，如断线、接触不良等。

（2）短路和短接故障。

电路中的不同电位的两点被导体短接起来，造成电路不能正常工作，称为短路故障，某些情况下也称为短接故障。

（3）接地故障。

电路中的某点非正常接地所形成的故障，称为接地故障。接地故障有单相接地故障，两相或三相接地故障。对于中性点不接地的单相接地，将使三相对地电压发生严重变化，从而造成电气绝缘击穿的故障等。

（4）极性故障。

直流电流有正极、负极。交流电路有同名端、异名端。在许多情况下，如果极性接反，同名端接错，将造成电气设备不能正常工作的电路故障，称为极性故障。

（5）连接故障。

任何电路都是将各元件按照一定的顺序连接起来的。在许多情况下，如果这种顺序被打乱，或者将电路中的一些控制元件漏接或多接，三相电路的星形连接和三角形连接接错等，都会使电路不能正常工作。这种故障称为电路连接故障。

（6）电路参数配合故障。

电路的正常工作离不开电路中各种元件参数的匹配，否则就会造成电路参数配合故障。例如，电路中电感和电容的串联或并联，在某一频率下，电路发生谐振，形成谐振过电压或过电流。在电子电路中，元件参数有误，将导致电路不能正常工作，或电路性能下降。不同元件的串并联，如果参数不匹配，将使各元件所承受的电压或各支路电流分配不均而造成电路故障。

（7）导线故障。

导线是由导电的金属部分和包在外面的绝缘层组成的。导线产生故障的原因有两种：

①断线。如果导线用于两个相对活动的部件的连接，那么导线将会随着活动部件的移动而弯曲和伸直。由于金属有疲劳现象，当弯曲超过一定的次数，或小于一定的曲率半径时，将会引起导线的折断。有时，这种折断只是导线内部芯线的断裂，而外部绝缘层完好，所

以难以发现故障。在固定连线中,导线从中间折断的可能性较小,也很少见。在实际应用中,活动部分的导线应尽量选择软导线,以防止导线的折断。发生断线的另外一个原因是霉断,这种情况一般发生在较细的导线中。例如,收音机中频变压器内的绕组或测量仪表表头内的线圈,由于漆包线很细,加上霉菌生长或铜的锈蚀,均会造成漆包线断线。粗导线很少会因此而断线。机械损伤也会造成导线断线。敷设导线前,如果导线受到外力损伤使某一处截面变小,则在通过大电流时,截面小的地方就会发热严重,甚至烧断导线。而外力的作用致使导线从中间裂断,比较直观,也比较容易维修。

②漏电。漏电是指导线已经绝缘不良,但并未完全损坏时所产生的漏电现象。常见的有外壳带电、绝缘指示不正常,当绝缘层磨破之后,两根线芯连接在一起,这就是短路。短路是较严重的故障,轻则使电气控制电路工作不正常,重则发生电源短路事故,甚至使整个系统瘫痪。

(8)导线连接部分的故障。

导线与导线之间的连接以及导线与元器件之间的连接是最容易出问题的地方。由于导体表面不是绝对的光滑,因此两导体相接触时只是若干点的接触,电流流过时会产生束流现象,造成接触面上的接触电阻过大,发热较严重。接触部分常见的故障有松脱、发热、接触不良等。

①松脱。松脱常出现在工作环境比较恶劣的场所,如系统振动比较厉害,将造成螺钉松动引起导线脱落。脱落的导线碰到别处,会造成漏电、短路事故等。因此,导线的连接必须牢固,特别在振动比较剧烈的场合,导线连接更要注意。螺钉连接时,应将导线弯成圆环套在螺钉上。

②发热。接触电阻较大是发热的主要原因,特别在大功率、大电流的场合,发热现象特别突出。发热严重时会造成金属氧化,甚至烧熔、冒火。一般的金属氧化后,所生成的氧化物的导电性能都较差,而银的氧化物的导电性能和银差不多,故在导电元件的连接中,银的使用量较多。如果采用的金属是铜或铝,那么在接触处发热时,会加速铜或铝的氧化,而铜或铝的氧化,则意味着接触电阻的增加,即加剧了金属发热现象。这一恶性循环,是烧坏导线连接处的主要原因。导线发热常伴着金属的部分发热和绝缘的部分烧坏,通过观察即可容易地发现这种故障。要避免这种情况,必须从接触电阻入手,增加导线的接触面积是一种有效方法。增加导线的接触面积可以从以下几个方面入手:一是增加导线连接部分的长度;二是增加连接件的接触压力,使导线的连接从点接触变为面接触,如采用大螺栓、螺母进行连接等;三是采用焊接的方法。第三种方法是增加连接部分的导电性能,可在连接部分镀一层锡或在接触面上涂上导电硅脂等。一旦发生了连接处过热的情况,应采取积极的措施,以防止故障扩大。首先对氧化层进行清除,然后对烧蚀部分进行修复,最后再对照上述方法进行解决。如果螺钉被烧坏,不能拧动,可用煤油浸泡。必要时可更换连接件、导线或将导线头部剪除重剥,以杜绝发热现象的发生。

③接触不良。接触不良是指导体连接部分接触电阻过大或不稳定,使电路不能正常工作,或出现时好时坏的故障。产生接触不良故障的原因一般是连接处松动、发热、氧化、发霉等。为防止连接件出现接触不良的现象,除了要按国家规定安装操作,还需要定期检查,及时发现问题和解决问题。

(三)设备和元件故障

在电气控制系统中,控制元器件种类较多。元器件不同,故障种类和故障现象也不同。一般有下面几种故障。

(1)元器件损坏。

元器件损坏的原因是多方面的。有自身的质量问题,有外力的作用,也有工作条件超过极限等原因。元器件损坏后,往往能从外表看到变形、烧焦、冒烟、部分损坏等明显故障,有时伴有异味。当然也有的元器件损坏后,从外表上看与完好时一样,只有用仪表测试时才能发现问题。元器件损坏是比较常见的故障,它能造成系统功能异常,甚至使系统瘫痪。在检修过程中,采用"一问、二看、三摸、四量、五换"的方法,一般都能奏效。对于值得怀疑的元器件,首先观察其外表,如发现明显问题如变形、冒烟等,说明该元器件已损坏,即使能够工作,也常常是下次故障的根源。然后,对可疑元器件进行测量,可以在电路上进行,以判断其部分性能,也可以在电气控制电路停止工作时进行,但要注意考虑其他电路对测量数据的影响。另一种方法是将被怀疑的元器件从电气电路中拆取出来,以排除其他电路对测量的影响,确切地测出元器件的性能。此外,也可以对被怀疑的元器件采用替代的方法,即用一个好的元器件替代被怀疑的元器件,这种方法在弄不清电路原理时比较有用,是一种不使用测量仪器的有效方法。

元器件的损坏经常和其他部分故障有直接联系。例如,接触器触点烧坏表明回路中有短路现象存在,对此必须追根究底加以排除,而不是简单的更换元件。元器件故障的原因不排除,将会导致下一次故障的出现。

(2)元器件性能变差。

同其他系统一样,元器件性能变差是一种软故障,也是一种难以查找的故障。这种故障又分两种:

①性能一直较差,例如自动恒速系统,系统的速度波动比原来大。

②性能时好时坏,有时候不能正常工作,但修理时却又没有问题了,怎么也查不出故障所在。这种故障的出现,与元器件损坏的原因一样,如工作状况的变化、环境参量的改变以及其他故障连带引起等,都是元器件性能变差的原因。元器件性能变差以后,经过一段时间的发展,会造成元器件的损坏,甚至影响到其他元器件的可靠性。因此,这种故障出现后,必须加以处理,以避免造成更大的损失。这类故障的查找比较困难,通常是采用恶化工况的方法进行查找。例如,让电气控制系统工作于高温环境,或者工作于较潮湿环境,必要时可提高电源电压等。待故障出现后,动作要快,测量要细,判断要迅速,以免系统长时间工作于故障状况或极限状况而造成更大的损坏。其他方法如测温、听声、嗅味等,在检修中也常使用。综上所述,我们了解了电气控制电路的特点,当电路发生常见故障时,才能够准确地查找其故障所在,从而排除故障,使系统能够正常稳定的运行。

根据故障现象分析故障原因,是查找电气故障的关键。分析的基础是电工基本理论,是对电气装置的构造、原理、性能的充分理解,是与故障实际的结合。某一电气故障产生的原因可能很多,重要的是在众多原因中找出最主要的原因,并运用方法去排除故障。例如,某三相笼型异步电动机出现了不能运转的故障,不论是什么情况,最集中的表现是电动机不能工作,但故障不一定是在电动机,而可能是电源故障,也可能是电路故障或者是设备和元器件故障等。也就是说,同一种故障形式,故障的原因多种多样。在这些原因中,到底是哪方面的原因使电动机不能运转,还要经过更深入、更详细的分析。再例如,如果电动机是第一次使用,就应从电源、电路、电动机和负载等多方面进行检查分析;如果电动机是经修理后第一次使用,就应着手于电动机本身的检查分析;如果电动机运转一段时间突然不能运转,就应从电源及控制元件方面进行检查分析。经过以上过程,进而确定电动机故障的具体原因

二、故障检修的方法

电气故障的检修方法较多,常用的有电压测量法、电阻测量法和短接法等。

(一)电压测量法

电压测量法指利用万用表测量机床电气线路上某两点间的电压值来判断故障点的范围或故障元件的方法。

1. 分阶测量法

电压的分阶测量法示意图,如图 6-57 所示。

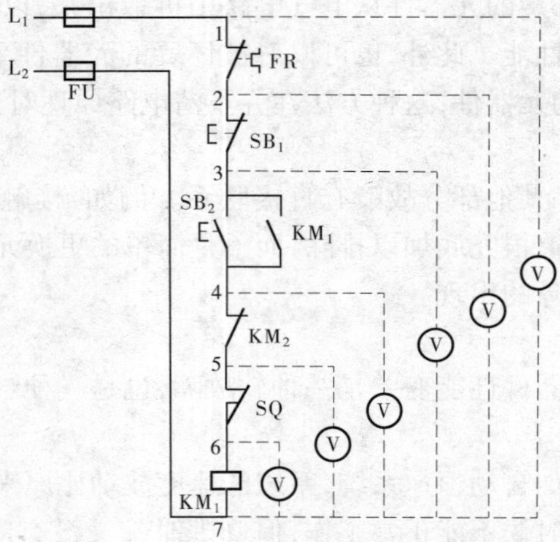

图 6-57　电压的分阶测量法示意图

检查时,首先用万用表测量 1、7 两点间的电压,若电路正常应为 380 V。然后按住启动按钮 SB_2 不放,同时将黑色表棒接到点 7 上,红色表棒按 6、5、4、3、2 标号依次向前移动,分别测量 7—6、7—5、7—4、7—3、7—2 各阶之间的电压,电路正常情况下,各阶的电压值均为 380 V。如测到 7—6 之间无电压,说明是断路故障,此时可将红色表棒向前移,当移至某点(如点 2)时电压正常,说明点 2 以前的触点或接线有断路故障,一般是点 2 后第一个触点(即刚跨过的停止按钮 SB_1 的触点)或连接线断路。

2. 分段测量法

电压的分段测量法,如图 6-58 所示。

先用万用表测试 1、7 两点,电压值为 380 V,说明电源电压正常。

电压的分段测试法是将红、黑两根表棒逐段测量相邻两标号点 1—2、2—3、3—4、4—5、5—6、6—7 间的电压。

如电路正常,按 SB_2 后,除 6—7 两点间的电压等于 380 V 之外,其他任何相邻两点间的电压值均为零。

如按下启动按钮 SB_2,接触器 KM_1 不吸合,说明发生断路故障,此时可用电压表逐段测

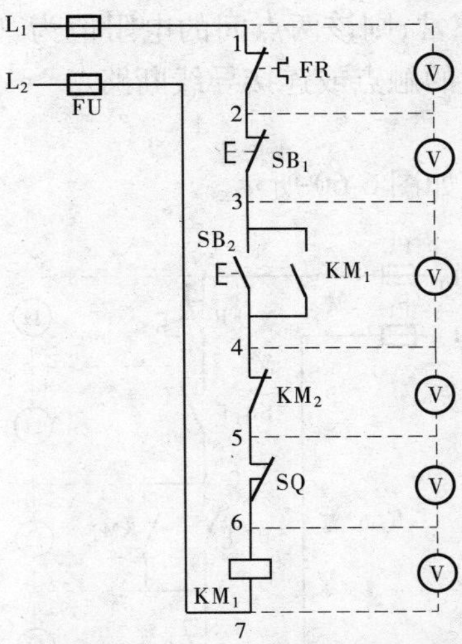

图 6-58　电压的分段测量法示意图

试各相邻两点间的电压。如测量到某相邻两点间的电压为 380 V 时，说明这两点间所包含的触点、连接导线接触不良或有断路故障。例如，标号 4—5 两点间的电压为 380 V，说明接触器 KM_2 的常闭触点接触不良。

（二）电阻测量法

电阻测量法指利用万用表测量机床电气线路上某两点间的电阻值来判断故障点的范围或故障元件的方法。

1. 分阶测量法

电阻的分阶测量法示意图，如图 6-59 所示。

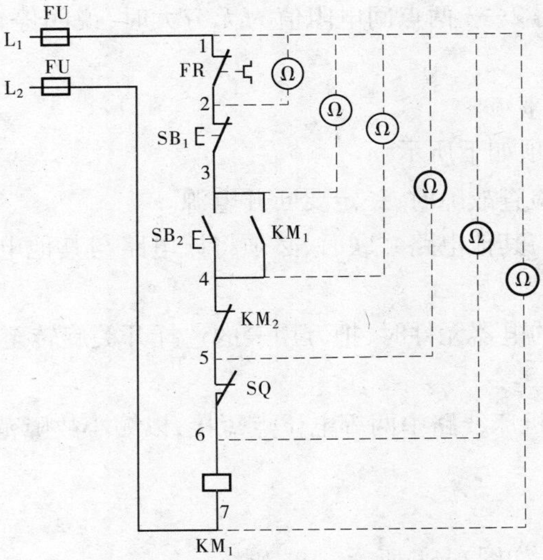

图 6-59　电阻的分阶测量法

按下启动按钮 SB_2，接触器 KM_1 不吸合，该电气回路有断路故障。

用万用表的电阻挡检测前应先断开电源，然后按下 SB_2 不放松，先测量 1—7 两点间的电阻，如电阻值为无穷大，说明 1—7 之间的电路断路。然后分阶测量 1—2、1—3、1—4、1—

5、1—6 各点间电阻值，若电路正常，则该两点间的电阻值为“0”；若测量到某标号间的电阻值为无穷大，则说明表棒刚跨过的触点或连接导线断路。

2. *分段测量法*

电阻的分段测量法示意图，如图 6-60 所示。

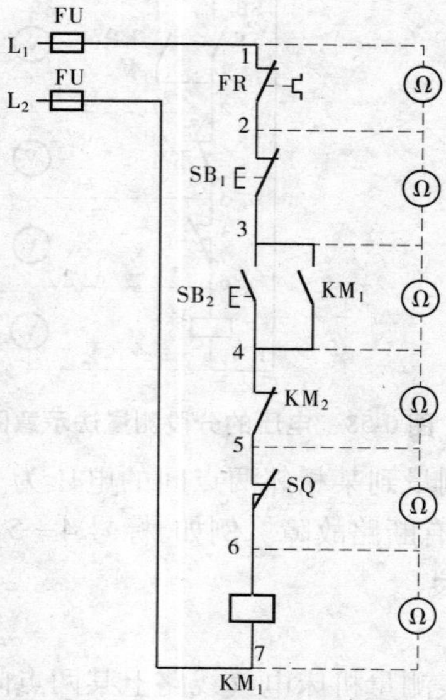

图 6-60　电阻的分段测量法

检查时，先切断电源，按下启动按钮 SB_2，然后依次逐段测量相邻两标号点 1—2、2—3、3—4、4—5、5—6 间的电阻。如测得某两点间的电阻力无穷大，说明这两点间的触点或连接导线断路。例如，当测得 2—3 两点间电阻值为无穷大时，说明停止按钮 SB_1 或连接 SB_1 的导线断路。

3. *电阻测量法注意事项*

电阻测量法注意事项如下所示：

（1）用电阻测量法检查故障时，一定要断开电源。

（2）如被测的电路与其他电路并联时，必须将该电路与其他电路断开，否则所测得的电阻值是不准确的。

（3）测量高电阻值的电器元件时，把万用表的选择开关旋转至适合电阻挡。

（三）短接法

短接法指用导线将机床线路中两等电位点短接，以缩小故障范围，从而确定故障范围或故障点的方法。

1. *局部短接法*

局部短接法示意图，如图 6-61 所示。

按下启动按钮 SB_2 时，接触器 KM_1 不吸合，说明该电路有故障。检查前先用万用表测量 1—7 两点间的电压值，若电压正常，可按下启动按钮 SB_2 不放松，然后用一根绝缘良好的导线，分别短接标号相邻的两点，如短接 1—2、2—3、3—4、4—5、5—6。当短接到某两点时，接触器 KM_1 吸合，说明断路故障就在这两点之间

2. 长短接法

长短接法检查断路故障,如图 6-62 所示。

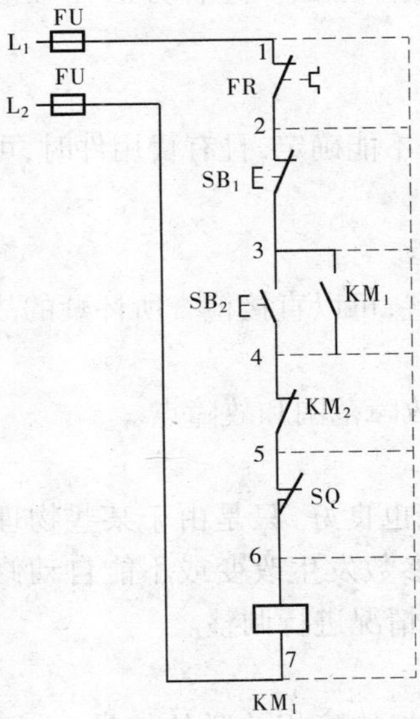

图 6-61　局部短接法

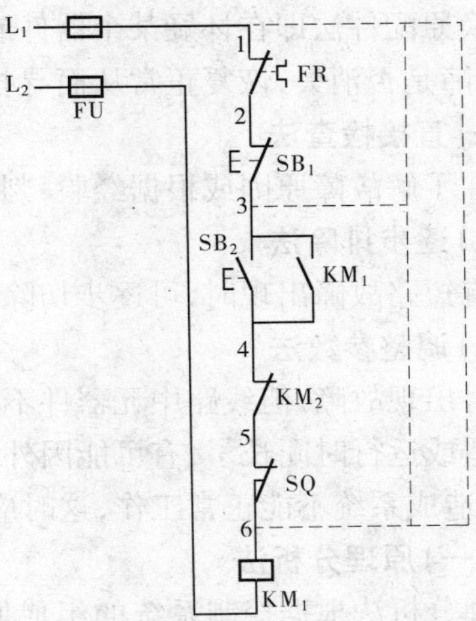

图 6-62　长短接法

长短接法是指一次短接两个或多个触点,来检查故障的方法。

当 FR 的常闭触点和 SB_1 的常闭触点同时接触不良,如用上述局部短接法短接 1—2 点,按下启动按钮 SB_2,KM_1 仍然不会吸合,故可能会造成判断错误。而采用长短接法将 1—6 短接,如 KM_1 吸合,说明 1—6 这段电路中有断路故障,然后再短接 1—3 和 3—6,若短接 1—3 时 KM_1 吸合,则说明故障在 1—3 段范围内。再用局部短接法短接 1—2 和2—3,就能很快地排除电路的断路故障。

3. 短接法检查注意事项

短接法检查注意事项如下所示:

(1)短接法是用手拿绝缘导线带电操作的,所以一定要注意安全,避免触电事故发生。

(2)短接法只适用于检查压降极小的导线和触点之类的断路故障。对于压降较大的电器,如电阻、线圈、绕组等断路故障,不能采用短接法,否则会出现短路故障。

(3)对于机床的某些要害部位,必须保障电气设备或机械部位不会出现事故的情况下才能使用短接法。

(四)电流测试法

电流测试法是通过测量线路中的电流是否符合正常值,以判断故障原因的一种方法。对于弱电回路,常采用将电流表或万用表电流挡串接在电路中进行测量;对于强电回路,常采用钳形表检测电流。

(五)仪器测试法

仪器测试法借助各种仪器仪表测量各种参数,如用示波器观察波形及参数的变化,以便分析故障的原因,多用于弱电线路中。

（六）常规检查法

常规检查法依靠人的感觉器官（如有的电气设备在使用中有烧焦的糊味，打火、放电的现象等）并借助于一些简单的仪器（如万用表）来寻找故障原因。这种方法在维修中最常用，也是首先采用的。

（七）更换原配件法

更换原配件法即在怀疑某个器件或电路板有故障但不能确定，且有代用件时，可替换试验，看故障是否消失，恢复正常从而寻找故障原因。

（八）直接检查法

对在了解故障原因或根据经验，判断出现故障的位置，可以直接检查所怀疑的故障点。

（九）逐步排除法

如有短路故障出现时，可逐步切除部分线路以确定故障范围和故障点。

（十）调整参数法

有时出现故障，但线路中元器件不一定坏，线路接触也良好，只是由于某些物理量调整得不合适或运行时间长了，有可能因外界因素致使系统参数发生改变或不能自动修正系统值，从而造成系统不能正常工作，这时应根据设备的具体情况进行调整。

（十一）原理分析法

原理分析法根据控制系统的组成原理图，通过追踪与故障相关联的信号，进行分析判断，找出故障点，并查出故障原因。使用本方法要求维修人员对整个系统和单元电路的工作原理有清楚的理解。

（十二）比较、分析、判断法

它是根据系统的工作原理，控制环节的动作程序以及它们之间的逻辑关系，结合故障现象，进行比较、分析和判断，减少测量与检查环节，并迅速判断故障范围。

以上几种常用的方法，可以单独使用，也可以混合使用，碰到实际的电气故障应结合具体情况灵活应用。

电气故障现象是多种多样的，同一类故障可能有不同的故障现象，不同类故障可能是同种的故障现象，这就会给查找故障带来复杂性。但是，故障现象是查找电气故障的基本依据，是查找电气故障的起点，因此要对故障现象仔细观察分析，找出故障现象中最主要的、最典型的方面，搞清故障发生的时间、地点、环境等。很多电气故障的排除，必须依靠专业理论知识才能真正弄懂弄通。电气维修人员与其他工种维修人员比较而言，理论性更强。有时候没有理论的指导，很多工作根本无法进行，因此电气维修人员要具有一定的专业理论知识，并且为了更好地提高自己在实际工作中有效解决实际问题的能力和维修水平，应不断加强学习自身专业理论知识和提高操作技能水平，当发生电气故障时，能够准确地查找其故障所在，从而排除故障使电气设备能够正常稳定地运行。

本章小结

本章学习了三相异步电动机单向启动、降压启动、调速和制动的基本控制线路原理和接线，并介绍了电气控制线路常见故障及维修方法，通过本章的学习，能够正确进行简单的电路分析和故障的排除，为下一章复杂电路的学习奠定基础。

习 题

6-1 什么叫电气原理图?

6-2 什么叫“自锁“、“互锁(联锁)”? 举例说明各自的作用。

6-3 什么叫电气制动?

6-4 画出异步电动机星形－三角形启动的控制线路,并说明其优缺点及适用场合。

6-5 什么叫反接制动? 什么叫能耗制动? 各有什么特点及适应场合?

6-6 在电气系统分析中,主要涉及哪些技术资料和文件? 并请简述它们的用途。

6-7 设计一个控制线路,要求:第一台电动机启动 2 s 后,第二台电动机自行启动,运行 5 s 后,第一台电动机停止并同时使第三台电动机自行启动,再运行 15 s 后,电动机全部停止。

6-8 设计一小车运行的控制线路,小车由异步电动机拖动。其动作程序如下:

(1)小车由原位开始前进,到终点后自动停止。

(2)在终点停留 10 min,然后自动返回原位停止。

(3)要求能在前进或后退途中任意位置都能停止或启动。

6-9 电气故障有哪些? 叙述常用的电路故障的检修方法。

6-10 电机常见的保护环节有哪些?

第七章 典型机床的电气控制及其故障诊断

电气控制系统是机械设备的重要组成部分，了解电气控制系统对于机械设备的正确安装、调整、维护与使用都是必不可少的。在这一章里，我们对一些典型生产机械电气控制线路进行分析，以期掌握阅读电气原理图的方法，培养读图能力，并通过读图分析各种生产机械的工作原理，为电气控制线路的设计、安装、调试及维护打下良好基础。

第一节 C650卧式车床的电气控制

车床是应用极为广泛的金属切削机床，在各种车床中，卧式车床是机械加工中使用最多的一种机床，主要用于车削外圆 、内圆、端面、螺纹和成形表面，也可用钻头、铰刀、镗刀等进行加工。

卧式车床主要由床身、主轴变速箱、进给箱、溜板箱、溜板与刀架、尾座、光杠、丝杠等部分组成。卧式车床通常由一台主电动机拖动，经由机械传动链，实现切削主运动和刀具进给运动的输出，其运动速度由变速齿轮箱通过手柄操作进行切换。刀具的快速移动，冷却泵和液压泵等，常采用单独电动机驱动。不同型号的卧式车床，其主电动机的工作要求不同，因而由不同的控制电路构成，但是由于卧式车床运动变速是由机械系统完成的，且机床运动形式比较简单，相应的控制电路也比较简单。

如图7-1所示，为卧式车床结构示意图。

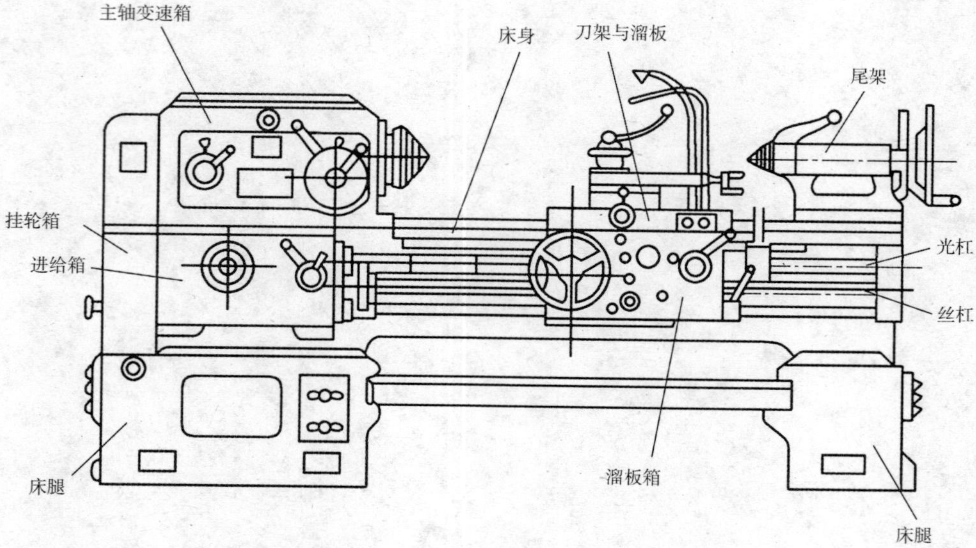

图7-1 卧式车床结构示意图

车床的三运动是主轴的旋转运动，由主轴电动机通过皮带传到主轴变速箱带动旋转。刀架是由溜板箱带着直线移动的，称为进给运动。进给运动也是由主轴电动机经过主轴变速箱输出轴、挂轮箱，传给进给箱，再通过光杠将运动传入溜板箱，溜板箱带动刀架作纵、横两个方向的进给运动。如图 7-2 所示，为车床的加工示意图。

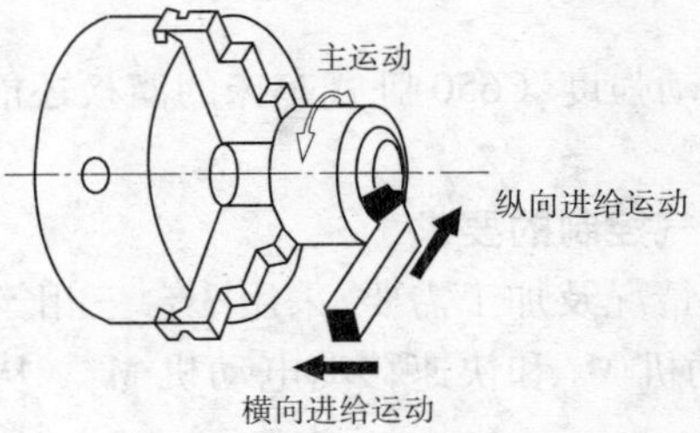

图 7-2　车床的加工示意图

C650 型卧式车床型号的含义为：

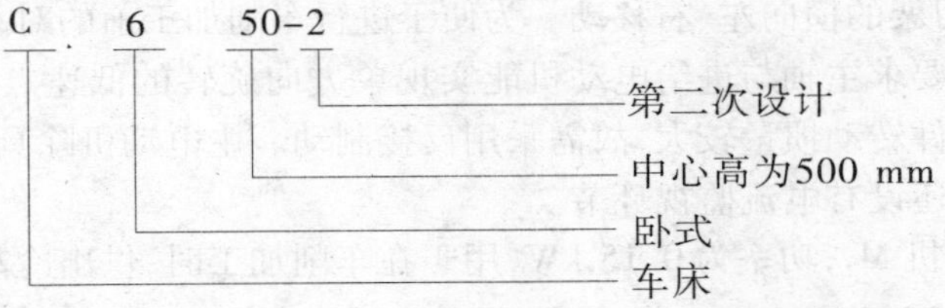

一、C650 卧式车床概述

(一) C650 卧式车床结构与作用

C650 卧式车床外观如图 7-3 所示，其主要由床身、主轴变速箱、进给箱、溜板箱、刀架、尾架、丝杆、光杆等部分组成。

1—床身；2—主轴变速箱；3—进给箱；4—溜板箱；5—刀架；6—尾架；7—丝杆；8—光杆

图 7-3　C650 卧式车床外观图

车床的主运动为主轴带动工件的旋转运动，车削加工时，应根据工件材料、刀具、工件加工工艺要求等来选择不同的切削速度，所以主轴要求有变速功能。普通车床一般采用机械变速。车削加工时，一般不要求反转，但在加工螺纹时，为避免乱扣，要求反转退刀，再以正转进刀继续进行加工，所以要求主轴能够实现正反转。

车床的进给运动是溜板带动刀具(架)的横向或纵向的直线运动。其运动方式有手动和机动两种。加工螺纹时，要求工件的切削速度与刀架横向进给速度之间应有严格的比例关系。所以，车床的主运动与进给运动由一台电动机拖动并通过各自的变速箱来改变主轴转速与进给速度。

为提高生产效率，减轻劳动强度，C650 卧式车床的溜板还能快速移动，这种运动形式称为辅助运动。

(二)C650 卧式车床对电气控制的要求

根据 C650 卧式车床运动情况及加工需要，采用 3 台三相笼型异步电动机拖动，即主轴与进给电动机 M_1，冷却泵电动机 M_2 和快速移动电动机 M_3。从车削加工工艺出发，对各台电动机的控制要求如下。

(1)主轴与进给电动机(简称主电动机)M_1，功率为 30 kW，允许在空载下直接启动。主电动机要求能实现正、反转，从而经主轴变速箱实现主轴的正、反转，或通过挂轮箱传给溜板箱来拖动刀架实现刀架的横向左、右移动。为便于进行车削加工前的对刀，要求主轴拖动工件作调整点动，所以要求主轴与进给电动机能实现单方向旋转的低速点动控制。主电动机停车时，由于加工工件转动惯量较大，故需采用反接制动。主电动机除具有短路保护和过载保护外，在主电路中还设有电流监视环节。

(2)冷却泵电动机 M_2，功率为 0.15 kW，用于在车削加工时，供出冷却液，对工件与刀具进行冷却。

(3)快速移动电动机 M_3，功率为 2.2 kW，由于溜板箱连续移动短时工作，故 M_3 只要求单向点动，短时运转，不设过载保护。

(4)电路还应有必要的联锁和保护及安全可靠的照明。

二、C650 型车床的电气控制

C650 普通车床电气控制，如图 7-4 所示。

(一)主电路元器件分析

自动空气断路器 QF 将三相交流电源引入，FU_1 为主电动机 M_1 短路保护用熔断器。FR_1 为 M_1 过载保护用热继电器。R 为限流电阻，一方面限制反接制动的电流，另一方面在点动时实现降压启动，减小点动时启动电流造成的过载，此外，通过电流互感器 TA 接入电流表来监视主电动机的线电流。KM_1、KM_2 分别为主电动机正、反转接触器。接触器 KM_3 用于点动和反接制动时串入限流电阻 R。主电动机 M_1 正反转运行时短接限流电阻 R。KT 与电流表 PA 用于检测运行电流；速度继电器 SR 在反接制动时，用于主电动机 M_1 转速的检测。

冷却泵电动机 M_2 通过接触器 KM_4 的控制来实现单向连续运转。FU_2 为 M_2 的短路保护用熔断器。FR_2 为其过载保护用热继电器。

快速移动电动机 M_3 通过接触器 KM_5 控制实现单向旋转短时工作，FU_3 为其短路保护用熔断器。

控制变压器 TC 供给控制电路 110 V 的交流电源，同时还为照明电路提供 36 V 的交流电源，FU_5 为控制电路短路保护用熔断器，FU_6 为照明电路短路保护用熔断器，车床局部照明灯 EL 由开关 SA 控制。

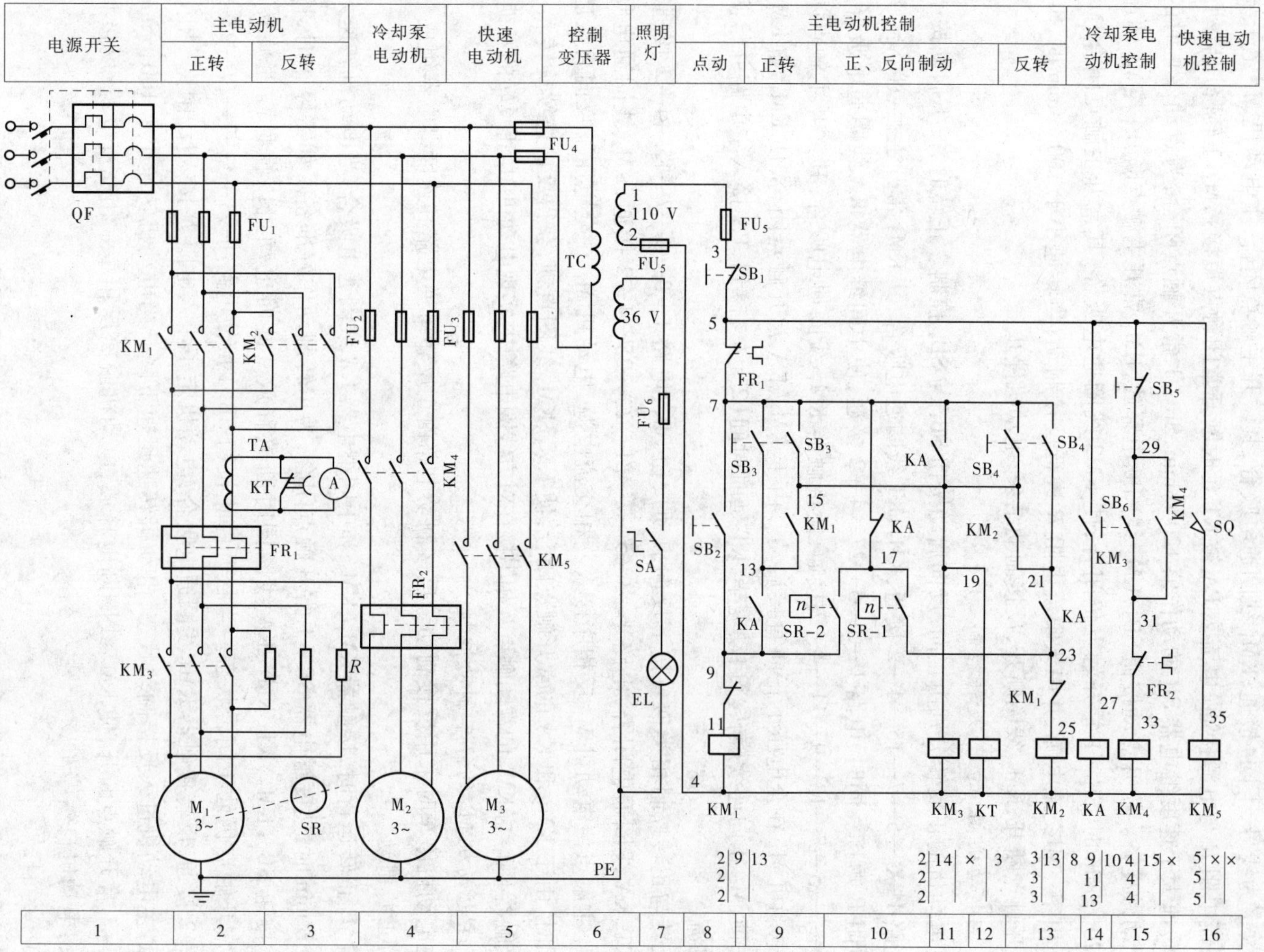

图 7-4　C650 普通车床电气控制原理

(二)主电路分析

1. 主电动机 M_1 的点动控制

SB_2 为主电动机 M_1 的点动控制按钮。按下点动按钮 SB_2，电路 1—3—5—7—9—11—4—2(数字为线号，下同)接通，KM_1 线圈通电吸合，其常开主触点闭合，主电动机 M_1 定子绕组经限流电阻 R 与电源接通(电流表 PA 被 KT 延时断开常闭触点短接)，M_1 正转降压启动。若 M_1 转速大于速度继电器 SR 的动作值 120 r/min，SR－1 常开触点闭合，为点动停止时的反接制动做准备。松开点动按钮 SB_2，KM_1 线圈断电释放，KM_1 常开主触点断开；若 M_1 转速大于 120 r/min 时，SR－1 常开触点仍闭合，使 KM2 线圈通电吸合，其常开主触点闭合，M_1 接入反相序三相交流电源，并串入限流电阻 R 进行反接制动；当转速小于 100 r/min 时，SR－1 常开触点断开，KM_2 线圈断开，反接制动结束，电动机停止。

2. 主电动机 M_1 的正、反转控制

主电动机的正反转分别由正向、反向启动按钮 SB_3 与 SB_4 控制。正转时，按下启动按钮 SB_3，电路 1—3—5—7—15—4—2 接通，KM_3、KT 线圈通电吸合，其 KM_3 常开主触点闭合，将限流电阻 R 短接。同时，电路 1—3—5—27—4—2 接通，使中间继电器 KA 线圈通电吸合；电路 1—3—5—7—13—9—11—4—2 接通，使接触器 KM_1 线圈通电吸合，其常开主触点闭合，主电动机 M_1 在全电压下正向直接启动。由于 KM_1、KA 常开触点闭合，使 KM_1 和 KM_3 线圈自锁，M_1 正向连续旋转。启动完毕，KT 延时时间(2 s 左右)到，PA 接入主电路并检测运行电流。

反转与正转控制相类似。按下反向启动按钮 SB_4，电路 1—3—5—7—15—4—2 接通，KM_3、KT、KA 线圈通电闭合，电路 1—3—5—7—21—23—25—4—2 接通，KM_2 线圈通电吸合，KM_2 主触点使电动机 M_1 反相序接入三相交流电源，电动机 M_1 在全电压下反向直接启动。同时，由于 KM_2 和 KA 的常开触点闭合，使 KM_3、KM_2 线圈自锁，获得反向连续旋转。

接触器 KM_1 与 KM_2 的常闭触点互相串接在对方线圈电路中，实现电动机 M_1 正反转的互锁。

3. 主电动机 M_1 的停车制动控制

主电动机停车时采用反接制动。反接制动电路由正反转可逆电路和速度继电器组成。

1)正转制动

当 M_1 正转运行时，接触器 KM_1、KM_3 和中间继电器 KA 线圈通电吸合，当电动机转速大于 120 r/min 时，速度继电器 SR－1 常开触点闭合，为正转制动作好准备。如需停车时，按下停止按钮 SB_1，KM_1、KT、KM_3、KA 线圈同时断电释放。此时电动机以惯性高速旋转，SR－1常开触点仍处于闭合状态。当松开停止按钮 SB_1 时，使电路 1—3—5—7—17—23—25—4—2 接通，反转接触器 KM_2 线圈通电吸合，电动机定子串入电阻 R 接入反相序三相交流电源，主电动机进入反接制动状态，电动机转速迅速下降。当电动机转速小于 100 r/min 时，SR－1 常开触点断开，使 KM_2 线圈断电释放，电动机脱离反相序三相交流电源，反接制动结束，电动机自然停车。

2)反转制动

反转制动与正转制动相似，电动机反转时，速度继电器 SR－2 常开触点闭合。

停车时，按下停止按钮 SB_1，KM_3、KT、KM_2、KA 线圈同时断电释放。当电动机转速大于 120 r/min 时，速度继电器 SR－2 常开触点(闭合)使 KM_1 线圈通电吸合，电动机 M_1 进入反

接制动状态，当电动机 M_1 转速小于 100 r/min 时，SR－2 触点断开，KM_1 线圈断电释放，电动机脱离三相交流电源，反接制动结束，电动机自然停车。

4. 冷却泵电动机 M_2 的控制

由停止按钮 SB_5、启动按钮 SB_6 和接触器 KM_4 构成冷却泵电动机 M_2 单向旋转启动停止控制电路。按下 SB_6，KM_4 线圈通电并自锁，M_2 启动旋转。按下 SB_5，KM_4 线圈断电释放，M_2 断开三相交流电源，自然停车。

5. 刀架快速移动电动机 M_3 的控制

刀架快速移动是通过转动刀架手柄压动行程开关 SQ 来实现的。当手柄压下行程开关 SQ 时，接触器 KM_5 线圈通电吸合，其常开主触点闭合，电动机 M_3 启动旋转，拖动溜板箱与刀架作快速移动；松开刀架手柄，行程开关 SQ 复位，KM_5 线圈断电释放，M_3 停止转动，刀架快速移动结束。刀架移动电动机为单向旋转，而刀架左、右移动由机械传动实现。

6. 辅助电路

为了监视主电动机的负载情况，在电动机 M_1 的主电路中，通过电流互感器 TA 接入电流表。为防止电动机启动、点动时启动电流和停车制动时制动电流对电流表的冲击，线路中接入一个时间继电器 KT，且 KT 线圈与 KM_3 线圈并联。启动时，KT 线圈通电吸合，其延时断开的常闭触点将电流表短接，经过一段延时（2 s 左右）后，启动过程结束，KT 延时断开的常闭触点断开，正常工作电流流经电流表，以便监视电动机在工作中电流的变化情况。

（三）C650 型车床电气控制特点

（1）采用 3 台电动机拖动，尤其是车床溜板箱的快速移动由一台快速移动电动机 M_3 拖动。

（2）主电动机 M_1 不但有正、反向运转，还有单向低速点动的调整控制，M_1 正反向停车时均具有反接制动停车控制。

（3）设有检测主电动机工作电流的环节。

（4）具有完善的保护和联锁功能：主电动机 M_1 正反转之间有互锁；熔断器 FU_1～FU_6 可实现各电路的短路保护；热继电器 FR_1、FR_2 实现 M_1、M_2 的过载保护；接触器 KM_1、KM_2、KM_4 采用按钮与自锁环节，对 M_1、M_2 实现欠电压与零电压保护。

三、C650 型卧式车床常见电气故障的诊断与检修

（一）主轴电动机不能启动

（1）M_1 主电路熔断器 FU_1 和控制电路熔断器 FU_4 熔体熔断，应更换。

（2）热继电器 FR_1 已动作过，动断触点未复位。要判断故障所在位置，还要查明引起热继电器动作的原因，并排除。可能有的原因是：长期过载；继电器的整定电流太小；热继电器选择不当。按原因排除故障后，将热继电器复位即可。

（3）控制电路接触器线圈松动或烧坏，接触器的主触点及辅助触点接触不良，应修复或更换接触器。

（4）启动按钮或停止按钮内的触点接触不良，应修复或更换按钮。

（5）各连接导线虚接或断线。

（6）主轴电动机损坏，应修复或更换。

（二）主轴电动机断相运行

按下启动按钮，电动机发出嗡嗡声不能正常启动，这是电动机断相造成的，此时应立即

切断电源,否则易烧坏电动机。可能的原因是:

(1)电源断相。

(2)熔断器有一相熔体熔断,应更换。

(3)接触器有一对主触点没接触好,应修复。

(三)主轴电动机启动后不能自锁

故障原因是控制电路中自锁触点接触不良或自锁电路接线松开,修复即可。

(四)按下停止按钮主轴电动机不停止

(1)接触器主触点熔焊,应修复或更换接触器。

(2)停止按钮动断触点被卡住,不能断开,应更换停止按钮。

(五)冷却泵电动机不能启动

(1)按钮 SB_6 触点不能闭合,应更换。

(2)熔断器 FU_2 熔体熔断,应更换。

(3)热继电器 FR_2 已动作过,未复位。

(4)接触器 KM_4 线圈或触点已损坏,应修复或更换。

(5)冷却泵电动机已损坏,应修复或更换。

(六)快速移动电动机不能启动

(1)行程开关 SQ 已损坏,应修复或更换。

(2)接触器 KM_5 线圈或触点已损坏,应修复或更换。

(3)快速移动电动机已损坏,应修复或更换。

第二节　Z3040 型摇臂钻床的电气控制

一、Z3040 型摇臂钻床概述

钻床是一种用途广泛的孔加工机床。它主要是用钻头钻削精度要求不太高的孔,另外还可用来扩孔、铰孔、镗孔,以及修刮平面、攻螺纹等。

钻床的结构形式很多,有立式钻床、卧式钻床、深孔钻床及多轴钻床等。摇臂钻床是一种立式钻床,它适用于单件或批量生产中带有多孔的大型零件的孔加工。本节以 Z3040 型摇臂钻床为例进行分析。

Z3040 型摇臂钻床的含义为:

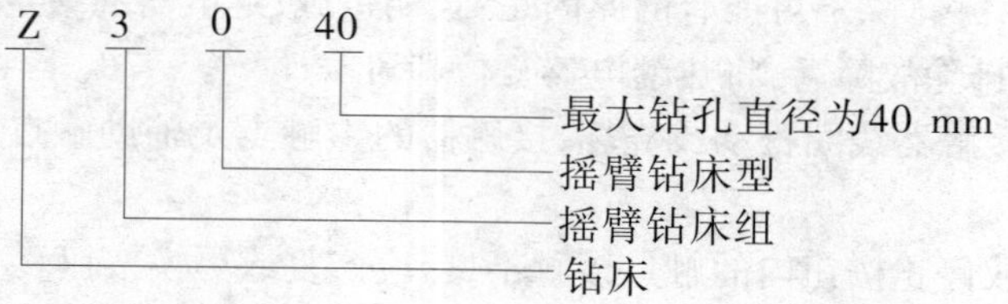

(一)钻床主要结构与特点

Z3040 型摇臂钻床的实物,如图 7-5 所示,主要由底座、内外立柱、摇臂、主轴箱和工作台等组成。Z3040 型摇臂钻床的结构,如图 7-6 所示,内立柱固定在底座的一端,在它外面套有外立柱，摇臂可连同外立柱绕内立柱回转。摇臂的一端为套筒，套装在外立柱上，借助丝杠的正反转可沿外立柱作上下移动。

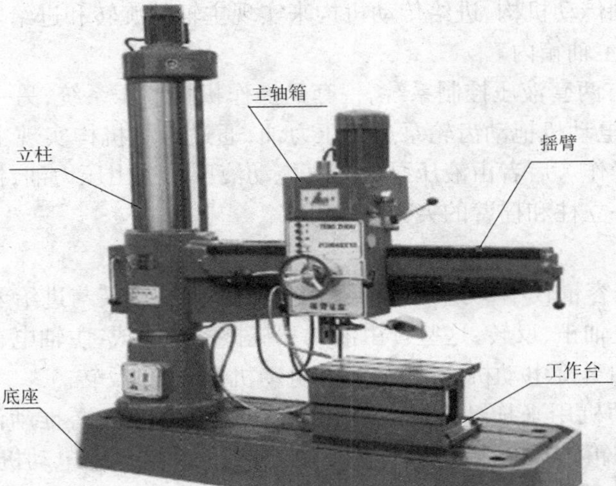

图 7-5　Z3040 型摇臂钻床实物图

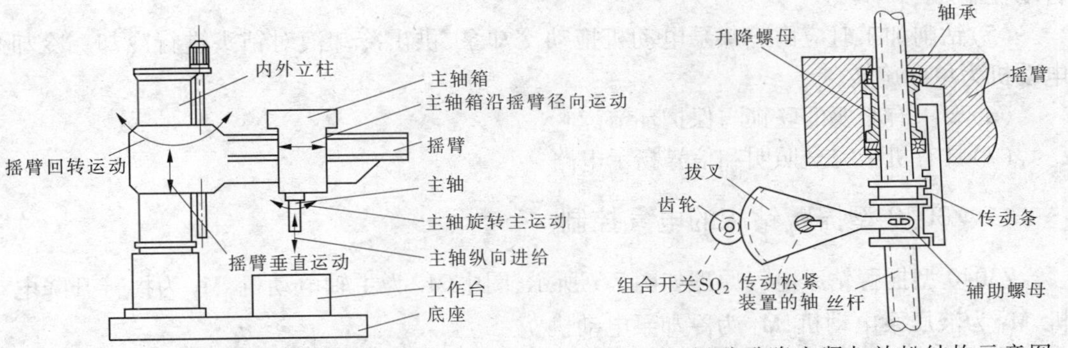

(a)整体结构简图　　(b)摇臂升降夹紧与放松结构示意图

图 7-6　摇臂钻床的结构

主轴箱安装在摇臂的水平导轨上，可通过手轮操作使其在水平导轨上沿摇臂移动。加工时，根据工件高度的不同，借助于丝杠，摇臂可带着主轴箱沿外立柱上下升降。当达到所需位置时，摇臂自动夹紧在立柱上。

钻床的主运动是主轴带着钻头做旋转运动，进给运动是钻头的上下移动，辅助运动包括主轴箱沿摇臂水平移动，摇臂沿外立柱上下移动，以及摇臂与外立柱一起绕内立柱的回转运动。

摇臂钻床的特点是操作方便、灵活，适用范围广，特别适用于带有多孔的大型工件的孔加工。Z3040 型摇臂钻床最大钻孔直径为 40 mm。

(二)钻床的电力拖动特点与控制要求

1. 电力拖动特点

(1)摇臂钻床采用多电动机拖动。由主轴电动机拖动主轴的旋转主运动和进给运动；由摇臂升降电动机拖动摇臂的升降；由液压泵电动机拖动液压泵供出压力油完成主轴箱、内外立柱和摇臂的夹紧与松开；由冷却泵电动机拖动冷却泵，供出冷却液用于刀具加工过程中的冷却。

(2)摇臂钻床的主运动与进给运动皆为主轴的运动,为此这两种运动由一台主轴电动机拖动,分别经主轴传动机构、进给传动机构来实现主轴的旋转和进给。主轴变速机构与进给变速机构均装在主轴箱内。

(3)摇臂钻床有两套液压控制系统,一套是操作机构液压系统,另一套是夹紧机构液压系统。前者由主轴电动机拖动齿轮泵送出压力油,通过操纵机构实现主轴正、反转,停车制动和空挡、变速的操作。后者由液压泵电动机拖动液压泵送出压力油,推动活塞带动菱形块来实现主轴箱、内外立柱和摇臂的夹紧与松开。

2. 控制要求

(1)4 台电动机容量较小,均采用全压直接启动。主轴旋转与进给要求有较大的调速范围,钻削加工要求主轴正、反转,这些皆由液压和机械系统完成,主轴电动机为单向旋转。

(2)摇臂升降由升降电动机拖动,故升降电动机要求正、反转。

(3)液压泵电动机用来拖动液压泵送出不同流向的压力油,推动活塞,带动菱形块动作,以此来实现主轴箱,内外立柱和摇臂的夹紧与松开,故液压泵电动机要求有正、反转。

(4)摇臂的移动必须按照“摇臂松开→摇臂移动→摇臂移动到位自动夹紧”的程序进行。这就要求摇臂夹紧、放松与摇臂升降应按上述程序对液压泵电动机和升降电动机进行自动控制。

(5)钻削加工时应由冷却泵电动机拖动冷却泵,供出冷却液对钻头进行冷却。冷却泵电动机为单向旋转。

(6)要求有必要的联锁与保护环节。

(7)具有机床完全照明和信号指示电路。

二、Z3040 型摇臂钻床的电气控制

Z3040 型摇臂钻床电气原理如图 7-7 所示,图中 M_1 为主轴电动机,M_2 为摇臂升降电动机,M_3 为液压泵电动机,M_4 为冷却泵电动机。

主轴箱上装有 4 个按钮,由上至下依次为 SB_1、SB_2、SB_3 与 SB_4,它们分别是主轴电动机停止按钮、启动按钮、摇臂上升按钮与下降按钮。主轴箱移动手轮上装有 2 个按钮 SB_5、SB_6,分别为主轴箱、立柱松开按钮和夹紧按钮。扳动主轴箱移动手轮,可使主轴箱作左右水平移动,主轴移动手柄则用来操纵主轴作上下垂直移动,它们均为手动进给。主轴也可采用机动进给。

(一)主电路分析刀开关

三相交流电源由自动空气断路器 QF 控制。主轴电动机 M_1 旋转由接触器 KM_1 控制。主轴的正、反转由机械机构完成。热继电器 FR_1 为电动机 M_1 的过载保护。

摇臂升降电动机 M_2 的正、反转由接触器 KM_2、KM_3 控制实现。

液压泵电动机 M_3 由接触器 KM_4、KM_5 控制实现正反转,由热继电器 FR_3 作过载保护。

冷却泵电动机 M_4 容量为 0.125 kW,由开关 SA_1 根据需求控制其启动与停止。

(二)控制电路分析

1. 主轴电动机 M_1 的启动控制

按下启动按钮 SB_2,KM_1 线圈通电并自锁,KM_1 常开主触点闭合,M_1 全压启动旋转。同

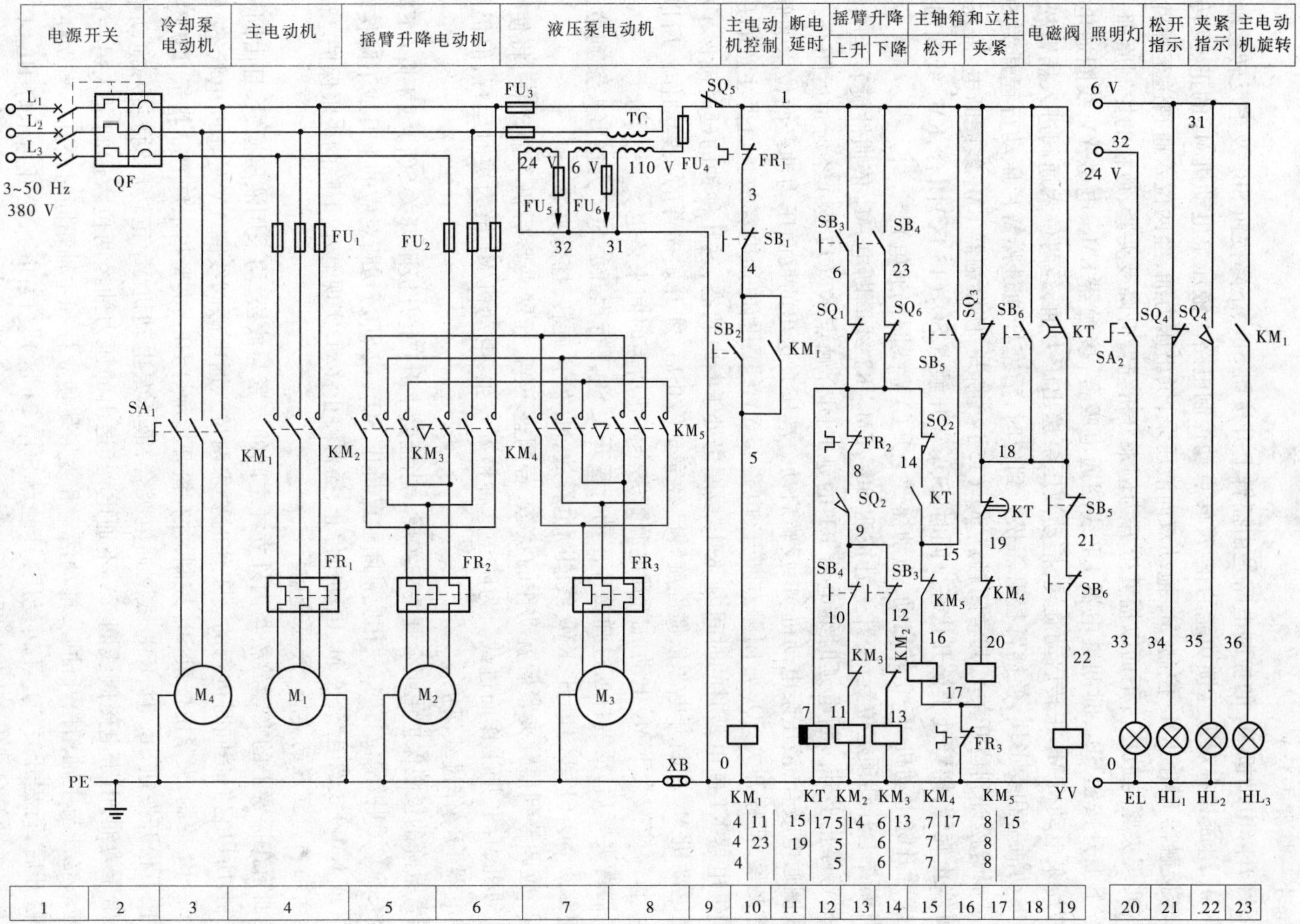

图 7-7 Z3040 型摇臂钻床电气控制原理图

时 KM_1 常开辅助触点闭合，指示灯 HL_3 亮，表明主轴电动机 M_1 已启动，并拖动齿轮泵送出压力油，此时可操作主轴操作手柄进行主轴变速、正转、反转等的控制。

2. 摇臂升降（发出摇臂移动信号→发出松开信号→摇臂移动，摇臂移动到所需位置→夹紧信号→摇臂夹紧）

摇臂升降电动机 M_2 的控制电路是由摇臂上升按钮 SB_3、下降按钮 SB_4 及正反转接触器 KM_2、KM_3 组成具有双重互锁功能的正、反转点动控制电路。液压泵电动机 M_3 的正、反转由正、反转接触器 KM_4、KM_5 控制，M_3 拖动双向液压泵，供出压力油，经两位六通阀送至摇臂夹紧机构实现夹紧与放松。下面以摇臂上升为例来分析摇臂升降及夹紧、放松的控制原理。

按下上升按钮 SB_3，时间继电器 KT 线圈通电吸合，接触器 KM_4、电磁 YV 线圈通电吸合。液压泵电动机 M_3 正转启动旋转，拖动液压泵送出压力油，经两位六通阀进入摇臂松开油腔，推动活塞和菱形块，使摇臂松开。松开到位时，活塞杆通过弹簧片压动行程开关 SQ_2（SQ_2 是摇臂松开到位开关），其常闭触点 SQ_2（15 区）断开，使接触器 KM_4 线圈断电，液压泵电动机停止旋转，摇臂处于松开状态。同时，SQ_2 常开触点 SQ_2（13 区）闭合，KM_2 线圈通电吸合，摇臂升降电动机 M_2 正转启动，拖动摇臂上升（YV 线圈仍通电）。

当摇臂上升到预定位置，松开上升按钮 SB_3，KM_2、KT 线圈断电，M_2 依惯性旋转至自然停止，摇臂停止上升。断电延时继电器 KT 的延时闭合触点 KT（17 区）经延时后闭合，使 KM_5 线圈通电吸合，液压泵电动机 M_3 反转启动。液压泵送出的反向压力油经两位六通阀，使摇臂夹紧，行程开关 SQ_3 常闭触点断开、电磁阀 YV 线圈断电通电释放。值得注意的是，在时间继电器 KT 断电延时的时间内，KM_5 线圈仍处于断电状态，这几秒钟的延时确保了横梁升降电动机 M_2 在断开电源依惯性旋转已经完全停止后，才开始摇臂的夹紧动作。所以，KT 延时长短应按大于 M_2 电动机断开电源到完全停止所需时间来整定。

当摇臂夹紧后，活塞杆通过弹簧片压动行程开关 SQ_3（行程开关 SQ_3 为摇臂夹紧到位开关），使触点 SQ_3（17 区）断开，KM_5 线圈断电释放，M_3 停止旋转，摇臂夹紧。

SQ_3 应调整到摇臂夹紧后就动作的状态，若调整不当，摇臂夹紧后仍不能动作，将使液压泵电动机 M_3 长期工作而过载。为防止这种情况发生，电动机 M_3 虽为短时运行，但仍采用热继电器 FR_3 作过载保护。

摇臂升降的极限保护由组合开关来实现。当摇臂上升（上升极限开关 SQ_1）或下降（下降极限开关 SQ_6）到极限位置时，使相应常闭触点断开，SQ_1（或 SQ_6）切断对应的上升或下降接触器 KM_2（或 KM_3）线圈电路，使 M_2 电动机停止，摇臂停止移动，实现上升、下降的极限保护。

3. 主轴箱与立柱的夹紧、放松控制

主轴箱在摇臂上的夹紧放松与内外立柱之间的夹紧与放松，均采用液压操纵，且由同一油路控制，所以它们是同时进行的。工作时要求两位六通电磁阀线圈 YV 处于断电状态，松开由按钮 SB_5 控制，夹紧由按钮 SB_6 控制，并有松开指示灯 HL_1、夹紧指示灯 HL_2 指示其状态。

当按下松开按钮 SB_5 时，KM_4 线圈通电吸合，液压泵电动机 M_3 正转启动旋转，拖动液压泵送出压力油，由于电磁阀线圈 YV 不通电，其送出的压力油经两位六通阀进入另一油路，即进入立柱与主轴箱松开油腔，推动活塞和菱形块使立柱和主轴箱同时松开。当立柱与主轴箱松开后，行程开关 SQ_4 不再受压，其触点 SQ_4（21 区）复位闭合，松开指示灯 HL_1 亮，表明立柱与主轴箱已松开，此时松开 SB_5 按钮，便可转动主轴箱移动手轮，使主轴箱在摇臂水平导轨上移动；同时也可推动摇臂，使摇臂连同外立柱绕内立柱作回转运动。当移动到位时，按下夹紧按钮 SB_6，接触器 KM_5 线圈通电吸合，液压泵电动机 M_3 反向启动旋转，拖动液压泵送出压力油至夹紧油腔，使立柱与主轴箱同时夹紧。当确已夹紧，压下夹紧行程开关 SQ_4，触点 SQ_4（22 区）断开，HL_1 灯灭，触点 SQ_4（22 区）闭合，HL_2 灯亮，指示立柱与主轴箱均已夹紧，可以进行钻削加工。

4. 冷却泵电动机 M_4 的控制

冷却泵电动机 M_4 由开关 SA_1 手动控制，单向旋转，可视加工需求操作 SA_1，使其启动或停止。

5. 完善的联锁与保护环节

SQ_1 和 SQ_6 分别为摇臂上升与下降的限位保护。SQ_2 为摇臂松开到位开关，SQ_3 为摇臂夹紧到位开关。

KT 为升降电动机 M_2 断开电源，待完全停止后才开始夹紧的联锁。升降电动机 M_2 正反转具有双重互锁，液压泵电动机 M_3 正反转具有电气互锁。

立柱与主轴箱松开、夹紧按钮 SB_5、SB_6 的常闭触点串接在电磁阀线圈 YV 电路中，实现进行立柱与主轴箱松开、夹紧操作时，确保压力油只进入立柱与主轴箱夹紧松开油腔而不进入摇臂松开夹紧油腔的联锁。

熔断器 FU_1、FU_3 作短路保护，热继电器 FR_1、FR_2 为电动机 M_1、M_3 的过载保护。

（三）照明与信号指示电路分析

HL_1 为主轴箱与立柱松开指示灯。HL_1 亮表示已松开，可以手动操作主轴箱移动手轮，使主轴箱沿摇臂水平导轨移动或推动摇臂连同外立柱绕内立柱回转。

HL_2 为主轴箱与立柱夹紧指示灯。HL_2 亮表示主轴箱已夹紧在摇臂上，摇臂连同外立柱夹紧在内立柱上，可以进行钻削加工。

HL_3 为主轴电动机启动旋转指示灯。HL_3 亮表示可以操作主轴手柄进行对主轴的控制。

EL 为机床局部照明灯，由控制变压器 TC 供给 24 V 安全电压，由手动开关 SA_2 控制。

（四）电气控制特点

（1）Z3040 型摇臂钻床采用的是机、电、液联合控制。主轴电动机 M_1 虽只作单向旋转，拖动齿轮泵送出压力油，但主轴经主轴操作手柄来改变两个操纵阀的相互位置，使压力油做不同的分配，从而使主轴获得正转、反转、变速、停止、空挡等工作状态。这一部分构成操纵机构液压系统。另一套是摇臂、立柱和主轴箱的夹紧放松机构液压系统，该系统又分为摇臂夹紧放松油路与立柱、主轴箱夹紧放松油路，经推动油腔中的活塞和菱形块来实现夹紧与放松。

（2）摇臂升降与摇臂夹紧放松之间有严格的程序要求，电气控制与液压、机械协调配合自动实现先松开摇臂、再移动，移动到位后再自动夹紧。

（3）电路具有完善的联锁与保护，有明显的信号指示，便于操作机床。

三、Z3040 型摇臂钻床常见电气故障的诊断与检修

Z3040 型摇臂钻床控制电路的独特之处，在于其摇臂升降及摇臂、立柱和主轴箱松开与夹紧的电路部分，下面主要分析这部分电路的常见故障。

(一)主轴电机不能启动和停止

十字开关触点损坏或接触不良,接触器 KM_1 的触点接触不良或接线脱落,失压继电器的触点接触不良或接线脱落和熔断器 FU_1 的熔断丝烧断等,都可能引起主轴电机不能启动。接触器 KM_1 的触点熔焊往往引起主轴电机不能停止。

(二)摇臂不能松开

摇臂作升降运动的前提是摇臂必须完全松开。摇臂和主轴箱、立柱的松紧都是通过液压泵电动机 M_3 的正反转来实现的,因此先检查一下主轴箱和立柱的松、紧是否正常。如果正常,则说明故障不在两者的公共电路中,而在摇臂松开的专用电路上,如时间继电器 KT 的线圈有无断线,其动合触点(1—18)、(14—15)在闭合时是否接触良好,限位开关的触点 SQ_1(6—7)、SQ_6(23—7)有无接触不良,等等。

如果主轴箱和立柱的松开也不正常,则故障多发生在接触器 KM_4 和液压泵电动机 M_3 这部分电路上,如 KM_4 线圈断线、主触点接触不良,KM_5 的动断互锁触点(14—15)接触不良等。如果是 M_3 或 FR_2 出现故障,则摇臂、立柱和主轴箱既不能松开,也不能夹紧。

(三)摇臂不能升降

除前述摇臂不能松开的原因之外,可能的原因还有:

(1)行程开关 SQ_2 的动作不正常,这是导致摇臂不能升降最常见的故障。如 SQ_2 的安装位置移动,使得摇臂松开后,SQ_2 不能动作,或者是液压系统的故障导致摇臂放松不够,SQ_2 也不会动作,摇臂就无法升降。SQ_2 的位置应结合机械、液压系统进行调整,然后紧固。

(2)摇臂升降电动机 M_2、控制其正反转的接触器 KM_2、KM_3 以及相关电路发生故障,也会造成摇臂不能升降。在排除了其他故障之后,应对此进行检查。

(3)如果摇臂是上升正常而不能下降,或是下降正常而不能上升,则应单独检查相关的电路及电器部件(如按钮开关、接触器、限位开关的有关触点等)。

(四)摇臂上升或下降到极限位置时,限位保护失灵

检查限位保护开关 SQ_1,通常是 SQ_1 损坏或是其安装位置移动。

(五)摇臂升降到位后夹不紧

如果摇臂升降到位后夹不紧(而不是不能夹紧),通常是行程开关 SQ_3 的故障造成的。如果 SQ_3 移位或安装位置不当,使 SQ_3 在夹紧动作未完全结束就提前吸合,M_3 提前停转,从而造成夹不紧。

(六)摇臂的松紧动作正常,但主轴箱和立柱的松紧动作不正常

应重点检查:

(1)控制按钮 SB_5、SB_6,其触点有无接触不良,或接线松动。

(2)液压系统出现故障。

第三节　T68 型卧式镗床电气控制电路分析

一、T68 型卧式镗床概述

镗床也是用于孔加工的机床,与钻床比较,镗床主要用于加工精确的孔和各孔间的距离要求较精确的零件,如一些箱体(机床主轴箱、变速箱等)零件。镗床的加工形式主要是用

镗刀镗削在工件上已铸出或已粗钻的孔。除此之外，大部分镗床还可以进行铣削、钻孔、扩孔、铰孔等加工。

镗床的主要类型有卧式镗床、坐标镗床、金刚镗床和专用镗床等，其中以卧式镗床应用最广。本节介绍 T68 型卧式镗床的电气控制电路。

T68 型卧式镗床型号的含义为

T 6 8

- 8 — 镗轴直径为85 mm
- 6 — 卧式
- T — 镗床

卧式镗床的实物，如图 7-8 所示，主要结构由床身、镗头架、前立柱、主轴、下溜板、上溜板和工作台、后立柱等组成。

1—床身；2—镗头架；3—前立柱；4—主轴；5—下溜板、上溜板和工作台；6—后立柱

图 7-8　T68 型卧式镗床外观图

卧式镗床的主要结构如图 7-9 所示，前立柱固定安装在床身的右端，在它的垂直导轨上装有可上下移动的主轴箱。主轴箱中装有主轴部件，主运动和进给运动的变速传动机构和操纵机构等。在主轴箱的后部固定着后尾筒，里面装有镗轴的轴向进给机构。后立柱固定在床身的左端，装在后立柱垂直导轨上的后支承架用于支承长镗杆的悬伸端，后支承架可沿垂直导轨与主轴箱同步升降，后立柱可沿床身的水平导轨左右移动，在不需要时也可以卸下。工件固定在工作台上，工作台部件装在床身的导轨上，由下滑座、上滑座和工作台三部分组成，下滑座可沿床身的水平导轨作纵向移动，上滑座可沿下滑座的导轨作横向移动，工作台则可在上滑座的环形导轨上绕垂直轴线转位，使工件在水平面内调整至一定的角度位置，以便能在一次安装中对互相平行或成一定角度的孔与平面进行加工。根据加工情况的不同，刀具可以装在镗轴前端的锥孔中，或装在平旋盘（又称为花盘）与径向刀具溜板上。加工时，镗轴旋转完成主运动，并且可以沿其轴线移动作轴向进给运动；平旋盘只能随镗轴旋转作主运动；装在平旋盘导轨上的径向刀具溜板除了随平旋盘一起旋转，还可以沿着导轨移动作径向进给运动。

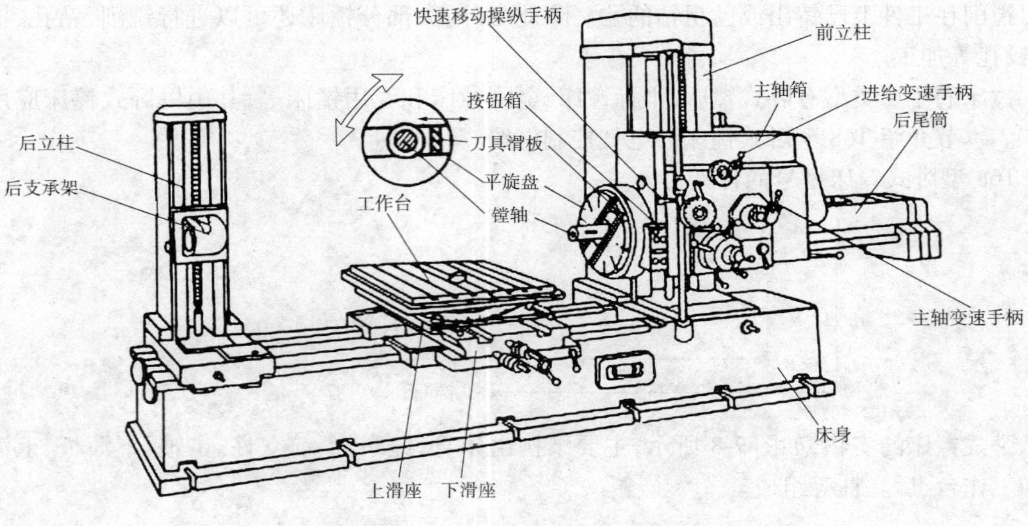

图 7-9　卧式镗床结构示意图

卧式镗床的典型加工方法如图 7-10 所示。图(a)为用装在镗轴上的悬伸刀杆镗孔,由镗轴的轴向移动进行纵向进给;图(b)为利用后支承架支承的长刀杆镗削同一轴线上的前后两孔;图(c)为用装在平旋盘上的悬伸刀杆镗削较大直径的孔,两者均由工作台的移动进行纵向进给;图(d)为用装在镗轴上的端铣刀铣削平面,由主轴箱完成垂直进给运动;图(e)、(f)为用装在平旋盘刀具溜板上的车刀车削内沟槽和端面,均由刀具溜板移动进行径向进给。

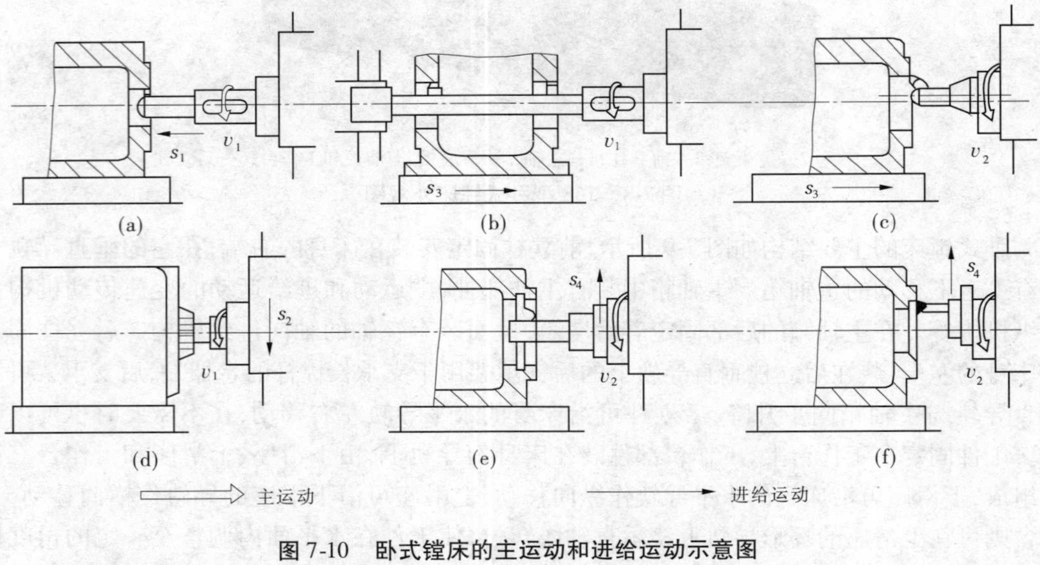

图 7-10　卧式镗床的主运动和进给运动示意图

(一)卧式镗床的运动形式

卧式镗床的主运动为镗轴和平旋盘的旋转运动。

卧式镗床的进给运动包括:

(1)镗轴的轴向进给运动。

(2)平旋盘上刀具溜板的径向进给运动。

(3)主轴箱的垂直进给运动。

(4)工作台的纵向和横向进给运动。

卧式镗床的辅助运动包括：

(1)主轴箱、工作台等的进给运动上的快速调位移动。

(2)后立柱的纵向调位移动。

(3)后支承架与主轴箱的垂直调位移动。

(4)工作台的转位运动。

(二)T68型卧式镗床的电力拖动特点和控制要求

T68型卧式镗床的控制要求如下：

(1)主轴旋转与进给量都有较大的调速范围,主运动与进给运动由一台电动机拖动,为简化传动机构采用双速异步电动机拖动。

(2)由于各种进给运动都需正、反方向的运转,要求主电动机能正、反转。

(3)为满足加工过程中调整工作的需要,主电动机应能实现正、反转的点动控制。

(4)要求主轴停车迅速、准确,主电动机应有制动停车环节。

(5)为便于主轴变速和进给变速时齿轮啮合,应有变速冲动。

(6)为缩短辅助时间,各进给方向均能快速移动,快速移动电动机宜采用正、反转的点动控制方式。

(7)主电动机为双速电动机,有高、低两种速度供选择,高速运转时应经低速启动再进入高速运转。

(8)由于卧式镗床运动部件多,应有必要的联锁和保护环节。

二、T68型卧式镗床电气控制电路分析

T68型卧式镗床电气控制原理,如图7-11所示。

(一)主电路分析

T68型卧式镗床由两台电动机拖动。

三相电源由自动空气断路器QF引入,熔断器FU_1为电路的总短路保护,也为主轴电动机M_1的短路保护,熔断器FU_2为进给电动机M_2与变压器TC的短路保护。

主轴电动机M_1为三角形－双星形接法的双速笼型异步电动机,由接触器KM_1、KM_2控制它的正、反转电源的通断。低速时由接触器KM_6控制,将定子绕组接成三角形;高速时由KM_7、KM_8控制,将定子绕组接成双星形。高、低速转换由行程开关SQ控制。低速时,可直接启动;高速时,先低速启动,而后自动转换为高速运行的二级启动控制,以减小启动电流。M_1能正、反转运行,正、反向点动及反接制动。在点动、制动以及变速中的脉动慢转时,在定子电路中均串入限流电阻R,以减少启动和制动电流;主轴变速和进给变速均可在停车情况或在运行中进行。只要进行变速,M_1电动机就脉动缓慢转动,以利于齿轮啮合,使变速过程顺利进行。热继电器FR为它的过载保护,电阻R为它反接制动及点动控制的限流电阻,接触器KM_3为电阻R的短接接触器。

主轴箱、工作台与主轴由快速移动电动机M_2拖动实现其快速移动,由接触器KM_4、KM_5控制它正、反转电源的通断。它们之间的移动进给有机械和电气联锁保护。由于快速进给

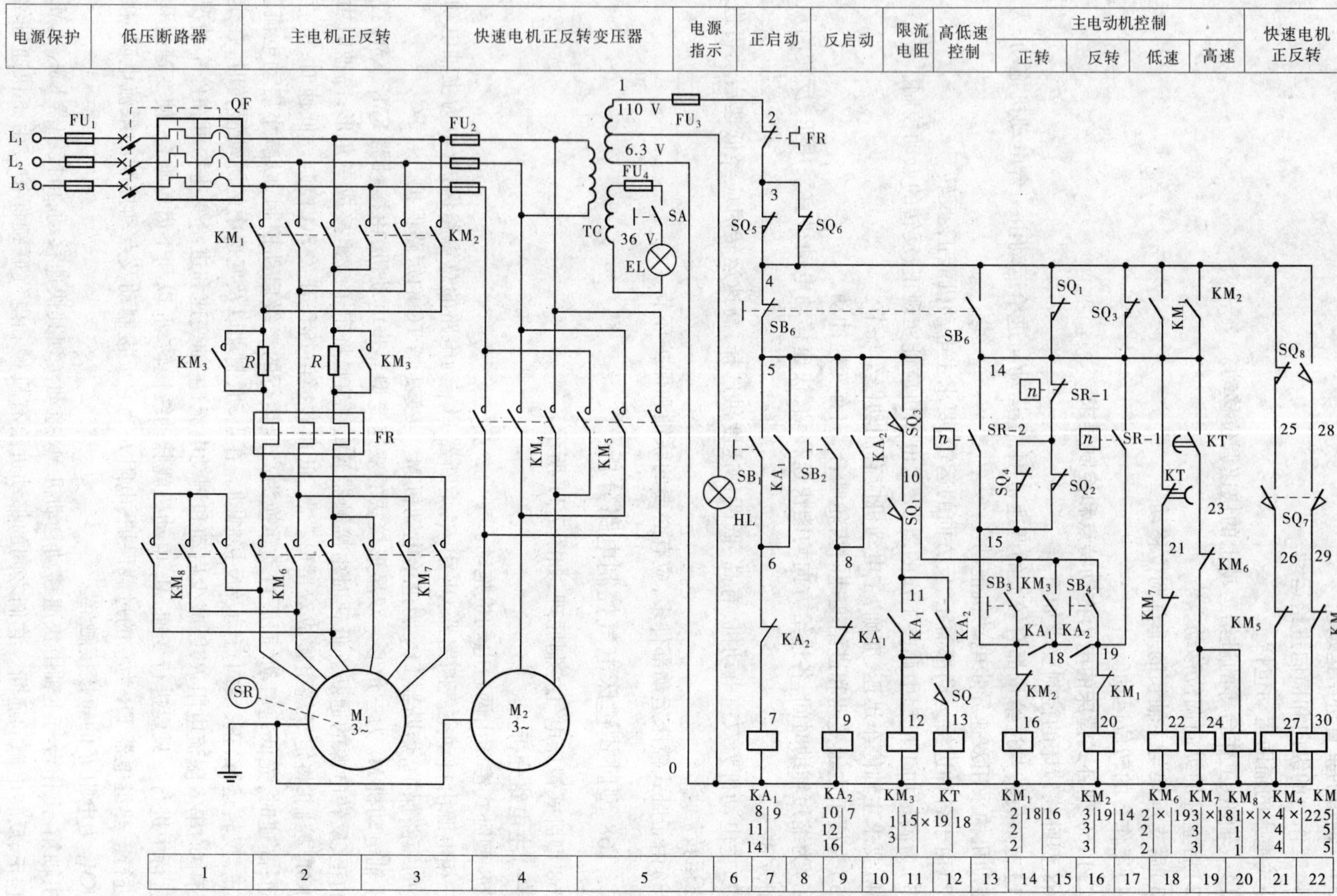

图 7-11 T68 型卧式镗床电气控制原理图

电动机 M_2 为短期工作,故不设过载保护。

(二)控制电路分析

三相交流电源由自动空气断路器 QF 经熔断器 FU_1、FU_2 加在变压器 TC 初级绕组,经降压后输出 110 V 交流电压作为控制电路的电源,36 V 交流电压为机床工作照明灯电源。合上自动空气断路器 QF,6 区电源信号灯 HL 亮,表示控制电路电源电压正常。

行程开关 SQ 为主轴高低速转换开关,SQ 压下为高速。

1. 主轴电动机正、反转控制

1)主轴电动机 M_1 低速正转控制

将高、低速变速手柄扳到"低速"挡,行程开关 SQ 断开。由于行程开关 SQ_1、SQ_3 首先是被压合的,故它们的常开触点闭合,常闭触点断开。按下启动按钮 SB_1(主轴电动机 M_1 正转),中间继电器 KA_1 线圈通电吸合并自锁,其 11 区及 14 区常开触点闭合;KA_1(11 区)常开触点闭合,接触器 KM_3 线圈通电吸合,电路为 1—2—3—4—5—10—11—12—0(数字为线号,下同),KM_3 主触点短接了主轴电动机 M_1 中的制动电阻 R;KA_1(14 区)常开触点闭合,接触器 KM_1 线圈通电吸合,电路为 1—2—3—4—5—18—15—16—0,KM_1 常开触点闭合(18 区),KM_6 线圈通电吸合;接触器 KM_1 接通 M_1 正转电源、接触器 KM_6 主触点将 M_1 绕组接成三角形接法,主轴电动机 M_1 低速正转启动运行。按下主轴电动机 M_1 的停止按钮 SB_6,KA_1、KM_3、KM_1、KM_6 线圈断电释放,主轴电动机 M_1 制动停止。

2)主轴电动机 M_1 低速反转控制

将高、低速手柄扳到"低速"挡位置。按下反转启动按钮 SB_2:中间继电器 KA_2 得电吸合并自锁,其 10 区及 15 区的 KA_2 常开触点闭合,分别使接触器 KM_3、KM_2、KM_6 线圈得电吸合。KM_3 主触点短接了制动电阻 R,接触器 KM_2 接通 M_1 反转电源、KM_6 主触点把 M_1 绕组接成三角形接法,主轴电动机 M_1 低速反转启动运行。按下停止按钮 SB_6,KA_2、KM_3、KM_2、KM_6 线圈断电释放,主轴电动机 M_1 制动停止。

3)主轴电动机 M_1 高速正转控制

将高、低速变速手柄扳到"高速"挡位置,行程开关 SQ 闭合。按下启动按钮 SB_1:中间继电器 KA_1 得电闭合,11 区及 14 区的 KA_1 常开触点闭合,使得接触器 KM_3、KM_1、KM_6 及时间继电器 KT 得电吸合,主轴电动机 M_1 绕组被接成三角形低速启动。经过一定时间后(3 s 左右),时间继电器 KT 在 18 区通电延时常闭触点断开,19 区通电延时常开触点闭合,接触器 KM_6 线圈断开释放;同时接触器 KM_7、KM_8 线圈得电吸合,接触器 KM_7、KM_8 的主触点将主轴电动机 M_1 绕组接成双星形接法高速正转。按下停止按钮 SB_6,主轴电动机 M_1 制动停止。

4)主轴电动机 M_1 高速反转控制

主轴电动机 M_1 的高速反转控制原理及过程与主轴电动机 M_1 高速正转控制相同,只不过是将正转启动按钮 SB_1 换成反转启动按钮 SB_2,中间继电器 KA_1 换成 KA_2,接触器 KM_1 换成 KM_2,其他的控制过程同正转控制过程类似,分析省略。

2. 主轴电动机 M_1 制动控制

1)正转制动控制

当主轴电动机 M_1 高、低速正向运行时,主轴转速大于 120 r/min 时,17 区速度继电器 SR-1 常开触点闭合,为主轴电动机 M_1 的反接制动做好准备。当需要主轴电动机 M_1 停止时，按下主轴电动机 M_1 停止按钮 SB_6，中间继电器 KA_1、接触器 KM_3、KM_1 断电释放，接触器 KM_2（KM_6）线圈得电吸合，电路为 1—2—3—4—14—19—20—0。KM_2 主触点接通了主轴电动机 M_1 的低速反转电源，接触器 KM_6 主触点将 M_1 绕组接成三角形接法，电动机 M_1 串电阻 R 反接制动，转速迅速下降。当转速下降到 100 r/min 时，16 区速度继电器 SR－1 常开触点断开，接触器 KM_2、KM_6 断电，主轴电动机 M_1 完成正转反接制动控制。

2）反转制动控制

当主轴电动机 M_1 高、低速反转运转时，其转速达到 120 r/min 以上时，13 区的速度继电器 SR－2 常开触点闭合，为停车反接制动做好准备。其他的控制过程同正转制动控制类似，分析省略。

3. 主轴电动机 M_1 点动控制

按下主轴电动机 M_1 正转点动按钮 SB_3（14 区），接触器 KM_1、KM_6 线圈得电吸合，KM_1 主触点接通主轴电动机 M_1 正转电源，KM_6 主触点将 M_1 绕组接成三角形接法，M_1 串电阻 R 低速正转点动。同样，按下主轴电动机 M_1 反转点动按钮 SB_4（16 区），接触器 KM_2、KM_6 线圈得电吸合，KM_2 主触点接通了主轴电动机 M_1 反转电源，KM_6 主触点将 M_1 绕组接成三角形接法，M_1 串电阻 R 反转点动。

4. 主轴与进给变速控制

由行程开关 SQ_1、SQ_2、SQ_3、SQ_4、KT、KM_1、KM_2、KM_6 组成主轴与进给变速冲动控制电路。

主轴变速是通过转动变速操作盘，选择合适的转速来进行变速的。主轴变速时可直接拉出主轴变速操作盘的操作手柄进行变速，而不必按下主轴电动机的停止按钮。具体操作过程如下：当主轴电动机 M_1 在加工过程中需要进行变速时，设电动机 M_1 运行于正转状态（反转时的脉动控制与正转相似），当主轴转速大于 120 r/min 时，速度继电器 SR－1（17 区）常开触点闭合；将主轴变速操作盘的操作手柄拉出，此时 SQ_1、SQ_2 复位，其 SQ_1 常开触点（11 区）断开，接触器 KM_3 与时间继电器 KT 线圈断电，KM_3 主触点断开，限流电阻 R 串入电动机回路；15 区 SQ_1 常闭触点闭合，接触器 KM_2 线圈得电吸合，回路为 1—2—3—4—14—19—20—0；KM_2 常开触点（19 区）闭合，KM_6 线圈得电，回路为 1—2—3—4—14—21—22—0；此时主轴电动机 M_1 三角形接法，串电阻 R 反转反接制动。主轴电动机速度迅速下降，当转速小于 100 r/min 时，速度继电器 SR－1（17 区）常开触点断开，接触器 KM_2 线圈断电释放，主轴电动机 M_1 停转；同时，接触器 KM_1 线圈得电吸合，回路为 1—2—3—4—14—17—15—16—0；则 KM_1 主触点接通主轴电动机 M_1 电源，M_1 低速正转启动。当转速达到 120 r/min 时，速度继电器 SR－1 常闭触点（15 区）断开，主轴电动机 M_1 又停转。当转速小于 100 r/min 时，速度继电器 SR－1 常闭触点又复位闭合，主轴电动机 M_1 又正转启动。如此反复，直到新的变速齿轮啮合好为止。此时转动变速操作盘，选择新的速度后，将变速手柄压回原位。

进给变速控制过程与主轴变速控制过程基本相似，只不过拉出的变速手柄是进给变速操作手柄，将主轴变速控制中的行程开关 SQ_1、SQ_2 换成 SQ_3、SQ_4。其工作过程分析省略。

5. 快速移动进给电动机 M_2 的控制

机床工作台的纵向和横向快速进给、主轴的轴向快速进给、主轴箱的垂直快速进给都是由电动机 M_2 通过机械齿轮的啮合来实现的。将快速手柄扳至快速正向移动位置，行程开

关 SQ_7(21、22 区)被压下,21 区常开触点闭合,接触器 KM_4 线圈得电闭合,进给电动机 M_2 启动正转,带动各种进给正向快速移动。将快速手柄扳至反向位置时压下行程开关 SQ_8,行程开关 SQ_8(21、22 区)被压下,22 区常开触点闭合,接触器 KM_5 线圈得电闭合,进给电动机 M_2 反向启动运转,带动各种进给反向快速移动。当快速操作手柄扳回中间位置时,SQ_7、SQ_8 均不受压,M_2 停车,快速移动结束。

6. 联锁环节

(1)主轴箱或工作台机动进给与主轴机动进给的联锁。

为了防止工作台或主轴箱机动进给时出现将主轴或平旋盘刀具溜板也扳到机动进给的误操作,设置了与工作台、主轴箱进给操纵手柄有机械联动的行程开关 SQ_5,在主轴箱上设置了与主轴、平旋盘刀具溜板进给手柄有机械联动的行程开关 SQ_6。

当工作台、主轴箱进给操纵手柄扳在机动进给位置时,压下 SQ_5,其常闭触点(7 区)断开。若此时又将主轴、平旋盘刀具溜板进给手柄扳在机动进给位置,则压下 SQ_6,其常闭触点(8 区)断开,于是切断了控制电路电源,使主电动机 M_1 和快速移动电动机 M_2 无法启动,从而避免了由于误操作带来的运动部件相撞事故的发生,实现了主轴箱或工作台与主轴或平旋盘刀具溜板的联锁保护。

(2)M_1 主电动机正转与反转之间,高速与低速运行之间,快速移动电动机 M_2 的正转与反转之间均设有互锁控制环节。

(三)辅助电路分析

T68 卧式镗床设有 36 V 安全电压局部照明灯 EL,由开关 SA 手动控制。电路还设有 6.3 V 电源指示灯 HL,表明电路电源电压是否正常。

(四)T68 型卧式镗床电气控制特点

(1)主电动机 M_1 为双速笼型异步电动机,实现机床的主轴旋转和工作进给。低速时由接触器 KM_6 控制,将电动机三相定子绕组接成三角形连接;高速时由接触器 KM_7、KM_8 控制,将电动机三相定子绕组接成双星形连接。高、低速由主轴孔盘变速机构内的行程开关 SQ 控制。选择低速时,电动机为直接启动。高速时,电动机采用先低速启动,再自动转换为高速启动运行的两级启动控制,以减小启动电流的冲击。

(2)主电动机 M_1 能正反向点动、正反向连续运行控制,并具有停车反接制动。在点动、反接制动以及变速中的低速旋转时,定子绕组接成三角形接法,电路串入限流电阻 R,以减小启动和反接制动电流。

(3)主轴变速与进给变速可在停车情况下或在运行中进行变速时,主电动机 M_1 定子绕组接成三角形接法,以速度继电器 SR 的 100 ~ 120 r/min 的转速连续反复低速运行,以利齿轮啮合,使变速过程顺利进行。

(4)主轴箱、工作台与主轴、平旋盘刀具溜板由快速移动电动机 M_2 拖动实现其快速移动,它们之间的机动进给设有机械和电气的联锁保护。

三、T68 型卧式镗床常见电气故障的诊断与检修

镗床常见电气故障的诊断与检修与铣床大致相同,但由于镗床的机－电联锁较多,且采用双速电动机,所以会有一些特有的故障,现举例分析如下:

(1)主轴的转速与标牌的指示不符。

这种故障一般有两种现象:第一种是主轴的实际转速比标牌指示转数增加一倍或减少至原来的二分之一,第二种是 M_1 只有高速或只有低速。前者大多是由于安装调整不当而引起的。T68 型镗床有 18 种转速,是由双速电动机和机械滑移齿轮联合调速来实现的。第 1,2,4,6,8,…挡是由电动机以低速运行驱动的,而 3,5,7,9,…挡是由电动机以高速运行来驱动的。由以上分析可知,M_1 的高低速转换是靠主轴变速手柄推动微动开关 SQ_7,由 SQ_7 的动合触点(11—12)通、断来实现的。如果安装调整不当,使 SQ_7 的动作恰好相反,则会发生第一种故障。而产生第二种故障的主要原因是 SQ_7 损坏(或安装位置移动)。如果 SQ_7 的动合触点(11—12)总是接通,则 M_1 只有高速;如果总是断开,则 M_1 只有低速。此外,KT 的损坏(如线圈烧断、触点不动作等),也会造成此类故障发生。

(2)M_1 能低速启动,但置"高速"挡时,不能高速运行而自动停机。

M_1 能低速启动,说明接触器 KM_3、KM_1、KM_4 工作正常;而低速启动后不能换成高速运行且自动停机,又说明时间继电器 KT 是工作的,其动断触点(13—20)能切断 KM_4 线圈支路,而动合触点(13—22)不能接通 KM_5 线圈支路。因此,应重点检查 KT 的动合触点(13—22);此外,还应检查 KM_4 的互锁动断触点(22—23)。按此思路,接下去还应检查 KM_5 有无故障。

(3)M_1 不能进行正反转点动、制动及低速控制。

其原因往往是上述各种控制功能的公共电路部分出现故障,如果伴随着不能低速运行,则故障可能出在控制电路 13—20—21—0 支路中有断开点。否则,故障可能出在主电路的制动电阻器 *R* 及引线上有断开点。如果主电路仅断开一相电源,电动机还会伴有断相运行时发出的"嗡嗡"声。

第四节 X62W 型万能铣床电气控制电路

铣床是一种用途十分广泛的金属切削机床,其使用范围仅次于车床。铣床可用于加工平面、斜面和沟槽;如果装上分度头,可以铣削直齿齿轮和螺旋面;如果装上圆工作台,还可以加工凸轮和弧形槽等(见图 7-12)。铣床的种类很多,主要有卧式铣床、立式铣床、龙门铣床及各种专用铣床等,其中卧式铣床的主轴是水平的,而立式铣床的主轴是垂直的。常用的万能铣床有 X62W 型卧式万能铣床和 X53K 型立式万能铣床,其电气控制电路经改进后两者通用,下面以 X62W 型万能铣床为例进行介绍。

X62W 型万能铣床型号的含义为

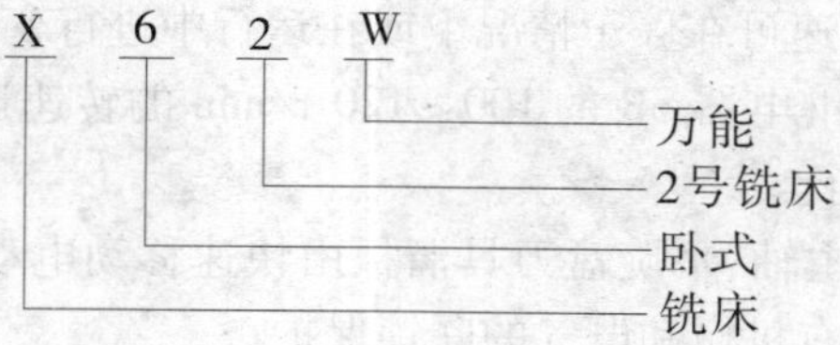

一、铣床的主要结构和运动形式

铣床的加工范围较广,运动形式较多,其结构也较为复杂。X62W 型万能铣床的实物,如图 7-12 所示。X62W 型万能铣床的主要结构,如图 7-13 所示。

床身固定于底座上,用于安装和支承铣床的各部件。在床身内还装有主轴部件、主传动

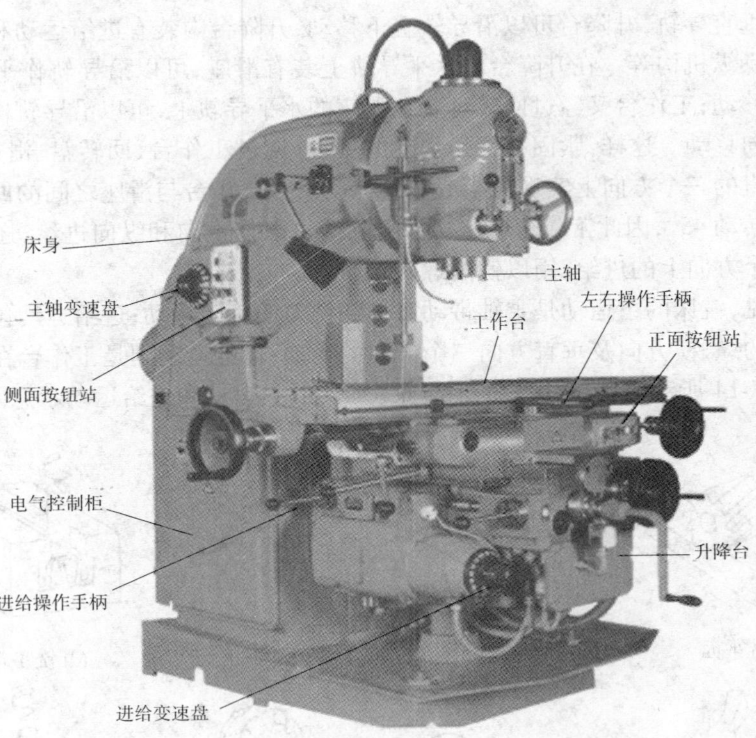

图 7-12　X62W 型万能铣床的实物

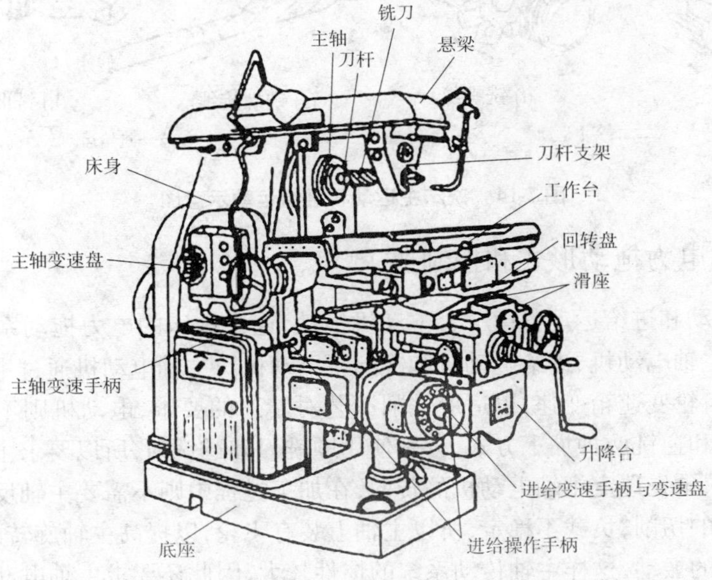

图 7-13　X62W 万能铣床结构示意图

装置及其变速操纵机构等。床身顶部的导轨上装有悬梁，悬梁上装有刀杆支架。铣刀则装在刀杆上，刀杆的一端装在主轴上，另一端装在刀杆支架上。刀杆支架可以在悬梁上水平移动，悬梁又可以在床身顶部的水平导轨上水平移动，因此可以适应各种不同长度的刀杆。床身的前部有垂直导轨，升降台可以沿导轨上下移动，升降台内装有进给运动和快速移动的传动装置及其操纵机构等。在升降台的水平导轨上装有滑座，可以沿导轨作平行于主轴轴线方向的横向移动；工作台又经过回转盘装在滑座的水平导轨上，可以沿导轨作垂直于主轴轴线方向的纵向移动。这样，紧固在工作台上的工件，通过工作台、回转盘、滑座和升降台，可以在相互垂直的三个方向上实现进给或调整运动。在工作台与滑座之间的回转盘还可以使工作台左右转动45°，因此工作台在水平面上除了可以作横向和纵向进给，还可以实现在不同角度的各个方向上的进给，用以铣削螺旋槽。

由此可见，铣床的主运动是主轴带动刀杆和铣刀的旋转运动；进给运动包括工作台带动工件在水平的纵、横方向及垂直方向三个方向的运动；辅助运动则是工作台在三个方向的快速移动。图7-14所示为铣床几种主要的加工形式的主运动和进给运动示意图。

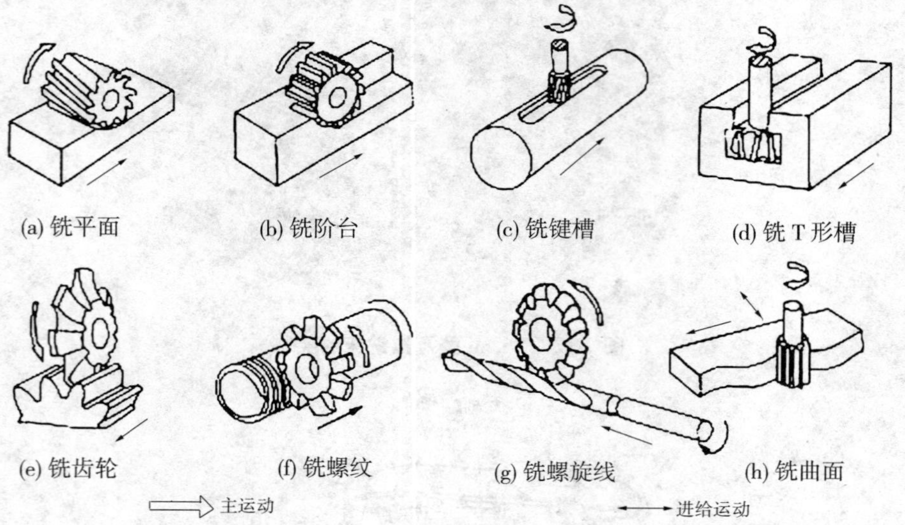

图7-14　铣床主运动和进给运动示意图

二、铣床的电力拖动形式和控制要求

铣床的主运动和进给运动各由一台电动机拖动，这样铣床的电力拖动系统一般由三台电动机所组成：主轴电动机、进给电动机和冷却泵电动机。主轴电动机通过主轴变速箱驱动主轴旋转，并由齿轮变速箱变速，以适应铣削工艺对转速的要求，电动机则不需要调速。由于铣削分为顺铣和逆铣两种加工方式，分别使用顺铣刀和逆铣刀，所以要求主轴电动机能够正反转，但只要求预先选定主轴电动机的转向，在加工过程中则不需要主轴反转。又由于铣削是多刃不连续的切削，负载不稳定，所以主轴上装有飞轮，以提高主轴旋转的均匀性，消除铣削加工时产生的振动，这样主轴传动系统的惯性较大，因此还要求主轴电动机在停机时有电气制动。进给电动机作为工作台进给运动及快速移动的动力，也要求能够正反转，以实现三个方向的正反向进给运动，通过进给变速箱，可获得不同的进给速度。为了使主轴和进给传动系统在变速时齿轮能够顺利地啮合，要求主轴电动机和进给电动机在变速时能够稍微转动一下（称为变速冲动）。三台电动机之间还要求有联锁控制，即在主轴电动机启动之后另两台电动机才能启动运行。由此，铣床对电力拖动及其控制有以下要求：

(1)铣床的主运动由一台笼型异步电动机拖动，直接启动，能够正反转，并设有电气制动环节，能进行变速冲动。

(2)工作台的进给运动和快速移动均由同一台笼型异步电动机拖动，直接启动，能够正反转，也要求有变速冲动环节。

(3)冷却泵电动机只要求单向旋转。

(4)三台电动机之间有联锁控制，即主轴电动机启动之后，才能对其余两台电动机进行控制。

三、X62W 型万能铣床电气控制电路分析

X62W 型万能铣床的电气控制电路有多种，图 7-15 所示电路是经过改进的电路，为 X62W 型卧式和 X53K 型立式两种万能铣床所通用。

(一)主电路

三相电源由电源引入开关 QS_1 引入，FU_1 作全电路的短路保护用。主轴电动机 M_1 的运行由接触器 KM_1 控制，由换相开关 SA_3 预选其转向。冷却泵电动机 M_3 由 QS_2 控制其单向旋转，但必须在 M_1 启动运行之后才能运行。进给电动机 M_2 由 KM_3、KM_4 实现正反转控制。三台电动机分别由热继电器 FR_1、FR_2、FR_3 提供过载保护。

(二)控制电路

由控制变压器 TC_1 提供 110 V 工作电压，FU_4 提供变压器二次侧的短路保护。该电路的主轴制动、工作台常速进给和快速进给分别由控制电磁离合器 YC_1、YC_2、YC_3 实现，电磁离合器需要的直流工作电压由整流变压器 TC_2 降压后经桥式整流器 VC 提供，FU_2、FU_3 分别提供交直流侧的短路保护。

1. 主轴电动机 M_1 的控制

M_1 由交流接触器 KM_1 控制，为操作方便，在机床的不同位置各安装了一套启动和停机按钮：SB_2 和 SB_6 装在床身上，SB_1 和 SB_5 装在升降台上。对 M_1 的控制包括有主轴的启动、停机制动、换刀制动和变速冲动。

启动：在启动前先按照顺铣或逆铣的工艺要求，用组合开关 SA_3 预先确定 M_1 的转向。按下 SB_1 或 SB_2→KM_1 线圈通电→M_1 启动运行，同时 KM_1 动合辅助触点(7－13)闭合为 KM_3、KM_4 线圈支路接通做好准备。

停车与制动：按下 SB_5 或 SB_6→SB_5 或 SB_6 动断触点断开(3－5 或 1－3)→KM_1 线圈断电，M_1 停车→SB_5 或 SB_6 动合触点闭合(105－107)制动电磁离合器 YC_1 线圈通电→M_1 制动。

制动电磁离合器 YC_1 装在主轴传动系统与 M_1 转轴相连的第一根传动轴上，当 YC_1 通电吸合时，将摩擦片压紧，对 M_1 进行制动。停转时，应按住 SB_5 或 SB_6 直至主轴停转才能松开，一般主轴的制动时间不超过 0.5 s。

主轴的变速冲动：主轴的变速是通过改变齿轮的传动比实现的。在需要变速时，将变速手柄拉出，转动变速盘至所需的转速，然后再将变速手柄复位。在手柄复位的过程中，在瞬间压动了行程开关 SQ_1，手柄复位后，SQ_1 也随之复位。在 SQ_1 动作的瞬间，SQ_1 的动断触点(5—7)先断开其他支路，然后动合触点(1—9)闭合，点动控制 KM_1，使 M_1 产生瞬间的冲动，利于齿轮的啮合。如果点动一次齿轮还不能啮合，重复进行上述动作。

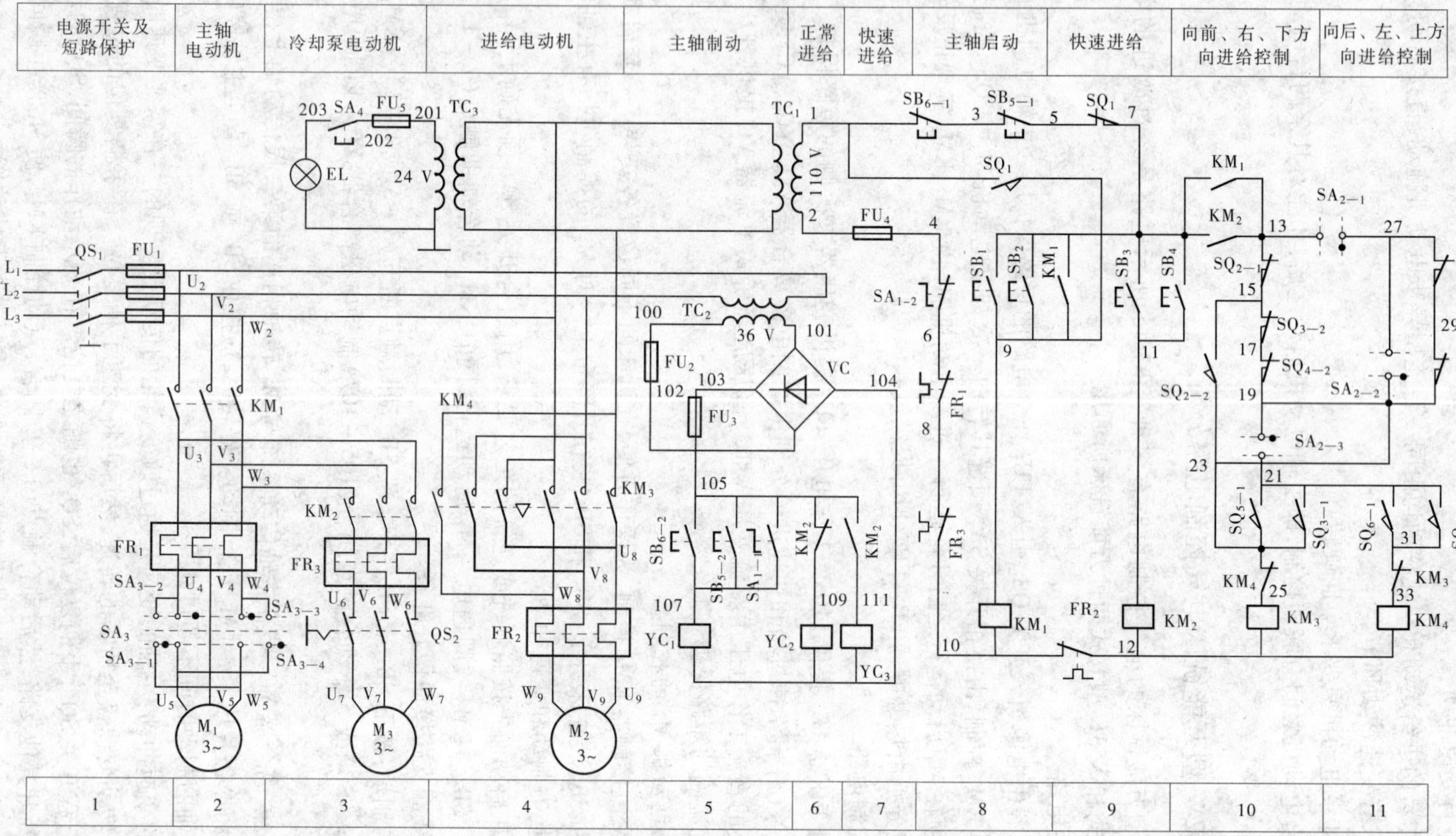

图 7-15　X62W 型万能铣床电气原理图

主轴换刀控制：在上刀或换刀时，主轴应处于制动状态，以避免发生事故。只要将换刀制动开关 SA_1 拨至“接通”位置，其动断触点 SA_{1-2}（4—6）断开控制电路，保证在换刀时机床没有任何动作；其动合触点 SA_{1-1}（105—107）接通 YC_1，使主轴处于制动状态。换刀结束后，要记住将 SA_1 扳回“断开”位置。

2. 进给运动控制

工作台的进给运动分为常速（工作）进给和快速进给，常速进给必须在 M_1 启动运行后才能进行，而快速进给属于辅助运动，可以在 M_1 不启动的情况下进行。工作台在六个方向上的进给运动是由机械操作手柄（见图 7-13）带动相关的行程开关 $SQ_3 \sim SQ_6$，通过控制接触器 KM_3、KM_4 来控制进给电动机 M_2 正反转来实现的。行程开关 SQ_5 和 SQ_6 分别控制工作台的向右和向左运动，而 SQ_3 和 SQ_4 则分别控制工作台的向前、向下和向后、向上运动。

进给拖动系统使用的两个电磁离合器 YC_2 和 YC_3 都安装在进给传动链中的第四根传动轴上。当 YC_2 吸合而 YC_3 断开时，为常速进给；当 YC_3 吸合而 YC_2 断开时，为快速进给。

工作台的纵向进给运动：将纵向进给操作手柄扳向右边→行程开关 SQ_5 动作→其动断触点 SQ_{5-2}（27—29）先断开，动合触点 SQ_{5-1}（21—23）后闭合→KM_3 线圈通过（13—15—17—19—21—23—25）路径通电→M_2 正转→工作台向右运动。

若将操作手柄扳向左边，则 SQ_6 动作→KM_4 线圈通电→M_2 反转→工作台向左运动。

SA_2 为圆工作台控制开关，此时应处于“断开”位置，其三组触点状态为：SA_{2-1}、SA_{2-3} 接通，SA_{2-2} 断开。

工作台的垂直与横向进给运动：工作台垂直与横向进给运动由一个十字形手柄操纵，十字形手柄有上、下、前、后和中间五个位置，将手柄扳至向“下”或“向上”位置时，分别压动行程开关 SQ_3 或 SQ_4，控制 M_2 正转或反转，并通过机械传动机构使工作台分别向下和向上运动；而当手柄扳至“向前”或“向后”位置时，虽然同样是压动行程开关 SQ_3 和 SQ_4，但此时机械传动机构则使工作台分别向前和向后运动。当手柄在中间位置时，SQ_3 和 SQ_4 均不动作。下面就以向上运动的操作为例分析电路的工作情况，其余的可自行分析。

将十字形手柄扳至“向上”位置，SQ_4 的动断触点 SQ_{4-2} 先断开，动合触点 SQ_{4-1} 后闭合→KM_4 线圈经（13—27—29—19—21—31—33）路径通电→M_2 反转→工作台向上运动。

进给变速冲动：与主轴变速时一样，进给变速时也需要使 M_2 瞬间点动一下，使齿轮易于啮合。进给变速冲动由行程开关 SQ_2 控制，在操纵进给变速手柄和变速盘（见图 7-13）时，瞬间压动了行程开关 SQ_2，在 SQ_2 通电的瞬间，其动断触点 SQ_{2-1}（13—15）先断开而动合触点 SQ_{2-2}（15—23）后闭合，使 KM_3 线圈经（13—27—29—19—17—15—23—25）路径通电，M_2 正向点动。由 KM_3 的通电路径可见；只有在进给操作手柄均处于零位（即 $SQ_3 \sim SQ_6$ 均不动作）时，才能进行进给变速冲动。

工作台快速进给的操作：要使工作台在六个方向上快速进给，在按常速进给的操作方法操纵进给控制手柄的同时，还要按下快速进给按钮开关 SB_3 或 SB_4（两地控制），使 KM_2 线圈通电，其动断触点（105—109）切断 YC_2 线圈支路，动合触点（105—111）接通 YC_3 线圈支路，使机械传动机构改变传动比，实现快速进给。由于与 KM_1 的动合触点（7—13）并联了 KM_2 的一个动合触点，所以在 M_1 不启动的情况下，也可以进行快速进给。

（三）圆工作台的控制

在需要加工弧形槽、弧形面和螺旋槽时，可以在工作台上加装圆工作台。圆工作台的回转运动也是由进给电动机 M_2 拖动的。在使用圆工作台时，将控制开关 SA_2 扳至“接通”的位置，此时 SA_{2-2} 接通而 SA_{2-1}、SA_{2-3} 断开。在主轴电动机 M_1 启动的同时，KM_3 线圈经 13—15—17—19—29—27—23—25 的路径通电，使 M_2 正转，带动圆工作台旋转运动（圆工作台只需要单向旋转）。由 KM_3 线圈的通电路径可见，只要扳动工作台进给操作的任何一个手柄，SQ_3 ~ SQ_6 其中一个行程开关的动断触点断开，都会切断 KM_3 线圈支路，使圆工作台停止运动，从而保证了工作台的进给运动和圆工作台的旋转运动不会同时进行。

（四）照明电路

照明灯 EL 由照明变压器 TC_3 提供 24 V 的工作电压，SA_4 为灯开关，FU_5 提供短路保护。

四、X62W 型万能铣床常见电气故障的诊断与检修

X62W 型万能铣床电气控制线路较常见的故障主要是主轴电动机控制电路和工作台进给控制电路的故障。

（一）主轴电动机控制电路故障

（1）M_1 不能启动。

与前面已分析过的机床的同类故障一样，可从电源、QS_1、FU_1、KM_1 的主触点、FR_1 到换相开关 SA_3，从主电路到控制电路进行检查。因为 M_1 的容量较大，应注意检查 KM_1 的主触点、SA_3 的触点有无被熔化，有无接触不良。

此外，如果主轴换刀制动开关 SA_1 仍处在“换刀”位置，SA_{1-2} 断开；或者 SA_1 虽处于正常工作的位置，但 SA_{1-2} 接触不良，使控制电源未接通，M_1 也不能启动。

（2）M_1 停车时无制动。

重点是检查电磁离合器 YC_1，如 YC_1 线圈有无断线、触点有无接触不良，整流电路有无故障等。此外还应检查控制按钮 SB_5 和 SB_6。

（3）主轴换刀时无制动。

如果在 M_1 停车时主轴的制动正常，而在换刀时制动不正常，从电路分析可知应重点检查制动控制开关 SA_1。

（4）按下停车按钮后 M_1 不停。

故障的主要原因可能是：KM_1 的主触点熔焊。如果在按下停车按钮后，KM_1 不释放，则可断定故障是由 KM_1 主触点熔焊引起的。应注意此时电磁离合器 YC_1 正在对主轴起制动作用，会造成 M_1 过载，并产生机械冲击。所以一旦出现这种情况，应马上松开停车按钮，进行检查，否则会很容易烧坏电动机。

（5）主轴变速时无瞬时冲动。

由于主轴变速行程开关 SQ_1 在频繁动作后，造成开关位置移动，甚至开关底座被撞碎或触点接触不良，都将造成主轴无变速时的瞬时冲动。

（二）工作台进给控制电路故障

铣床的工作台应能够进行前、后、左、右、上、下六个方向的常速和快速进给运动，其控制是由电气和机械系统配合进行的，所以在出现工作台进给运动的故障时，如果对机、电系统的部件逐个进行检查，是难以尽快查出故障所在的。可依次进行其他方向的常速进给、快速进给、进给变速冲动和圆工作台的进给控制试验，来逐步缩小故障范围，分析故障原因，然后

再在故障范围内逐个对电器元件、触点、接线和接点进行检查。在检查时，还应考虑机械磨损或移位使操纵失灵等非电气的故障原因。这部分电路的故障较多，下面仅以一些较典型的故障为例来进行分析。

(1)工作台不能纵向进给。

此时应先对横向进给和垂直进给进行试验检查，如果正常，则说明进给电动机 M_2、主电路、接触器 KM_3、KM_4 及与纵向进给相关的公共支路都正常，就应重点检查图 7-15 中的行程开关 SQ_{2-1}、SQ_{3-2} 及 SQ_{4-2}，即接线端编号为 13—15—17—19 的支路，因为只要这三对动断触点之中有一对不能闭合、接触不良或者接线松脱，纵向进给就不能进行。同时，可检查进给变速冲动是否正常，如果也正常，则故障范围已缩小到在 SQ_{2-1} 及 SQ_{5-1}、SQ_{6-1} 上了，一般情况下 SQ_{5-1}、SQ_{6-1} 两个行程开关的动合触点同时发生故障的可能性较小，而 SQ_{2-1}(13—15)由于在进给变速时，常常会因用力过猛而容易损坏，所以应先检查它。

(2)工作台不能向上进给。

首先进行进给变速冲动试验，若进给变速冲动正常，则可排除与向上进给控制相关的支路 13—27—29—19 存在故障的可能性；再进行向左方向进给试验，若正常，则可排除 19—21 和 31—33—12 支路存在故障的可能性。这样，故障点就已缩小到 21—(SQ_{4-1})—31 支路的范围内。例如，可能是在多次操作后，行程开关 SQ_4 因安装螺丝松动而移位，造成操纵手柄虽已到位，但其触点 SQ_{4-1}(21—31)仍不能闭合，因此工作台不能向上进给。

(3)工作台各个方向都不能进给。

此时可先进行进给变速冲动和圆工作台的控制，如果都正常，则故障可能在圆工作台控制开关 SA_{2-3} 及其接线(19—21)上；但若变速冲动也不能进行，则要检查接触器 KM_3 能否吸合，如果 KM_3 不能吸合，除了 KM_3 本身的故障之外，还应检查控制电路中有关的电器部件、接点和接线，如接线端 2—4—6—8—10—12、7—13 等部分；若 KM_3 能吸合，则应着重检查主电路，包括 M_2 的接线及绕组有无故障。

(4)工作台不能快速进给。

如果工作台的常速进给运行正常，仅不能快速进给，则应检查 SB_3、SB_4 和 KM_2。如果这三个电器无故障，电磁离合器电路的电压也正常，则故障可能发生在 YC_3 本身。常见的有 YC_3 线圈损坏或机械卡死、离合器的动、静摩擦片间隙调整不当等。

第五节　M7130 型平面磨床电气控制电路

磨床是用磨具和磨料(如砂轮、砂带、油石、研磨剂等)对工件的表面进行磨削加工的一种机床，它可以加工各种表面，如平面、内外圆柱面、圆锥面和螺旋面等，通过磨削加工，使工件的形状及表面的精度、光洁度达到预期的要求。同时，它还可以进行切断加工。根据用途和采用的工艺方法不同，磨床可以分为平面磨床、外圆磨床、内圆磨床，工具磨床和各种专用磨床(如螺纹磨床、齿轮磨床、球面磨床、导轨磨床等)，其中以平面磨床使用最多。平面磨床又分为卧轴和立轴、矩台和圆台四种类型。下面以 M7130 型卧轴矩台平面磨床为例介绍磨床的电气控制电路。

M7130 型平面磨床型号的含义为

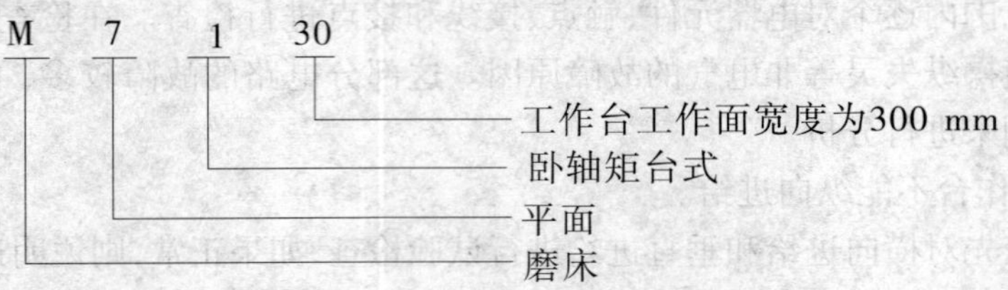

一、平面磨床的主要结构和运动形式

M7130 型卧轴矩台平面磨床的主要结构包括床身、立柱、滑座、砂轮箱、工作台和电磁吸盘，如图 7-16 所示。磨床的工作台表面有 T 形槽，可以用螺钉和压板将工件直接固定在工作台上，也可以在工作台上装上电磁吸盘，用来吸持铁磁性的工件。平面磨床进行磨削加工的示意图如图 7-17 所示，砂轮与砂轮电动机均装在砂轮箱内，砂轮直接由砂轮电动机带动旋转；砂轮箱装在滑座上，而滑座装在立柱上。

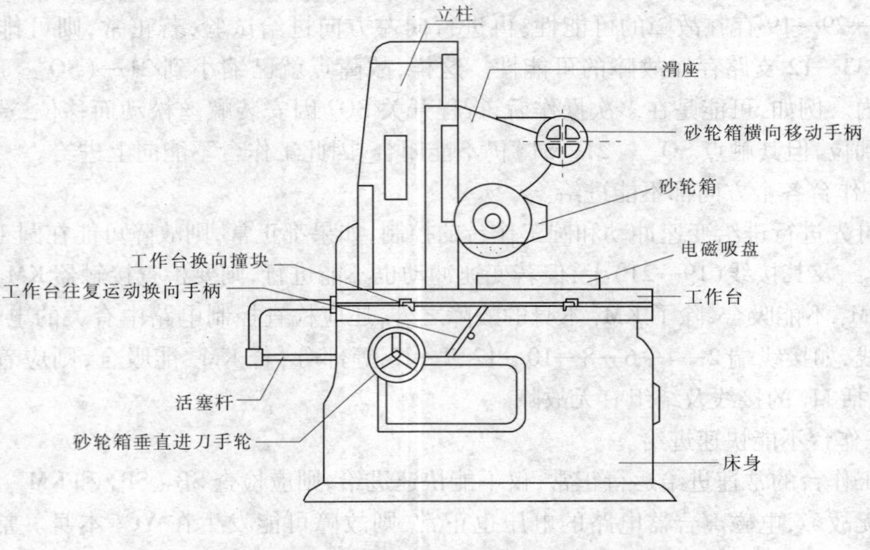

图 7-16　M7130 卧轴矩台平面磨床结构示意图

磨床的主运动是砂轮的旋转运动，而进给运动则分为以下三种运动：

(1)工作台(带动电磁吸盘和工件)作纵向往复运动。

(2)砂轮箱沿滑座上的燕尾槽作横向进给运动。

(3)砂轮箱和滑座一起沿立柱上的导轨作垂直进给运动。

二、平面磨床的电力拖动形式和控制要求

M7130 型卧轴矩台平面磨床采用多台电动机拖动，其电力拖动和电气控制、保护的要求如下所述：

(1)砂轮由一台笼型异步电动机拖动，因为砂轮的转速一般不需要调节，所以对砂轮电动机没有电气调速的要求，也不需要反转，可直接启动。

(2)平面磨床的纵向和横向进给运动一般采用液压传动，所以需要由一台液压泵电动

机驱动液压泵，对液压泵电动机也没有电气调速、反转和降压启动的要求。

(3)同车床一样，也需要一台冷却泵电动机提供冷却液。冷却泵电动机与砂轮电动机具有联锁关系，即要求砂轮电动机启动后才能开动冷却泵电动机。

(4)平面磨床往往采用电磁吸盘来吸持工件。电磁吸盘要有退磁电路，同时，为防止在磨削加工时因电磁吸盘吸力不足而造成工件飞出，还要求有弱磁保护环节。

(5)具有各种常规的电气保护环节(如短路保护和电动机的过载保护)，具有安全的局部照明装置。

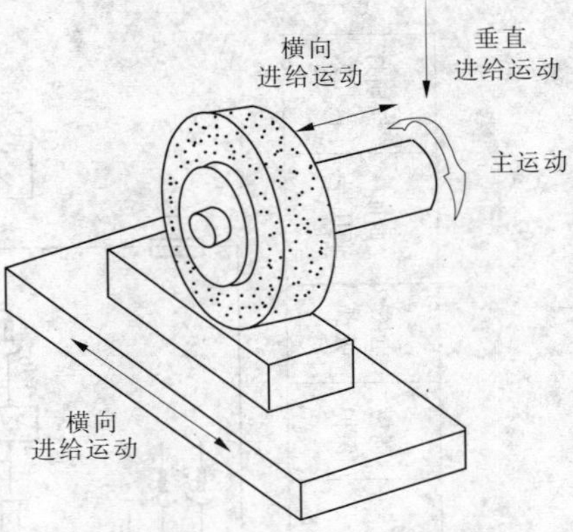

图 7-17　磨床的主运动和进给运动示意图

三、M7130 型平面磨床电气控制电路分析

M7130 型平面磨床的电气原理图，如图 7-18 所示。

(一)主电路

三相交流电源由电源开关 QS 引入，由 FU_1 作全电路的短路保护。砂轮电动机 M_1 和液压电动机 M_3 分别由接触器 KM_1、KM_2 控制，并分别由热继电器 FR_1、FR_2 作过载保护。由于磨床的冷却泵箱是与床身分开安装的，所以冷却泵电动机 M_2 由插头插座 X_1 接通电源，在需要提供冷却液时才插上。M_2 受 M_1 启动和停转的控制。由于 M_2 的容量较小，因此不需要过载保护。三台电动机均直接启动，单向旋转。

(二)控制电路

控制电路采用 380 V 电源，由 FU_2 作短路保护。SB_1、SB_2 和 SB_3、SB_4 分别为 M_1 和 M_3 的启动、停止按钮，通过 KM_1、KM_2 控制 M_1 和 M_3 的启动、停止。

(三)电磁吸盘电路

电磁吸盘结构与工作原理示意图如图 7-19 所示。其线圈通电后产生电磁吸力，以吸持铁磁性材料的工件进行磨削加工。与机械夹具相比较，电磁吸盘具有操作简便、不损伤工件的优点，特别适合于同时加工多个小工件；采用电磁吸盘的另一优点是工件在磨削时发热能够自由伸缩，不至于变形。但是电磁吸盘不能吸持非铁磁性材料的工件，而且其线圈还必须使用直流电。

如图 7-18 所示，变压器 T_1 将 220 V 交流电降压至 127 V 后，经桥式整流器 VC 变成 110 V 直流电压供给电磁吸盘线圈 YH。SA_2 是电磁吸盘的控制开关，待加工时，将 SA_2 扳至右边的“吸合”位置，触点(301—303)、(302—304)接通，电磁吸盘线圈通电，产生电磁吸力将工件牢牢吸持。加工结束后，将 SA_2 扳至中间的“放松”位置，电磁吸盘线圈断电，可将工件取下。如果工件有剩磁难以取下，可将 SA_2 扳至左边的“退磁”位置，触点(301—305)、(302—303)接通，可见此时线圈通以反向电流产生反向磁场，对工件进行退磁，注意这时要控制退磁的时间，否则工件会因反向充磁而更难取下。R_2 用于调节退磁的电流。采用电磁吸盘的磨床还配有专用的交流退磁器，如图 7-20 所示。如果退磁不够彻底，可以使用退磁

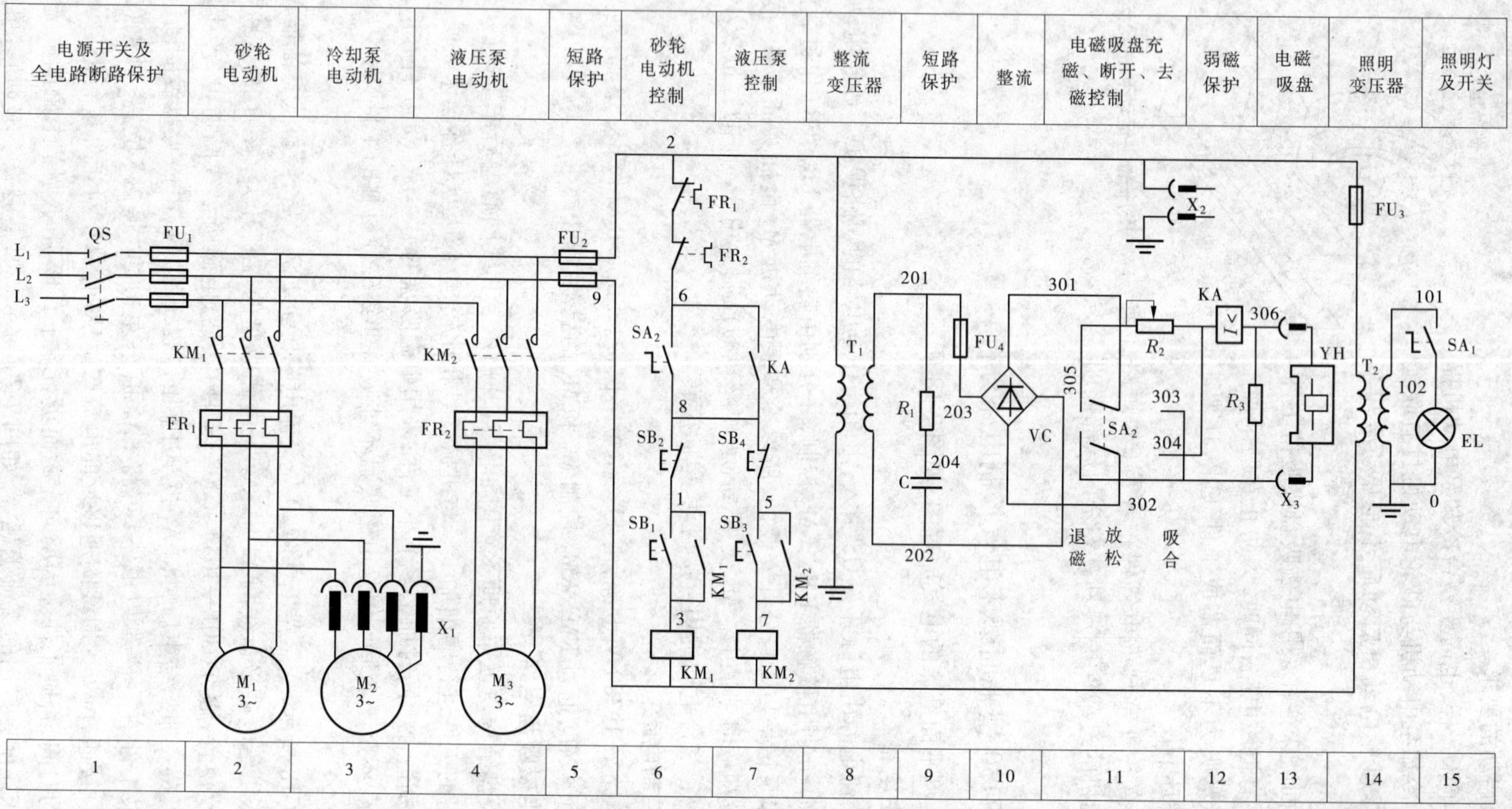

图 7-18　M7130 型平面磨床的电气原理图

器退去剩磁，X_2 是退磁器的电源插座。

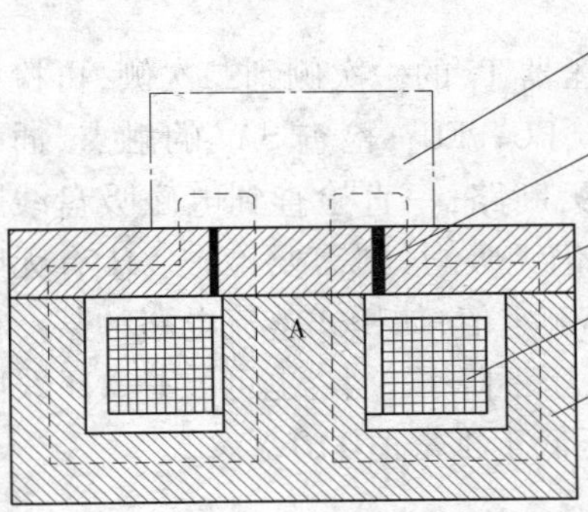

图 7-19　电磁吸盘结构与原理示意图

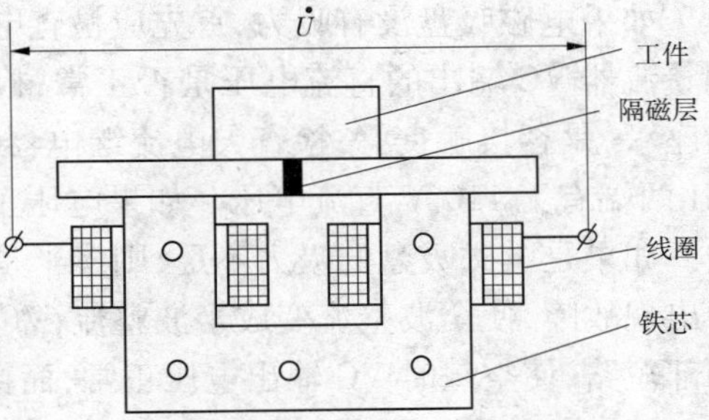

图 7-20　交流退磁器结构原理图

四、电气保护环节

除常规的电路短路保护和电动机的过载保护之外，电磁吸盘电路还专门设有一些保护环节。

（一）电磁吸盘的弱磁保护

采用电磁吸盘来吸持工件有许多好处，但在进行磨削加工时一旦电磁吸力不足，就会造成工件飞出事故。因此，在电磁吸盘线圈电路中串入欠电流继电器 KA 的线圈，KA 的动合触点与 SA_2 的一对动合触点并联，串接在控制砂轮电动机 M_1 的接触器 KM_1 线圈支路中，SA_2 的动合触点（6—8）只有在“退磁”挡才接通，而在“吸合”挡是断开的，这就保证了电磁吸盘在吸持工件时必须保证有足够的充磁电流，才能启动砂轮电动机 M_1；在加工过程中一旦电流不足，欠电流继电器 KA 动作，能够及时地切断 KM_1 线圈电路，使砂轮电动机 M_1 停转，避免事故发生。如果不使用电磁吸盘，可以将其插头从插座 X_3 上拔出，将 SA_2 扳至“退磁”挡，此时 SA_2 的触点（6—8）接通，不影响对各台电动机的操作。

（二）电磁吸盘线圈的过电压保护

电磁吸盘线圈的电感量较大，当 SA_2 在各挡间转换时，线圈会产生很大的自感电动势，使线圈的绝缘和电器的触点损坏。因此，在电磁吸盘线圈两端并联电阻器 R_3 作为放电回路。

（三）整流器的过电压保护

在整流变压器 T_1 的二次侧并联由 R_1、C 组成的阻容吸收电路，用以吸收交流电路产生的过电压和在直流侧电路通断时产生的浪涌电压，对整流器进行过电压保护。

五、照明电路

照明变压器 T_2 将 380 V 交流电压降至 36 V 安全电压供给照明灯 EL，EL 的一端接地，SA_1 为灯开关，由 FU_3 提供照明电路的短路保护。

六、M7130 型平面磨床常见电气故障的诊断与检修

M7130 型平面磨床电路与其他机床电路的主要不同是电磁吸盘电路，在此主要分析电

磁吸盘电路的故障。

(1)电磁吸盘没有吸力或吸力不足。

如果电磁吸盘没有吸力,首先应检查电源,从整流变压器 T_1 的一次侧到二次侧,再检查到整流器 VC 输出的直流电压是否正常;检查熔断器 FU_1、FU_2、FU_4;检查 SA_2 的触点、插头插座 X_3 是否接触良好;检查欠电流继电器 KA 的线圈有无断路;一直检查到电磁吸盘线圈 YH 两端有无 110 V 直流电压。如果电压正常,电磁吸盘仍无吸力,则需要检查 YH 有无断线。如果是电磁吸盘的吸力不足,则多半是工作电压低于额定值,如桥式整流电路的某一桥臂出现故障,使全波整流变成半波整流,VC 输出的直流电压下降了一半;也可能是 YH 线圈局部短路,使空载时 VC 输出电压正常,而接上 YH 后电压低于正常值 110 V。

(2)电磁吸盘退磁效果差。

应检查退磁回路有无断开或元件损坏。如果退磁的电压过高也会影响退磁效果,应调节 R_2 使退磁电压一般为 5 ~ 10 V。此外,还应考虑是否有退磁操作不当的原因,如退磁时间过长。

(3)控制电路接点(6—8)的电器故障。

平面磨床电路较容易产生的故障还有控制电路中由 SA_2 和 KA 的动合触点并联的部分。如果 SA_2 和 KA 的触点接触不良,使接点(6—8)间不能接通,则会造成 M_1 和 M_2 无法正常启动,平时应特别注意检查。

第六节　机床电气故障检查分析和排除

电气设备在运行过程中要承受许多不利因素的影响,例如电器动作过程中的机械振动,过电流的热效应加速电器元件的绝缘老化变质,电弧的烧损,长期动作的自然磨损,周围环境温度的影响及有害介质的侵蚀,元器件质量问题及自然寿命等,使电气设备难免出现一些这样或那样的故障,影响生产的正常运行,严重时还将造成事故,甚至危及人身安全。因此,尽快找出故障点,准确地分析故障原因,排除故障,才能保证设备正常运行。

一、机床电气故障的检查分析

一般来讲,电气设备发生故障时,可按下列步骤和方法进行检查分析:

(1)实地调查。

①问。向设备的操作者了解故障发生前后的情况,如操作到哪一步或进行到哪个程序时出故障的;是经常发生还是首次发生;是否有烟雾、跳火、异常声音或气味出现;有何失常或误动作等。操作者最了解设备的运行情况,他提供的情况有利于电器维修人员分析判断故障点和原因。另外要特别注意的是,由于操作失误等人为因素造成故障,因怕追求责任,操作者一般不会如实反映实际情况,这样就可能导致维修人员不能及时准确地分析检查出故障原因,甚至步入误区。例如,操作者在未将皮带开启的情况下就将物料卸放到皮带上面,由于物料“压死”皮带,造成了皮带开启时出现过载停机故障,若操作者不向维修人员诚实说明,维修人员就有可能走弯路,浪费时间,直到发现皮带“压死”。

②看。观察电器仪表指示是否正常;电气元器件有无烧毁或发热刺火现象;线路有无断裂;连接螺丝是否松动;熔断器内熔丝是否熔断等。

③听。电动机、变压器、接触器等在正常运行与故障时的声音是有区别的，听听是否有异常的尖叫，不均匀的嗡嗡声、哒哒声或摩擦卡阻声等。

④摸。电动机、变压器和电磁线圈等在发生故障时，温度明显上升，可以在切断电源后用手摸一摸。

⑤闻。设备故障时一般有发热、温度上升现象，此时就有可能将绝缘材料（绝缘漆、绝缘皮、绝缘板等）烧坏，产生焦糊味。

(2)根据电气原理，初步确定故障范围。

有一些设备的线路非常简单，仅有的几个电器元件和几根导线，及时逐个电器逐根导线检查，也会容易地找出故障部位。对线路较复杂的电气设备则不能采用这种方法。但不管多复杂的电气线路，总是根据设备运转和控制的要求，由若干个基本的电气回路组成的，可根据电气原理和故障现象，初步确定可能发生故障的基本回路，然后重点在该回路上进一步检查分析。

(3)通过试验控制回路的动作顺序，进一步检查分析。

经外表检查未发现故障点时，可采用通电试验控制电路动作顺序的办法进一步查找。具体做法是，操作某一只按钮或开关时，线路中有关的接触器、继电器将按规定的动作顺序进行，若有不符情况，说明此元件或其相关电路有问题，在此电路中进行逐项分析检查，一般即可发现故障。但要注意的是，在试验前要充分分析局部线路动作可能发生的不良后果，以免扩大故障，甚至造成设备损坏和人身伤害事故。

(4)利用仪表器具检查。

利用各种电工测量仪表对电路进行电阻、电流、电压等参数的测量，以此进一步寻找和判断故障，是电器维修工作中的一种常用方法。如用万用表的电阻挡监测电器元件是否短路或断路（测量时应切断电源），用万用表的电压、电流挡来监测线路电压、电流值是否正常，三相是否平衡，用兆欧表检测电机线圈的绝缘好坏，有时也可用钳形电流表、试电笔、校灯、蜂鸣器等仪表器具来检测。

(5)采用一些有效快捷的方法来检查分析。

为了能够尽快找出故障部位和原因，可采用下列几种有效快捷的方法来检查分析：

①先查主回路后查控制回路。设备某一个操作运行的电气线路，大都是由主回路和控制回路组成。由于主回路电器元件相对少，并且故障时一般有明显的故障现象，故较容易找出故障部位和原因。

②先查容易或经常发生故障的部位、元器件。由于涉及缺陷、元器件质量及环境等客观因素使得某个故障经常出现，维修人员可先对这些部位或元器件进行检查。

③以电气回路中的某个元器件为界，判断故障是在此元器件前或后的电路中，从而将故障范围缩小一半。

④故障现象时有时无的，可利用完好的电器元件代替可疑元件的方法进行排查。

⑤用一根导线短接线路的方法来观察设备元件的运行情况，从而逐段分析检查故障。

⑥故障发生后，不能马上找出故障点并排除，且此时又有可能造成设备损坏或危及人身安全时，应先采取有效地应急办法，使人身设备脱离危险后，再处理故障。

以上是检查分析低压电气设备故障的一般步骤和方法，电气维修人员在工作中应灵活掌握，交叉应用，切不可生搬硬套。

二、机床电气故障的排除

排除故障没有固定的模式，也没有统一的标准，因人而异。但在一般情况下，还是有一定规律的。通常排除故障时，所采用的步骤大致可分为：症状分析→设备检查→确定故障点→故障排除→排除后性能观察。

(1)症状分析。

症状分析是对所有可能存在的有关故障原始状态的信息进行收集和判断的过程。在故障迹象受到干扰以前，对所有信息都应进行仔细分析。这些原始信息一般可以从以下几个方面获得：

①访问操作人员以获得设备使用及变化过程、损坏或失灵前后情况的信息，还可以了解到一些过去类似的故障现象、原因以及曾经采取的措施等方面的情况。有时操作人员也许因为其他方面的原因，不愿意或不能把全部情节讲清楚，维修人员应有分析辨别能力和足够的耐心，以尽可能多地获得真实的原始信息。

②观察和初步检查。对设备进行全面的观察往往会得到有价值的线索。初步检查的内容包括检测装置(例如操作台指示灯、显示器报警信息等)、操作开关的位置、控制机构、调整装置及联锁信号装置等。

③开动设备。一般情况下应要求操作人员按正常操作程序开动设备。如果故障不是整机性的致使电气控制系统瘫痪，可以采用试运转的方法开动设备，帮助维修人员对故障的原始状态有个综合的印象。

这个阶段的目的在于收集故障的原始信息，以便对现有实际情况作分析，并从中推导出最有可能存在故障区域的线索，作为下一步设备检查的参考。但注意不要根据不确切的迹象或不充分的信息过早地作出判断。

(2)设备检查。

根据症状分析中得到的初步结论和疑问，对设备进行更详细的检查，特别是那些被认为最有可能存在故障的区域。要注意这个阶段应尽量避免对设备做不必要的拆卸，防止因不慎重的操作引起更多的故障。不要轻易对控制装置进行调整，因为一般情况下，故障未排除而盲目调整参数会掩盖症状，而且会随着故障的发展而使症状重新出现，甚至可能造成更严重的故障。所以必须避免盲目性，防止因不慎重的操作使故障复杂化，避免造成症状混乱反而延长排除故障的时间。

(3)确定故障点。

根据故障现象，结合设备的原理及控制特点进行分析和判断，确定故障发生在什么范围，是电气故障，还是机械故障；是直流回路，还是交流回路；是主电路，还是控制电路或辅助电路；是电源部分，还是参数调整不合适造成的；是人为造成，还是随机性的，等等。根据前面所讲的症状分析和对设备的检查，在灵活运用“排除故障的一般方法”，逐步缩小故障范围，直至找到故障点。如果缺少系统的诊断资料，就需要维修人员正确地将整个设备或控制系统划分为若干个小部分，然后检查这些部分的输入和输出是否正常。在确定某一部分时，再去关注该部分内部的问题，找出故障点。

(4)故障排除。

在确定故障点以后，无论是修复还是更换，排除故障对电气维修人员相对来说，一般比查找故障要简单得多。但在排除故障中一般不可能只用单一的方法，往往将多种方法综合运用。

①在排除故障的过程中，应先动脑，后动手，正确分析可以起到事半功倍的效果。具体应遵循“先外部后内部→先机械后电气→先静后动→先公用后专用→先简单后复杂→先一般后特殊”的原则。需要注意的是，不要一遇到故障，拿起表就测，拿起工具就拆，要养成良好的分析、判断习惯，要做到每次测量均有明确的目的，即测量的结果能说明什么。在找出有故障点的组件后，应该进一步确定引起故障的根本原因。例如，当电路板内的一只晶体管被烧坏，单纯地更换一个晶体管是不够的，重要的是要查出被烧坏的原因，并采取补救和预防的措施。

②一般情况下，以设备的动作顺序为排除故障时分析、检测的次序。依这为前提，先检查电源，再检查线路和负载；先检查公共回路再检查各分支回路；先检查主电路再检查控制电路；先检查容易检测的部分（如各控制柜），再检查不易检测的部分（如某一设备的控制器件）。

（5）修后性能观察。

故障排除完以后，维修人员在送电前还应做进一步的检查，通过检查证实故障确实已经排除，然后由操作人员来试运行操作，以确认设备是否已正常运转，同时还应向有关人员说明应注意的问题。值得注意的是，修复后再做检查时，要尽量使电气控制系统或电气设备恢复原样，并清理现场，保持设备的干净、卫生。另外，维修人员所使用的工具、线缆等一定不要遗留在所修设备的电气柜内，以免造成短路或触电事故的发生。

三、机床电气故障检修技巧

（1）熟悉电路原理，确定检修方案。当一台设备的电气系统发生故障时，不要急于动手拆卸，首先要了解该电气设备产生故障的现象、经过、范围、原因，熟悉该设备及电气系统的基本工作原理，分析各个具体电路，弄清电路中各级之间的相互联系以及信号在电路中的来龙去脉，结合实际经验，经过周密思考，确定一个科学的检修方案。

（2）先机械，后电路。电气设备都是以机械工作原理为基础的，特别是机电一体化的先进设备，机械和电子在功能上有机配合，是一个整体的两个部分。往往机械部件出现故障，影响电气系统，许多电气部件的功能就不起作用。因此，不要被表面现象迷惑，电气系统出现故障并不全部都是电气本身问题，有可能是机械部件发生故障所造成的。因此，先检修机械系统所产生的故障，再排除电气部分的故障，往往会收到事半功倍的效果。

（3）先简单，后复杂。检修故障要先用最简单易行、自己最拿手的方法去处理，再用复杂、精确的方法。排除故障时，先排除直观、显而易见、简单常见的故障，后排除难度较高、没有处理过的疑难故障。

（4）先检修通病、后攻疑难杂症。电气设备经常容易产生相同类型的故障就是“通病”。由于通病比较常见，积累的经验较丰富，因此可快速排除。这样就可以集中精力和时间排除比较少见、难度高、古怪的疑难杂症，简化步骤，缩小范围，提高检修速度。

（5）先外部调试，后内部处理。外部是指暴露在电气设备外完成密封件外部的各种开关、旋钮、插口及指示灯。内部是指在电气设备外壳或密封件内部的印制电路板、元器件及各种连接导线。先外部调试，后内部处理，就是在不拆卸电气设备的前提下，利用电气设备面板上的开关、旋钮、按钮等调试检查，缩小故障范围，首先排除外部部件引起的故障，再检修机内的故障，尽量避免不必要的拆卸。

(6)先不通电测量，后通电测试。首先在不通电的情况下，对电气设备进行检修；然后再在通电情况下，对电气设备进行检修。对许多发生故障的电气设备检修时，不能立即通电，否则会人为地扩大故障范围，烧毁更多的元器件，造成不应有的损失。因此，在故障机通电前，先进行电阻测量，采取必要的措施后，方能通电检修。

(7)先公用电路、后专用电路。任何电气系统的公用电路出故障，其能量、信息就无法传送、分配到各具体专用电路，专用电路的功能、性能就不起作用。如一个电气设备的电源出故障，整个系统就无法正常运转，向各种专用电路传递的能量、信息就不可能实现。因此遵循先公用电路、后专用电路的顺序，就能快速、准确地排除电气设备的故障。

(8)总结经验，提高效率。电气设备出现的故障五花八门、千奇百怪。任何一台有故障的电气设备检修完，应该把故障现象、原因、检修经过、技巧、心得记录在专用笔记本上，学习掌握各种新型电气设备的机电理论知识，熟悉其工作原理，积累维修经验，将自己的经验上升为理论。在理论指导下，具体故障具体分析，才能准确、迅速地排除故障。只有这样才能把自己培养成为检修电气故障的行家里手。

本章小结

本章分析了几种常用的机床的电气控制，对各种机床的运动形式、电力拖动与控制要求、电气控制线路进行了分析。并针对机床的故障现象结合机械、电气原理进行了剖析。机床的运动形式一般较多，电气控制线路较复杂。而不管多复杂的线路总是由基本控制环节构成，在分析机床的电气控制时，应对机床的基本结构、运动形式、工艺要求等有全面的了解。

分析机床的电气控制线路时，应先分析主电路，掌握各电动机的作用、启动方法、调速方法、制动方法以及各电动机的保护，并应注意各电动机控制的运动形式之间的相互关系，如主电动机和冷却泵电动机之间的顺序；主运动和进给运动之间的顺序；各进给方向之间的联锁关系。分析控制电路时，应分析每一个控制环节对应的电动机，注意机械和电气的联动，以及各环节之间的互锁和保护。

不同的机床有各自的特点，本章介绍几个常用的机床的电气控制电路，通过对它们的掌握，应能在以后的学习、应用中做到举一反三。

习　题

7-1　金属切削机床的机械运动分为哪几类？分别为什么运动？

7-2　在各机床控制电路中，为什么冷却泵电动机一般都受主电动机的联锁控制，在主电机启动后才能启动，一旦主电动机停转，冷却泵电动机也同步停转？

7-3　试述 C650 型车床主轴电动机的控制特点及时间继电器 KT 的作用。

7-4　磨床采用电磁吸盘来夹持工件有什么好处？M7130 型平面磨床控制电路具有哪些保护环节？

7-5　X62W 型铣床进给变速能否在运行中进行，为什么？

7-6 T68 镗床与 X62W 铣床的变速冲动有什么不同，T68 镗床在进给时能否变速？

7-7 在图 7-6 电路中，将 KA 与 SA_2 的动合触点并联（接线端编号 6—8），其作用是什么？

7-8 Z3040 摇臂钻床的摇臂升降电动机 M_2、冷却泵电动机 M_4 都不需要用热继电器进行过载保护，分别是由于 M_2 ________，M_4 ________。

A. 容量太小　　B. 不会过载　　C. 是短时工作制

7-9 M7130 型平面磨床控制电路中电阻器 R_1、R_2、R_3 的作用分别是________，________，________。

A. 限制退磁电流　　B. 电磁吸盘线圈的过电压保护　　C. 整流器的过电压保护。

7-10 X62W 型万能铣床的主轴采用________制动，T68 型卧式镗床的主轴采用________制动。

A. 反接　　B. 能耗　　C. 电磁离合器

7-11 若 X62W 型万能铣床的主轴未启动，则工作台________。

A. 不能有任何进给　　B. 可以进给　　C. 可以快速进给

7-12 T68 型卧式镗床的主轴电动机 M_1 是一台双速异步电动机，低速时定子绕组为________联结，高速时定子绕组为________联结。

A. 三角形　　B. 星形　　C. 双星形

7-13 磨床的电磁吸盘可以使用直流电，也可以使用交流电，该说法是否正确？

7-14 铣床在铣削加工过程中不需要主轴反转，该说法是否正确？

7-15 T68 型卧式镗床主电路中电阻器的作用是限制启动电流，该说法是否正确？

7-16 T68 型卧式镗床控制电路中速度继电器 KV 的动断触点（13—15）提供反接制动控制的，该说法是否正确？

7-17 画出 X62W 型万能铣床工作台进给的控制电路。

7-18 X62W 型万能铣床控制电路有哪四种联锁保护作用？

7-19 M7130 型平面磨床的电磁吸盘没有吸力或吸力不足，试分析可能的原因。

7-20 Z3040 型摇臂钻床的摇臂上升、下降动作相反，试由电气控制电路分析其故障的原因。

7-21 X62W 型万能铣床，如果出现以下故障，可能的原因有哪些？应如何分别处理？

（1）主轴正反转运行都很正常，但要停转时，按下停止按钮，主轴不停。

（2）工作台向右、向左、向前、向下，进给都正常，但不能向上、向后进给。

（3）工作台垂直与横向进给都正常，但无纵向进给。

7-22 T68 型卧式镗床能低速启动，但不能高速运行，试分析故障的原因。

7-23 试设计一台机床的电气控制电路，该机床共有 3 台三相笼型异步电动机：主轴电动机 M_1、润滑泵电动机 M_2、冷却泵电动机 M_3。设计要求如下：

（1）M_1 直接启动，单向旋转，不需要电气调速，采用能耗制动；并可点动试车。

（2）M_1 必须在 M_2 工作 3 min 之后才能启动。

（3）M_2、M_3 共用一只接触器控制，如不需要 M_3 工作，可用转换开关 SA 切断。

（4）具有必要的保护环节。

（5）装有机床工作照明灯一盏，电压为 36 V；电网电压及控制电路电压均为 380 V。

第八章　电气控制系统设计

常用的生产机械广泛应用继电器－接触器控制系统。在学习了继电器－接触器典型控制环节和一些典型的机床电气设备的控制系统之后，应该能对一般生产机械电气控制线路进行分析。通过本章内容的学习，可以对一些生产机械的电气控制系统进行设计，并提供一套完整的技术资料。

第一节　电气控制系统设计的原则和内容

电气控制系统设计的基本内容是根据控制要求，设计和编制出电气设备制造、使用、维修中必备的图样和资料等，它包括电气原理图设计和电气工艺设计两部分。电气原理图设计是为满足生产机械及其工艺要求而进行的电气控制设计；电气工艺设计是为电气控制装置本身的制造、使用、运行及维修的需要而进行的生产工艺设计。原理图设计决定着生产机械设备的合理性与先进性，工艺设计决定电气控制系统是否具有生产可行性、经济性、使用维修方便等特点，所以电气控制系统设计要全面考虑两方面的内容。

一、电气控制系统设计的原则

（一）电气控制系统设计的一般原则

（1）最大限度地满足生产机械和生产工艺对电气控制的要求，这些生产工艺要求是电气控制设计的依据。常用电气控制电路电压等级，如表 8-1 所示。

表 8-1　常用电气控制电路电压等级

控制电路类型	常用的电压值（V）		电源设备
交流电力传动的控制电路较简单	交流	380、220	不用控制电源变压器
交流电力传动的控制电路较复杂		110（127）、48	采用控制电源变压器
照明及信号指示电路		48、24、6	采用控制电源变压器
直流电力传动的控制电路	直流	220、110	整流器或直流发电机
直流电磁铁及电磁离合器的控制电路		48、24、12	整流器

（2）在满足控制要求的前提下，设计方案力求简单、经济、合理，使用时节约能源，不要盲目追求自动化和高指标。

（3）正确、合理地选用电器元件，力求控制系统安全、可靠地工作，使用与维修方便。

（4）在设计控制线路时，应考虑有关操纵、故障检查、检测仪表、信号指示、报警、照明等要求。

（5）为适应生产的发展和工艺的改进，在选择控制设备时，设备能力留有适当裕量。

（6）机械设计与电气设计应相互配合。许多生产机械采用机电结合控制的方式来实现控制要求，因此要从工艺要求、制造成本、结构复杂性、使用维护方便等方面协调处理好机械和电气的关系。

(二)控制设计的一般规律

(1)动合触点串联。

当几个条件同时具备，才使得电器线圈动作，可用几个常开触点串联的方法实现。如图 8-1 所示，K_1、K_2、K_3 都动作时，接触器 KM 才动作。

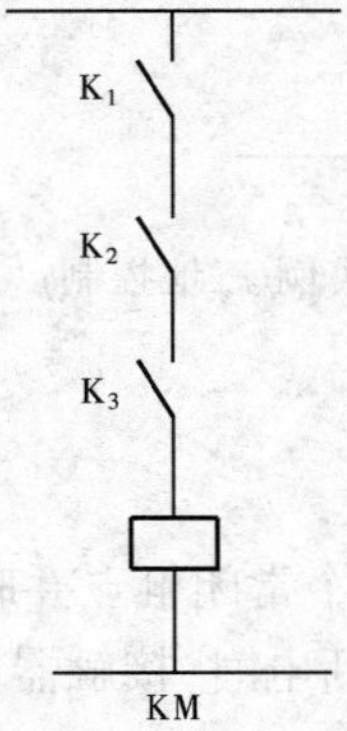

(a)动合触点串联

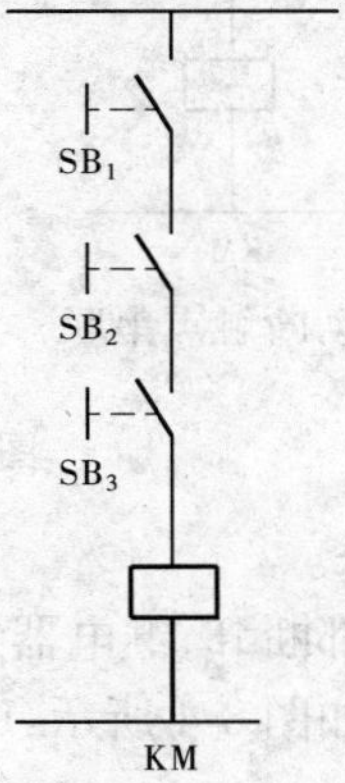

(b)动合触点串联实例(三地控制)

图 8-1　动合触点串联

(2)动合触点并联。

当几个条件中的任何一个条件具备，电器线圈就动作，可用几个常开触点并联的方法实现。如图 8-2 所示，K_1、K_2、K_3 其中一个动作时，接触器 KM 动作。

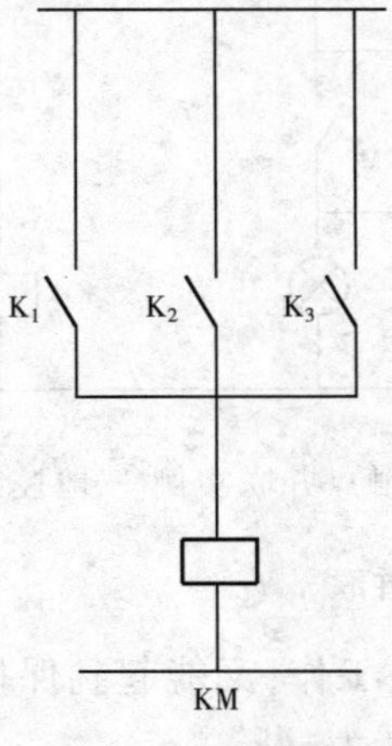

(a)动合触点并联

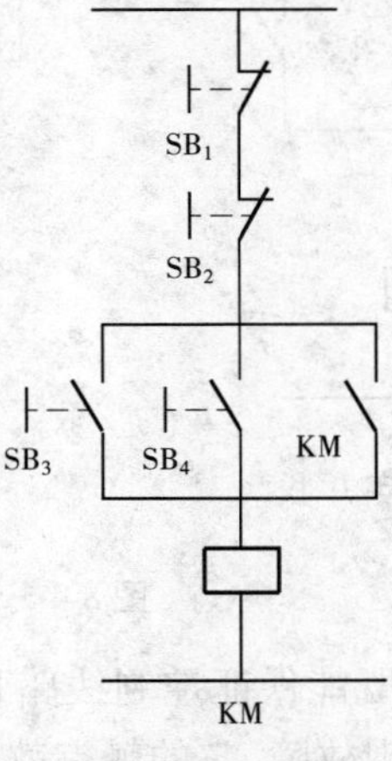

(b)动合触点并联实例(两地控制)

图 8-2　动合触点并联

(3)动断触点串联。

当几个条件仅具备一个，继电器线圈就断电，可用几个常闭触点与控制电器线圈串联的方法实现。如图 8-3 所示，K_1、K_2、K_3 其中一个断电时，接触器 KM 断电动作。

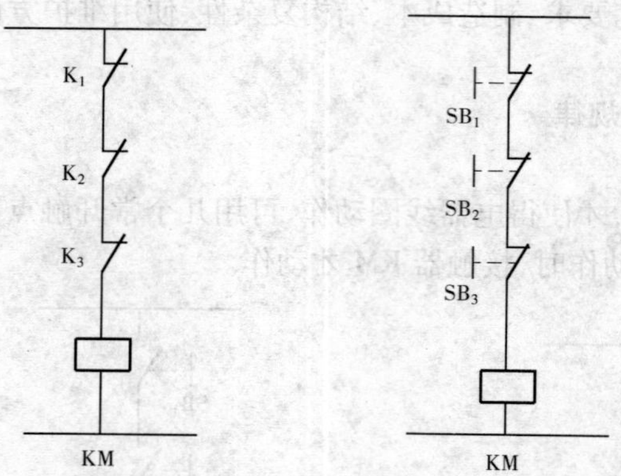

图 8-3　动断触点串联

(4)动断触点并联。

当几个常闭触点都断开,继电器线圈才断电,可用几个常闭触点并联后与控制电器线圈串联的方法实现。如图 8-4 所示,K_1、K_2、K_3 其中一个断电时,接触器 KM 断电动作。

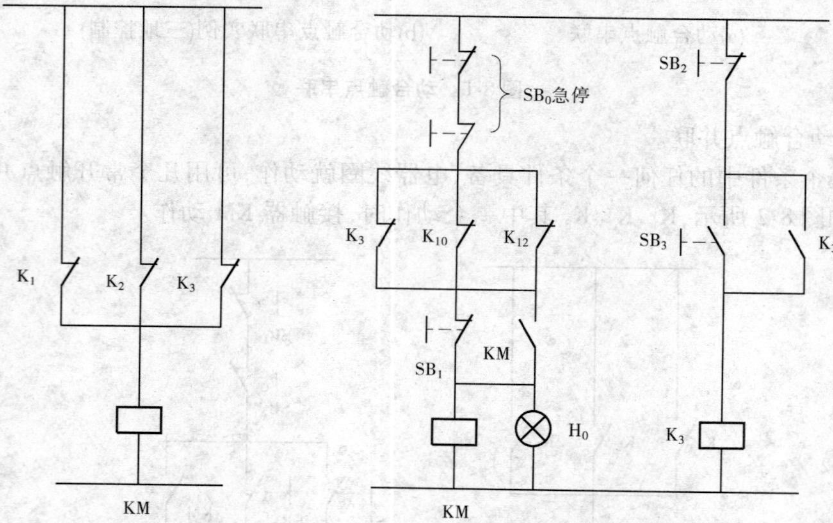

图 8-4　动断触点并联

(5)一般保护电器既能保证控制线路长期正常工作,又能起到保护电动机及其他电器的作用,一旦线路出现故障,它的触点就由"通"转为"断"。

(三)控制设计的一般问题

(1)尽量缩短连接导线的长度和导线数量。

缩短连接导线的长度和导线数量(特别是长导线的数量),如图 8-5 所示。图 8-5(a)是不合理的接线方式,图 8-5(b)是合理的接线方式(操作点与电气柜距离较远、两点操作的两点间距离也较远)。

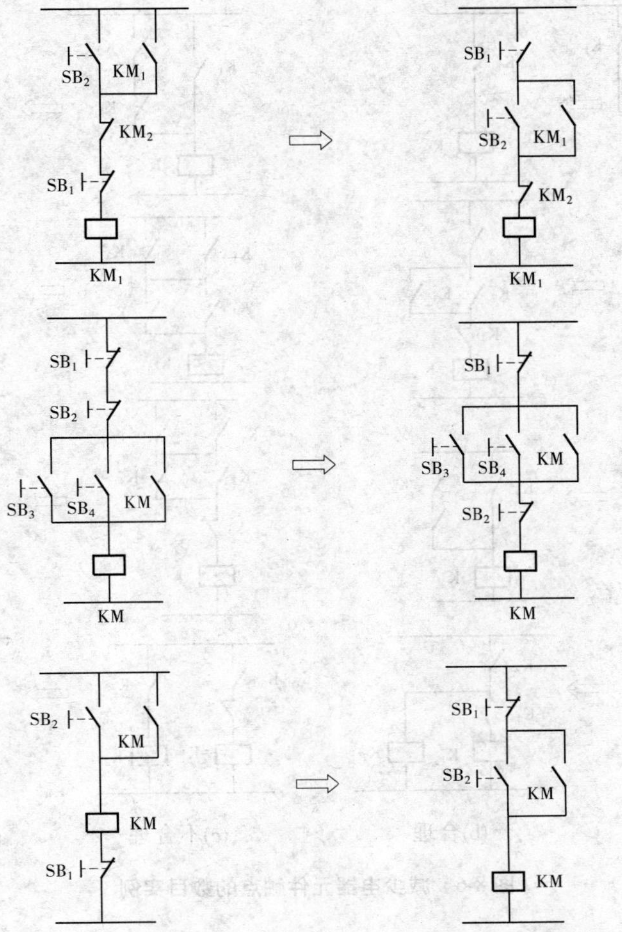

(a)不合理　　　　　　(b)合理

图 8-5　缩短连接导线的长度和导线数量实例

(2)尽量减少电器元件的品种、数量和规格。

同一用途的电器元件,尽可能选用同一型号规格。实现同一控制功能的电路可以有多个,电器元件和触点用得最少的电路最合理。

(3)尽量减少电器元件触点的数目。

减少电器元件触点的数目,如图 8-6 所示。

(4)尽量减少通电电器的数量,如图 8-7 所示。

(5)正确连接电器的线圈,如图 8-8 所示。

(6)正确连接电器元件的触点,如图 8-9 所示。

(7)防止寄生电路,如图 8-10 所示。

(8)在控制电路中,控制触点应合理布置,如图 8-11 所示。

(9)应考虑电器触点的接通和分断能力,若容量不够,可在线路中增加中间继电器,或增加线路中触点数目。增加接通能力用多触点并联连接;增加分断能力用多触点串联连接。

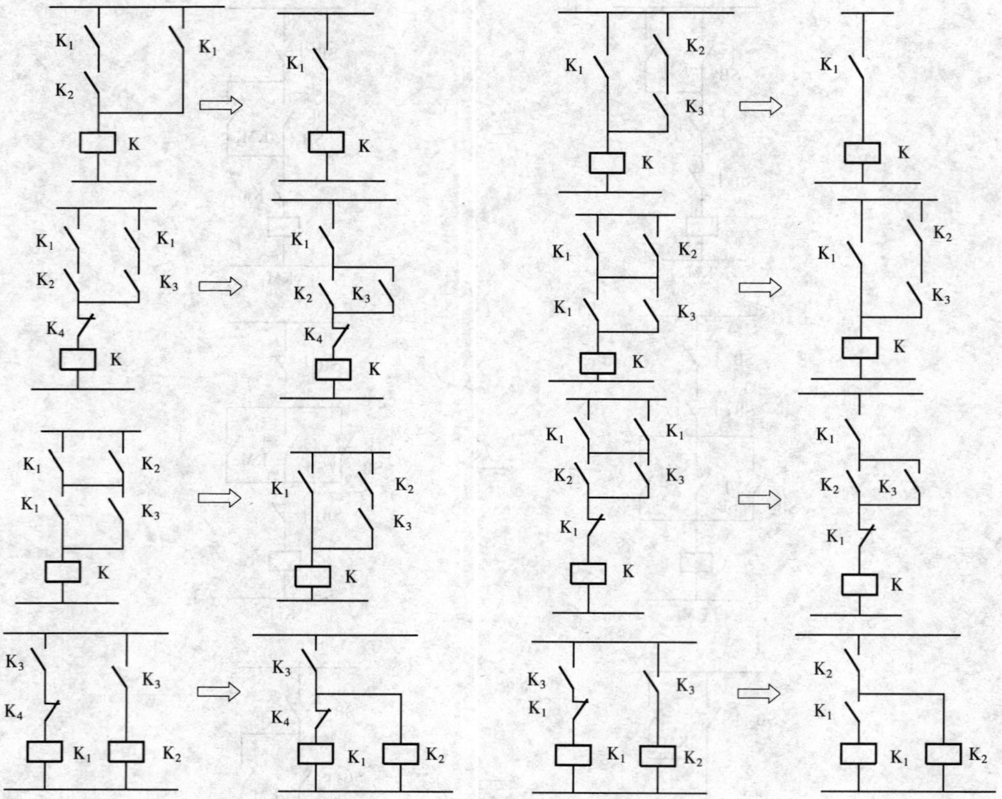

(a)不合理　(b)合理　(c)不合理　(d)合理

图 8-6　减少电器元件触点的数目实例

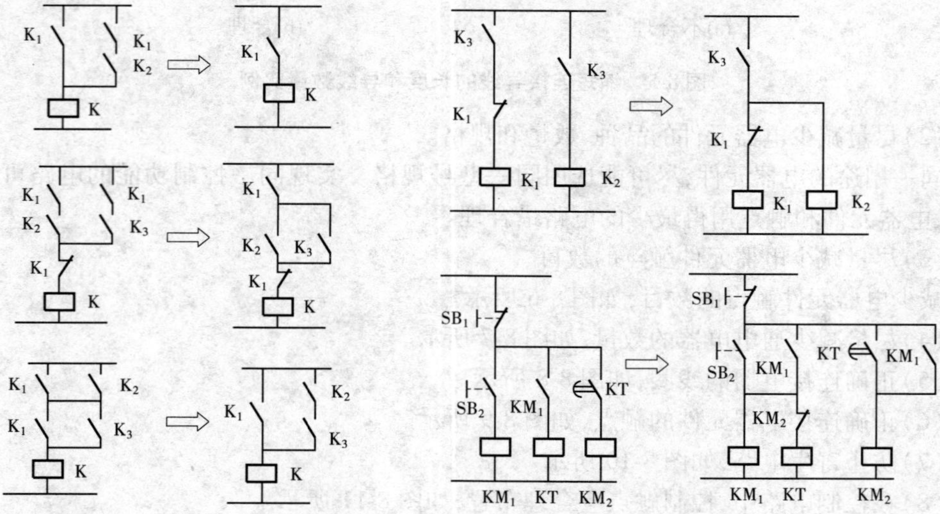

(a)不合理　(b)合理　(c)不合理　(d)合理

图 8-7　尽量减少通电电器的数量实例

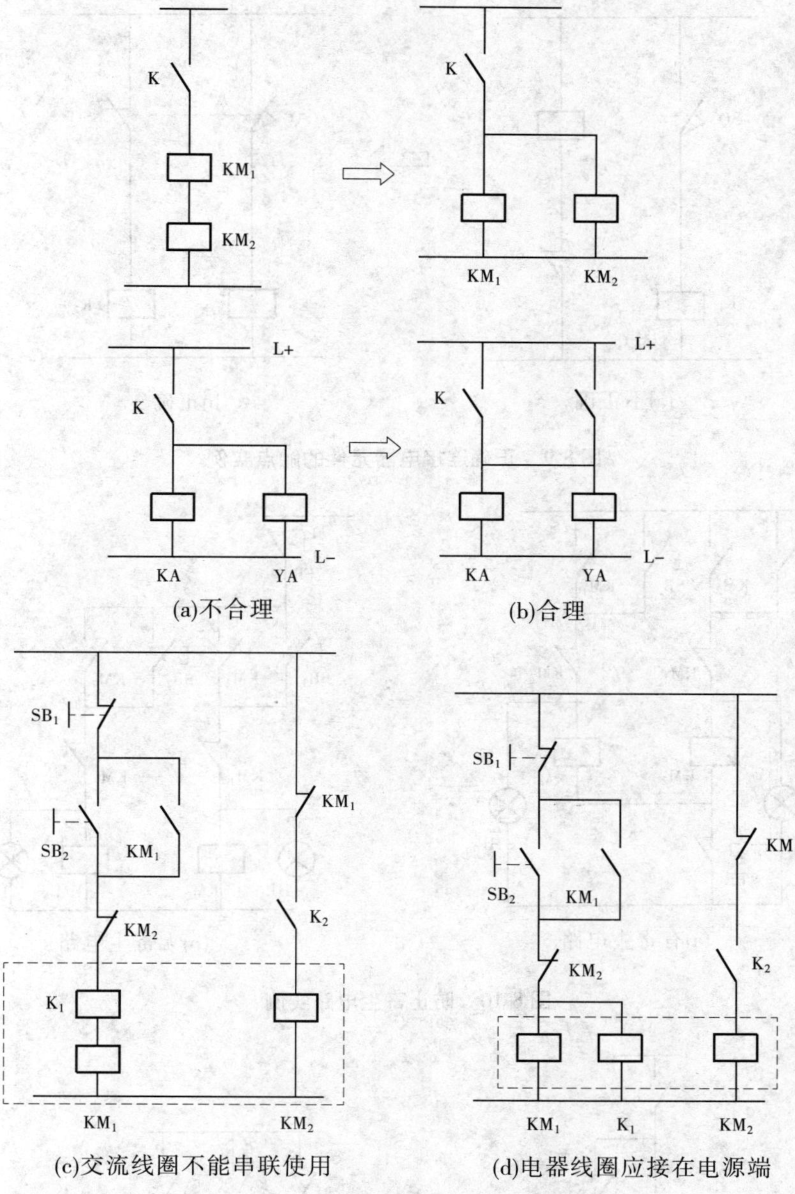

(a)不合理　(b)合理

(c)交流线圈不能串联使用　(d)电器线圈应接在电源端

图 8-8　正确连接电器的线圈实例

(10)避免发生触点“竞争”、“冒险”现象。

触点“竞争”实例,如图 8-12 所示。

触点“冒险”实例,如图 8-13 所示。

(11)线路中应尽量减少多个电器元件依次动作后才能接通另一个电器元件,如图 8-14所示。

(12)为确保电路的安全运行,应采用电气联锁与机械联锁的双重联锁,以及其他的保护环节。常见的保护环节有:短路保护(熔断器和断路器)、过电流保护(过电流继电器)、过载保护(热继电器)、零电压保护和多功能保护器的使用,如图 8-15、图 8-16 所示。

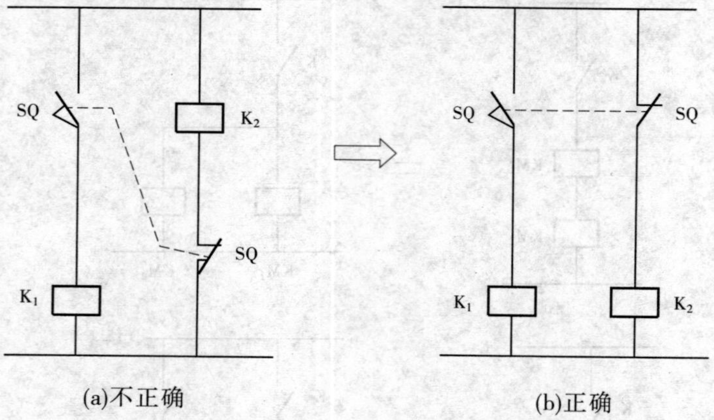

图 8-9　正确连接电器元件的触点实例

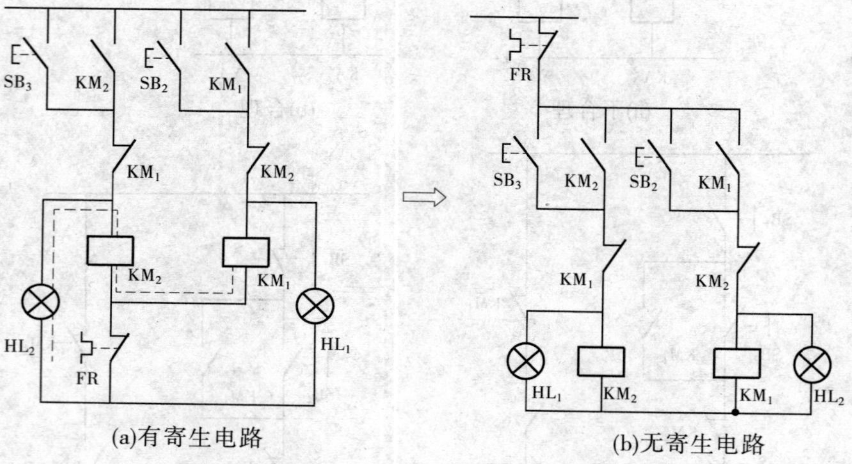

图 8-10　防止寄生电路实例

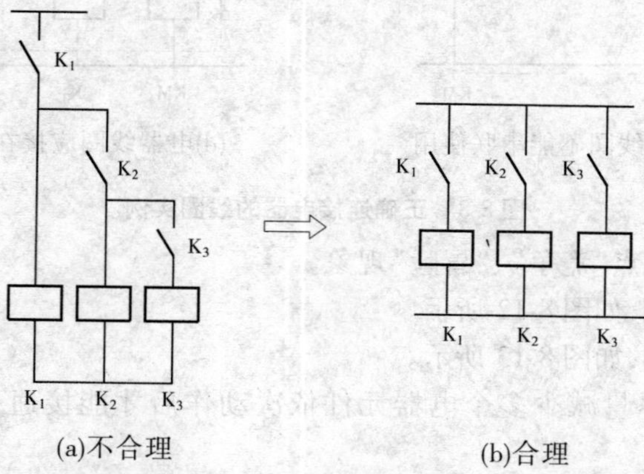

图 8-11　控制电路中控制触点合理布置实例

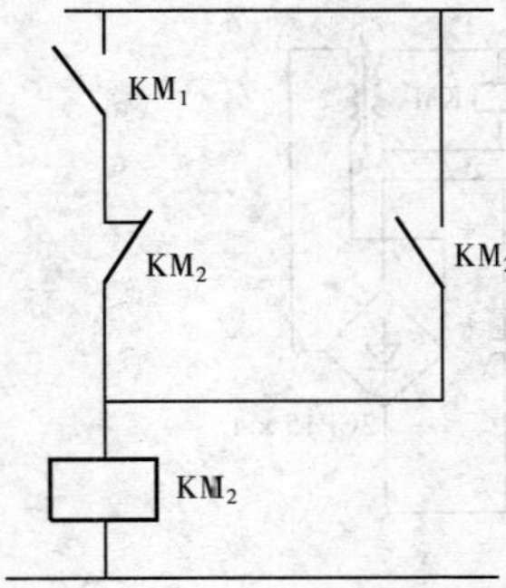

图 8-12　触点“竞争”实例

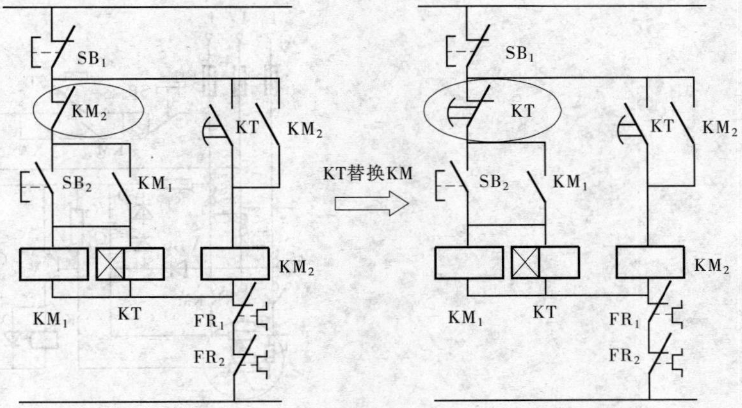

图 8-13　避免发生触点“冒险”实例

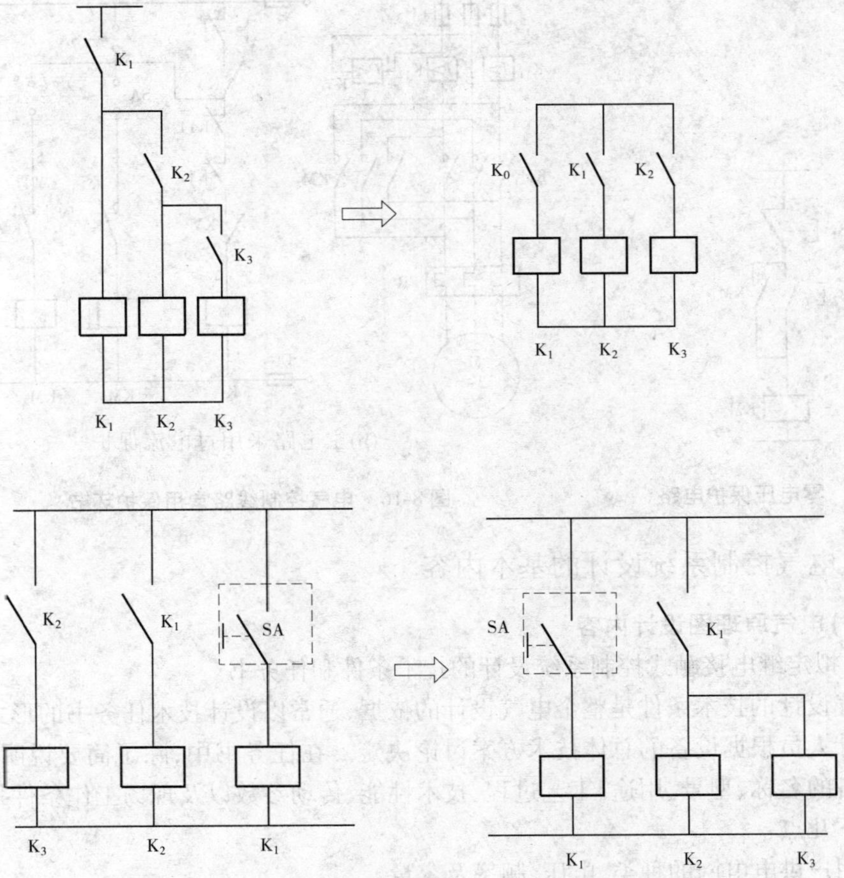

(a)待改进　　(b)改进后

图 8-14　减少多个电器元件依次动作后才能接通另一个电器元件实例

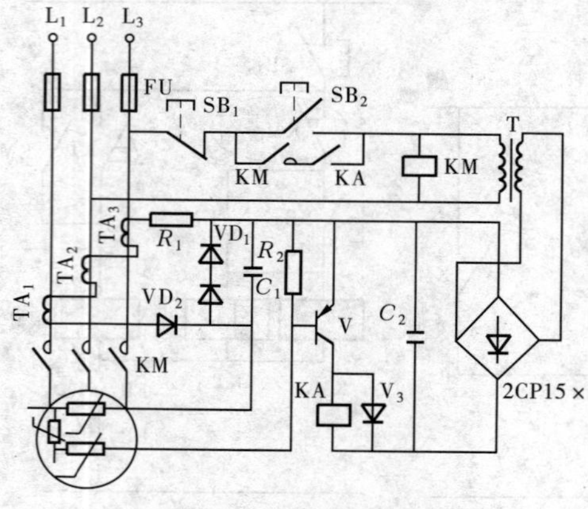

(a)电机内部放置感温元件

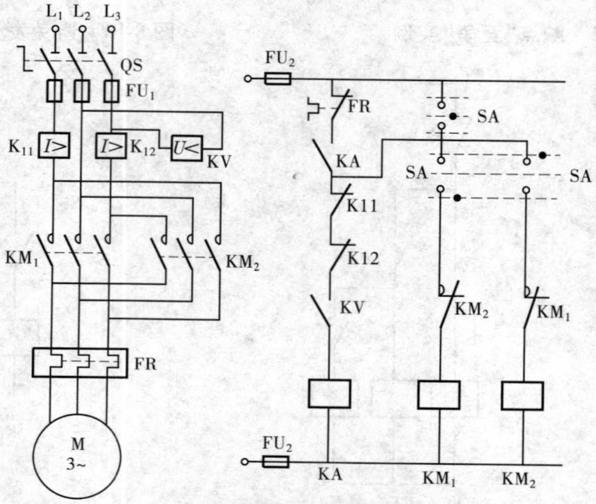

(b)主电路采用过电流保护

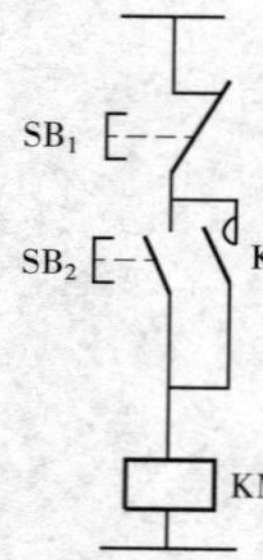

图 8-15　零电压保护电路

图 8-16　电气控制线路常用保护环节

二、电气控制系统设计的基本内容

(一)电气原理图设计内容

(1)拟定继电接触式控制系统设计的技术条件和任务书。

电气设计的技术条件是整个电气设计的依据,通常以设计技术任务书的形式表示,由有关设计人员根据设备的总体技术方案讨论决定。在任务书中,除了简要说明所设计的机电设备的名称、型号、用途、工艺过程、技术性能、传动参数以及现场工作条件外,还必须说明以下几点:

①用户供电电网的种类、电压、频率及容量。

②有关电力拖动的基本特性,如运动部件的数量和用途、负载特性、调速范围和平滑性,电动机的启动、反向和制动的要求等。

③有关电气控制的特性,如电气控制的基本方式。自动工作循环的组成,自动控制的动作程序,电气保护及联锁条件等。

④有关操作方面的要求，如操作台的布置，操作按钮的设置和作用，测量仪器的种类以及显示、报警和照明要求等。

⑤机电设备主要电器元件（如电动机、执行电器和行程开关等）的布置草图。

（2）选择电气拖动方案和控制方式。

电力拖动方案选择是电气控制系统设计的主要内容之一，也是各部分设计内容的基础和先决条件。

所谓电力拖动方案是指根据零件加工精度、加工效率要求、生产机械的结构、运动部件的数量、运动要求、负载性质、调速要求以及投资额等条件去确定电动机的类型、数量、传动方式以及拟订电动机启动、运行、调速、转向、制动等控制要求。

由于交流电动机特别是笼型异步电动机结构简单、运行可靠、价格低廉、维修方便，所以应用广泛。在选择电力拖动方案时，首先应尽量考虑笼型异步电动机，只有那些要求调速范围大和频繁启动、制动的生产机械，才考虑采用直流或交流调速系统。所以，应依生产机械对调速的要求来考虑电力拖动方案。

（3）确定电动机类型、型号、容量、转速。

（4）设计电气控制原理图。

（5）选择电器元件，拟定元器件清单。

（6）编写设计计算说明书。

（二）电气工艺设计内容

（1）根据设计出的电气原理图及选定的电器元件，设计电气设备的总体配置，绘制电气控制系统的总装配图及总接线图。

（2）绘制各电器元件布置图，表明各电器元件的安装方式。

①电器元件在控制板（或柜）上的布置原则如下所述：

a. 体积大和较重的电器应安装在控制板的下面。

b. 发热元件应安装在控制板的上面，并注意使感温元件与发热元件隔开。

c. 弱电部分应加屏蔽和隔离，防止强电部分以及外界干扰。

d. 需要经常维护检修操作调整用的电器（例如插件部分、可调电阻、熔断器等），安装位置不宜过高或过低。

e. 应尽量把外形及结构尺寸相同的电器元件安装在一排，以利于安装和补充加工，而且宜于布置整齐美观。

f. 考虑电气维修，电器元件的布置和安装不宜过密，应留有一定的空间位置，以利于操作。

g. 电器布置应适当考虑对称，可从整个板考虑对称，也可从某一部分布置考虑对称，具体应根据机床结构特点而定。

②电器元件的相互位置。各电器元件在控制板上的大体安装位置确定之后，就可着手具体确定各电器之间的距离，应从如下几方面去考虑：

a. 电器之间的距离应便于操作和检修。

b. 应保证各电器的电气距离，包括漏电距离和电气间隙。这些数据可从 JB 862—66、JB 616—65、JB 617—65 等标准中查阅。

c. 应考虑有些电器的飞弧距离，例如自动开关、接触器等在断开负载时形成电弧将使空气电离。所以在这些地方其电气距离应增加。具体的电器飞弧距离由制造厂家提供，若由于结构限制不能满足时，则相应的接地或导电部分要用耐弧绝缘材料加以保护。

机床电气控制柜、操纵台、悬挂操纵箱有标准的结构设计，可根据要求进行选择，但要进行补充加工。如果标准设计不能满足要求，可另行设计。这时可将所有电器元件按上述原则排在一块板上，移动各个电器元件求出一个最佳排列方案，然后确定控制柜的尺寸。这种实物排列比用电器元件外形尺寸来考虑排列图更为方便与迅速。

(3)绘制各电器元件安装接线图，表明各电器元件的接线方式。

根据电气原理图和各电气控制装置的电器布置图，绘制电气控制装置的接线图。绘制机床电气接线图的要求如下：

①电气接线图所有电器元件图形，应按实物，依照左右对称、上下对称的原则绘制。

②电气接线图所有电器元件，应该注明与电气原理图一致的文字符号，接线端子应标注出与电气原理图一致的接线号。

③电气接线图一律采用细线条。

④要清楚地表示出接线关系和接线去向。目前接线图接线关系的画法有两种：

a. 直接接线法：直接画出两个元件之间的连线。对简单的电气系统，电器元件少、接线关系不复杂的情况下采用。

b. 间接标注接线法：对复杂的电气系统，电器元件多、接线关系比较复杂的情况下采用较多。接线关系采用符号标注，不直接画出两元件之间的连线。

⑤按规定清楚地标注出配线用的不同导线的型号、规格、截面积和颜色。对于同一张图中数量较多而导线的型号、规格、截面面积、颜色相同的标注符号可以省略，待数量较少的其他导线标注清楚后，用“其余用××线”字样注明即可。

⑥电气接线图上各电器元件的位置，应按装配图位置绘制，偏差不要太大。

⑦对于板后配线的接线图，应按装配图翻转后的方位绘制，电器元件图形符号应随之翻转，但触点方向不能倒置，以便于施工配线。

⑧控制板、控制柜的进线和出线，除大线外，必须经过接线板。接线图中各元件的出线应用箭头注明。

⑨接线板的排列要清楚，便于查找。可按线号数字大小顺序排列，或按动力线、交流控制线、直流控制线分类后，再按线号顺序排列。

(4)设计电气柜、操作台、电气安装板以及非标准电器和专用安装零件。

(5)编写使用维护说明书。

第二节　电气控制系统设计的方法与步骤

电气控制系统设计方法常用到的有一般分析设计法（经验设计法）和逻辑设计法两种。

一、一般分析设计法

(一)一般分析设计法简介

在生产机械的电力拖动方案及拖动电动机容量确定之后，在明确了控制系统设计一般要求的基础上，就可开始进行电气控制系统的设计，通过对电气控制线路的操作与控制来实现生产机械的工艺要求。为此，首先要确定电气控制方案，然后再进行电气控制原理图的设计。

一般分析设计法又称经验设计法，是根据生产工艺要求，利用各种典型的线路环节组合设计而成的。这种设计方法比较简单，但要求设计人员必须熟悉大量的控制线路，具有丰富的设计经验，在设计过程中往往需要经过反复修改，即使这样设计出来的线路也可能不是最简、最佳方案。经验设计法一般按以下五个步骤进行：

(1)按工艺要求设计各控制单元环节中拖动电动机的启动、正反向运转、制动、调速、停车等的主电路或执行元件的电路。

(2)设计满足各电动机的运转功能和工作状态相对应的控制电路，以及满足执行元件实现规定动作相适应的指令信号的控制电路。

(3)根据各部分运动要求的配合关系及联锁关系，确定控制参量和特殊环节。设计出连接各单元环节构成满足整机生产工艺要求，实现加工过程自动或半自动和调整的控制电路。

(4)设计保护、联锁、检测、信号和照明等环节控制电路。

(5)全面检查所设计的电路，综合审查、全面检查电路动作是否正确，进一步完善和简化电路，必要时可通过实验检验。

(二)经验设计法的应用举例

下面以龙门刨床横梁升降控制线路为例来说明经验设计法。

1. 横梁升降机构的工艺要求

(1)由于机床加工工件位置的高低不同，要求横梁能作上升、下降的调整运动。

(2)为保证机床能够进行加工，横梁在立柱上必须有夹紧装置。在移动前首先将横梁放松，然后再移动到所需位置，移动到位后，随即自动夹紧。所以，横梁的上升、下降以及横梁的夹紧与放松分别由横梁升降电动机和横梁夹紧放松电动机来驱动。

(3)动作配合上，当横梁上升时，应能自动按照“放松横梁→横梁上升→夹紧横梁”的顺序动作。横梁下降时，为防止横梁歪斜，保证加工精度，消除横梁的丝杆与螺母的间隙，横梁下降以后应有回升装置，为此要求横梁下降时能自动按照“放松横梁→横梁下降→横梁回升→夹紧横梁”的顺序动作。

(4)横梁在上升与下降时应有限位保护。

2. 控制线路设计步骤

(1)根据工艺要求可知，横梁升降需由两台电动机(横梁升降电动机 M_1 和夹紧放松电动机 M_2 来驱动，而且都具有正、反转，其中横梁升降为调整运动，故升降电机采用点动控制。

(2)由于横梁的上升运动是按照工艺要求第 3 条来动作的，所以在发出“横梁上升”指令后，应先使夹紧放松电动机工作，将横梁放松，待横梁放松后，发出信号，使横梁夹紧放松电动机停止工作，同时使升降电动机启动工作，驱动横梁向上移动。横梁放松信号由复合限位开关 SQ_1 来完成。横梁夹紧时 SQ_1 不受压处于原始状态，当横梁放松到一定程度时，夹紧装置经杠杆将 SQ_1 压下，发出放松信号。

(3)当横梁移动至所需位置时，撤除“横梁上升”指令，使升降电动机 M_1 停止工作，同时接通夹紧放松电动机 M_2,使 M_2 反向工作,通过夹紧装置使横梁夹紧。在夹紧过程中 SQ_1 复原,为下次放松作准备,当夹紧到一定程度时,发出夹紧信号,切断夹紧放松电动机。这个夹紧信号由接于夹紧放松电动机主回路某一相的过电流继电器发出。当夹紧横梁时,夹紧电动机电流逐渐增大,当超过电流继电器整定值时,继电器动作,发出夹紧信号,切断夹紧电动机电路,上升过程结束。

(4)横梁下降若暂不考虑回升装置的工作过程,其动作过程与横梁上升相同。

由以上四点出发,可设计出图 8-17 所示控制线路草图。

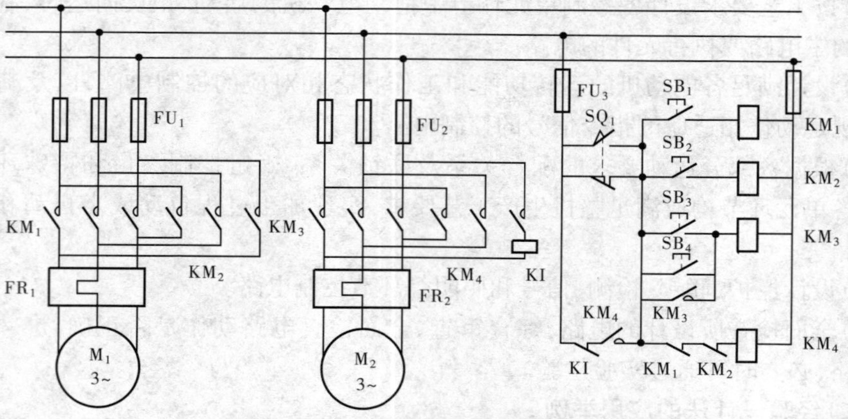

图 8-17　横梁升降机构控制线路草图

(5)在图 8-17 控制线路中尚未考虑横梁下降时的回升运动,并考虑到一般不采用两个常开触点的复合式按钮。在图 8-17 控制线路中加入一个中间继电器 KA,用按钮来控制 KA,再由 KA 来控制横梁的上升、下降、放松,并且用按钮的常闭触点来作为上升、下降的互锁触点。

(6)进一步考虑横梁下降后的回升运动。由于回升时间短,故采用断电延时的时间继电器 KT 来控制。将 KT 通电瞬时闭合、断电延时断开的常开触点与夹紧接触器 KM_4 常开触点串联,再并联在上升电路中 KA 常开触点两端。KT 时间继电器由下降接触器 KM_2 常开触点控制。

(7)考虑控制线路的各种保护和联锁:

SQ_2——横梁与侧刀架运动的限位保护;

SQ_3——横梁上升极限保护;

SQ_4——横梁下降极限保护;

KA——横梁上升与下降的互锁;

SQ_1——横梁夹紧与放松的互锁;

FU_1、FU_2——短路保护。

横梁升降机构控制线路设计完毕,最后形成图 8-18 所示控制线路。

(8)线路的校核。控制线路设计完毕后,往往还有不合理之处,或有进一步简化之处,须认真仔细地校核。特别应反复校核控制线路是否满足生产机械的工艺要求;分析线路是否会出现误动作,是否会产生设备事故和危及人身安全,是否能保证安全可靠地工作。

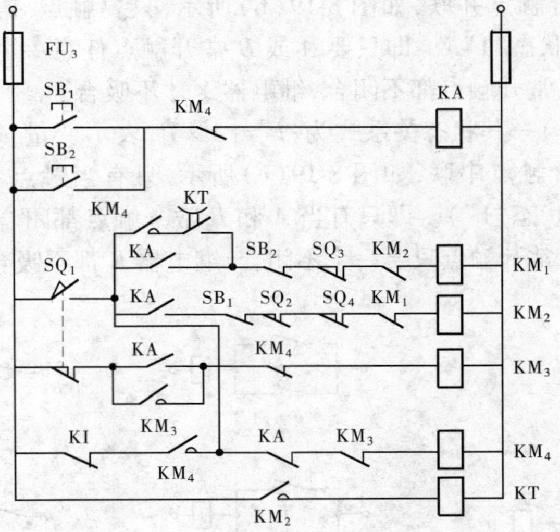

图 8-18　横梁升降机构控制电路

一般不太复杂的继电接触式控制线路都按此法进行设计。掌握较多的典型环节和具有较丰富的实践经验对设计工作大有益处，通过不断设计实践能较快掌握经验设计法。

二、逻辑设计法

（一）逻辑设计法简介

逻辑设计法是根据生产工艺的要求，利用逻辑代数来分析、设计线路的。用这种方法设计的线路比较合理，特别适合完成较复杂的生产工艺所要求的控制线路。由于机床控制电路中的控制元件（如继电器、接触器、行程开关等）都只有“通、断”或“得电、失电”两个状态，即所谓的二值逻辑（我们把具有二值逻辑的控制元件称为开关元件），因此可应用逻辑代数这一数学工具来分析、设计机床电路。

在逻辑设计法中，把电器控制线路中的接触器、继电器等电器元件线圈的通电和断电、触点的闭合和断开看成是逻辑变量，线圈的通电状态和触点的闭合状态设定为“1”态；线圈的断电状态和触点的断开状态设定为“0”态。根据工艺要求将这些逻辑变量关系表示为逻辑函数的关系式，再运用逻辑函数基本公式和运算规律对逻辑函数式进行化简，然后由简化的逻辑函数式画出相应的电气原理图，最后再进一步检查、完善，以期得到既满足工艺要求，又经济合理、安全可靠的最佳设计线路。用逻辑函数来表示控制元件的状态，实质上是以触点的状态作为逻辑变量，通过简单的“逻辑与”、“逻辑或”、“逻辑非”等基本运算，得出其运算结果，此结果即表明电器控制线路的结构。

①逻辑非表示变量的否定关系，即：如果 $A=0$，则 $\bar{A}=1$。如果以变量 A、B、…表示开关元件的动合触点，则 $\bar{A}$、$\bar{B}$、…表示这些元件的动断触点。因此，开关元件本身的“1”、“0”状态和它的动合触点的“1”、“0”状态一致，而与其动断触点的“1”、“0”状态相反。即只有当继电器 A 不闭合，其常闭触点闭合，继电器 K 才会因线圈通电而吸合；而当继电器 K 闭合，其常闭触点不闭合，继电器 K 将不吸合。如图 8-19（a）所示。

②逻辑或（“和”）—其状态关系式为：$F = A + B$，表示 A、B 中有一个为 1，则 $F=1$。

这种情况对应于动合触点并联，如图 8-19(b)所示，只要触点 A、B 中有一个接通(状态“1”)，线圈就得电(状态“1”)。即只要 A 或 B 常开触点任意一个闭合，继电器 Y 因线圈通电而吸合，A 和 B 常开触点都不闭合，继电器 Y 才不吸合。

③逻辑与(“乘”)—其状态关系式为：$F = A \times B$，表示变量 A、B 同时取 1，则 $F=1$。这种情况对应于动合触点串联，如图 8-19(c)所示，只有当触点 A、B 同时接通时(状态“1”)，线圈才得电(状态“1”)。即只有当 A 和 B 常开触点都闭合，继电器 K 才会因线圈通电而吸合；A 和 B 常开触点只要一个不闭合，继电器 K 都不吸合。

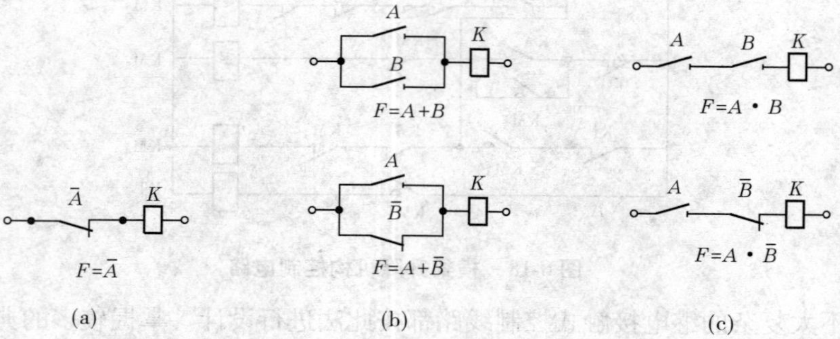

图 8-19 控制电路逻辑表达

根据上述“与”、“或”、“非”三种基本逻辑关系可得出逻辑代数的一些基本性质，如表 8-2 所示。

表 8-2 逻辑代数的一些基本性质

	“或”	“与”	“非”
基本定律	$A+0=A$ $A+1=1$ $A+A=A$ $A+\bar{A}=1$	$A\cdot 0=0$ $A\cdot 1=A$ $A\cdot A=A$ $A\cdot\bar{A}=0$	$A+\bar{A}=1$ $A\cdot\bar{A}=0$ $\bar{\bar{A}}=A$
	交换律	结合律	分配律
运算定律	$A+B=B+A$ $A\cdot B=B\cdot A$	$(A+B)+C=A+(B+C)$ $(AB)C=A(BC)=(ABC)$	$A(B+C)=AB+AC$ $(A+B)(C+D)=AC+AD+BC+BD$ $A+BC=(A+B)(A+C)$
摩根定律(反演律)	$\overline{A\cdot B\cdot C\cdots}=\bar{A}+\bar{B}+\bar{C}+\cdots$ $\overline{A+B+C+\cdots}=\bar{A}\cdot\bar{B}\cdot\bar{C}\cdots$		
吸收律	$A+A\cdot B=A$ $A\cdot(A+B)=A$ $A+\bar{A}\cdot B=A+B$ $(A+B)(A+C)=A+BC$		$A\cdot A=A$ $A+A=A$ $AB+A\bar{B}=A$ $AB+\bar{A}C+BCD=AB+\bar{A}C$

利用这些基本性质可帮助我们分析电路的工作，具体步骤是：以某一控制电器的线圈

为对象,写出与此对象有关的电路中各元件触点间连接关系的逻辑表达式(均以未受激时的状态来表示)。有了各线圈的逻辑表达式后,即可分析判断当发出主令控制信号时,哪些逻辑表达式输出为“1”,哪些表达式由“1”变为“0”。从而可进一步分析电动机或电磁阀等运行状态的改变,使机床各运动部件的运行发生何种变化等。在控制电路的设计中,应用逻辑表达式来简化电路也是很方便的。下面举例说明。

图 8-20(a)为一较复杂的电器控制电路。现将它写成逻辑表达式,并运用逻辑代数基本公式进行简化。

$$
\begin{aligned}
F &= A[(B+K)A + K(C+\bar{A}K)] + \bar{A}[(K+D)A + (E+\bar{E}\bar{A})K] \\
&= (B+K)A + AKC + \bar{A}EK + \bar{E}\bar{A}K = AB + AK + AKC + \bar{A}K \\
&= AB + AK(1+C) + \bar{A}K = AB + AK + \bar{A}K = AB + K
\end{aligned}
$$

根据化简后的式子画出的控制电路如图 8-20(b)所示。

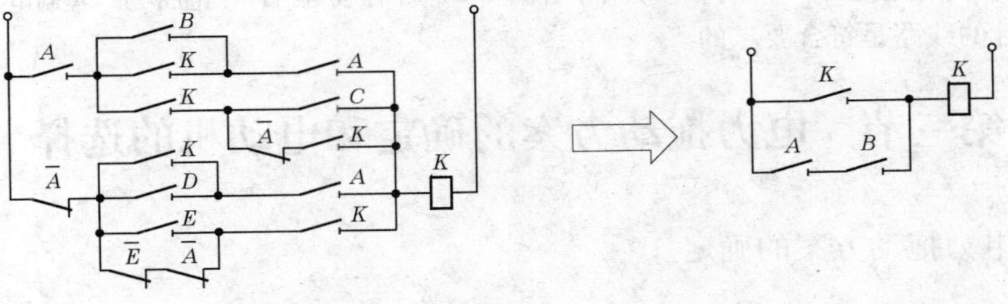

(a) (b)

图 8-20 控制电路的简化

采用逻辑设计法设计电气控制电路大体按五步进行,如下所述:

(1)按工艺要求画出工作循环图。

(2)决定执行元件与检测元件,作出执行元件动作节拍表和检测元件状态表。

(3)根据检测元件状态表写出各程序的特征码,并确定相区分组,设置中间记忆元件,使各相区分组所有程序皆可区分。

(4)列写中间记忆元件开关逻辑函数式及执行元件动作逻辑函数式,进而画出相应的电路结构图。

(5)对画出的电路进行检查、化简和完善。

(二)逻辑设计法设计举例

【例 8-1】 某一电动机仅在继电器 J_A、J_B、J_C 中任何一个或两个动作时才能运转,其他任何情况下不运转,试设计其控制电路。

解 当继电器 J_A、J_B、J_C 中的任何横线有点偏一个动作时,接触器 K 动作的条件可写成:

$$K_1 = J_A\bar{J}_B\bar{J}_C + \bar{J}_AJ_B\bar{J}_C + \bar{J}_A\bar{J}_BJ_C$$

当继电器 J_A、J_B、J_C 中任何两个动作时,接触器 K 动作的条件可写成:

$$K_2 = J_AJ_B\bar{J}_C + J_A\bar{J}_BJ_C + \bar{J}_AJ_BJ_C$$

根据题意,两个条件应是“或”的关系,即电动机动作的条件应该是

$$K = K_1 + K_2 = J_A\bar{J}_B\bar{J}_C + \bar{J}_AJ_B\bar{J}_C + \bar{J}_A\bar{J}_BJ_C + J_AJ_B\bar{J}_C + J_A\bar{J}_BJ_C + \bar{J}_AJ_BJ_C$$

接下来就可用逻辑代数的基本公式,将上面的表达式进行化简,即

$$K = J_A(\bar{J}_B\bar{J}_C + J_B\bar{J}_C + \bar{J}_B J_C) + \bar{J}_A(J_B\bar{J}_C + \bar{J}_B J_C + J_B J_C)$$
$$= J_A[\bar{J}_C(\bar{J}_B + J_B) + \bar{J}_B J_C] + \bar{J}_A[J_B\bar{J}_C + (\bar{J}_B + J_B)J_C]$$
$$= J_A(\bar{J}_C + \bar{J}_B J_C) + \bar{J}_A(J_B\bar{J}_C + J_C)$$

因为

$$\bar{J}_C + \bar{J}_B J_C = \bar{J}_C + \bar{J}_B, \quad J_B\bar{J}_C + J_C = J_B + J_C$$

所以

$$K = J_A(\bar{J}_C + \bar{J}_B) + \bar{J}_A(J_B + J_C)$$

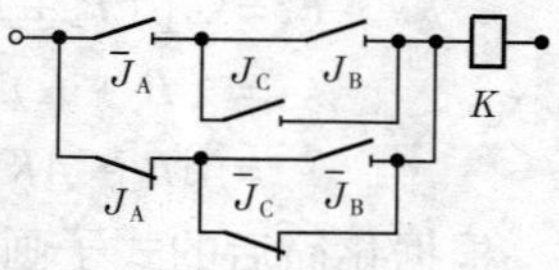

图 8-21　控制电路图

根据上述逻辑表达式画出的控制电路,如图 8-21 所示。

线路设计出来后,应校验继电器 J_A、J_B、J_C 在给定的条件下接触器 K 的动作情况,而在其他条件下(如三个继电器都动作或都不动作时),接触器 K 则应不动作,由图 8-21 可容易地看出,所设计的线路是符合要求的。

第三节　电力拖动方案的确定和电动机的选择

一、电力拖动方案的确定

由于交流电动机特别是笼型异步电动机结构简单、运行可靠、价格低廉、维修方便,所以应用广泛。在选择电力拖动方案时,首先应尽量考虑笼型异步电动机,只有那些要求调速范围大和频繁启、制动的生产机械,才考虑采用直流或交流调速系统。所以,应依生产机械对调速的要求来考虑电力拖动方案。

(一)拖动方式的选择

当不需要电气调速和启、制动次数不频繁时,应采用笼型异步电动机拖动。仅在负载静转矩很大或有飞轮的拖动装置中,若笼型异步电动机的启动转矩或转差率不能满足要求时,才考虑用绕线型异步电动机拖动。当负载很平稳、容量大且启动、制动次数很少时,可采用同步电动机拖动。因为这时可充分发挥同步电动机的优点,即效率高、功率因数高,调节激磁可工作在过激情况下,并可提高电网的功率因数。

(二)调速方案的选择

这时,应根据生产机械提出的一系列调速技术要求(如调速范围,调速平滑性,转速调节级数,机械特性硬度及工作可靠性等)来选择拖动方案,然后在满足技术指标前提下,再作经济比较(如设备初投资,调速效率,功率因数及维修费用等),最后确定最优拖动方案。

(1)若调速范围 $D = 2 \sim 3$,调速级数 $\leqslant 2 \sim 4$,一般采用可变极数的双速或多速笼型异步电动机。

(2)若调速范围 $D < 3$,且不要求平滑调速时,采用绕线型异步电动机较为合适,但这种调速只适用于短时负载和重复短时负载,如桥式起重机移行机构的拖动电动机。

(3)调速范围 $D = 3 \sim 10$,且要求平滑调速时,在容量不大情况下,采用带滑差离合器的异步电动机拖动系统较为合理。若需长期运转在低速,也可考虑采用晶闸管电源的直

流拖动系统。

(4)当调速范围 $D=10\sim100$ 时,可采用 F-D 系统或晶闸管电源的直流拖动系统。

(三)电动机调速性质

调速性质主要是指电动机在整个调速范围内转矩、功率与转速的关系,是容许恒功率输出还是恒转矩输出。设计任何一个生产机械的电力拖动系统都应对负载性质和系统调速性质进行研究,这是选择拖动和控制方案及确定电动机容量的前提。

电动机的调速性质必须与生产机械的负载特性相适应。以车床为例,其主运动需要恒功率传动,进给运动则要求恒转矩传动。若采用双速异步电动机,当定子绕组由三角形改成星形连接时,转速由低速升为高速,功率却增加很少,适用于恒功率传动。而定子绕组由星形改成双星形连接时,电动机所输出的转矩保持不变,适用于恒转矩调速。

再如,他励直流电动机改变电压的调速方法属于恒转矩调速,而改变激磁的调速方法为恒功率调速。若恒转矩负载采用恒功率不对应调速或恒功率负载采用恒转矩调速,都将使电动机的额定功率增大 D 倍,且使部分转矩未得到充分利用。所以采用不对应调速方法,对电动机容量的选择不利。因此,选用调速方法,应尽可能使其与负载性质相同。

二、电动机的选择

(一)电动机选择的基本原则

(1)电动机的机械特性应满足生产机械提出的要求,根据生产机械调速要求选择电动机,要与负载的负载特性相适应,且保证运行稳定且具有良好的启动、制动性能。电动机额定转速要符合生产要求。

(2)电动机额定电压要符合要求。工作过程中电动机容量能得到充分利用,使其温升尽可能达到或接近额定温升值。我国将电动机的运行方式按发热的状况分为三类,即连续工作制、短时工作制和重复短时(断续)工作制,并分别按上述原则规定出电动机的额定功率和额定电流。常用的绝缘级有 E、B、F、H 对应的温升为 120 ℃、130 ℃、155 ℃、180 ℃。

(3)电动机结构形式满足机械设计提出的安装要求,安装方式符合要求(安装方式:立式、卧式。防护形式:防护式、封闭式、防爆式),并能适应周围环境工作条件。

(4)在满足设计要求的前提下,应优先采用结构简单、价格便宜、使用维护方便的三相笼型异步电动机。

(二)电动机选择的方法

1. 电动机结构形式的选择

(1)在正常环境条件下,一般采用防护式电动机;在人员和设备安全有保证的条件下,也可采用开启式电动机。

(2)在空气中存在较多粉尘的场所,宜用封闭式电动机。

(3)在湿热带地区或比较潮湿的场所,应尽量选用湿热带型电动机,若用普通型电动机,应采取相应的防潮措施。

(4)在露天场所,宜选用户外式电动机,若有防护措施也可采用封闭式或防护式电动机。

(5)在高温车间,应根据周围环境温度,选用相应绝缘等级的电动机,并加强通风,改善电动机的工作条件，并提高电动机的工作容量。

(6)在有爆炸危险及有腐蚀性气体的场所，应相应地选用防爆式及防腐式电动机。

2. 电动机类型的选择

电动机的类型是指电动机的电压级别、电流种类、转速和工作原理。确定类型的主要依据是电动机应在经济条件下满足生产机械在工作速度，机械特性硬度，速度调节，启动、制动特性等方面所提出的要求。

(1)不需要调速的机械应首先考虑采用异步电动机。

(2)对于周期性波动负载的长期工作机械，为了消平尖峰负载，一般都采用电动机带飞轮工作，这时应考虑启动条件和充分利用飞轮的作用而选用绕线型异步电动机。

(3)需要补偿电网功率因数及稳定的工作速度时，应优先考虑采用同步电动机。

(4)对于只需要几种速度，但不要求调节速度的生产机械，选用多速异步电动机。

(5)需要大的启动转矩和恒功率调速的机械(如电车、牵引车等)常用直流串励电动机。

(6)对于启动、调速及制动有较高要求的生产机械，可选用直流电动机或带调速装置的交流电动机。

(7)要求调速范围很宽的机械，最好从机械变速和电气调速两者结合起来考虑，这样易于收到技术和经济指标较高的效果。

3. 电动机转速的选择

(1)对于不需要调速的高转速或中转速的机械，一般应选用相应转速的异步电动机或同步电动机直接与机械相连接。

(2)对于不调速的低速运转的生产机械，一般是选用适当转速的电动机通过减速机构来传动，但电动机转速不宜过高，以免增加减速器的制造和维修。

(3)对于需要调速的机械，电动机的最高转速应与生产机械的最高转速相适应，连接方式可以采用直接传动或者通过减速机构来传动。

总之，选择电动机的类型应从技术及经济指标两方面综合考虑。

(三)电动机容量的选择

1. 分析计算法

根据生产机械负载图预选一台电动机，再用该电动机的技术数据和生产机械负载图求出电动机的负载图，最后按电动机的负载图从发热的方面进行校验，并检查电动机的过载能力与启动转矩是否满足要求，如若不合格，另选一台电动机重新计算，直到合格为止，即分析计算法。

电动机负载时，温度的升降具有一定的规律。电动机温度上升的根源是其损耗(铜耗、铁耗、机械损耗)所产生的热量。这些热量一部分使电动机温度升高，一部分被电动机散发到周围空气中。电动机的散热能力因其散热面积及与周围空间的温差而不同。这两个因素数值愈大，散热能力愈强。

电动机开始运转时，电动机温升由零开始，损耗产生的热量散出的很少，大部分使电动机温度升高，这时，电动机温度上升速度很快。随着温度的升高，散热能力逐渐增强，用于电动机温度上升的热量随之减少，电动机温度的上升速度变慢。当电动机达到一定温升后，每个瞬时损耗所产生的热量与电动机散出的热量完全平衡时，电动机的温度不再升高，达到稳定室温。负载不变时稳定温度也不改变，负载增减时，温度将升降至新的稳定

值。这就是温升变化的物理过程。其数学表达式为

$$\tau = \frac{Q}{A}(1 - e^{-\frac{t}{C/A}}) + \tau_0 e^{-\frac{t}{C/A}} \tag{8-1}$$

式中 τ——电动机的温升值,℃;

Q——电动机在单位时间内产生的热量,J/s;

A——散热量,即电动机温度比周围空间每高 1 ℃,在 1 s 内电动机散出的热量,J/(℃·s);

C——电动机的热容量,即使电动机温度升高 1 ℃所需的热量,J/℃;

τ_0——初始温升,℃。

当 $\tau_0 = 0$ 时

$$\tau = \frac{Q}{A}(1 - e^{-\frac{t}{C/A}}) \tag{8-2}$$

式(8-2)表示电动机自温升为零时开始的温度上升过程,这是一条指数曲线,其中,

$$T = C/A \tag{8-3}$$

T 表示温升的快慢,称为发热时间常数,单位为 s。T 值愈大,电动机达到稳定温升所需的时间愈长。一般认为,经过 $4T$,电动机温升已经稳定。由式(8-3)可知,T 的数值与电动机热容量成正比,与电动机的散热量成反比。而这两者又与电动机的尺寸与结构有直接关系。一般 T 值随电动机容量的增大而增大。

电动机冷却时,温升的变化情况和上升情况相似。当电动机停车冷却时

$$\tau = \frac{Q}{A}e^{-\frac{t}{T}} \tag{8-4}$$

这是一条按指数衰减的曲线。图 8-22 为电动机升温、冷却曲线。

按照负载温升的特点,电动机可有三种运转状态:

(1)连续运转。电动机工作时间 $t_g \geq (3 \sim 4)T$ 的运转状态。电动机在工作时间内能够达到稳定温升。

(2)短时运转。电动机工作时间 $t_g \leq (3 \sim 4)T$ 的运转状态。这时,电动机在工作时间内达不到稳定温升,但在停歇时间内,却完全能够冷却,使温升为零。

(3)断续运转。电动机工作时间 $t_g \leq (3 \sim 4)T$,电动机在工作时间内达不到稳定温升,在停歇时间内也来不及完全冷却,使温升在工作、停歇时间里周期地波动。

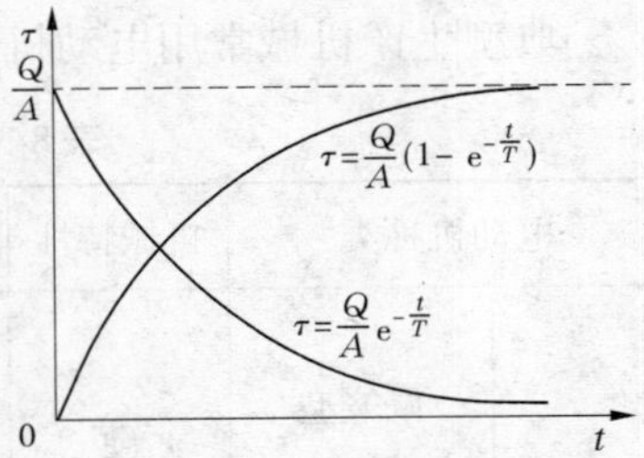

图 8-22 电动机升温、冷却曲线

运转状态不同,按发热条件校验电动机容量的方法也就不同。

2. 统计类比法

将各国同类型、先进的电动机容量进行统计和分析,从中找出电动机容量与机床主要参数间的关系,再根据国情得出相应的计算公式来确定电动机容量的一种实用方法,即统计类比法。

①车床

$$P = 36.5D^{1.54} \tag{8-5}$$

式中　P——电动机容量,kW;

D——工件最大直径,m。

②立式车床

$$P = 20D^{0.88} \tag{8-6}$$

式中　P——电动机容量,kW;

D——工件最大直径,m。

③摇臂钻床

$$P = 0.0646D^{1.19} \tag{8-7}$$

式中　D——最大钻孔直径,mm。

④卧式镗床

$$P = 0.004D^{1.7}$$

式中　D——镗杆直径,mm。

⑤外圆磨床

$$P = 0.1KB \tag{8-8}$$

式中　B——砂轮宽度,mm;

K——砂轮主轴用滚动轴承时,$K = 0.8 \sim 1.1$,砂轮主轴用滑动轴承时,$K = 1.0 \sim 1.3$。

⑥龙门铣床

$$P = \frac{1.16B}{166} \tag{8-9}$$

式中　B——工作台宽度,mm。

(四)典型生产机械常用电动机选用实例

典型生产机械常用电动机选用实例,如表 8-3 所示。

表 8-3　典型生产机械常用电动机选用实例

电动机种类		机械特性	优点	缺点	典型机械的例子
交流电动机	鼠笼型异步	硬	结构简单、体积小、价廉、运行可靠,维护使用方便	调速装置较复杂,较贵	泵、通风机、运输机、机床的辅助运动机构、小型机床的主传动等
	绕线型异步	硬(转子串电阻后变软)	启动性能好、可在小范围内调速	结构较复杂、较贵	起重机、电梯、大中型卷扬机、锻压机等
	同步	绝对硬	迅速、能改善电网功率因数	结构复杂、较贵,调整较复杂,操作较烦	大中型鼓风机、泵、压缩机、连续式轧钢机、球磨机等

续表 8-3

电动机种类		机械特性	优点	缺点	典型机械的例子
直流电动机	他励 并励	硬(电枢串电阻后变软)	调速平滑、范围宽、启动转矩大	需要直流电源,结构复杂,价贵,可靠性较差	大型机床(如车、铣、刨、磨、镗)可逆轧钢机、造纸机、印刷机等
	串励 复励	软 较软	启动转矩大,负载变化时能自动调节转速	需要直流电源,结构复杂,价贵,可靠性较差	电车、电动机车、起重机、卷扬机、剪床、冲床等

第四节　常用控制电器的选择

一、接触器的选择

接触器用途广泛,其额定工作电流或额定控制功率是随使用条件不同而变化的,只有根据不同使用条件正确选用,才能保证接触器在控制系统中长期可靠运行,充分发挥其技术经济效果。

(一)交流接触器的选用

(1)根据不同使用类别选用产品系列。

交流接触器共有以下五种使用类别,不同的使用类别,接触器的工作条件差异很大。

JK0 类用于无感或微感负载,电阻性负载。接通和分断额定电压下的额定电流。

JK1 类用于启动和运转中断开绕线型电动机。在额定电压下,接通和分断 4 倍额定电流。

JK2 类用于启动、反接制动、反向与密接通断绕线型电动机。在额定电压下,接通和分断 4 倍额定电流。

JK3 类用于启动和运转中断开笼型感应电动机。在额定电压下接通 8 倍额定电流,在额定电压下分断 6 倍额定电流。

JK4 类用于启动、反接制动、反向与密接通断笼型感应电动机。在额定电压下接通和分断 6 倍额定电流。

目前的几个产品系列,都是按照一定的使用类别设计的,如 CJ10 系列交流接触器就是按 JK3 使用类别设计的。

在选择时,首先根据接触器所控制负载的工作任务来选择相应使用类别的接触器。生产上广泛使用中、小容量的笼型感应电动机,而且其中大部分电动机的负载是一般任务,它相当于 JK3 使用类别。对于控制机床电动机的接触器来说,负载情况比较复杂,有 JK4 类负载,也有 JK3 类与 JK4 类混合的负载,这些都属重任务的范畴。如果负载明显地属重任务类,自然应选用 JK4 使用类别的接触器,至于负载为一般任务与重任务混合的情况,应据实情选 JK3 类或 JK4 类接触器,如已确定选用 JK3 类接触器,它的容量应降级使用。即使如此，其电寿命仍将有不同程度的降低。表8-4列出了CJ10系列所控制的电动机的最大容量。

表8-4　CJ10系列交流接触器所能控制的电动机的最大容量

最大操作频率（次/h）	型号	额定电流(A)	可控制的鼠笼型电动机的最大容量(kW)		
			220 V	380 V	500 V
600	CJ10－5	5	1.2	2.2	2.2
	CJ10－10	10	2.2	4.0	4.0
	CJ10－20	20	5.5	10.0	10.0
	CJ10－40	40	11	20.0	20.0
	CJ10－60	60	17	30.0	30.0
	CJ10－80	100	30	50	50

（2）根据电动机（或其他负载）的功率和操作情况确定接触器的容量等级。

接触器的容量一般是按产品使用说明书提供的数据来选择的。但当选用按JK3设计的接触器来控制与JK4混合类负载时往往降级使用。表8-5列出了CJ10－10型交流接触器降级使用情况。由表可知，当用CJ10－10型交流接触器控制JK3类负载的380 V、4 kW笼型感应电动机时，其电寿命可达60万次。如果用它来控制混合类负载，由于电寿命降低，只能降级使用。所以，是否降级使用，取决于对电寿命的要求，而电寿命又决定于生产机械的工艺要求，也就是操作频率的要求，若操作频率很低时，也可不降级使用。反过来说，降级使用后，其操作频率也不是可以任意提高的，因为一方面灭弧有困难，再则电磁线圈也会因过热而损坏。

倘若接触器控制的不是电动机，而是电容器或白炽灯时，则应以“接通”方面来考虑，因为这时接通时的冲击电流可达额定电流的十几倍，这时，宜选用JK4使用类别的接触器，如果选用JK3类的接触器，建议降低70%～80%额定容量来使用。但要注意，对于JK2使用类别的接触器，一般不宜用来控制JK4类负载，因为它的接通能力较低，在反复接通JK4类负载时易发生触点熔焊现象。

表8-5　CJ10－10型交流接触器降级使用情况

JK4类负载在混合类负载中所占百分数	降级使用情况	
	可控制电动机功率值 P(kW)	电寿命(万次)
0%	4	60
10%	2.2	30
100%	2.2	6.7%×60
100%	4	2%×60

（3）根据控制回路的要求选择接触器的线圈参数。

接触器线圈的额定电压由控制回路电压决定。

（4）根据使用地点的周围环境选择有关系列或特殊规格的接触器。

(二)直流接触器的选用

直流接触器有四种工作类别：

ZK1 类用于启动和运转中断开并励直流电动机。在额定电压下接通 2.5 倍额定电流,在额定电压下分断 4 倍额定电流。

ZK2 类用于启动、反接制动、反向与密接通断并励直流电动机。在额定电压下接通与分断 2.5 倍及 4 倍额定电流。

ZK3 类用于启动和运转中断开串励直流电动机。在额定电压下接通与分断 2.5 倍及 4 倍额定电流。

ZK4 类用于启动、反接制动、反向与密接通断串励直流电动机。在额定电压下接通与分断 2.5 倍及 4 倍额定电流。

具体选用方法与交流接触器相同。

二、电磁式继电器的选择

(一)电磁式控制继电器的选用

控制继电器主要按其被控制或被保护对象的工作特性来选择使用。电磁式控制继电器选用时,除线圈电压或线圈电流满足要求外,还应按被控制对象的电压、电流和负载性质及要求来选择,如果控制电流超过继电器额定电流,可将触点并联使用,以提高长期允许通过电流。在需要提高分断能力时(一定范围内)可用触点串联方法,但触点有效数量将减少。电流继电器具有瞬时动作、反时限动作、反时限与瞬时动作特性,可按不同要求选取。

电磁式电压继电器、电磁式电流继电器、电磁式中间继电器的选择,可参照表 8-6 选择。

表 8-6　电压继电器、电流继电器、中间继电器、时间继电器动作特点

名称	动作特点	主要用途
电压继电器	当电路中的电压达到规定值时动作	用于电动机失电压或欠电压保护、制动和反转制动
电流继电器	当电路中通过的电流达到规定值时动作	用于电动机过载与短路保护,直流电动机磁场控制及失磁保护
中间继电器	当电路中的电压达到规定值时动作	触点数量较多、容量较大,通过它增加控制回路或起信号放大作用
时间继电器	自得到动作信号起至触点动作有一定延时	用于交流电动机,作为以时间为函数启动时切换电阻的加速继电器,笼型电动机的 Y - △启动、能耗制动及控制各种生产工艺程序等

(二)时间继电器的选用

通过对各种时间继电器工作原理和典型线路的分析可知,每一种时间继电器都有其各自的特点,所以要合理选用以发挥它们的特长。可从以下几个方面来选择时间继电器。

(1)时间继电器按其延时方式分为通电延时型和断电延时型两种,所以选择时应当

考虑一下，选用哪一种延时方式的继电器对组成控制线路更为方便。

(2)凡是对延时要求不怎么高的场合，一般宜采用价格较低的电磁式或气囊式时间继电器，反之，则宜采用电动机式或晶体管式时间继电器。

(3)要考虑电源参数变化的影响，如在电源电压波动大的场合，采用气囊式或电动机式时间继电器就比采用晶体管式为好，而在电源频率波动大的场合，则不宜采用电动机式继电器。

(4)应考虑温度变化的影响，通常在温度变化较大处，采用气囊式和晶体管式时间继电器是不适宜的。

(5)此外还应注意，时间继电器动作过后需要一个复位时间，它应当比固有动作时间长一些，不然会有延时误差增大甚至不能产生延时的危险。同时，对操作频率也要加以考虑，当操作频率过高时，不仅影响电寿命，还会导致延时动作失调。

三、热继电器的选择

热继电器的选择是否得当，往往是决定它能否可靠地对电动机进行过载保护的关键因素。应按电动机的工作环境要求、启动情况、负载性质等方面来考虑。

(1)原则上按被保护电动机的额定电流选取热继电器。

根据电动机实际负载选取热继电器的整定值为电动机额定电流的0.95～1.05倍。但对于过载能力较差的电动机，它所配用的热继电器的额定电流就应适当小些，一般来说，这时选取热继电器的额定电流为电动机额定电流的60%～80%。

(2)在非频繁启动的场合，必须保证热继电器在电动机的启动过程中不致误动作。通常，在电动机启动电流为其额定电流6倍，以及启动时间不超过6 s的情况下，只要是很少连续启动，就可按电动机的额定电流来选择热继电器。

(3)断相保护用热继电器的选用，对星形接法的电动机，一般采用两相结构的热继电器。对于三角形接法的电动机，若热继电器发热元件接于电动机每相绕组中，则选择三相结构的热继电器，若发热元件接于三角形接线电动机的电源进线中，则选择带断相保护装置的三相结构热继电器。

(4)对比较重要的、容量较大的电动机，可考虑选用半导体温度继电器进行保护。

(5)当电动机工作于重复短时工作制时，要注意确定热继电器的允许操作频率。

(6)注意其安装方式。

四、熔断器的选择

熔断器的选择主要是熔断器类型的选择和熔体额定电流的确定。

(一)熔断器类型的选择

根据负载的保护特性和短路电流的大小来选择熔断器的类型。例如，电动机过载保护用的熔断器采用具有锌质熔体和铅锡合金熔体的熔断器。对于车间配电网路的保护熔断器，如果短路电流较大，就要选用分断能力大的熔断器，有时甚至还需要选用有限流作用的熔断器，如RT0系列熔断器。在经常要发生故障的地方，应考虑选用可拆式熔断器，如RC1 A、RL1、RM7、RM10等系列产品。

(二)熔体额定电流的确定

在选择和计算熔体电流时,应区别两种负载情况,一种是有冲击电流的负载(如电动机),另一种是负载电流比较平稳的情况。

(1)对于照明、电炉等没有冲击电流的电阻性负载,要达到过载保护的目的,熔体的额定电流等于或稍大于电路的工作电流,即

$$I_{RN} \geqslant I \tag{8-10}$$

式中 I_{RN}——熔体的额定电流;

I——电路的工作电流。

(2)对于电动机类负载,应考虑启动冲击电流的影响。保护单台电动机时,熔断器的额定电流按下式计算:

$$I_{RN} \geqslant (1.5 \sim 2.5) I_N \tag{8-11}$$

式中 I_N——电动机的额定电流,轻载启动或启动时间较短时,系数可取1.5,重载启动或启动时间较长时,系数可取2.5。

对于多台电动机,由一个熔断器保护时,熔体的额定电流按下式计算:

$$I_{RN} \geqslant (1.5 \sim 2.5) I_{Nmax} + \sum I_N \tag{8-12}$$

式中 I_{Nmax}——容量最大的一台电动机的额定电流,A;

$\sum I_N$——其余电动机额定电流之和,A。

(3)在配电系统中,通常有多级熔断器保护。发生短路故障时,远离电源端的前级熔断器应先熔断,因此后一级熔体的额定电流通常比前一级熔体的额定电流至少应大一个等级,以防止熔断器越级熔断而扩大停电范围。

(4)在负载电流比较平稳的场合,基本上可按额定负载电流来确定熔体的额定电流。

(三)熔管额定电流的确定

在熔体的额定电流已经确定以后,还要确定熔管的额定电流。通常,熔管的额定电流应大于等于熔体的额定电流。

(四)校核保护特性

按上述方法初步选定了熔断器的类型以及熔体和熔管的额定电流以后,还必须校核它的保护特性曲线 $I = f(t)$ 是否与保护对象的特性相匹配,即保护对象的安全特性 $I = f_1(t)$ 曲线一定要高于熔断器本身的 $I = f_2(t)$ 曲线。熔断器的保护特性曲线,如图8-23所示。

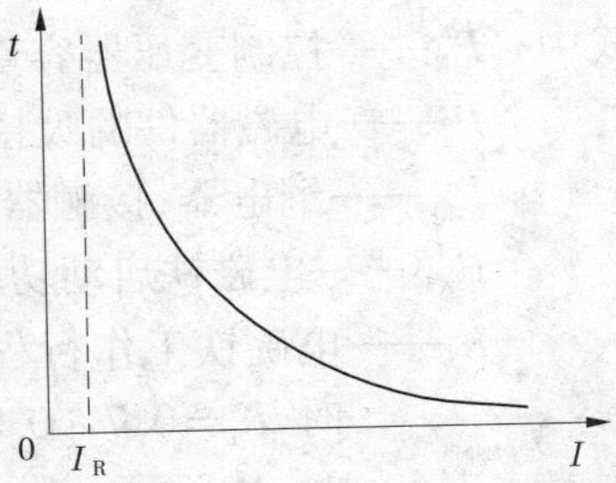

图8-23 熔断器的保护特性曲线

(五)熔断器上下级配合

为了满足选择性保护的要求,应注意熔断器上下级之间的配合。为此,选择熔体时,应当顾及其特性曲线的误差范围,使得下一级(支路)熔断器的全部分断时间较之上一级(主电路)熔断器熔体加热到熔化温度的时间要小。通常,要求上一级熔断器的熔断时间至少是下一级的3倍以上,不然就难以避免发生越级动作及扩大停电范围的现象。为了保证熔断器保护动作的选择性,当上下级采用同一型号的熔断器时,其电流等级以相差两级为宜。如果上下级所用的熔断器型号不同,则应根据保护特性上给出的熔断时间选取。

五、自动开关的选择

选择自动开关时应从以下几方面考虑：

(1)根据电气装置的要求确定自动开关的类型,即框架式、塑料外壳式、限流式等。

(2)根据线路对保护的要求,即所谓几段保护的要求。

(3)根据电路中可能出现的最大短路电流来选择,应使自动开关的极限分断能力要大于等于电路的最大短路电流,以保证分断的安全可靠。

(4)根据网络的额定电压和额定电流确定开关的容量等级。而脱扣器的额定电流应根据允许的长期平均电流来选择。

(5)如果电动机不需要频繁启动,同时线路中又容易发生断相故障,则选用塑料外壳式自动开关来代替磁力启动器和熔断器组合来控制电动机,有时反而更为经济和便利。

(6)自动开关的价格比较昂贵,如非必要,仍宜采用闸刀开关和熔断器组合,以利节约。

(7)初步确定好自动开关的类型和等级以后,还要和其上、下级开关作保护特性的协调配合,从总体上满足系统对选择性保护的要求。

六、控制变压器的选择

控制变压器一般用于降低控制电路或辅助电路电压,以保证控制电路安全可靠。选择控制变压器的原则为：

(1)控制变压器原、副边电压应与交流电源电压、控制电路或辅助电路电压相符。

(2)应保证控制电路中,所有交流电磁元器件在启动时可靠地吸合。

(3)系统在正常运行中变压器不应超过允许温升。

控制变压器容量选择的近似公式为：

$$P_B \geqslant 0.6P_g + \frac{1}{4}\sum P_{kj} + \frac{1}{8}\sum P_{KM}K_i \tag{8-13}$$

$$P_B \geqslant K_f \sum P_g \tag{8-14}$$

式中 P_B——控制变压器容量,VA；

P_g——电磁器件的吸持功率,VA；

P_{kj}——继电器、接触器启动功率,VA；

P_{KM}——电磁铁启动功率,VA；

K_i——电磁铁工作行程 L_P 与额定行程 L_H 之比的修定系数；当 $L_P/L_H = 0.5 \sim 0.8$ 时,$K_i = 0.7 \sim 0.8$,$L_P/L_H = 0.85 \sim 0.9$ 时,$K_i = 0.85 \sim 0.95$,$L_P/L_H = 0.9$ 以上时,$K_i = 1$；

K_f——变压器容量储备系数,一般取 $K_f = 1.1 \sim 1.5$。

式(8-13)表示在一个工作循环中,最大启动负荷时,应从变压器副端电压降考虑,满足该式则保证已吸合的电器在启动其他电器时仍能保持吸合状态,一旦启动电器也能可靠地吸合说明变压器容量符合要求。式中1/4和1/8为经验数据。当电磁铁额定行程小于15 mm,额定吸力小于15 N时,系数1/8修正为1/4。系数0.6表示在电压降至60%时,已吸合的电器仍能可靠地保持吸合状态。

式(8-14)是在变压器长期运行中,从温升角度考虑的,即在一个工作循环中,最大工作负载时变压器的容量应大于或等于最大工作负荷的功率。表 8-7 列出 BK 型控制变压器技术数据。

表 8-7　BK 型控制变压器技术数据

总容量值 S(VA)	规格	电压值 U(V)	总匝数	导线直径值 d(mm)	导线重值 G(kg)
50	127/36	127 36	472 147	0. 51 0. 90	0. 18 0. 15
	220/12	220 12	818 49	0. 35 1. 000 × 2	0. 16 0. 17
	380/36 - 6. 3	380 36 ~ 6. 3	1 410 147	0. 29 0. 90	0. 18 0. 15
	380/24	380 24	1 410 98	0. 29 1. 20	0. 18 0. 17
	380/12	380 12	1 410 49	0. 29 1. 00 × 2	0. 18 0. 17
	220/36	220 36	818 147	0. 35 0. 90	0. 16 0. 15
	380/127	380 127	1 410 480	0. 29 0. 47	0. 18 0. 15
	127/6. 3	127 6. 3	472 25	0. 51 1. 40 × 2	0. 18 0. 12
	220/6. 3	220 6. 3	818 25	0. 35 1. 40 × 2	0. 16 0. 12
	380/127 - 36	380 127 ~ 36	1 410 496	0. 29 0. 47	0. 28
	220/12 - 6. 3	220 12 ~ 6. 3	818 49	0. 35 1. 00 × 2	0. 16 0. 17
	220/127 - 12	220 127 ~ 12	818 496	0. 35 0. 47	0. 28
	440/36	440 36	630 147	0. 27 0. 90	0. 20 0. 15
	220/24	220 24	818 98	0. 35 1. 20	0. 16 0. 17
	380/32 - 28	380 32 ~ 28	1 410 125	0. 29 1. 00	0. 18 0. 16
	380/54	380 54	1 410 210	0. 29 0. 72	0. 18 0. 15
	110/6. 3	110 6. 3	408 25	0. 51 1. 40 × 2	0. 16 0. 12
	420/36	420 36	1 562 147	0. 27 0. 90	0. 20 0. 15
	127/80	127 80. 70. 65. 60	472	0. 72	0. 40
	380/127 - 6. 3	380 127 ~ 6. 3	1 410 480	0. 29 0. 47	0. 18 0. 15
	380/12 - 6. 3	380 12 ~ 6. 3	1 410 49	0. 29 1. 00 × 2	0. 18 0. 17
	400/36	400 36	1 486 147	0. 27 0. 90	0. 20 0. 15
	250 - 220/7	250 ~ 220 7	930 7	0. 35 1. 40 × 2	0. 21 0. 13

七、其他控制电器的选择

(一)转换开关的选择

(1)当电动机的功率在7 kW以下,且用转换开关来控制其启动和停止时,转换开关的额定电流应等于电动机额定电流的3倍。

(2)若转换开关并不直接启动电动机,也不用来停止电动机,全由接触器控制,但它承受启动时的冲击电流,这时转换开关的额定电流只要稍大于电动机的额定电流即可。

(二)万能转换开关的选择

选择万能转换开关控制电动机时,先要知道电动机的内部接线方式,再根据电动机的内部接线方式、接线指示牌以及所需的转换开关关合次序表,画出该电动机的接线图,最后再看此接线图是否与转换开关产品的实际接法相符。另外,还要考虑额定电流是否满足要求。

(三)制动电磁铁的选择

在选择电磁制动器时应考虑如下几点:

(1)电源的性质。

首先要看制动设备附近易于得到何种电源,一般来说,制动电磁铁的电源应当是与它有关的电动机的电源。其次应当考虑制动装置每小时的关合次数,若超过300次,那就要用直流电磁铁,而不应当用交流电磁铁。

(2)行程的长短。

行程的长短由配用的机械制动装置决定。长行程制动电磁铁既可用于皮带制动器,也可用于弹簧制动器。短行程制动电磁铁则只适用于弹簧制动器。另外,长行程制动器抱闸和松闸时间长,安装面积和安装空间大;短行程制动器则相反,动作时间短,安装面积和空间都小,一般来说,中小型制动器多采用短行程制动电磁铁,而大中型制动器为了得到较大的制动力矩,往往采用长行程制动电磁铁。

(3)直流制动电磁铁的线圈。

通常,串励电动机的制动装置都采用串励制动电磁铁,并励电动机的制动装置则采用并励制动电磁铁。有时,为了安全起见,在一台电动机的保护中,既用了串励制动电磁铁,又用了并励制动电磁铁。

(4)确定制动电磁铁的容量。

在制动电磁铁的型式已初步确定之后,下一步就要确定它的容量。表示制动电磁铁容量的参数是它的电磁吸力、行程或者回转角。表8-8列出了一些常用电器的吸持功率和启动功率。

对直动式制动电磁铁来说,有如下关系:

$$F_{de}hk \geq F_{zd}\varepsilon \frac{1}{Y} \tag{8-15}$$

式中 F_{de}——气隙为h的电磁吸力,N;

h——衔铁行程,mm;

k——衔铁行程利用系数,通常为0.8~0.85;

F_{zd}——制动瓦压在制动轮上的压力,N;

ε——调整好的制动瓦与制动轮间的空隙,mm;

Y——制动装置杠杆系统的效率,一般为0.9～0.95。

表8-8 常用电器的吸持功率和启动功率

型号	线圈消耗功率值 P(VA)		P_k/P_g
	吸持 P_g	启动 P_k	
JZ7	12	75	6.3
CJ10－10	14	77	5.5
CJ10－20	33	156	4.7
CJ10－40	33	280	8.5
CJ10－75	74	630	8.5
MQ1－5101	50	≈450	9.0
MQ1－5111	80	≈1 000	12.5
MQ1－5121	95	≈1 700	18
MQ1－5131	130	≈2 200	17
MQ1－5141	480	≈10 000	21

对转动式制动电磁铁来说,则有如下关系:

$$M_{de}\phi k \geqslant F_{zd}\varepsilon \frac{1}{Y} \tag{8-16}$$

式中 M_{de}——在最大回转角下的电磁力矩,N·mm;

ϕ——衔铁最大容许回转角(°)。

此外,还有一些控制电器,如中间继电器、按钮、组合开关等,都可以根据工作中的电压、电流、触点数量等来选择。电器选择好以后,就可编制电气设备明细表。

第五节 电气控制装置的设计

一、电气设备总体配置设计

(一)概述

各种电动机及电器元件根据各自的作用,都有相应的装配位置。例如,拖动电动机与各种执行元件(电磁铁、电磁离合器、电磁吸盘等)以及各种检测元件(限位开关、各种传感器速度继电器等)必须安装在生产机械的相应部位;各种控制电器(各种接触器、继电器、电阻、断路器、控制变压器等)、保护电器(熔断器、热继电器等)一般可以安放在电气箱内;各种控制按钮、控制开关、各种指示灯、指示仪表、需经常调节的电位器等,则必须安放在控制台面板上。

按照国家标准GB 5226—5规定:尽可能把电气设备组装在一起,使其成为一台或几台控制装置。大型设备各个部分可以有其独立的控制装置。由于各种电器元件安装位置不同，在构成一个完整的控制系统时，必须划分组件，同时要解决组件之间、电气箱之间以及电气箱与被控制装置之间的连线问题。

（二）划分组件的原则

（1）功能类似的元件组合在一起。例如，各类控制电源、整流、滤波元件集中为电源组件。此外还有控制面板组件、电气板组件等。

（2）尽可能减少组件之间的连线数量，接线关系密切的控制电器置于同一组件中。

（3）强、弱电控制器分离，以减少干扰。

（4）力求整齐美观，外形尺寸及重量相近的组合在一起。

（5）需经常调节、维护和易损元件组合在一起。

（三）各部分及组件之间的接线方式

（1）电气板、控制面板、设备上电器等之间的进出线一般采用接线端子（按电流大小及进出线数选用不同规格的接线端子）。

（2）为了便于拆装与搬运，被控制设备与电气箱之间可采用多孔接插件。

（3）印制电路板及弱电控制组件之间宜采用各种类型标准接插件。

（四）电气设备总体配置设计任务

（1）根据电气原理图的工作原理与控制要求，将控制系统划分为几个组成部分，称为部件。

（2）根据电气设备的复杂程度每一部分又可划成若干组件，如印制电路组件、电器安装板组件、电源组件等。

（3）根据电气原理图的接线关系整理出各部分的进出线号，并调整它们之间的连接方式。

（五）总体配置设计的表达形式

（1）总体配置设计是以电气系统的总装配图与总接线图形式来表达的。

（2）两图根据需要可以分开，也可以合在一起画，又称电气互联图。

（3）总装配图与总接线图应以示意形式反映出各部分主要组件的位置及各部分接线关系、走线方式及使用管线要求等。

（4）总装配图与总接线图是进行分部设计和协调各部分组成一个完整系统的依据。

电气互联图的实例，如图8-24所示。

（六）总体配置设计的基本原则

（1）总体配置设计要使整个系统集中、紧凑。

（2）在场地允许条件下把发热厉害、噪声振动大的电气部件放在离操作者较远的地方或隔离起来。

（3）对于多工位加工的大型设备，应考虑两地操作的可能。

（4）总电源紧急停止控制应安放在方便而明显的位置。

（七）总体配置设计的重要性

总体配置设计是否合理将影响到电气控制系统工作的可靠性，并关系到电气系统的制造、装配质量、调试、操作及维护是否方便。

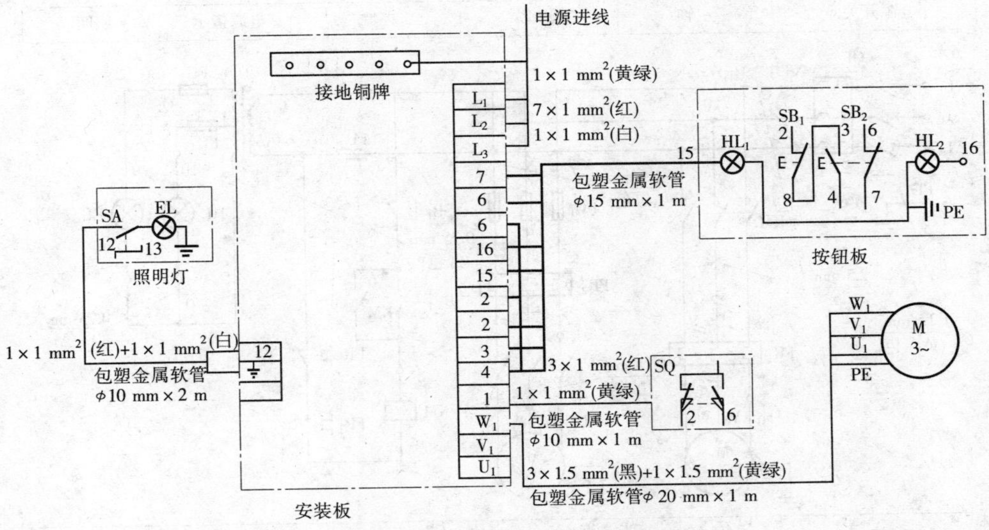

图 8-24　电气互联图的实例

二、电气原理图设计与绘制

(一)电气原理图的组成

电气原理图根据电路中电流的大小可分为主电路和控制电路。主电路是从电源到电动机或线路末端的电路,是强电流通过的电路,其内有刀开关、熔断器、接触器主触点、热继电器发热元件与电动机等。控制电路包括控制电路和辅助电路,辅助电路包括照明电路、信号电路及保护电路等。

(二)电气原理图的绘制原则

电气原理图的绘制必须遵循电气原理图的绘制规则。

如图 8-25 所示,为 CW6132 型普通车床的电气原理图,我们可以总结出电气原理图设计与绘制的一些规则。

(1)电气控制线路主电路和控制电路绘制。

主电路,用粗实线绘出;控制电路,用细实线绘出。原理图上各电路的安排应便于分析、维修和寻找故障,原理图应按功能分开画出,从左到右依次是主电路、控制电路、辅助电路等。电源线路绘成水平线,主电路应垂直电源线路,控制电路应垂直地绘在与主电路同条水平电源线之间,耗能元件直接连接在接地的水平电源线上,触点连接在上方水平线与耗能元件之间。

(2)各电器元件不画出实际的外形图,而是采用统一的图形符号来画,并按统一的文字符号标注和回路标号进行绘制,采用电器元件展开图的画法。采用器件的各部件分别绘在它们完成作用的地方,并不按照其实际的布置情况绘在线路上。

同一电器元件的各导电部件(如线圈和触点)常常不画在一起,但需用同一文字符号标明。多个同一种类的电器元件,可在文字符号后面加上数字序号下标,如 SB_1、SB_2 等。原理图上应标出各个电源电路的电压值、极性、频率及相数;标出某些元器件的特性(如电阻、电容的数值、熔断器、热继电器和空气开关的额定电流、导线的截面面积等);还应

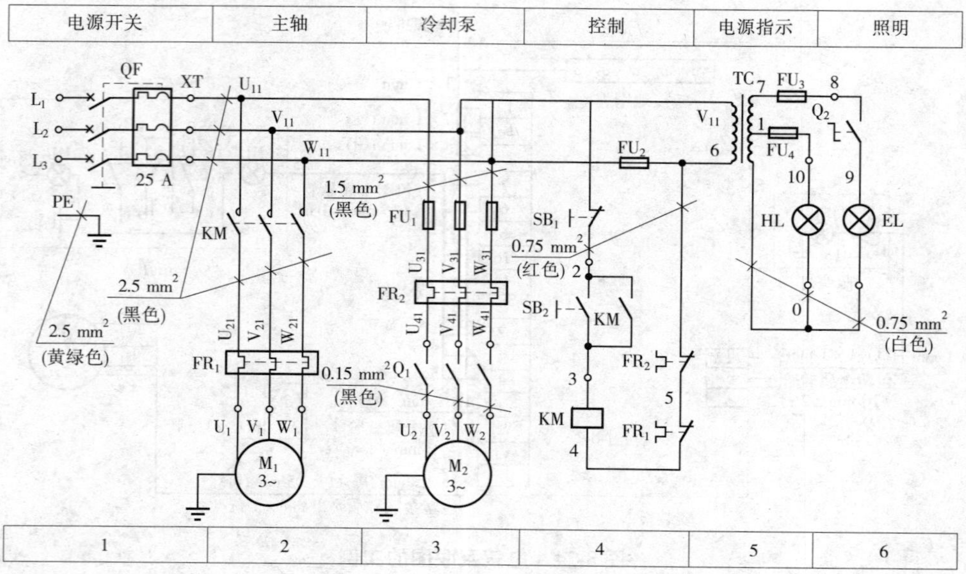

图 8-25　CW6132 型普通车床电气原理图

标出不常用电器(如位置传感器、手动触点等)的操作方式和功能;图中的全部电机、电器元件的型号、用途、数量、文字符号、技术数据,均应填写在一览元件明细表内。

(3)电气图中电器元件触点的图示状态应按该电器的不通电状态和不受力状态绘制,即所有电器元件的触点均按"平常"状态绘出(电器应是未通电时的状态);二进制元件应是置零时的状态;机械开关应是循环开始前的状态。

对于接触器、电磁继电器触点按电磁线圈不通电时状态绘制;对于按钮、行程开关按不受外力作用时的状态绘制;对于低压断路器及组合开关按断开状态绘制;热继电器按未脱扣状态绘制;速度继电器按电动机转速为零时的状态绘制;事故、备用与报警开关等按设备处于正常工作时的状态绘制;标有"OFF"等多个稳定操作位置的手动开关则按拨在"OFF"位置时的状态绘制。万能转换开关和行程开关应绘出动作程序和动作位置。

(4)电气图中文字标注遵循就近规则与相同规则。

所谓就近规则,是指电器元件各导电部件的文字符号应标注在图形符号的附近位置;相同规则是指同一电器元件的不同导电部件必须采用相同的文字标注符号(如图 8-25 中,交流接触器线圈、主触点及其辅助触点均采用同一文字标注符号 KM)。

文字本身应符合《机械制图文件》(GB 4457.3—84)的规定。汉字采用长仿宋体,字高有 20,14,10,7,5,3.5,2.5 等七种,字体宽度约等于字高的 2/3,而数字和字母笔画宽度约为字高的 1/10 等。

①主电路标号由文字符号和数字组成。文字符号用以标明主电路中元件或线路的主要特征,数字标号用以区别电路不同线段。三相交流电源引入线采用 L_1、L_2、L_3 标号。

②电源开关之后的三相主电路分别标 U、V、W。如 U_{11} 表示电动机第一相的第一个接点代号,U_{21} 为第一相的第二个接点代号,依次类推。

③控制电路由三位或三位以下数字组成。

应将图面分成若干区域,区域编号一般写在图的下部;图的上部要有标明每个电路用途的用途栏。交流控制电路的标号一般以主要压降元件(如线圈)为分界,横排时,左侧用奇数,右侧用偶数;竖排时,上面用奇数,下面用偶数。直流控制电路中,电源正极按奇数标号,负极按偶数标号。

(5)交叉节点的通断。

尽可能减少线条和避免线条交叉。图中两条以上导线相通的交接处要打一圆点。十字交叉节点处绘制黑圆点表示两交叉连线在该节点处接通,无黑圆点则无电联系,T字节点则为接通节点,图中每个接点要按分区及节点顺序编号,如图8-26所示。

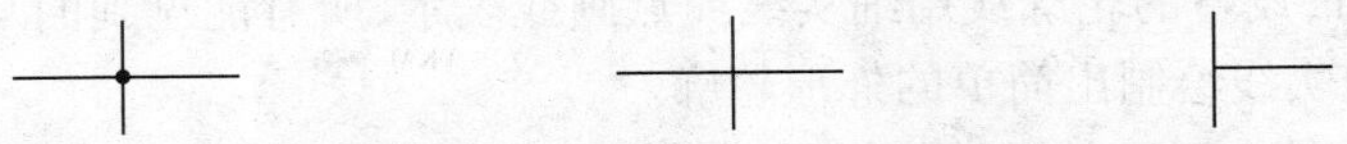

(a)有黑圆点十字交叉节点　(b)无黑圆点十字交叉节点　(c)T字节点

图8-26　交叉节点的通断

(三)电气原理图的图幅分区规则

为了便于读图和检索,确定图上内容的位置及其用途,应对一些幅面较大、内容复杂的电气图进行分区。

1.分区方法及其标注

垂直布置的电气原理图中,上方一般按主电路及各功能控制环节自左至右进行文字说明分区,并在各分区方框内加注文字说明,帮助机床电气原理的阅读理解;下方一般按"支路居中"原则从左至右进行数字标注分区,并在各分区方框内加注数字,以方便继电器、接触器等电器触点位置的查阅。"支路居中"原则是指各支路垂线应对准数字分区方框的中线位置。对于水平布置的电气原理图,则实现左右分区。左方自上而下进行文字说明分区,右方自上而下进行数字标注分区。

2.触点索引代号

电气原理图中的交流接触器与继电器,因线圈、主触点、辅助触点所起作用各不相同,为清晰地表明机床电气原理图工作原理,这些部件通常绘制在各自发挥作用的支路中。在幅面较大的复杂电气原理图中,为检索方便,就需在电磁线圈图形符号下方标注电磁线圈的触点索引代号,如图8-27所示。

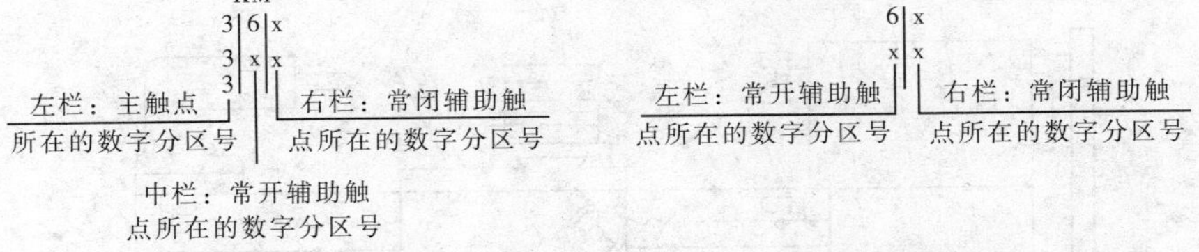

(a)接触器触点索引代号　(b)继电器触点索引代号

图8-27　电磁线圈的触点索引代号

对于接触器触点索引代号分为左中右三栏,左栏数字表示主触点所在的数字分区号,中栏数字表示常开辅助触点所在的数字分区号,右栏则表示常闭辅助触点所在的数字分区号。

对于继电器触点索引代号分为左右两栏,左栏表示常开触点所在的数字分区号,右栏表示常闭辅助触点所在数字分区号。

三、电器元件布置图的设计

(一)概述

(1)电器元件布置图主要是用来表明电气设备上所有电机电器的实际位置,为电气设备的制造、安装、维修提供资料。

(2)电器元件布置图可根据控制系统的复杂程度集中绘制或单独绘制。

(3)绘制时,设备的轮廓线用细实线或点画线表示,所有能见到的与需表示清楚的电气设备,均用粗实线绘制出简单的外形轮廓。

(4)电器元件布置图的设计依据是器件原理图。

如图 8-28 所示,为与图 8-25 对应的电器元件布置图。

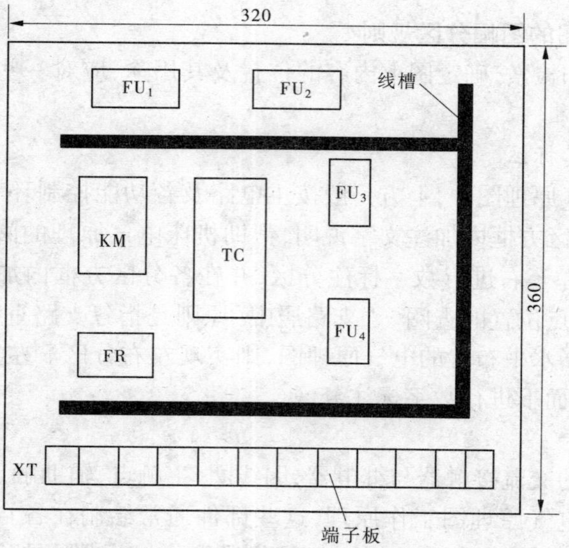

(a)CW6132型车床控制盘电器布置图 (单位: mm)

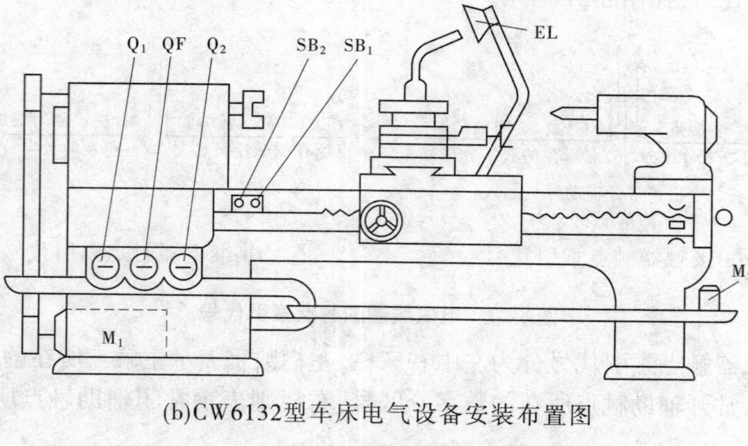

(b)CW6132型车床电气设备安装布置图

图 8-28 CW6132 型车床电器元件布置图

图 8-28(b)所示为 CW6132 型车床电气设备安装布置图,图中 QF 为电源开关,Q_1 为转换开关,Q_2 为照明开关,SB_1 为停止按钮,SB_2 为启动按钮,M_1、M_2 分别为主轴电动机和冷却泵电动机,EL 为照明灯。

(二)电器元件布置的注意事项(同一组件中)

(1)体积大和较重的电器元件应安装在电器板的下面,而发热元件应安装在电器板的上面。

(2)强电弱电分开并注意屏蔽,防止外界干扰。

(3)电器元件的布置应考虑整齐、美观、对称。外形尺寸与结构类似的电器安放在一起,以利加工、安装和配线。

(4)需要经常维护、检修、调整的电器元件安装位置不宜过高或过低。

(5)电器元件布置不宜过密,若采用板前走线槽配线方式,应适当加大各排电器间距,以利布线和维护。

(6)各电器元件的位置确定以后,便可绘制电器布置图。

(7)根据电器元件的外形绘制,并标出各元件间距尺寸。

(8)电器元件的安装尺寸及其公差范围,应严格按产品手册标准标注,作为底板加工依据。

(9)在电器布置图设计中,还要根据本部件进出线的数量和采用导线规格,选择进出线方式,并选用适当接线端子板或接插件,按一定顺序标上进出线的接线号。

四、电气控制装置接线图的绘制

(一)概述

(1)电气控制线路安装接线图,是为了安装电气设备和电器元件进行配线或检修电器故障服务的。

(2)对某些电器部件上元件较多时,还要画出电器部件的接线图。对于简单的,只要在电气互联图中画出就可以了。

(3)电器部件接线图是根据部件电气原理图及电器元件布置图绘制的。它是表示成套装置的连接关系,是电气安装与查线的依据。

(二)电气接线图绘制的要求(应符合 GB 6988 中 5—86 的规定)

电气接线图绘制的要求如下所述:

(1)电器元件按外形绘制,与布置图一致,偏差不能太大。

(2)各电器元件用规定的图形符号绘制,同一电器元件的各部件必须画在一起。各电器元件在图中的位置,应与实际安装位置一致。

(3)电气控制柜内各电器元件可直接连接,外部元器件、不在同一控制柜或配电屏上的电器元件的电气连接必须通过端子排进行。所有电器元件及其引线应标注,各电器元件的文字符号及端子排的编号应与原理图一致,并按原理图的接线进行连接。

(4)图中一律采用细线条,有板前走线及板后走线两种。

(5)对于简单部件,电器元件数量较少,接线关系不复杂,可直接画出元件间的连线。

(6)对于复杂部件,电器元件数量多,接线较复杂的情况,一般是采用走线槽,只要在各电器元件上标出接线号,不必画出各电器元件间连线。

(7)画连接导线时,应标明导线的规格、型号、根数和穿线管的尺寸。一般不表示导线实际走线途径,施工时由操作者根据实际情况选择最佳走线方式。图中应标出各种导线的型号、规格、截面面积及颜色。

(8)走向相同的多根导线可用单线表示。除大截面导线外,各部件的进出线都应经过接线板。

如图8-29所示,根据上述原则绘制的与图8-28所对应的电气箱外部连线电气安装接线图。

接线图中各电器元件图形与文字符号均与CW6132车床电气原理图保持一致,但各电器元件位置则按电器元件在控制柜、控制板、操作台或操纵箱中的实际位置绘制。图中左方的点画线方框表示CW6132车床的电气控制柜、中间小方框表示照明灯控制板、右方小方框则表示机床运动操纵板。

五、电气箱及非标准零件的设计

(一)概述

在电气控制比较简单时,控制电器可以附在生产机械内部,而在控制系统比较复杂,或生产环境及操作的需要时通常都带有单独的电气控制箱,以利制造、使用和维护。

(二)电气控制箱设计要考虑的问题

根据控制面板及箱内各电器部件的尺寸确定电气箱总体尺寸及结构方式。

结构紧凑,外形美观,要与生产机械相匹配,应提出一定的装饰要求。

根据控制面板及箱内电器部件的安装尺寸,设计箱内安装支架,并标出安装孔或焊按安装螺栓尺寸,或注明采用配作方式。

从方便安装、调整及维修要求,设计其开门方式。

为利于箱内电器的通风散热,在箱体适当部位设计通风孔或通风槽。

为便于电气箱的搬动,应设计合适的起吊勾、起吊孔、扶手架或箱体底部带活动轮。

根据以上要求,先勾画出箱体的外形草图,估算出各部分尺寸,然后按比例画出外形图,再从对称、美观、使用方便等方面考虑进一步调整尺寸比例。

电气控制箱的外形确定以后,再按上述要求进行各部分的结构设计,绘制箱体总装图及门、控制面板、底板、安装支架、装饰条等零件图,并注明加工要求,视需要选用适当的门锁。

电气箱常设计成立柜式或工作台式,小型控制设备则设计成台式、手提式或悬挂式。电气箱的品种繁多,造型结构各异,在箱体设计中应注意吸取各种型式的优点。

(三)非标准零件的设计

非标准的电器安装零件(如开关支架、电气安装底板、控制箱的有机玻璃面板、扶手、装饰零件等),应根据机械零件设计要求,绘制其零件图,凡配合尺寸应注明公差要求并说明加工要求(如镀锌、油漆、刻字等)。

六、各类元器件及材料清单的汇总

在电气控制系统原理设计及施工设计结束后,应根据各种图纸,对本设备需要的各种

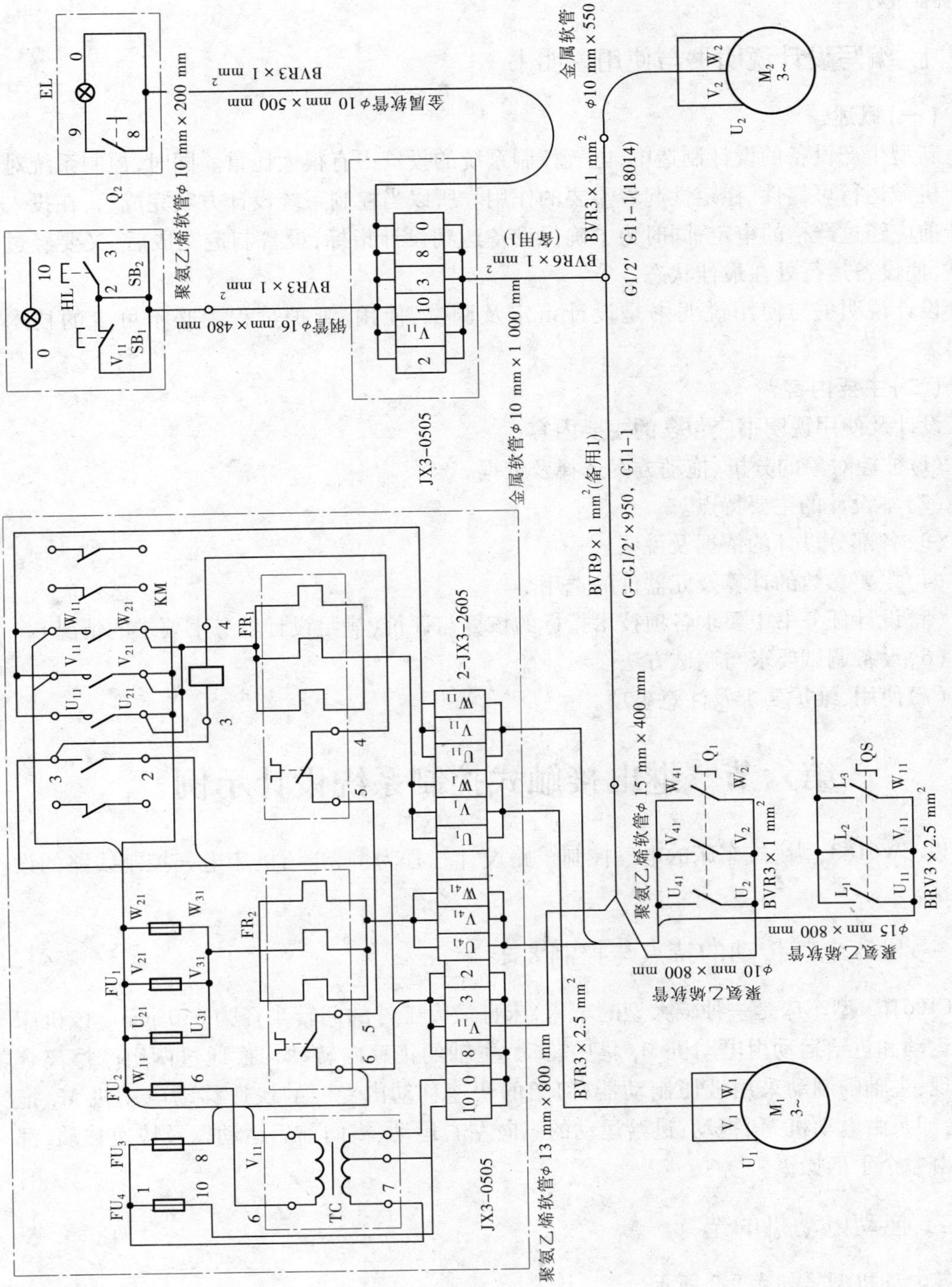

图 8-29 CW6132 型卧式车床电气接线图

零件及材料进行综合统计,列出外购元器件清单表、标准件清单表、主要材料消耗定额表及辅助材料消耗定额表,以便采购人员、生产管理部门按设备制造需要备料,做好生产准备工作。这些资料也是成本核算的依据。特别是对于生产批量较大的产品,此项工作尤要仔细做好。

七、编写设计说明书与使用说明书

(一)概述

新型生产设备的设计制造中,电气控制系统的投资占有很大比重。同时,控制系统对生产机械运行可靠性、稳定性起着重要的作用。所以当控制系统设计方案完成后,在投入生产前应经过严格的审定;同时为了确保设备达到设计指标,设备制造完成后,又要经过调试,使设备运行处在最佳状态。

设计说明书与使用说明书是设计审定及调试、使用、维护过程中必不可少的技术资料。

(二)主要内容

设计及使用说明书应包含的主要内容:

(1)被控对象的分析、拖动方案选择及依据。

(2)本设计的主要特点。

(3)各部分设计的依据及说明。

(4)主要参数的计算及元器件的选用。

(5)设计任务书中要求各项技术指标的核算与评价(满足设计任务书要求的情况)。

(6)设备调试要求与调试方法。

(7)使用、维护要求及注意事项。

第六节 继电接触式控制系统设计示例

以 CW6163 型卧式车床的电气控制线路设计过程为例,介绍机床电气控制线路的设计方法。

一、机床电气传动的特点与控制要求

CW6163 型车床是一种较大型的车床,床身最大工件的回转半径为 630 mm。该机床的主运动和进给运动由电动机 M_1 集中驱动,主轴的正反向转动切换通过两组摩擦离合器实现;主轴的制动采用液压制动器;刀架的快速移动由专门的快速移动电动机 M_3 拖动;冷却泵由电动机 M_2 拖动;进给运动的纵向左右运动、横向前后运动以及快速移动,都集中由一个手柄操纵。

二、拖动电动机的选择

各电动机型号如表 8-9 所示。

表 8-9　拖动电动机的选择

电动机	型号	额定功率（kW）	额定电压（V）	额定电流（A）	额定转速（r/min）
主电动机 M_1	Y160M－4	11	380	23.0	1 460
冷却泵电动机 M_2	JCB－22	0.125	380	0.43	2 790
快速移动电动机 M_3	J02－21－4	1.1	380	2.67	1 410

三、电气控制线路设计

（一）主电路设计

根据电气传动的要求，由接触器 KM_1、KM_2、KM_3 分别控制电动机 M_1、M_2、M_3，机床的三相电源由电源引入开关 QS 引入。主电动机 M_1 的过载保护，由热继电器 FR1 实现，它的短路保护可由机床的前一级配电箱中的熔断器实现。冷却泵电动机 M_2 的过载保护，由热继电器 FR_2 实现。快速移动电动机 M_3 由于是短时工作，不设过载保护。电动机 M_2、M_3 设有短路保护熔断器 FU_1。如图 8-30 所示，为设计的主电路。

（二）控制电路设计

考虑到操作方便，主电动机用两地操作，主电动机 M_1 可在操作板上和刀架上分别设启动和停止按钮 SB_1、SB_2、SB_3、SB_4 进行操纵，接触器 KM_1 与控制按钮组成自锁的启、停控制电路。

冷却泵电动机 M_2 由 SB_5、SB_6 进行启、停操作，装在操作板上。

快速电动机 M_3 工作时间短，为了操作灵活由按钮 SB_7 与接触器 KM_3 组成点动控制电路。如图 8-31 所示，为设计的控制电路。

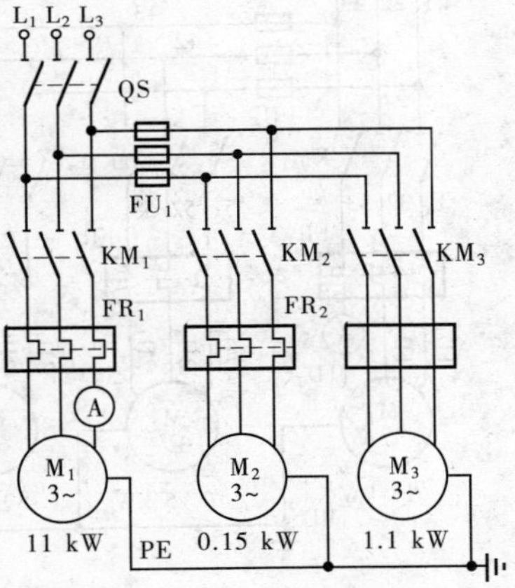

图 8-30　设计的主电路

（三）信号指示与照明电路设计

可设电源指示灯 HL_2（绿色），在电源开关 QS 接通后，立即发光显示，表示机床电气线路已处于供电状态；设指示灯 HL_1（红色）表示主电动机运行。这两个指示灯可由接触器 KM_1 的动合和动断两对辅助触点进行切换通电显示。如图 8-32 所示，为设计的信号和照明电路。

在操作面板上设有交流电流表 A，它串联在电动机主回路中，用以指示机床的工作电流。这样可根据电动机工作情况调整切削用量使主电动机尽量满载运行，提高生产率，并能提高电动机功率因数。

设照明灯 HL 为安全照明（36 V 安全电压）。

（四）控制电路电源

考虑安全可靠及满足照明指示灯的要求，控制线路的电压为 127 V，照明电压为 36 V，指示灯电压为 6.3 V。

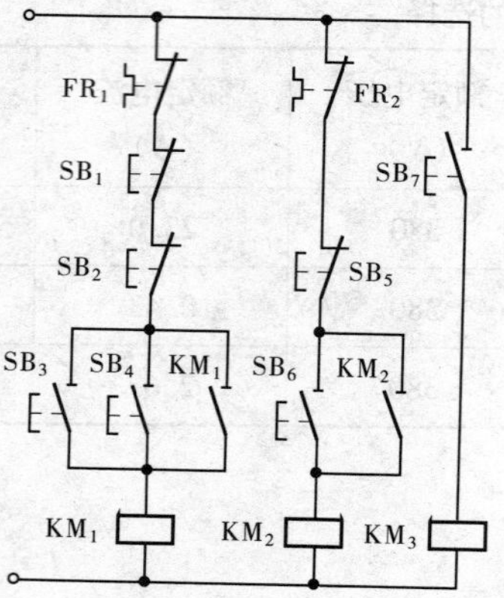

图 8-31　控制电路的设计

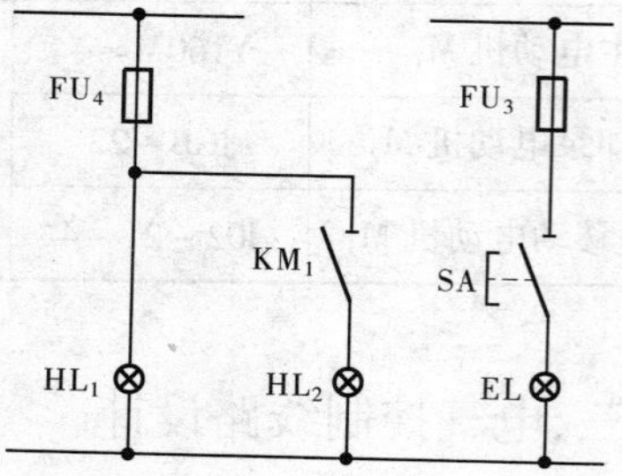

图 8-32　信号和照明电路的设计

(五)绘制电气原理图

根据各局部线路之间的相互关系和电气保护线路,完成电气原理图,如图 8-33 所示。

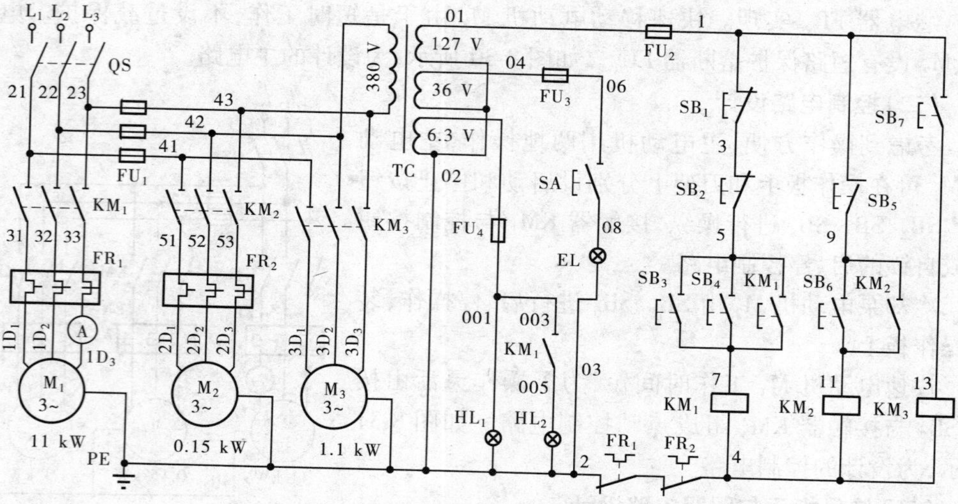

图 8-33　CW6163 型卧式车床的电气控制线路

四、选择电器元件

(一)电源引入开关 QS

QS 作为电源隔离开关用,并不用来直接启、停电动机,可按三台电动机的额定电流来选,考虑到额定电流不大(23 + 0. 43 + 2. 8 = 26. 23 A),选用 HZ10 - 25/3 型,额定电流为 25 A,为三极组合开关。

(二)热继电器 FR_1、FR_2

主电动机 M_1 额定电流为 23 A,FR_1 应选用 JR0 - 40 型热继电器,热元件电流为 25 A,整定电流调节范围为 16 ~25 A,工作时将额定电流调整为 23 A。同理,FR_2 应选用 JR10 - 10 型热继电器,选用 1 号元件,整定电流调节范围为 0. 40 ~ 0. 64 A,整定在 0. 43 A。

（三）熔断器 FU_1、FU_2、FU_3

可选用 RL1－15 型熔断器，配 10 A 的熔体。

FU_1 对 M_2、M_3 提供保护，熔体额定电流为 $I_R \geqslant I_{max}/2.5$，查手册知 M_3 的启动电流为 6.5 倍额定电流，因此 $I_{max} = 2.8 \times 6.5 + 0.43 = 18.63$ A，故 $I_R \geqslant \frac{2.67 \times 7 + 0.43}{2.5} = 7.6$ A，可选用 RL1－15 型熔断器，配 10 A 的熔体。

为了安全，FU_2、FU_3 选用 RL1－15 型熔断器，配 2 A 的熔体。

（四）接触器 KM_1、KM_2、KM_3

接触器 KM_1，根据式 $I_e \geqslant \frac{P_{ed} \times 10^3}{KU_{ed}}$，$KM_1$ 主触点的额定电流 $I_e \geqslant \frac{1.1 \times 10^3}{1.2 \times 380} \approx 2.4$。需主触点 3 对，动合辅助触点 2 对，线圈电压 127 V。根据上述情况，可选用主触点额定电流为 40 A、主触点额定电压为 380 V、线圈额定电压 127 V 的 CJ10－40 型交流接触器。

由于 M_2、M_3 电动机额定电流很小，KM_2、KM_3 可选用 JZ7－44 型交流中间继电器，其线圈电压为 127 V，触点电流为 5 A，可完全满足要求，对小容量的电动机常用中间继电器充任接触器。

（五）控制变压器 TC

变压器最大负载时 KM_1、KM_2 及 KM_3 同时工作，根据式（8-14）和表 8-7 得：

$$P_b \geqslant K_f \sum P_g = 1.2 \times (12 \times 2 + 33) = 68.4(\text{VA})$$

由式（8-13）可得：

$$P_B \geqslant 0.6P_g + \frac{1}{4}\sum P_{kj} + \frac{1}{8}\sum P_{KM}K_i = 0.6 \times (12 \times 2 + 33) + 0.25 \times 75 = 52.95(\text{VA})$$

可知变压器容量应大于 68.4 VA。考虑到照明灯等其他电器容量，可选用 BK－100 型或 BK－150 变压器，电压等级为 380 V/127－36－6.3 V，可满足辅助回路的各种电压需要。

其他各元件的选用见表 8-9。

五、绘制电气接线图

机床的电气接线图是根据电气原理图及各电气设备安装的布置图来绘制的。安装电气设备或检查线路故障都要依据电气接线图。电气接线图要表示出各电器元件的相对位置及各元件的相互接线关系，因此要求电气接线图中各电器元件的相对位置与实际安装的位置一致，并且同一个电气的所有元件画在一起，还要求各电器元件的文字符号与原理图一致。对各部分线路之间接线和对外部接线都应通过端子板进行，而且应该注明外部接线的去向。

为了看图方便，对导线走向一致的多根导线合并画成单线，可在元件的接线端标明接线的编号和去向。

接线图还应标明接线用导线的种类和规格，以及穿管的管子型号、规格尺寸，成束的接线应说明接线根数及其接线号，如图 8-34 所示。

六、绘制电器布置图

如图 8-28（a）所示，为 CW6132 型车床控制盘电器布置图，图中 FU_1 ~ FU_4 为熔断器，

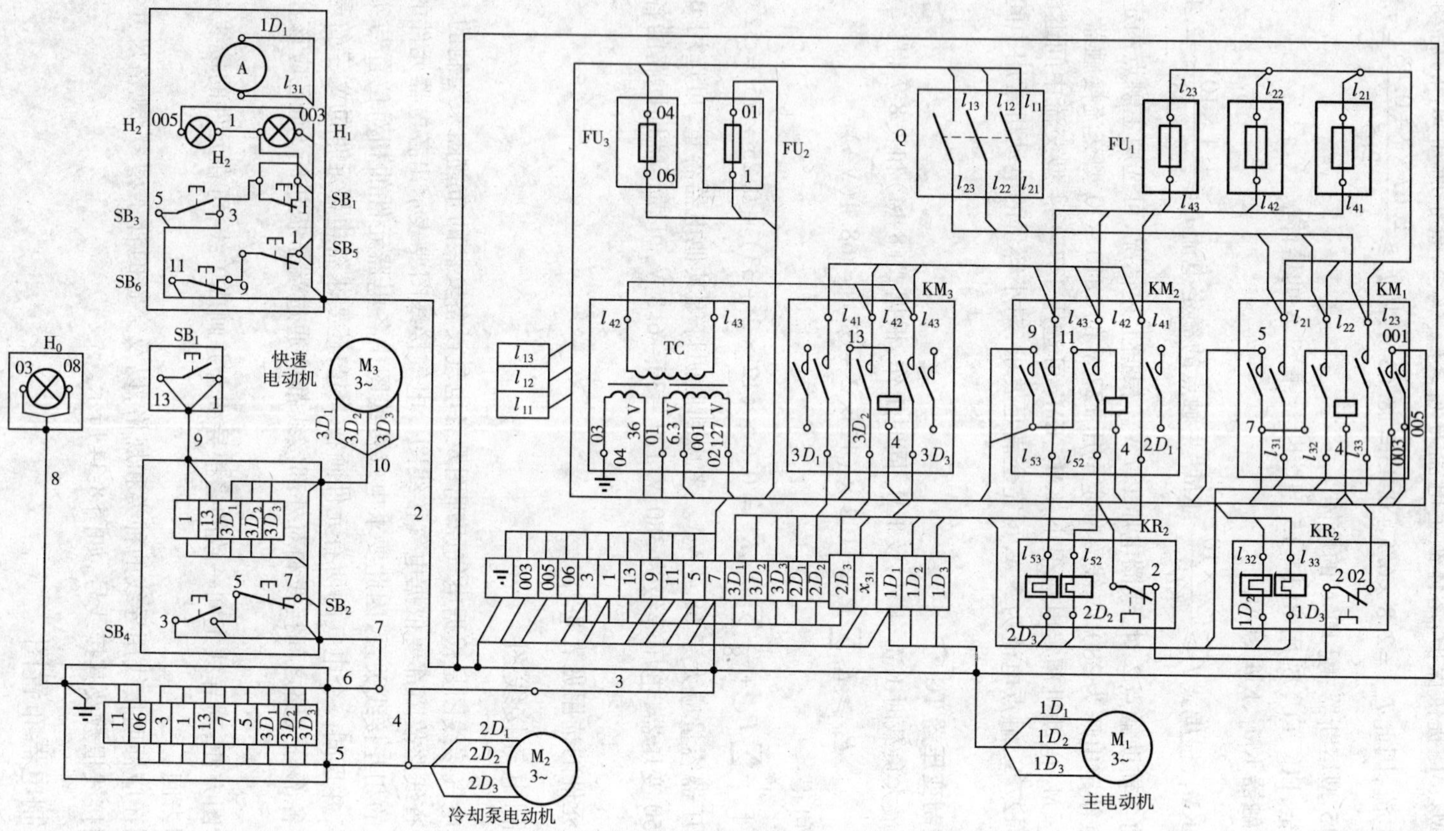

图 8-34　CW6163 电气接线图

KM 为接触器、FR 为热继电器、TC 为照明变压器、XT 为接线端子板。

七、制定电器元件明细表

电器元件明细表要注明各元件的型号、规格及数量等,如表 8-10 所示。

表 8-10 CW6163 型卧式车床电器元件明细表

符号	名称	型号	规格	数量
M_1	异步电动机	Y160M－4	11 kW、380 V、1 460 r/min	1
M_2	冷却泵电动机	JCB－22	0.125 kW、380 V、2 790 r/min	1
M_3	异步电动机	J02－21－4	1.1 kW、380 V、1 410 r/min	1
QS	组合开关	HZ10－25/13	三极、500 V、25 A	1
KM_1	交流接触器	CJ10－40	40 A、线圈电压 127 V	1
KM_2、KM_3	交流中间接触器	JZ7－44	5 A、线圈电压 127 V	2
FR_1	热继电器	JR0－40	额定电流 25 A、整定电流 23 A	1
FR_2	热继电器	JR10－10	热元件 1 号,整定电流 0.43 A	1
FU_1	熔断器	RL1－15	500 V、熔体 10 A	3
FU_2、FU_3	熔断器	RL1－15	500 V、熔体 2 A	2
TC	控制变压器	BK－100	100 VA、380 V/127 V－36－6.3	1
SB_3、SB_4、SB_6	控制按钮	LA10	黑色	3
SB_1、SB_2、SB_5	控制按钮	LA10	红色	3
SB_7	控制按钮	LA9		1
HL_1、HL_2	指示信号灯	ZSD－0	6.3 V、绿色 1、红色 1	2
A	交流电流表	62T2	0－50 A、直接接入	1

本章小结

本章先讲述了电气控制系统设计的原则和内容,电气控制系统设计包括电气原理图设计和电气工艺设计两部分。

本章接着讲述了电气控制电路设计的方法与步骤,电气控制电路设计方法常用到的有一般分析设计法(经验设计法)和逻辑设计法两种。一般分析设计法又称经验设计法,这种设计方法比较简单,在设计过程中往往需要经过反复修改;逻辑设计法是利用逻辑代数来分析、设计线路的，用这种方法设计的线路比较合理，特别适合完成较复杂的生产工艺所要求的控制线路。

本章又讲述了电力拖动方案的确定和电动机的选择，在选择电力拖动方案时，应尽量考虑笼型异步电动机，依生产机械对调速的要求来考虑电力拖动方案，电动机的选择要根据环境条件选择电动机的结构形式，根据生产机械负载性质来选择电动机的类型，根据负荷量的大小选择容量，主要考虑的是工作过程中的发热。选择电动机的类型应从技术及经济指标两方面综合考虑。

本章还讲述了常用控制电器的选择，选择控制电器要根据电压、容量、安装方式、结构形式及新型节能等使用要求来选择。

本章最后讲述了电气控制装置的设计。电气控制装置的设计包括总装置的设计、电气原理图设计与绘制、电气元器件布置图的设计、电气控制装置接线图的绘制、电气箱及非标准零件的设计、各类元器件及材料清单的汇总、编写设计说明书与使用说明书。在设计电气控制装置时，必须遵循各种装置设计的相关原则和要求，力求达到合理、美观、经济实用。

习　题

8-1　电气控制系统设计的基本内容包括哪两部分？

8-2　电气控制电路设计方法有哪两种？简述其特点。

8-3　电力拖动方案是怎么确定的？

8-4　如何选择电力拖动系统的电机？

8-5　电动机的运转状态有哪些？

8-6　如何选择交流接触器？

8-7　如何选择热继电器？

8-8　电气设备总体配置设计任务有哪些？

8-9　叙述电气原理图的组成。

8-10　叙述设计及使用说明书应包含的主要内容。

参考文献

[1] 何国金.机械电气自动控制[M].重庆:重庆大学出版社,2002.
[2] 温照芳.电机与控制[M].北京:北京理工大学出版社,2004.
[3] 唐介.电机与拖动[M].北京:高等教育出版社,2003.
[4] 丁莉.变流与调速技术应用[M].北京:化学工业出版社,2006.
[5] 李明.电机与电力拖动[M].2版.北京:电子工业出版社,2006.
[6] 汪诤.机电一体化技术[M].长沙:国防科技大学出版社,2009.
[7] 李明.电工技能实训[M].北京:机械工业出版社,2006.
[8] 李敬梅.电力拖动基本控制线路[M].北京:中国劳动社会保障出版社,2006.
[9] 史国生.交直流调速系统[M].2版.北京:化学工业出版社,2006.
[10] 许晓峰.电机及拖动基础[M].北京:高等教育出版社,2004.
[11] 李清新.伺服系统与机床电气控制[M].北京:机械工业出版社,2001.
[12] 王艳秋.电机及电力拖动[M].北京:化学工业出版社,2001.
[13] 许大中,贺益康.电机控制[M].杭州:浙江大学出版社,2002.
[14] 冯晓,刘仲恕.电机与电气控制[M].北京:机械工业出版社,2005.
[15] 熊幸明.电工电子技能训练[M].北京:电子工业出版社,2006.
[16] 侯崇升.现代调速控制系统[M].北京:机械工业出版社,2006.
[17] 肖朋生,张文,王建辉.变频器及其控制技术[M].北京:机械工业出版社,2008.
[18] 王炳实.机床电气控制[M].北京:机械工业出版社,2004.
[19] 彭旭昀.机电控制系统原理及工程应用[M].北京:机械工业出版社,2006.
[20] 张万奎.机床电气控制技术[M].北京:北京大学出版社,2007.
[21] 王田苗,丑武胜.机电控制基础理论及应用[M].北京:清华大学出版社,2003.
[22] 郑立冬.电机与变压器[M].北京:人民邮电出版社,2008.